“十四五”职业教育国家规划教材
高等职业教育食品类专业教材
国家职业教育生物技术及应用专业教学资源库配套教材
食品发酵企业生产实际教学案例库配套教材

食品发酵技术

（第三版）

殷海松　孙勇民　主编

中国轻工业出版社

图书在版编目（CIP）数据

食品发酵技术 / 殷海松，孙勇民主编. — 3 版. —
北京：中国轻工业出版社，2025. 7
ISBN 978-7-5184-4928-6

Ⅰ. ①食…　Ⅱ. ①殷…　②孙…　Ⅲ. ①食品—发酵
Ⅳ. ①TS201. 3

中国国家版本馆 CIP 数据核字（2024）第 074725 号

责任编辑：贺　娜
策划编辑：江　娟　　责任终审：白　洁　　封面设计：锋尚设计
版式设计：砚祥志远　　责任校对：朱燕春　　责任监印：张　可

出版发行：中国轻工业出版社（北京鲁谷东街 5 号，邮编：100040）
印　　刷：三河市万龙印装有限公司
经　　销：各地新华书店
版　　次：2025 年 7 月第 3 版第 2 次印刷
开　　本：710×1000　1/16　印张：25. 5
字　　数：514 千字
书　　号：ISBN 978-7-5184-4928-6　定价：56. 00 元
邮购电话：010-85119873
发行电话：010-85119832　010-85119912
网　　址：http：//www. chlip. com. cn
Email：club@ chlip. com. cn

251137J2C302ZBW

本书编写人员

主　编　殷海松（天津现代职业技术学院）

孙勇民（天津现代职业技术学院）

副主编　陈　珊（天津现代职业技术学院）

丁　振（日照职业技术学院）

姜薇薇（山东商业职业技术学院）

范兆军（天津现代职业技术学院）

高华义（天津瑞普生物技术股份有限公司）

参　编　刘鑫龙（天津现代职业技术学院）

牛红军（天津现代职业技术学院）

沈文虎（日照市旸谷生物科技有限公司）

张　乐（天津现代职业技术学院）

第三版前言

《食品发酵技术》（第二版）自 2021 年 11 月出版以来，深受各职业院校、本科院校师生及企业技术人员的欢迎。鉴于第二版教材已经出版了近 3 年且在职业院校及企业得到广泛应用，为进一步拓展其在职业教育人才培养领域及企业培训方面的应用，有必要对本教材进行再次修订。

本次修订是根据国务院印发的《国家职业教育改革实施方案》（职教 20 条）中关于教材每 3 年修订 1 次的要求，专业教材随信息技术发展和产业升级情况及时动态更新。本教材作为国家职业教育生物技术及应用专业教学资源库配套教材，本次修订更新了教材配套的数字化资源，实现教材与课程改革同步，并通过智慧职教、微信移动平台及二维码等多种形式推广。本次修订补充了一些融入民族自豪感的相关内容，例如，我国已成为氨基酸产品的“世界工厂”，谷氨酸产量位居世界第一等内容。本次修订对教材部分内容做了调整，对接新产业，补充了一些新技术、新知识，删除了一些过时的内容。例如，更新了项目拓展阅读，补充了生物制造等新产业和合成生物学等新技术，并对习题、部分数据及食品质量标准中的国标进行了更新等。

本教材力求做到科学性、先进性与实用性相结合，注重基本理论、基本知识和基本技能的传授。本教材以具体的发酵食品产品生产工艺项目的形式，比较全面地介绍了食品发酵工艺基本原理和国内外实用性较强的食品发酵新技术、新工艺和新标准等。本教材由殷海松和孙勇民任主编，陈珊、丁振、姜薇薇、范兆军、高华义任副主编，具体编写分工如下：项目一由山东商业职业技术学院姜薇薇编写，项目二和项目四由天津现代职业技术学院陈珊编写，项目三由天津现代职业技术学院殷海松、孙勇民编写，项目五和项目十由天津现代职业技术学院范兆军和天津瑞普生物技术股份有限公司高华义编写，项目六由天津现代职业技术学院张乐编写，项目七由天津现代职业技术学院牛红军编写，项目八由天津现代职业技术学院刘鑫龙编写，项目九由日照职业技术学院丁振和日照市旸谷生物科技有限公司沈文虎编写。

本教材不仅适用于高职高专生物类、食品类专业的学生，也可作为以食品发酵为工作内容的技术人员的参考用书，主要适用于食醋、酱油、腐乳、乳制品、味精、白酒、啤酒和葡萄酒等发酵生产类企业生产以及发酵产品检验的相关岗位的技术人员。

本教材承蒙天津现代职业技术学院王芃教授审阅，提出许多宝贵意见，谨致谢意，并对使用本教材并提出意见的同志表示感谢。

由于编者水平有限，书中可能尚存不足之处，敬请读者批评指正。

编　者

2024 年 4 月

第二版前言

本教材自第一版 2018 年 12 月出版以来，已经使用了 3 年，深受各职业院校师生欢迎，先后多次重印，鉴于第一版教材已经在职业院校得到广泛应用，为进一步拓展在职业教育人才培养领域的应用，有必要对本书进行修订再版。

这次修订是根据国务院印发的《国家职业教育改革实施方案》（职教 20 条）中关于教材每 3 年修订 1 次的要求，专业教材随信息技术发展和产业升级情况及时动态更新。本教材作为教育部行业职业教育教学指导委员会办公室《食品发酵企业生产实际教学案例库》和国家职业教育生物技术及应用专业教学资源库的配套教材，这次修订及时更新教材配套的数字化资源，实现教材与课程改革同步，通过食课堂、智慧职教、微信移动平台及二维码等多种形式推广。这次修订将道德意识、科学精神、创新意识、法治意识、食品安全意识等思政元素融入认知目标和情感目标，引导学生树立社会主义核心价值观、道德信仰、劳动光荣和科学思维。这次修订在一版基础上进行了修改，并及时补充了一些新知识，删除了一些过时的内容。例如，每个项目都补充了拓展阅读，并对习题、部分数据及食品质量标准中的国标进行了及时更新等。

本教材力求做到科学性、先进性与实用性相结合，注重基本理论、基本知识和基本技能的传授。以具体的发酵食品产品生产工艺的形式，比较全面地介绍了食品发酵工艺基本原理和国内外实用性较强的食品发酵新技术。本教材由殷海松和孙勇民任主编，陈珊、丁振、姜薇薇、范兆军为副主编，具体编写分工如下：项目一由山东商业职业技术学院姜薇薇编写；项目二和项目四由天津现代职业技术学院陈珊编写；项目三由天津现代职业技术学院殷海松、孙勇民编写；项目五和项目十由天津现代职业技术学院范兆军编写；项目六由天津现代职业技术学院张乐编写；项目七由天津现代职业技术学院牛红军编写；项目八由天津现代职业技术学院刘鑫龙编写；项目九由日照职业技术学院丁振、日照市旸谷生物科技有限公司沈文虎编写。

本教材贯彻“实施科教兴国战略”的精神，本次修订注重科教融汇，科技赋能职业教育教材，将食品发酵领域的新技术、新工艺、新成果等前沿科技融入教材内容，将创新成果引入教材，培养学生的创新精神，提升学生的创新能力，体现了“实施科教兴国战略”和“科教融汇”。

本教材不仅适用于高职高专食品类、生物技术类专业的学生，也可作为以食品发酵为工作目标的技术人员的参考用书，主要适用于食醋发酵生产类企业、酱油发酵生产类企业、腐乳发酵生产类企业、乳制品发酵生产类企业、味精发酵生产类企业、白酒发酵生产类企业、啤酒发酵生产类企业和葡萄酒发酵生产类企业生产以及发酵产品检验的相关岗位的技术人员。

本教材承蒙天津现代职业技术学院王芃教授审阅，提出许多宝贵意见，谨致谢意，并对使用本教材并提出意见的同志表示感谢。

由于编写时间较紧张，加之编者水平有限，书中可能尚存不足之处，敬请读者批评指正。

编　者

第一版前言

本教材作为教育部行业职业教育教学指导委员会办公室《食品发酵企业生产实际教学案例库》项目的配套教材，根据高职高专生物食品类相关专业的培养目标，在编写过程中努力体现高等职业教育的特色，基于食品发酵行业的岗位需求，对主要岗位的典型职业活动过程进行分析，确定各岗位工作职责和任职要求，对各岗位的工作任务进行归类、合并，得出典型工作任务，将食品发酵企业生产实际内容及案例转化为教学内容及案例，最后按照发酵食品生产项目下的任务驱动的模式进行编写。

本教材力求做到科学性、先进性与实用性相结合，注重基本理论、基本知识和基本技能的传授。以具体的发酵食品产品生产工艺的形式，比较全面地介绍了食品发酵工艺基本原理和国内外实用性较强的食品发酵新技术。本教材由殷海松和孙勇民任主编，陈珊、丁振、姜薇薇、范兆军为副主编，具体编写分工如下：项目一由山东商业职业技术学院姜薇薇编写，项目二和项目四由天津现代职业技术学院陈珊编写，项目三由天津现代职业技术学院殷海松、孙勇民编写，项目五和项目十由天津现代职业技术学院范兆军编写，项目六由天津现代职业技术学院张乐编写，项目七由天津现代职业技术学院牛红军编写，项目八由天津现代职业技术学院刘鑫龙编写，项目九由日照职业技术学院丁振、沈文虎编写。

本教材不仅适用于高职高专生物技术类、食品类专业的学生，也可作为以食品发酵为工作目标的技术人员的参考用书，主要适用于食醋发酵生产类企业、酱油发酵生产类企业、腐乳发酵生产类企业、乳制品发酵生产类企业、味精发酵生产类企业、白酒发酵生产类企业、啤酒发酵生产类企业和葡萄酒发酵生产类企业生产以及发酵产品检验的相关岗位的技术人员。

由于编写时间较紧，加之编者水平有限，书中可能尚存不足之处，敬请读者批评指正。

殷海松　孙勇民
2018 年 9 月

目 录

项目四 酱油发酵生产技术

项目五 腐乳发酵生产技术

项目六 酸乳生产技术

项目七 味精发酵生产技术

项目八 白酒发酵生产技术

项目九 啤酒发酵生产技术

项目十 葡萄酒发酵生产技术

项目一 发酵食品与微生物

【知识目标】

1. 掌握发酵的基本概念。
2. 掌握发酵食品的分类。
3. 熟悉发酵食品的特色和作用。
4. 掌握各类别发酵微生物的特征及分类。

【技能目标】

1. 能正确选用发酵工具菌。
2. 掌握发酵微生物的营养需求特点和培养条件。

【素质目标】

1. 了解我国发酵食品的发展历史、现状和发展趋势，弘扬中华优秀饮食文化，培养学生的民族自信心和自豪感。
2. 了解传统发酵食品产业升级的背景和意义，培养学生的创新意识。

发酵是指人们借助微生物在有氧或无氧条件下的生命活动来制备微生物菌体本身、直接代谢产物或次级代谢产物的过程。通常所说的发酵，多指生物体对有机物的某种分解过程。发酵是人类较早接触的一种生物化学反应，传统生物技术起源于酿造技术。发酵技术如今在食品工业、生物工程和化学工业中均有广泛应用。

发酵食品是人类巧妙地利用有益微生物加工制造的一类食品，具有独特的风味。我国传统发酵食品历史悠久，产品风味浓郁，但由于其发酵周期长，受环境因素影响大，产品质量不稳定，人工成本高，工业化水平低，发展缓慢。近年来，在现代生物技术的影响下，我国发酵食品工业化水平逐年提高，白酒、啤酒、葡萄酒、酸乳等产品的工业化生产发展迅速，其他产品如腐乳、豆豉、酱油、醋等工业化程度也在提高。

发酵食品
基础知识

任务一 发酵食品的分类及特点

我国发酵食品历史悠久，种类丰富，形成了许多地方特色美食。如山西的老陈醋，内蒙古的马奶酒、乳酪，浙江的金华火腿，吉林朝鲜族的辣白菜，广西的酸笋等。这些发酵美食不仅形成了地方特色饮食文化，打造了地方名片，更为地方发展了特色产业，促进了区域经济发展，同时满足了群众更高更多元的消费需求。

一、发酵食品的分类

1. 按照食品种类分类

酒精饮料：如蒸馏酒、黄酒、果酒、啤酒等。

乳制品：如酸乳、酸性奶油、马奶酒、干酪等。

豆制品：如豆腐乳、豆豉、纳豆等。

发酵蔬菜：如泡菜、酸菜等。

调味品：如醋、黄酱、酱油、甜味剂、增味剂（如5′-核苷酸）和味精等。

2. 按照所利用的主要微生物的种类分类

酵母菌发酵食品：如面包、啤酒、葡萄酒及其他果酒、食用酵母等。

霉菌发酵食品：如豆豉、酱油等。

细菌发酵食品：如味精、白醋等。

当然，很多发酵食品是需要多种微生物混合发酵制成的，如白酒、黄酒等酒类是由酵母菌、霉菌混合发酵而成；腌菜、奶酒、果醋等是酵母菌、细菌混合发酵的食品；食醋、酱油及酱类发酵制品等是酵母菌、霉菌及细菌混合发酵制成的。

3. 按照传统发酵食品和现代发酵食品的概念分类

传统发酵食品：如发酵面食、发酵米粉、醪糟、白酒、啤酒、酱油、面酱、豆豉、食醋、豆酱、泡菜、纳豆、丹贝、鱼露、发酵火腿等。

现代发酵食品：如柠檬酸、苹果酸、醋酸、真菌多糖、细菌多糖、维生素C、单细胞蛋白等。

二、发酵食品的特色和作用

1. 抑制腐败菌和一般病原菌的生长

微生物发酵改变了食品一些性质，如食品的渗透压、pH、水分活度等。通过发酵，腐败微生物的生长受到了抑制，利于食品保藏。其抑制机理主要如下。

（1）低 pH 在乳酸、醋酸发酵过程中，由于产酸造成环境 pH 降低，从而抑制了腐败菌和一般病原菌的生长。

（2）高酒精度 在酒类发酵中，糖类通过酵母菌的发酵形成高酒精度，对腐败菌和一般病原菌产生抑制作用。

（3）高盐 像泡菜、腌肉等产品的原辅料中有大量食盐，其发酵往往伴随着高渗透压环境，发酵工具菌能够耐受一定的渗透压，而腐败菌和一般病原菌的生长、繁殖则受到抑制。

（4）菌体抑制 发酵菌通过竞争营养物质、产酸、消耗氧气等途径，可有效抑制部分腐败菌和病原菌的生长、繁殖。

2. 发酵食品能提高食品的营养价值

（1）使食物更容易消化 微生物的酶对原料中的各种成分尤其是一些大分子物质进行了分解，并产生酒精、乳酸、双乙酰、酯类等风味物质，因此发酵食品比未发酵食物更容易消化。尤其是对于肉和奶等动物性食品，在发酵过程中原有的蛋白质在蛋白酶和肽酶的作用下水解为多肽和氨基酸等，易于消化吸收。再如，乳糖是牛奶中的天然糖，在发酵过程中分解为简单的葡萄糖和半乳糖，这就避免了乳糖不耐症患者喝牛奶的不良反应，使牛奶更易消化。

（2）发酵食品一般是低热能食品 因为发酵过程中微生物的生长、繁殖和"工作"需要消耗大量的能量，因此发酵后的食品与发酵前的原料相比热量更低，是减肥人士的首选健康食品。

（3）分解食物中对人体不利的因子，产生有利的代谢物 以日本传统健康食品纳豆为例，黄豆通过纳豆菌（枯草芽孢杆菌）发酵制成纳豆，通过发酵产生黏性，气味较臭，味道微甜，不仅保有黄豆的营养价值，同时还能分解黄豆中某些对人体不利的因子，如胀气因子等。通过发酵使其富含维生素 K_2，提高蛋白质的消化吸收率，更重要的是发酵过程产生了多种生理活性物质，具有溶解体内纤维蛋白质及其他调节生理机能的保健作用。

（4）含有益生菌，能保持肠道健康，改善胃肠道功能 发酵食品在发酵过程中不仅加速了益生菌的生长和代谢，还会增加原本不存在或含量较少的新营养物质。微生物还能合成一些 B 族维生素，特别是维生素 B_{12}，动物和植物自身都无法合成这一维生素，只有微生物能"生产"。现代医学研究表明，微生物发酵食品对调节机体生理功能有着有效的作用。如调节肠道菌群、促进营养吸收、防止便秘、降低胆固醇、改善肝功能等，甚至对精神类疾病也有一定的调节作用。

3. 赋予食品色、香、味、形的改变

在发酵过程中伴随着大分子物质的降解产生各种氨基酸、多糖等物质，在微生物的代谢过程中产生酒精、乳酸以及双乙酰、酯类等风味物质，形成了发酵食品特有的风味。同时通过多种作用可导致发酵食品质构的改变，如发酵中酵母菌代谢产生的二氧化碳气体可使面团更加软、韧、蓬松，形成面包、馒头等食品疏松多孔的内部结构。

各种酿造酱油的原料中所含蛋白质经蛋白酶的分解作用，逐步降解成氨基酸，淀粉在发酵过程中利用微生物分泌的淀粉酶将碳水化合物分解成葡萄糖、麦芽糖、糊精等，糖分与氨基酸发生的美拉德反应形成了酱油浓郁的色泽，糖类、糊精等，构成了酱油浓厚的体态。

4. 提高产品附加值

发酵食品在我国国民经济中的地位举足轻重。以酿酒行业为例：依据国家统计局数据，2023 年，我国白酒（以 65%vol 折算，商品量）产量 449.2 万千升，啤酒产量 3555.5 万千升，葡萄酒产量 14.3 万千升。2023 年食品工业营业收入约 7.4 万亿元，酿酒行业利润总额居食品工业之首，利润总额达到 2503 亿元，酒、饮料和精制茶制造业占整个食品工业利润的 50.4%。

随着科学技术与经济的发展，人们生活水平的不断提高，人们对食品的色、香、味及营养、安全等提出了越来越高的要求。微生物在现代发酵食品工业所创造的经济效益和社会效益，使人类对微生物的研究与应用技术不断地深入与拓宽。各种新型发酵食品的不断上市，使人们的物质生活更加丰富。

食品发酵技术在满足人们对食品的要求，解决食品工业发展中的问题等方面，必将发挥越来越大的作用，具有强大的发展潜力和良好的发展前景。

任务二　发酵食品与细菌

发酵食品与细菌

一、乳酸菌

1. 乳酸菌的概念及其分布

乳酸菌一词并非生物分类学名词，而是指能够利用发酵性糖类产生大量乳酸的一类微生物的统称。虽然有些霉菌也能产生大量乳酸，但乳酸细菌才是主要类群，因而通常将乳酸细菌称之为乳酸菌。乳酸菌主要分布在乳杆菌属、链球菌属、明串珠菌属、片球菌属、双歧杆菌属等中。通过乳酸菌进行乳酸发酵而生产出来的食品通称为乳酸发酵食品。

2. 乳酸菌在食品工业中的应用

乳酸菌在发酵食品工业中的应用非常广泛。

在乳酸发酵过程中，乳酸菌将食品原料中的糖分转化为乳酸，从而提高了制品的酸度。在发酵产生乳酸的同时，发酵过程还产生其他一些物质，如甲酸、乙酸、琥珀酸、醇类、酮类、甘油、酯类及各种维生素等。因而，乳酸发酵食品不但具有特殊的风味，而且在很大程度上提高了食品的营养价值。近几年的研究还表明，某些乳酸菌（如双歧杆菌、嗜酸乳杆菌）具有保健作用。另外，由于乳酸发酵食品具有较高的酸度，能在相当长的时期内抑制腐败菌的生长，使食品的保藏性能得以增强，酸菜、泡菜等制品即是利用此原理对蔬菜进行加工和保藏。

3. 乳酸菌的特征及分类

乳酸菌均为革兰氏染色阳性菌，无运动性，不形成芽孢，以乳酸作为发酵代谢的主要产物。乳酸菌缺少完备的氧化还原酶系，不能进行氧化磷酸化，因而都是厌氧生长的，但又不像其他厌氧菌那样对氧敏感，又称微需氧菌。目前发现的乳酸细菌有球菌、杆菌等。

球状：乳酸球菌属、链球菌属、明串珠菌属、迷走球菌属和片球菌属。

杆状：乳酸杆菌属、双歧杆菌属、肉食杆菌属和孢子乳酸菌属。

（1）乳酸杆菌属　本属细菌为革兰氏染色阳性杆菌，老化细胞有时呈革兰氏染色阴性反应。乳杆菌属多分布在牛乳及发酵的谷物或蔬菜的醪液中，在人的口腔及肠道中也有分布；共有 51 个种，为细长、有弯曲的无芽孢杆菌。兼性厌氧，最适生长温度为 30~40℃，最适生长 pH 为 5.5~6.2，但在 pH 为 3.5 时仍然生长。

在乳酸发酵食品中常用的菌种有保加利亚乳杆菌、干酪乳杆菌、嗜酸乳杆菌、乳酸乳杆菌、植物乳杆菌、发酵乳杆菌、短乳杆菌等。

（2）嗜热链球菌属　菌体呈卵圆形，成对或形成长链。微需氧，最适生长温度为 40~45℃，能发酵葡萄糖、果糖、蔗糖和乳糖。

酸乳制品常使用保加利亚乳杆菌和嗜热链球菌（图 1-1）共同发酵。

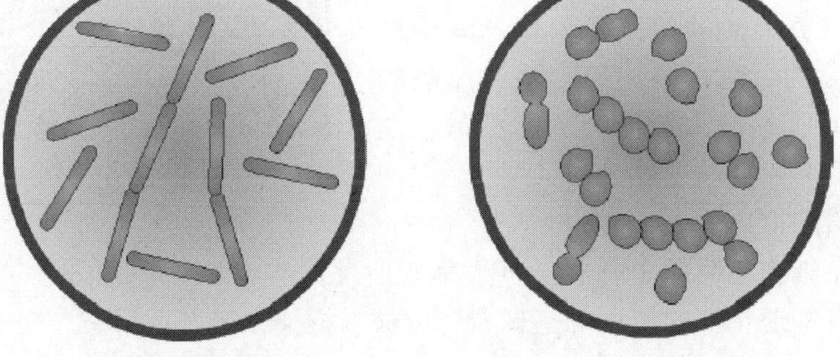

（1）保加利亚乳杆菌　　（2）嗜热链球菌

图 1-1　酸乳制品常用菌

（3）双歧杆菌属　直或弯曲的无芽孢杆菌，呈多形性，有 Y 形或 V 形，因其菌体分叉而得名（图 1-2）。双歧杆菌为革兰氏染色阳性无芽孢杆菌，厌氧生长，最适生长温度为 36~38℃，最适生长 pH 为 6.5~7.0，在 pH 4.5~5.0 或 8.0~8.5 时不生长。双歧杆菌发酵 1 分子葡萄糖生成 1.5 分子醋酸和 1 分子乳酸，还产生少量其他有机酸和 CO_2。目前有多种双歧杆菌被开发应用于食品生产，如青春双歧杆菌、婴儿双歧杆菌、长双歧杆菌等。

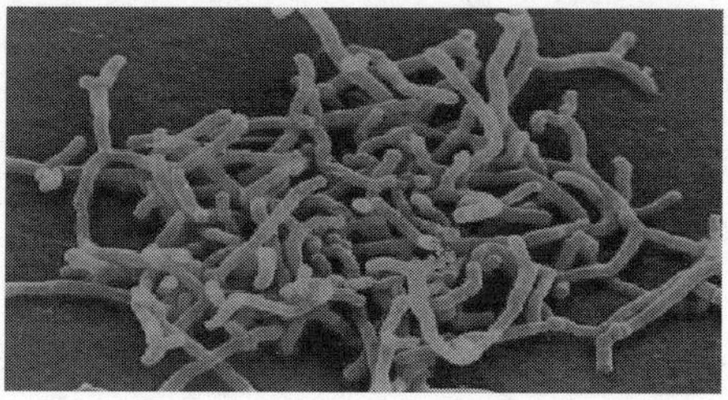

图 1-2 双歧杆菌

4. 发酵机理

根据乳酸菌发酵的过程及产物不同，可分为同型乳酸发酵和异型乳酸发酵。在同型乳酸发酵过程中，发酵产物主要为乳酸。大多数乳酸菌进行同型乳酸发酵，如保加利亚乳杆菌、嗜热链球菌、嗜酸乳杆菌、干酪乳杆菌、乳酸乳杆菌、植物乳杆菌等。异型乳酸发酵是指某些乳酸菌在发酵过程中除生成乳酸外，同时还产生其他的有机酸、醇类、CO_2 等，如双歧杆菌、发酵乳杆菌、短乳杆菌等。

二、 醋酸菌

1. 醋酸菌概念及应用

两个多世纪以前，人们发现将啤酒、葡萄酒等酒精含量较低的酒精饮料放置于空气中稍久，液面上长出一层薄膜，酒精逐渐变成醋酸。将此薄膜少许移植于啤酒或葡萄酒中则这些酒很容易变成醋，因此把形成薄膜的微生物称为“醋母”，后经研究命名为醋酸杆菌、巴氏杆菌和库氏杆菌，为现代醋酸菌分类奠定了基础。醋酸菌（图 1-3）的重要的特征是能将乙醇氧化成醋酸，因此醋酸菌是氧化乙醇生成醋酸的细菌的总称，常用于食醋或醋酸的发酵。但某些醋酸菌能继续氧化醋酸，使其分解为 CO_2 和水。

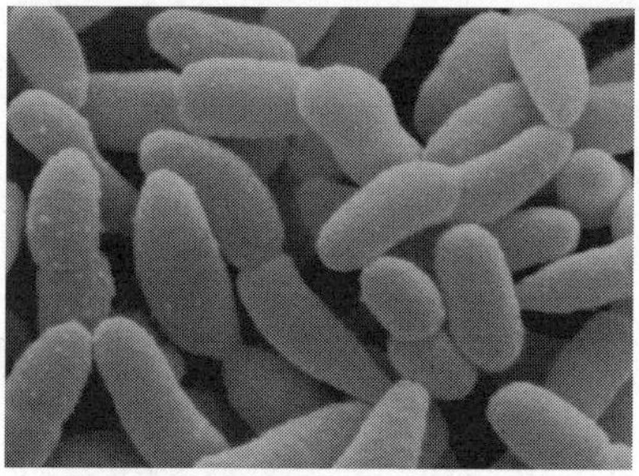

图 1-3 醋酸菌

2. 醋酸菌的特征及分类

醋酸菌细胞呈椭圆至杆状，直或稍弯曲，大小为 0.6~3.0μm，单生、成对或成链。有些退化型的菌种可呈球状、分枝、棍棒型等其他形态。鞭毛周生或极生，运动或不运动，无芽孢形成，革兰氏染色呈阴性，属化能异养菌，严格好氧。在中性或酸性时氧化乙醇为乙酸，最适生长温度为 30℃，生长最适 pH5.4~6.3。

醋酸菌有多种分类，最常用的醋酸菌是中科 AS1.41（即沪酿 1.01）醋酸菌。它属于恶臭醋酸杆菌，是我国酿醋常用的菌株之一。该菌细胞呈杆状，常呈链状排列，单个细胞大小为（0.3~0.4）μm×（1~2）μm，无运动性，无芽孢。在不良条件下，细胞会伸长，变成线形或棒形，管状膨大。平板培养时菌落隆起，表面平滑，菌落呈灰白色；液体培养时则形成菌膜。该菌生长适宜温度为

28~30℃，生成醋酸的最适温度为28~33℃，最适pH为3.5~6.0，耐受酒精浓度为8%（体积分数）。最高产醋酸为7%~9%，产葡萄糖酸能力弱，能氧化分解醋酸为CO_2和水。

三、 枯草芽孢杆菌

1. 枯草芽孢杆菌的概念及特征

枯草芽孢杆菌是芽孢杆菌属的一种。枯草芽孢杆菌广泛分布于自然界中，如湖泊、海洋、植物组织、土壤等，在动物肠道内也大量分布。

枯草芽孢杆菌细胞直径在1.5~3μm，椭圆到柱状，芽孢位于菌体中央或稍偏，芽孢形成后菌体不膨大。革兰氏染色阳性菌，无荚膜，周生鞭毛，是一种需氧菌。细胞颜色分布均匀，污白色或微黄色，菌落表面粗糙不透明（图1-4）。芽孢杆菌种类众多，如B. WY-7枯草芽孢杆菌、B. WY-3枯草芽孢杆菌、B. NM-39枯草芽孢杆菌、B. Z-2枯草芽孢杆菌、B. WL-3枯草芽孢杆菌、B. 168枯草芽孢杆菌等诸多种类。

图1-4 枯草芽孢杆菌菌落

2. 枯草芽孢杆菌的应用

长期以来，枯草芽孢杆菌一直是工业微生物的主力之一，它的使用可追溯到一千多年前，早在日本平安时代，日本人就已经利用枯草芽孢杆菌在大豆中采用固态发酵的方法生产他们的传统食品——纳豆，开创了利用枯草芽孢杆菌的历史。由于其具有发酵周期短、产物丰富、可利用开发价值高以及作为食品安全性好等显著优点，枯草芽孢杆菌的应用一直延续至今，并在过去的100多年中有了长足的进步。

枯草芽孢杆菌进入人体，能100%到达大小肠。在菌体发酵过程中会产生一些活性物质，如枯草菌素、多黏菌素、制酶菌素等，这些活性物质可以有效地抑制致病菌的生长。枯草芽孢杆菌在发酵过程中会缓慢地消耗其生长环境中的游离氧，使肠道处于一个低氧的环境中，促进有益厌氧菌的生长，并产生乳酸等有机酸类，降低肠道 pH，间接抑制其他致病菌生长。枯草芽孢杆菌还能提高免疫球蛋白和抗体水平，增强细胞免疫和体液免疫功能，提高群体免疫力。枯草芽孢杆菌是一种能够产生多酶体系的菌，菌体能自身合成 α-淀粉酶、蛋白酶、脂肪酶、纤维素酶等酶类，在消化道中与动物体（人体）内的消化酶类一同发挥作用，合成维生素等物质。因此枯草芽孢杆菌常被用作益生菌制作保健食品。

枯草芽孢杆菌发酵生产的酶在食品行业中已得到了广泛的应用，如大豆蛋白和大豆肽、乳制品、婴儿食品等。在面包生产中，α-淀粉酶、蛋白酶能有效提高面团工艺性能和面包质量（如体积、内部结构、风味等），并延长面包保鲜期。在啤酒生产中，采用淀粉酶以及复合酶制剂的新型辅料液化工艺对提高啤酒的产量和质量有重要意义。在玉米深加工领域中，采用耐高温淀粉酶和糖化酶的“淀粉喷射液化”技术以及“双酶法”糖化技术全面带动了我国淀粉、糖、味精、柠檬酸等生产工艺的改革。

四、棒状杆菌

1. 棒状杆菌的特征及应用

自 20 世纪 60 年代以来，利用棒状杆菌发酵糖类生产谷氨酸获得成功并投入工业化生产之后，我国成为世界上最大的味精生产国。因味精是调味品的重要成员之一，谷氨酸的生产得到了迅速发展。目前我国谷氨酸发酵最常见的生产菌种是北京棒状杆菌 AS1.299 和钝齿棒状杆菌 AS1.542，均属于棒状杆菌。谷氨酸产生菌革兰氏染色镜检结果如图 1-5 所示。

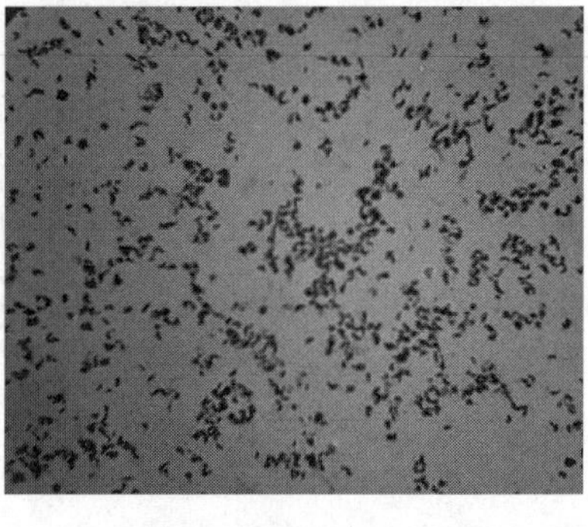

图 1-5　谷氨酸产生菌革兰氏染色镜检结果

（1）北京棒状杆菌 AS1.299　细胞呈短杆或棒状，有时略呈弯曲状，两端钝圆，排列为单个、成对或 V 字形。革兰氏染色阳性，无芽孢，无鞭毛，不运动。在普通肉汁固体平皿中培养，菌落圆形，中间隆起，表面光滑湿润，边缘整齐，菌落颜色开始呈白色，直径 1mm，随培养时间延长变为淡黄色，直径增大至 6mm，不产水溶性色素。普通肉汁液体培养，稍浑浊，有时表面呈微环状，管底有粒状沉淀。该菌为化能异养型，能利用葡萄糖、果糖、甘露糖、麦芽糖，不分解淀粉、纤维素。铵盐和尿素均可作为其氮源，能还原硝酸盐。营养要求多种无机离子，需要生物素作为生长因子，同时加入硫胺素具有明显的促生长作用。好氧或兼性厌氧，过氧化氢酶反应阳性。最适生长温度为 30~32℃，最适生长 pH 为 6.0~7.5。在含 7.5% NaCl 或 2.6% 尿素肉汁培养基中生长良好，含有 10% NaCl 或 3% 尿素时生长受到抑制。不受钝齿棒状杆菌 AS1.542 噬菌体侵染。

（2）钝齿棒状杆菌 AS1.542　细胞呈短杆或棒状，两端钝圆，排列为单个、成对或 V 字形。革兰氏染色阳性。无芽孢，无鞭毛，不运动。普通肉汁固体平皿培养，菌落扁平，呈草黄色，表面湿润无光泽，边缘较薄呈钝齿状，不产水溶性色素，直径为 3~5mm。普通肉汁液体培养浑浊，表面有薄菌膜，管底有较多沉淀。该菌为化能异养型，能利用葡萄糖、果糖、甘露糖、麦芽糖、蔗糖、水杨苷、七叶灵以及乙酸、柠檬酸、乳酸、葡萄糖酸、延胡索酸等多种有机酸作为碳源迅速进行谷氨酸发酵，不分解淀粉、纤维素、油脂和明胶。铵盐和尿素均可作为氮源，能还原硝酸盐，不同化酪蛋白。营养需求多种无机离子，需要生物素作为生长因子。好氧或兼性厌氧，过氧化氢酶反应阳性。20~37℃生长良好，39℃生长微弱，最适生长温度 30℃。pH 为 6~9 时生长良好，pH 为 10 时生长减弱，pH 为 4~5 时不生长。在含 7.5%NaCl 或 2.5%尿素肉汁培养基中生长良好，但在含 10%NaCl 和 3%尿素时生长受到抑制。不受北京棒状杆菌 AS1.299 的噬菌体侵染。

2. 棒状杆菌的谷氨酸发酵机理

淀粉质原料经糖化处理后转化成可供棒状杆菌利用的单糖。单糖经糖酵解（EMP）和单磷酸己糖支路（HMP）生成丙酮酸，然后加入三羧酸循环（TCA）生成 α-戊二酮，在谷氨酸脱氢酶的作用下 α-戊二酮被氨基化形成谷氨酸。

发酵食品与酵母菌

任务三　发酵食品与酵母菌

酵母菌是人类文明史中被应用得最早的微生物，已知有 1000 多种酵母。酵母菌与人们的生活有着十分密切的关系，大约从公元前 6000 年起，人类已经开始利用野生酵母发酵酿造葡萄酒。酵母菌（图 1-6）为化能异养菌，兼性厌氧，在缺乏氧气时，发酵型的酵母通过将糖类转化成为二氧化碳和乙醇（俗称酒精）来获取能量，酿酒正是利用了这一特点。多数酵母可以分离于富含糖类的环境中，例如一些水果（葡萄、苹果、桃等）或者植物分泌物（如仙人掌的汁），故而通常可在水果表面分离得到野生酵母。酵母菌形态通常有球形、卵圆形、腊肠形、椭圆形、柠檬形或藕节形等，比细菌的单细胞个体要大得多，一般为 1~5μm 或 5~20μm。酵母菌无鞭毛，不能游动。酵母菌具有典型的真核细胞结构，有细胞壁、细胞膜、细胞核、细胞质、液泡、线粒体等，有的还具有微体。

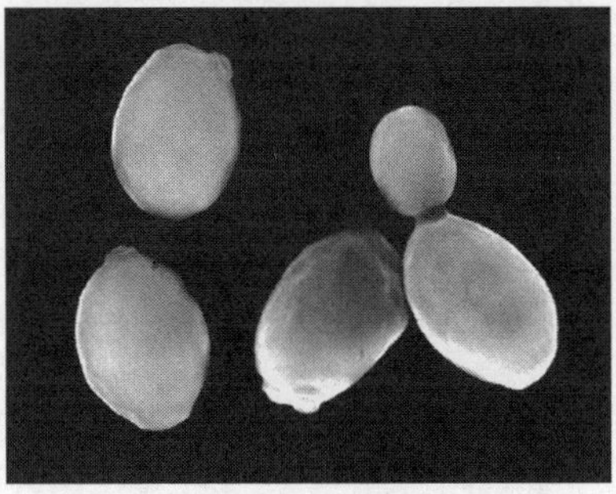

图 1-6　酵母菌

一、酵母菌的繁殖方式

酵母菌的繁殖方式有无性繁殖和有性繁殖两类，其中无性繁殖又分为芽殖和裂殖。各种酵母菌的繁殖方式不尽相同，发酵工业中常用的酵母菌以芽殖为主。

1. 无性繁殖

（1）芽殖　酵母菌的出芽过程，首先是细胞核邻近的中心体产生一个小的突起点，同时细胞表面向外突出，逐渐冒出小芽。然后部分已经增大的核、细胞质、细胞器（如线粒体等）进入芽内，最后芽细胞从母细胞得到一套完整的核结构、线粒体、核糖体、液泡等，与母细胞分离并成为独立的细胞，具体过程如图 1-7、图 1-8 所示。

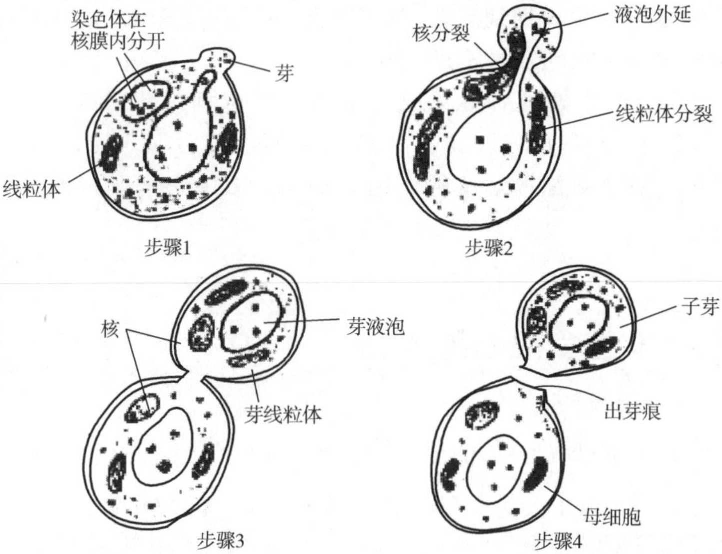

图 1-7　酵母细胞的出芽过程

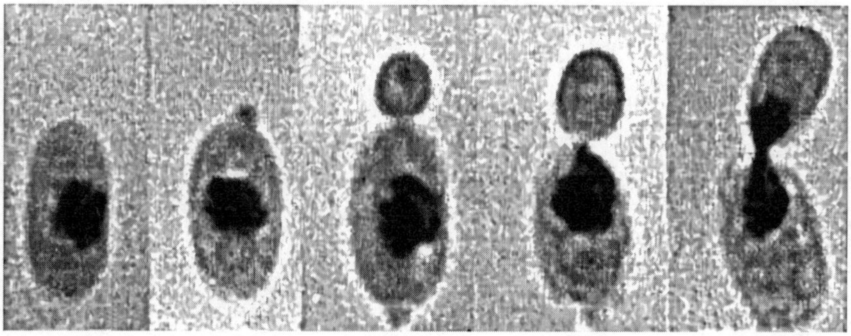

图 1-8　酵母细胞出芽过程的核行为

一般当芽长到正常大小时，子细胞就与母细胞脱离，以典型的单细胞状态存在。但也有的酵母在芽长到正常大小时仍与母细胞相连，而且还会继续产生芽。如此反复进行，最后形成具有发达或不发达分枝的假菌丝，如图 1-9 所示。

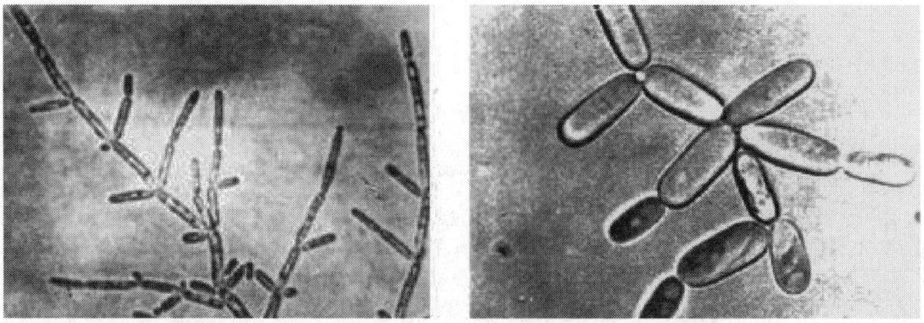

图 1-9　热带假丝酵母

（2）裂殖　在裂殖酵母属中，当酵母细胞的径间出现横隔之后，就会横向裂开形成两个细胞（图 1-10），同时形成芽痕，然后逐渐在原细胞和新长出的细胞间留下一道环状的疤痕。伸长的母细胞和新生长的细胞随后又裂殖，长出新细胞，这种自我重复的过程，使得原细胞上新的痕圈不断叠加。

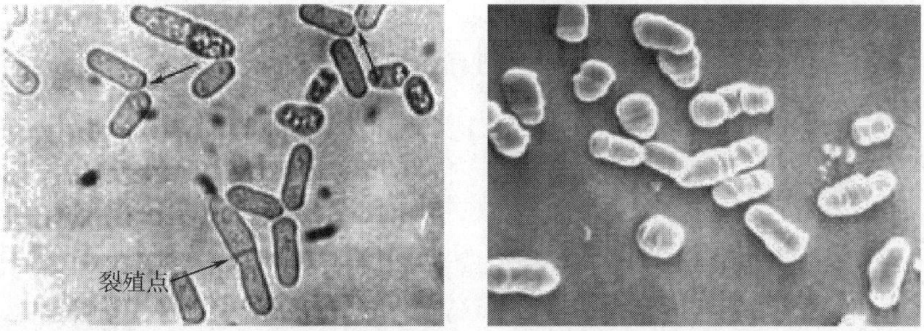

图 1-10　裂殖酵母的裂殖

2. 有性繁殖

酵母菌以形成子囊孢子的方式进行繁殖的过程，称为有性繁殖。此繁殖过程是：首先由两个具有亲和性的单倍体酵母细胞各伸出一根管状原生质体突起，然后吻合成一个接合桥，先行质配，继而进行核配，形成一个双倍体。随后在一定的条件下双倍体细胞成为子囊进行减数分裂，进而分裂成不同数的子核，形成子囊孢子。

不同的酵母菌形成的子囊孢子形状是不同的，如图 1-11 所示。这是酵母菌在分类上的特征之一。

3. 酵母菌的生活史

第一种酵母菌的生活史类型，以酿酒酵母为代表，如图 1-12（1）。在发酵工业中，酿酒酵母是目前最常用的酵母，这种酵母平时一般以双倍体细胞形式存在，以无性的芽殖进行繁殖，它们在产子囊孢子培养基上会形成1~4个子囊孢子，所以会以单倍体细胞的形式存在。在单倍体细胞接触时，它又能经质配和核配重新产生双倍体细胞活动于自然界，这是一种单、双倍体同时存在的酵母。

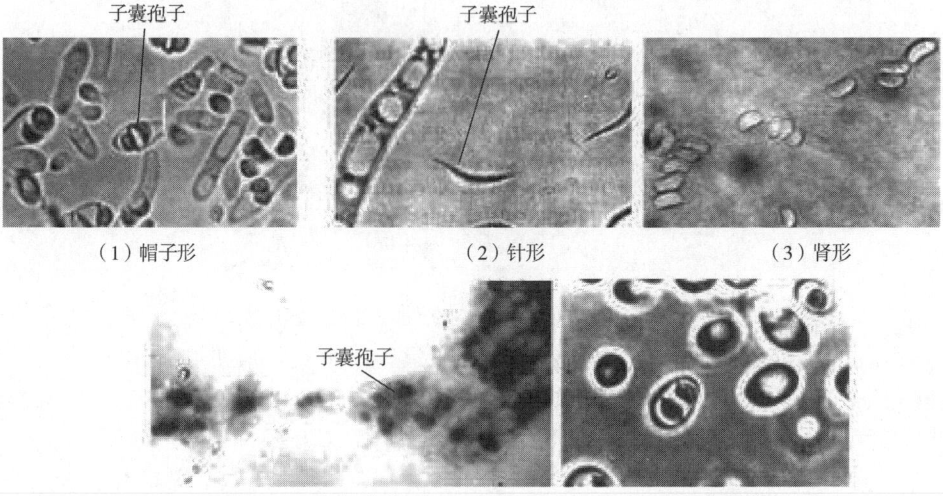

（1）帽子形　（2）针形　（3）肾形　（4）球形　（5）土星形

图1-11　几种典型的子囊孢子

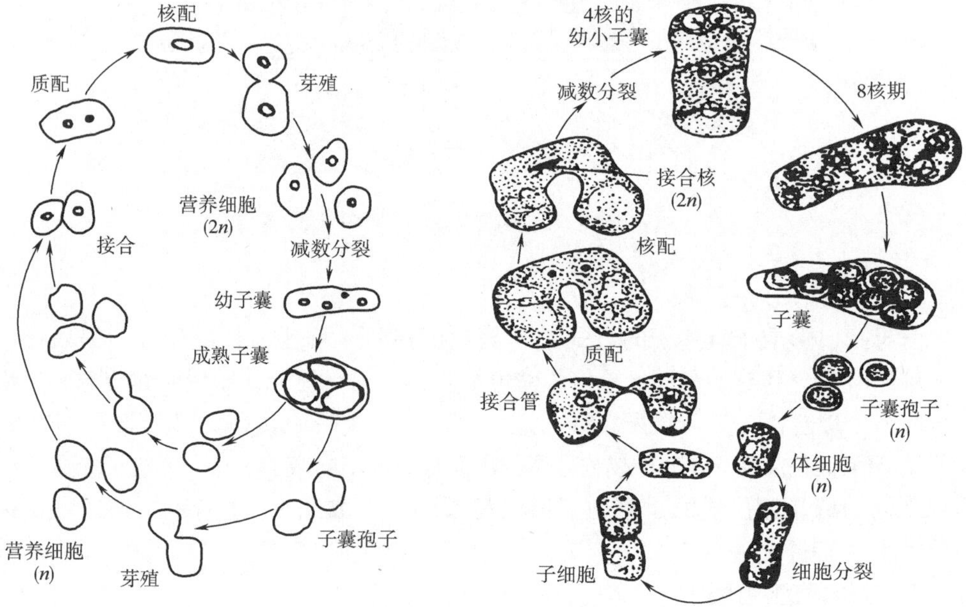

（1）酿酒酵母　（2）八孢裂殖酵母

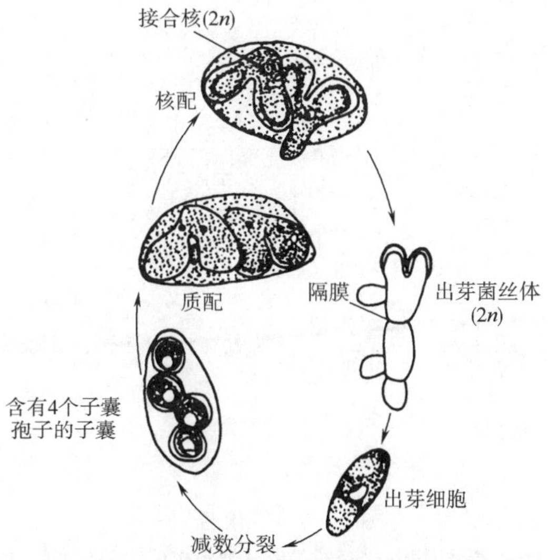

（3）路德类酵母

图 1-12　三种酵母菌的生活史类型

第二种酵母菌的生活史类型，以八孢裂殖酵母为例，这是一种以单倍体的细胞形式存在的生活史，其双倍体世代存在的时间通常很短，仅在两个单倍体细胞和它们的核接合之后，以接合子形式存在，如图 1-12（2）所示。

第三种酵母菌的生活史类型，如路德类酵母，是以双倍体细胞为主要存在形式，子囊孢子在子囊内就成对结合，单倍体形式存在时间很短，如图 1-12（3）所示。

二、 酵母菌的糖代谢

1. 酵母菌的有氧代谢（ 有氧呼吸 ）

有氧代谢是指细胞在氧的参与下，通过多种酶的催化作用，把葡萄糖等有机物彻底氧化分解，产生 CO_2 和水，释放能量，生成大量 ATP 的过程。通常所说的呼吸作用就是指有氧代谢。有氧代谢在细胞质基质和线粒体中进行，且线粒体是细胞进行有氧代谢的主要场所。

（1）第一阶段糖酵解途径　此途径是细胞将葡萄糖转化为丙酮酸的代谢过程。在酵母菌中，糖酵解途径主要包括 EMP 途径（己糖二磷酸途径）和 HMP 途径（己糖磷酸途径）。

①EMP 途径：EMP 途径是酵母菌的主要糖酵解途径，是葡萄糖进行有氧或者无氧代谢的共同代谢途径，这一过程是在细胞质基质中进行的，不需要氧气。EMP 途径是以 1 分子葡萄糖为底物，经耗能和产能两阶段（10 步反应），产生 2 分子丙酮酸和 2 分子 ATP，同时产生 2 分子 NADH（还原型辅酶Ⅰ）的过程(图 1-13)。

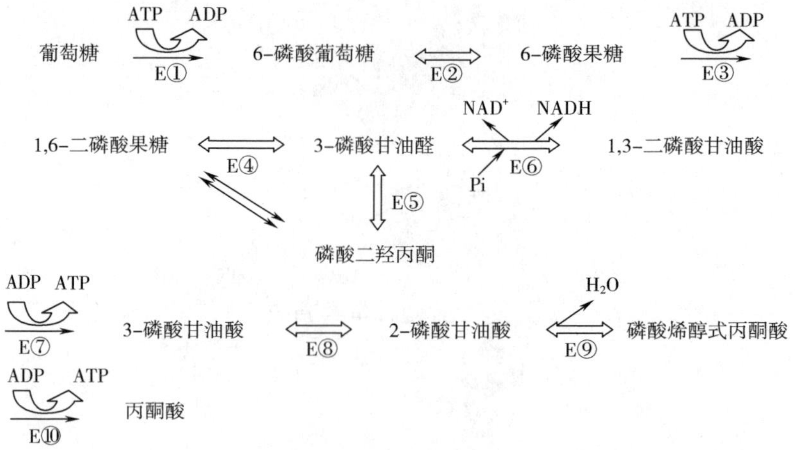

图 1-13 EMP 途径

注：E①为葡萄糖磷酸化：糖酵解第一步反应是由己糖激酶催化葡萄糖的 C6 被磷酸化，形成 6-磷酸葡萄糖。该激酶需要 Mg^{2+} 作为辅助因子，同时消耗一分子 ATP，该反应是不可逆反应。

E②为 6-磷酸葡萄糖异构转化为 6-磷酸果糖：这是一个醛糖-酮糖同分异构化反应，此反应由磷酸己糖异构酶催化醛糖和酮糖的异构转变，需要 Mg^{2+} 参与，该反应可逆。

E③为 6-磷酸果糖磷酸化生成 1,6-二磷酸果糖：此反应是由磷酸果糖激酶催化 6-磷酸果糖磷酸化生成 1,6-二磷酸果糖，消耗了第二个 ATP 分子。

E④为 1,6-二磷酸果糖裂解：在醛缩酶的作用下，使己糖磷酸 1,6-二磷酸果糖 C3 和 C4 之间的键断裂，生成一分子 3-磷酸甘油醛和一分子磷酸二羟丙酮。

E⑤为 3-磷酸甘油醛和磷酸二羟丙酮的相互转换：3-磷酸甘油醛是酵解下一步反应的底物，所以磷酸二羟丙酮需要在丙糖磷酸异构酶的催化下转化为 3-磷酸甘油醛，才能进一步酵解。

E⑥为 3-磷酸甘油醛的氧化：3-磷酸甘油醛在 NAD^+ 和 H_3PO_4 存在下，由 3-磷酸甘油醛脱氢酶催化生成 1,3-二磷酸甘油酸，这一步是酵解中唯一的氧化反应。

E⑦为 1,3-二磷酸甘油酸转变为 3-磷酸甘油酸：在磷酸甘油酸激酶的作用下，将 1,3-二磷酸甘油酸高能磷酰基转移，给 ADP 形成 ATP 和 3-磷酸甘油酸。

E⑧为甘油酸-3-磷酸转变为甘油酸-2-磷酸：在磷酸甘油酸变位酶催化下，甘油酸-3-磷酸分子中 C3 的磷酸基团转移到 C2 上，形成甘油酸-2-磷酸，需要 Mg^{2+} 参与。

E⑨为甘油酸-2-磷酸转变为磷酸烯醇式丙酮酸：在烯醇化酶催化下，甘油酸-2-磷酸脱水，分子内部能量重新分布而生成磷酸烯醇式丙酮酸烯醇磷酸键，这是糖酵解途径中第二种高能磷酸化合物。

E⑩为丙酮酸的生成：在丙酮酸激酶催化下，磷酸烯醇式丙酮酸分子高能磷酸基团转移给 ADP 生成 ATP，是糖酵解途径第二次底物水平磷酸化反应，需要 Mg^{2+} 和 K^+ 参与，反应不可逆。

酵母菌 EMP 途径的作用：供应 ATP 形式的能量和 NADH 形式的还原性化合物，是连接 TCA、HMP 等途径的桥梁，为生物合成提供多种中间代谢物，通过逆向反应进行多糖合成，与乙醇、甘油、丙酮的发酵生产密切相关。反应中生成的辅酶 NADH 不能积存，必须重新氧化为 NAD^+ 后，才能继续反应。NADH 重新氧化的方式随不同的发酵条件而异——酵母菌在无氧条件下，如以乙醛为受氢体，即为酒精发酵；如以磷酸二羟丙酮为受氢体，即为甘油发酵。在有氧条件下，NADH

经呼吸链氧化，同时由电子传递磷酸化生成 ATP，此时 O_2分子为受氢体。

②HMP 途径：HMP 途径是酵母菌的另一条糖酵解途径，但不是主要途径。HMP 途径是从 6-磷酸葡萄糖开始的，一个循环的最终结果是 1 分子 6-磷酸葡萄糖转变成 1 分子 3-磷酸甘油醛、3 分子 CO_2和 6 分子 NADPH。

一般认为 HMP 途径不是产能途径，而是为生物合成提供大量的还原性化合物（NADPH）和中间代谢产物的过程，如 5-磷酸核酮糖是合成核酸、某些辅酶及组氨酸的原料。另外，HMP 途径中产生的 5-磷酸核酮糖，还可以转化为 1,5-二磷酸核酮糖，在羧化酶作用下固定 CO_2具有重要意义。

（2）第二阶段丙酮酸氧化脱羧生成乙酰辅酶 A（乙酰 CoA）。

（3）第三阶段乙酰 CoA 进入三羧酸循环彻底氧化　三羧酸循环，又称柠檬酸循环或者 TCA 循环，是指在有氧条件下，糖酵解途径生成的丙酮酸经一系列反应被彻底氧化生成 CO_2和 H_2O 的过程（图 1-14）。TCA 循环之所以重要在于它

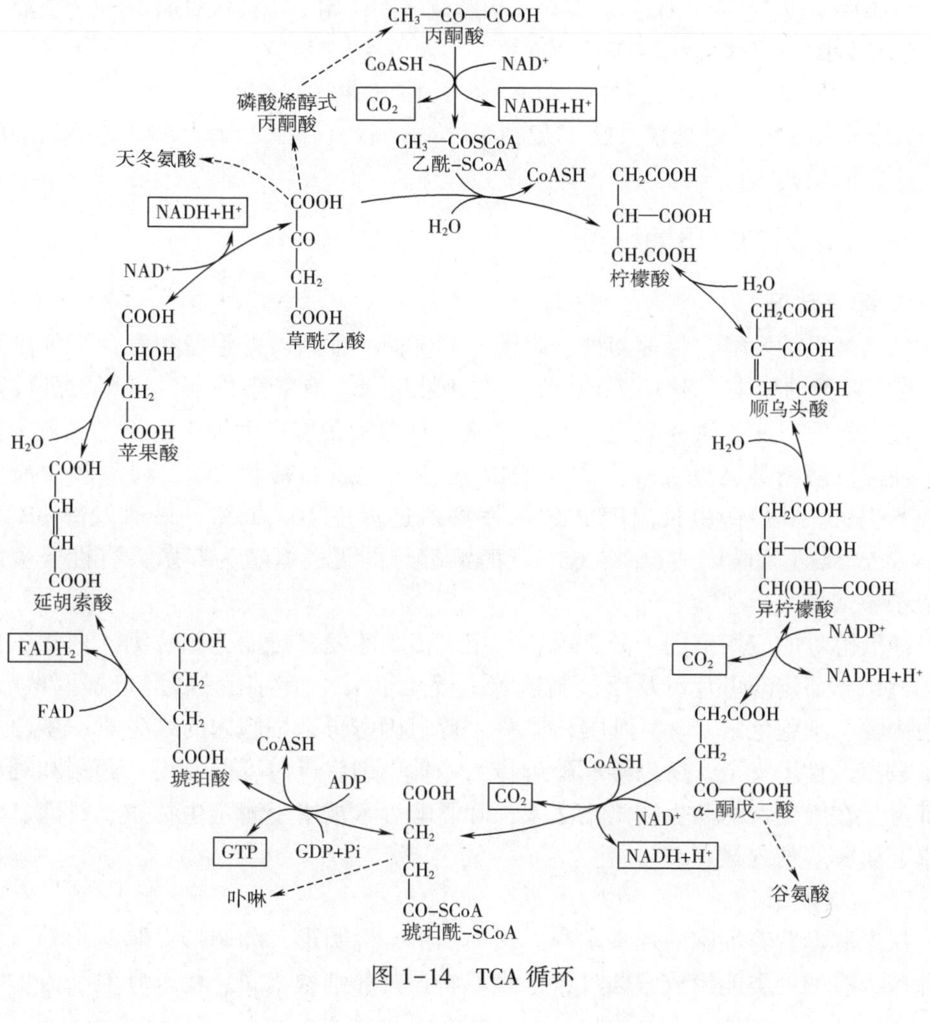

图 1-14　TCA 循环

不仅为生命活动提供能量，而且还是联系糖、脂、蛋白质三大物质代谢的纽带；TCA 循环所产生的多种中间产物是生物体内许多重要物质生物合成的原料；在细胞迅速生长时期，TCA 循环可提供多种化合物的碳骨架，以供细胞生物合成使用。发酵工业上利用 TCA 循环生产各种代谢产物。

2. 酵母菌的无氧代谢（无氧呼吸）

无氧代谢是指在无氧条件下，通过酶的催化作用，细胞把糖类等有机物分解成为不彻底的氧化产物，同时释放出少量能量的过程。通常所说的发酵作用就是指无氧代谢。无氧代谢发生在细胞质基质中，不需要氧气的参与。

（1）第一阶段：糖酵解途径　即一分子的葡萄糖分解成两分子的丙酮酸。与有氧呼吸的第一阶段完全相同。

（2）第二阶段：酒精发酵　酵母菌的酒精发酵又称为乙醇发酵，它是酵母菌的正常、典型、常见发酵形式，是指在无氧条件下，酵母菌中的丙酮酸脱羧酶氧化丙酮酸脱羧生成乙醛和 CO_2，乙醛在乙醇脱氢酶的作用下，被 NADH 还原为乙醇。

酒精发酵总反应式如下所示：

$$C_6H_{12}O_6+2Pi+2ADP \longrightarrow 2C_2H_5OH+2CO_2+2ATP$$

1 分子葡萄糖经过酒精发酵（包括糖酵解）后，产生 2 分子 ATP（第二阶段并不产生能量）。

三、常见的酵母菌种类

1. 酿酒酵母

酿酒酵母能发酵包括葡萄糖、果糖、半乳糖、蔗糖、麦芽糖和麦芽三糖以及 1/3 的棉籽糖的糖类，不分解蛋白质。在兼性厌氧、有氧条件下，将可发酵性糖类通过有氧呼吸作用彻底氧化为 CO_2 和水，释放大量能量供细胞生长。无氧条件下，使可发酵糖类通过发酵作用（EMP 途径）生成酒精和 CO_2，释放较少能量供细胞生长。其最适生长温度 25℃，发酵最适温度 10~25℃。最适发酵 pH 为 4.5~6.5。真正发酵度达 60%~65%。酿酒酵母的无性繁殖为芽殖，有性繁殖能形成子囊孢子。

酿酒酵母的应用范围十分广泛，常用于传统的发酵行业，如啤酒、白酒、果酒、酒精、药用酵母片以及面包制造等。近几年来，还利用酿酒酵母提取核酸、麦角固醇、细胞色素 C、凝血质和辅酶 A 等。因酵母菌细胞内的维生素、蛋白质含量较高，食用安全，所以酿酒酵母作为一种单细胞蛋白可作食用、药用和饲料用酵母。在维生素的微生物测定法中，啤酒酵母常被用于测定生物素、泛酸、硫胺素、肌醇等的含量。

2. 汉逊酵母

汉逊酵母营养细胞的形态多样，多为圆形、椭圆形、卵圆形、腊肠形等。多边芽殖，有的种类能形成假菌丝，子囊形状与营养细胞相同。其子囊孢子为 1~4

个，形状为帽形、土星形、圆形、半圆形，表面光滑。汉逊酵母多能产生乙酸乙酯，从而增加产品香味，可用于酿酒和食品工业。但因能利用酒精作碳源，使饮料表面产生干皱的菌醭，所以又是酒精生产的有害菌。

3. 球拟酵母

球拟酵母属与假丝酵母属同属隐球酵母科，细胞呈球形、卵形或略长形，生殖方式为多边出芽繁殖。在麦汁斜面上菌落为乳白色，表面褶皱，无光泽，边缘整齐或不整齐。无假菌丝，无色素，能进行酒精发酵。但酒精发酵能力较弱，能产生乙酸乙酯（因菌种而异），可增加白酒和酱油的风味。有些菌种能产生甘油等多元醇。在适宜条件下能将 40%的糖转化为多元醇。其代表菌种为白色球拟酵母，广泛存在于自然界中，能发酵甘油。

4. 假丝酵母

假丝酵母细胞呈圆形、卵形或长形。多边出芽繁殖，能形成假菌丝，故名假丝酵母。在麦汁琼脂培养基上菌落为乳白色，平滑，有光泽，边缘整齐或为菌丝状。液体培养能形成浮膜。假丝酵母能发酵葡萄糖、蔗糖、棉籽糖，不能发酵麦芽糖、半乳糖、乳糖、蜜二糖等。不分解脂肪，能同化硝酸盐。假丝酵母的蛋白质和维生素 B 含量都比啤酒酵母高。它能以尿素和硝酸盐作氮源，在培养基中不加其他因子即可生长。它能利用造纸工业中的亚硫酸废液，也能利用糖蜜、马铃薯淀粉和木材水解液等。因此假丝酵母常用来处理工业和农副产品加工业的废弃物，生产可食用的蛋白质，在综合利用中很有价值。假丝酵母属中有的菌能转化 50%的糖成为甘油。假丝酵母也是生产脂肪酶的菌种，在工业上可用于绢纺原料的脱脂。

任务四 发酵食品与霉菌

发酵食品与霉菌

霉菌在食品加工工业中用途十分广泛，许多发酵食品、食品原料的制造，如豆腐乳、豆豉、酱、酱油、柠檬酸等都是在霉菌的参与下生产加工出来的。绝大多数霉菌能把加工所用原料中的淀粉、糖类等碳水化合物，蛋白质等含氮化合物及其他种类的化合物进行转化，制造出多种多样的食品、调味品及食品添加剂。不过，在许多食品制造中，除了利用霉菌以外，还要有细菌、酵母的共同作用才能完成。在食品酿造业中，常以淀粉质为主要原料，只有利用霉菌将淀粉转化为糖后才能被酵母菌及细菌利用。

1. 霉菌的概念

霉菌不是分类学上的名词，是丝状真菌的统称。能在营养基质上形成绒毛状、网状或絮状菌丝体的真菌（除少数外），统称为霉菌。

2. 霉菌的特点

（1）在自然界中分布广，种类和数量多。

（2）能分解各种复杂的有机物，如纤维素、半纤维素和木质素。

（3）一般情况下，霉菌在潮湿的环境下易生长，特别是在偏酸性的基质当中。

3. 霉菌的形态、结构和菌落特征

霉菌的菌体由分枝或不分枝的菌丝构成，许多分枝菌丝相互交织在一起构成菌丝体，菌丝直径为2~10μm。

霉菌的菌落大、疏松、干燥、不透明，有的呈绒毛状、絮状或网状等，菌体可沿培养基表面蔓延生长。不同的真菌孢子含有不同的色素，所以菌落可呈现红、黄、绿、青绿、青灰、黑、白、灰等多种颜色。

4. 霉菌的代表属

（1）毛霉属（*Mucor*） 毛霉在分类系统中属于接合菌纲、毛霉目，广泛分布于土壤、空气中，也常见于水果、蔬菜及各类淀粉食物、谷物上，引起霉腐变质。其特征是：菌丝发达、繁密，为白色、无隔多核菌丝，为单细胞真菌。菌落蔓延性强，多呈棉絮状分布，如图1-15所示。

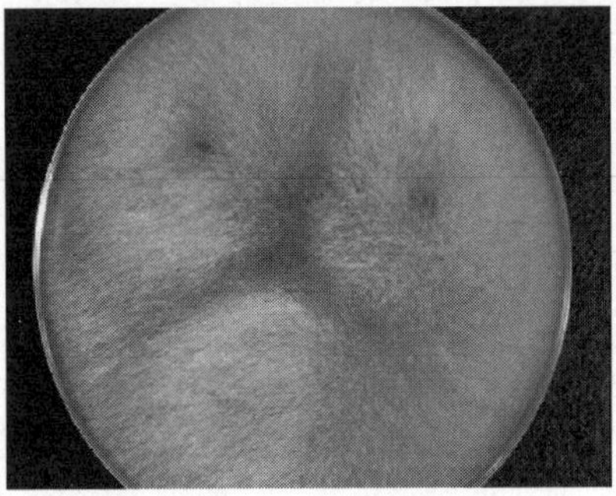

图1-15　毛霉属菌落

代表种：高大毛霉、总状毛霉和梨形毛霉。

毛霉能产生蛋白酶，具有很强的蛋白质分解能力，多用于制作腐乳、豆豉等。有的可产生淀粉酶，把淀粉转化为糖，在工业上常用作糖化菌或生产淀粉酶。有些毛霉还能产生柠檬酸、草酸等有机酸，有的也可用于甾体转化。

（2）根霉属（*Rhizopus*） 根霉属分布于土壤、空气中，常见于淀粉食品上，可引起霉腐变质和水果、蔬菜的腐烂。其形态特征与毛霉相似，菌丝也为白色、无隔多核的单细胞真菌，多呈絮状。主要区别在于根霉有假根和匍匐枝，与假根相对处向上生出孢子囊梗。孢子囊梗与囊轴相连处有囊托，无囊领，如图1-16所示。

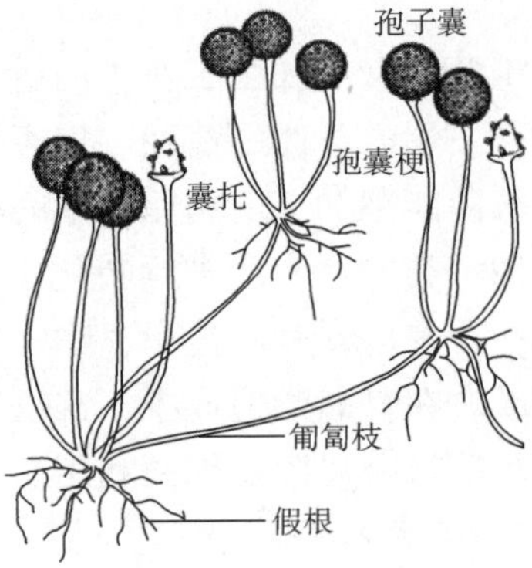

图1-16　根霉的假根和匍匐枝

代表种：米根霉（*R. oryzae*）、黑根霉（*R. nigricans*）等。

根霉能产生一些酶类，如淀粉酶、果胶酶、脂肪酶等，是生产这些酶类的菌种。在酿酒工业上常用于糖化菌。有些根霉还能产生乳酸、延胡索酸等有机酸。有的也可用于甾体转化。

（3）曲霉属（*Aspergillus*） 曲霉多数属于子囊菌亚门，少数属于半知菌亚门，广泛分布于土壤、空气和谷物上，可引起食物、谷物和果蔬的霉腐变质，有的可产生致癌性的黄曲霉毒素。其形态特征是：菌丝发达，多分枝，有隔多核的多细胞真菌。分生孢子梗由特化了厚壁而膨大的菌丝细胞（足细胞）上垂直生出，分生孢子头状如菊花（图 1–17）。

图 1–17 曲霉的分生孢子头

代表种：黑曲霉（*Asp. niger*）、黄曲霉（*Asp. flavus*）。

曲霉是制酱、酿酒、制醋的主要菌种，是生产酶制剂（蛋白酶、淀粉酶、果胶酶）的菌种，可生产有机酸（如柠檬酸、葡萄糖酸等），农业上用于生产糖化饲料的菌种。

（4）青霉属（*Penicillum*） 青霉多数属于子囊菌亚门，少数属于半知菌亚门，广泛分布于土壤、空气、粮食和水果上，可引起病害或霉腐变质。其形态特征与曲霉类似，菌丝也是由有隔多核的多细胞构成。但青霉无足细胞，分生孢子梗从基内菌丝或气生菌丝上生出，有横隔，顶端生有扫帚状的分生孢子头，分生孢子多呈蓝绿色（图 1–18）。扫帚枝有单轮、双轮和多轮，对称或不对称。

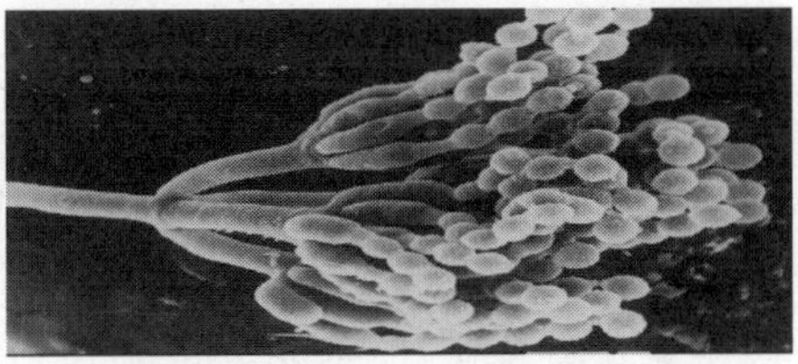

图 1–18 青霉的分生孢子头

代表种：产黄青霉（*Pen. chrysogenum*）、展青霉（*Pen. patulum*）等。

青霉属是生产抗生素的重要菌种，如产黄青霉和点青霉都能生产青霉素。除此之外还能生产有机酸，如葡萄糖酸、柠檬酸等。青霉菌落如图 1–19 所示。

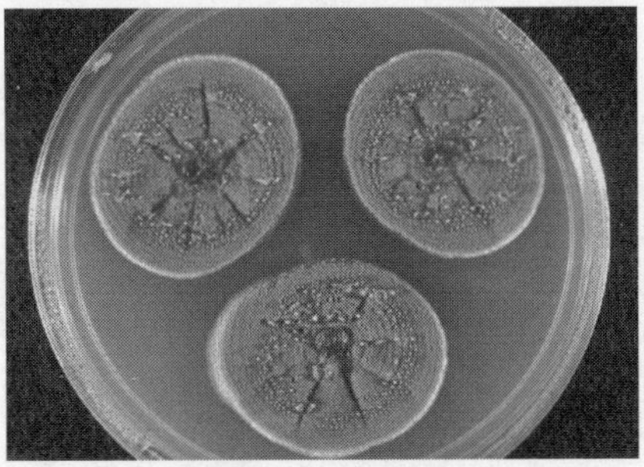

图 1–19 青霉菌落

拓展阅读

在我国，当祖先们还不知道微生物是何物的时候，就已经娴熟地把它们应用于馒头、包子、黄酒、乳酪、豆豉、腌菜、腊肉等各类传统发酵食品的制作中了。这些美食养育中华儿女的同时，也满足着人们的味蕾，形成了独特的东方饮食文化并传承至今。

1. 我国传统面食是“蒸煮”文化

自古以来，我国加工食物的器物组合群就是以蒸煮功能为主，也就是典型的东方“蒸煮”文化。其中，蒸饼就是将磨面制饼和蒸煮技法相结合的范例。在河南密县打虎亭东汉墓葬发现的大蒸笼就是最初蒸饼的场景，但当时的蒸饼可能还不是发酵面食，因为没有更多相关证据证实发酵面食在这个时期出现。

到西晋时期，明确出现了发酵面食的记载：何曾对发酵面食有极高的要求，即“蒸饼上不坼十字不食”。显然，这时的发酵面食已经非常讲究和成熟。因此，我国发酵面食的出现应该是在东汉末至西晋的这一段时间内。其后，《齐书》中出现了“面起饼”的相关记载，则是典型的发酵面食。

2. 小麦的普及让面食发酵做法兴起

到了宋代，随着小麦在北方的持续推广和普及，发酵面食也逐渐兴起。宋金以后，在我国北方地区粟黍逐步被小麦完全取代，利用蕴含着多种微生物的酸面团（老面、酵子或酵头）发酵制成的发酵食品，如馒头、包子、发面饼等，逐步成为人们食物结构中不可或缺的主食，也成为北方化食物的典型标识。

3. 传统发酵食品隐藏保健益生菌种

传统发酵食品中蕴含着丰富的微生物资源，不仅丰富了食物的种类，也隐藏着大量具有益生保健功能的菌种，提高了传统发酵食品的色、香、味及保健作用。随着人们生活水平的提高，现代人的饮食结构逐渐趋向社会化转型，消费者在追求主食方便、快捷的同时，也要求主食保留有更多的传统风味，这是人们对美好生活向往的需求之一。我们采用现代科学技术手段，对我国传统发酵食品中丰富的微生物资源进行开发及保护，是现代食品科技工作者的责任与使命。

习题

一、填空题

1. 发酵食品是人类巧妙利用__________加工制造的一类食品，具有独特的风味。

2. 广义的发酵工程是指一切利用__________进行生产或加工的过程。

二、选择题（可多选）

1. 通过发酵抑制腐败菌和一般病原菌生长的机制有（　　）。

A. 低 pH　　B. 高酒精度

C. 高盐浓度　　D. 菌体抑制

2. 主要用来发酵产酶的工具菌是（　　）。

A. 乳酸菌　　B. 醋酸菌

C. 枯草芽孢杆菌　　D. 谷氨酸棒状杆菌

3. 会形成二倍体子囊的是（　　）。

A. 出芽生殖　　B. 裂殖

C. 子囊孢子繁殖

4. 常用来制酱的微生物，主要依靠的工具酶是（　　）。

A. 淀粉酶　　B. 蛋白酶

C. 脂肪酶　　D. 果胶酶

5. 乳酸菌的特征有（　　）。

A. 革兰氏染色阴性　　B. 微需氧

C. 产生芽孢　　D. 主要代谢产物为乳酸

6. 醋酸菌的特征有（　　）。

A. 椭圆至杆状　　B. 革兰氏染色阴性

C. 化能异养　　D. 厌氧

7. 生产抗生素的是（　　）。

A. 毛霉　　B. 根霉

C. 曲霉　　D. 青霉

8. 酵母形成次级代谢产物的过程是（　　）。

A. 有氧呼吸过程　　B. 无氧呼吸过程

9. 属于同型乳酸发酵的有（　　）。

A. 保加利亚乳杆菌　　B. 双歧杆菌

C. 嗜热链球菌　　D. 短乳杆菌

三、判断题

1. 假丝酵母因形成和菌丝一样的假菌丝，因此也属于霉菌。（　　）

2. 霉菌一词是生物分类学名词。（　　）

项目二 固态发酵食醋生产技术

【知识目标】

1. 掌握食醋生产原料的选择及处理方法。
2. 掌握糖化发酵剂的作用。
3. 掌握传统固态发酵食醋生产工艺及控制技术。
4. 掌握食醋常见的质量问题及质量标准。

【技能目标】

1. 掌握食醋的固态发酵操作。
2. 掌握检验食醋质量问题的方法。

【素质目标】

1. 了解中国传统发酵产品，领略中国饮食的精髓与魅力，培养学生的民族自豪感。
2. 提高学生对食物营养及安全的认知，促进健康饮食文化的普及，弘扬中华优秀饮食文化，推动全民健康事业的发展，助力“健康中国”目标落实。
3. 通过食醋酿制历史的介绍，培养学生弘扬传统，厚德精技的精神。

食醋是一种国际性的酸性调味品。我国自周朝开始酿醋，已有 2500 年以上的历史。在长期的食醋生产中，形成了具有独特风味的诸多名醋，如山西陈醋、镇江香醋、北京熏醋、上海米醋、四川麸醋、江浙玫瑰醋、福建红曲醋等。这些醋风味各异，远销国内外，深受欢迎。食醋可分为酿造醋、合成醋、再制醋三大类，其中产量最大、与我们关系最为密切的是酿造醋。它是用粮食等为原料，经微生物制曲、糖化、酒精发酵、醋酸发酵等阶段酿制而成。除主要成分醋酸外，还含有各种氨基酸、有机酸、糖类、维生素、醇和酯等营养成分及风味成分，具有独特的色、香、味、体，是调味佳品，经常食用对健康也有益。合成醋，是用化学方法合成的醋酸配制而成，缺乏发酵调味品的风味，质量不佳。再制醋是以酿造醋为基料，经进一步加工制成，如五香醋、蒜醋、姜醋、固体醋等。近年来，人们对食醋的保健功能及美容作用有了更多的认识，开发出了绿色食醋、健身醋等特殊醋，醋饮料也相继出现，并受到消费者的欢迎。

任务一 食醋生产原料及处理

一、制醋原料

制醋原料按照工艺要求一般可以分为主料、辅料、填充料和添加剂四大类。

1. 主料

制醋的主要原料是能通过微生物发酵被转化而生成的食醋的主要成分——醋酸的原料，一般是含糖、淀粉、酒精三种主要化学成分的物质，如谷物、薯类、果蔬、糖蜜、酒精、酒糟以及野生植物等。我国目前多以含淀粉的粮食作为制醋的基本原料，因此，酿醋主料一般是指粮食。粮食原料中淀粉含量丰富，还含有蛋白质、脂肪、纤维素、维生素和矿物质等成分。江南地区习惯上以大米为酿醋主料，长江以北则采用高粱、甘薯、小米、玉米为主料，东北地区以酒精、白酒为主料酿醋的较多。

2. 辅料

酿醋需要大量的辅助原料，一般使用谷糠、麸皮或豆粕作辅料。它们不仅含有一定量的碳水化合物，还含有丰富的蛋白质和矿物质，为酿醋用微生物提供营养物质，并增加成醋的糖分和氨基酸含量，形成食醋的色、香、味成分。

3. 填充料

固态发酵法制醋及速酿法制醋都需要填充料，其主要作用是疏松醋醅，积存和流通空气，有利于醋酸菌的好氧发酵。固态发酵法制醋一般使用粗谷糠（即砻糠）、小米壳、高粱壳等。速酿法制醋常以木刨花、玉米芯、木炭、瓷料等作为固定化载体。对填充料的要求是：疏松，有适当的硬度和惰性，没有异味，表面积大。

4. 添加剂

（1）食盐　醋醅发酵成熟后，需及时加入食盐以抑制醋酸菌，防止醋酸菌将醋酸分解，同时，食盐还起到调和食醋风味的作用。

（2）砂糖、香辛料　砂糖和香辛料能增加成醋的甜味，并赋予食醋特殊的风味。

（3）炒米色　炒米色能增加成醋色泽及香气。由于添加剂能不同程度地提高固形物在食醋中的含量，因此，它们不仅能改进食醋的色泽和风味，而且能改善食醋的体态。

二、主要原料的选择和分类

食醋是人们生活中不可或缺的调味品，也是世界上用途最为广泛的酸性调味品，结合各自的历史、物产和文化等，每个国家和地区都有各自独特的食醋产品，其中，欧美、非洲等地区多采用苹果、葡萄等水果为原料生产果醋，如意大利的香脂醋、西班牙的雪莉醋等，而东亚地区更多采用大米、高粱等谷物为原料，如中国、日本的谷物醋。比较著名的中国传统食醋有：山西老陈醋、镇江香醋、保宁麸醋、福建永春老醋、天津独流老醋、浙江玫瑰醋、贵州晒醋、北京龙门米醋、岐山醋、台湾黑醋等。与日本、韩国等国家的谷物醋相比，中国谷物醋由于酿造原料组成多样，工艺复杂，其风味与营养物质组成也非常丰富。

原则上，凡含有淀粉质、糖或酒精等可发酵性成分的物质，都可以被选为酿醋原料。此外，为适合工业生产，还应考虑下列要求：原料价格低，可发酵性成分的含量高，原料不易霉烂、不易变质、资源丰富、产地近、容易贮藏。目前，酿醋用的主要原料有：①薯类：甘薯、马铃薯等；②粮谷类：高粱、玉米、大米（糯米、粳米、籼米）、小米、青稞、大麦、小麦等；③粮食加工下脚料：如碎米、麸皮、细谷糠、高粱糠等；④野生植物：橡子、菊芋等；⑤果蔬类：李子、红枣、葡萄、番茄等；⑥其他：糖糟、酒糟、糖蜜等。

1. 高粱

高粱的淀粉含量高，淀粉是以颗粒形式集中在高粱籽粒的胚乳细胞内，另外，高粱的维生素含量也较丰富，且蒸熟后疏松、不发黏，是酿醋的良好原料。

2. 大米

大米是制醋主料。大米淀粉含量为70%~75%，这些淀粉也是以颗粒形式存在于胚乳细胞内的。糯米含支链淀粉多，黏度大，糖化速度缓慢，用于制醋时因残留糊精和低聚糖较多，使成醋的口味浓甜，风味佳，所以常被用于酿造名牌香醋的原料。碎米是稻谷加工中的副产品，占产米量的6%左右，其化学组成与整粒米相似，生产上为了降低成本，多利用碎米制醋。

3. 甘薯

甘薯淀粉含量高，可溶性糖分含量达到2%~4%，而粗纤维、蛋白质、脂肪含量低。甘薯淀粉纯度高、颗粒大、易糊化，糖化率和酒精生成率均较高。甘薯是高产作物，价格低廉，因此是一种良好的制醋原料。但是甘薯制成的醋，有严重的薯干味，且不易除去，影响食醋的风味；同时，甘薯中果胶含量较高，蒸煮过程中易生成甲醇，因此使用甘薯制醋应慎重。

4. 玉米

玉米含淀粉约61%，一般黄玉米较白玉米高，因此黄玉米更适合酿醋。玉米含有丰富的脂肪，主要集中在胚芽中，因此作酿醋用的玉米应预先除去胚芽，将脂肪含量降至15%以下。另外，玉米的淀粉结构紧密，难以蒸煮糊化，用玉米酿醋时，必须延长蒸煮糊化时间。制醋常用原料的各成分含量如表2-1所示。

表 2-1　制醋常用原料的各成分含量　单位:%

原料	淀粉	蛋白质	脂肪	纤维素	灰分	单宁	水分
糯米	69~73	5~8	2.4~3.2	0.5~1	0.8~1	—	13~15
大米	72~75	7~10	0.1~1.3	1.5~1.8	0.4~1.2	—	12~14
高粱	62~68	8~15	3~5	1~3	1.5~3	0.2~4.2	10~14
玉米	62~70	8~16	3~5.9	1.5~3.5	1.2~2.6	—	11~19
大麦	58~65	12~18	1.8~3.7	1.8~9	1.5~5	0.1	10~12
甘薯干	65~75	6	0.5	1.4	2.4	—	12
马铃薯干	68.5	3.8	—	2.3	3	—	12.8
木薯干	67~72	3~9.5	0.9~1.3	—	2	—	14.0

5. 其他原料

（1）江浙玫瑰米醋原料——籼米　目前江浙一带酿醋原料大都是籼米。籼米呈细长形，黏性弱，胀性大，分早籼和晚籼，江浙醋多以早籼为原料。籼米主要成分为水分 11%，蛋白质 8.2%，脂肪 23%，碳水化合物 74.5%，粗纤维 1.1%，灰分 1.33%。用籼米酿制玫瑰米醋，颜色呈玫瑰红，透明，香气醇正，口味酸而柔和，略带甜味。

（2）镇江香醋原料——糯米　糯稻以江苏、浙江、四川为最多。糯米是以糯性稻谷加工成米，分籼糯和粳糯两种。籼糯呈长椭圆形或细长形，乳白色，不透明或半透明；粳糯为椭圆形，乳白色，不透明，黏性大。糯米主要成分：水分 14.3%，蛋白质 8.5%，脂肪 3.2%，碳水化合物 72.1%，粗纤维 1.0%，灰分 0.9%。

（3）四川麸醋原料——麸皮　麸皮是四川麸醋的主要原料，其是小麦制面粉时的副产品。

（4）山西老陈醋和熏醋原料——高粱　著名的山西陈醋就是以高粱为主要原料，经磨碎、蒸熟后，加入大量大曲糖化剂，采用低温糖化及酒精发酵。酒醪拌入大量谷糠、麸皮，进行固态发酵制成。其周期稍长，质量好。另外，熏醋也是以高粱为主料，麸皮、谷糠为辅料，采用固体发酵工艺生产。熏醋色泽黑褐，挥发性酸味少，上口酸而柔和，也是山西名醋。

（5）白醋原料——米酒　白醋以福建白米醋、丹东白醋最为著名。福建白米醋以大米为原料，用传统工艺生产，先酿成米酒，再添加醋母，天然发酵。

（6）制醋的重要辅料——薏苡仁　薏苡仁又名薏苡，又名珠珠米。

三、原料处理

1. 去除杂质

制醋原料多为植物原料，在收割、采集和储运过程中，往往会混入泥石、金属之类杂物，如不去除干净，将损坏机械设备等。带皮壳的原料，因皮壳会降低设备利用率，堵塞管线，而且皮壳也不能被一般微生物利用，故应在粉碎之前将皮壳去除。进厂原料要经过检验，不合格的原料不能用于生产。在投入生产之前，谷物原料多采用分选机处理，在分选机中将原料中的尘土和轻质夹杂物吹出，并经过几层筛网把谷粒筛选出来。鲜薯要经洗涤除去表面附着的沙土，洗涤薯类多用搅拌棒式洗涤机。

2. 粉碎与水磨

为了扩大原料同微生物酶的接触面积，使有效成分被充分利用，在大多数情况下，应先将粮食原料粉碎，然后进行蒸煮、糖化。采用酶法液化通风回流制醋工艺时，要先用水磨法粉碎原料，使淀粉更容易被酶水解，并可避免粉尘飞扬。原料粉碎的常用设备是锤式粉碎机、刀片轧碎机、钢磨。

3. 原料蒸煮

酿醋按糖化方法可分为煮料发酵、蒸料发酵、生料发酵、酶法液化发酵四种方法。除生料发酵法原料不蒸煮外，其余三种方法都要进行原料蒸煮。粉碎后的淀粉质原料，润水后在高温条件下蒸煮，使植物组织细胞破裂，细胞中淀粉被释放出来，由于吸水膨胀和高温条件，淀粉由颗粒状转变为溶胶状态，这个变化过程称为淀粉的糊化。淀粉糊化后，在糖化时更易被淀粉酶水解。蒸煮的另一个作用是高温杀灭原料中的杂菌，减少酿醋过程中杂菌污染的机会。

考虑到要破坏植物细胞壁，使淀粉颗粒完全从植物细胞内释放出来以及对原料的灭菌作用，生产上原料蒸煮温度都在100℃及以上。

在考虑原料的处理时，要注意可持续发展，指既能满足当代人的需要，又不对后代人满足其需要的能力构成危害的发展。2002年，十六大把“可持续发展能力不断增强”作为全面建设小康社会的目标之一。在关注食品质量安全的同时，也需关注资源、产品生命周期和环境对人类生存的影响。

任务二 糖化发酵剂

一、 糖化剂

淀粉质原料酿制食醋，必须经过糖化、酒精发酵和醋酸发酵三个生化阶段。把淀粉转变成为发酵性糖所用的催化剂称为糖化剂，糖化剂主要有大曲、小曲、麸曲、红曲、液体曲等几种。

（一）大曲

1. 特点

大曲包含的微生物以根霉、毛霉、曲霉和酵母菌为主，并有大量的其他野生菌混杂其中。由于菌类多，分泌的酶种类也多，这些酶在酿醋过程中催化生成不同的风味成分，对提高醋的风味有益。大曲的糖化能力是依靠制曲时霉菌分泌的淀粉酶对淀粉进行水解。大曲中还含有多种酵母菌，具有酒精发酵和产酯能力。制造大曲的季节一般以春末夏初到中秋节前后最合适。大曲的制备工艺繁杂，淀粉利用率低，生产周期长，但便于保管和运输，酿成的食醋风味好。

2. 类型

根据制曲过程中控制的最高温度不同，可将大曲分为高温曲（制曲过程中最高温度60℃以上）和中温曲（最高品温不超过50℃）两种类型。高温曲和中温曲相比，前者含水量低、淀粉含量低，糖化力和液化力也较低。

3. 高温曲制备

（1）工艺流程　如图 2-1 所示。

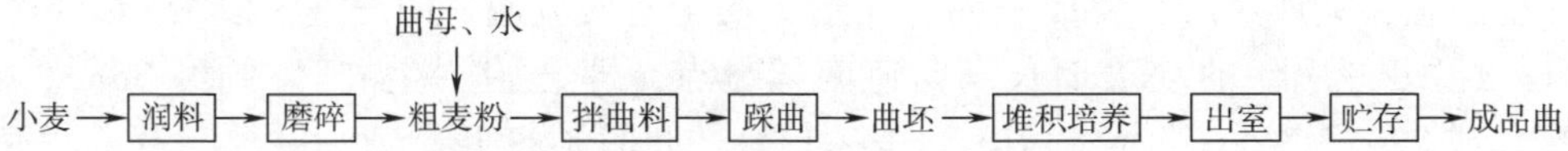

图 2-1　高温曲制备工艺流程

（2）操作要点

①在原料小麦中加入 5%~10%的水进行润料，经 3~4h 后进行粉碎，要求成片状，未通过 0.95mm（20 目）筛的粗粒及麦皮占 50%~60%，通过 0.95mm 筛的细粉占 40%~50%。

②按麦粉的质量加入 37%~40%的水和 4%~5%（夏季）或 5%~8%（冬季）的曲母进行拌料，拌和均匀。

③将曲料用踩曲机（或人工踩曲）压成砖块状的曲坯，要求松而不散。

④将曲坯移入有 15cm 高度垫草的曲房内，三横三竖相间排列，坯之间隔留 2cm，用草隔开。排满一层后，在曲上铺 7cm 稻草后再排第二层曲坯，堆曲高度以 4~5 层为宜。最后在曲坯上盖上乱稻草，以利保温保湿，并常对盖草洒水。堆曲后一般经过 5~6d（夏季）或 7~9d（冬季）培养，曲坯内部温度可达 60℃以上，表面长出霉衣，此时进行第一次翻曲，此次翻曲至关重要，应严格掌握翻曲时间。第一次翻曲后再经 7d 培养，进行第二次翻曲。第一次翻曲后 15d 左右可略开门窗，促进换气。40~50d 后，曲温降至室温，曲块接近干燥，即可拆曲出房。

⑤成品曲有黄、白、黑三种颜色，以黄色为佳，其酱香浓郁，再经3~4月的

贮存即成陈曲，备用。

4. 中温曲制备

（1）工艺流程　如图 2-2 所示。

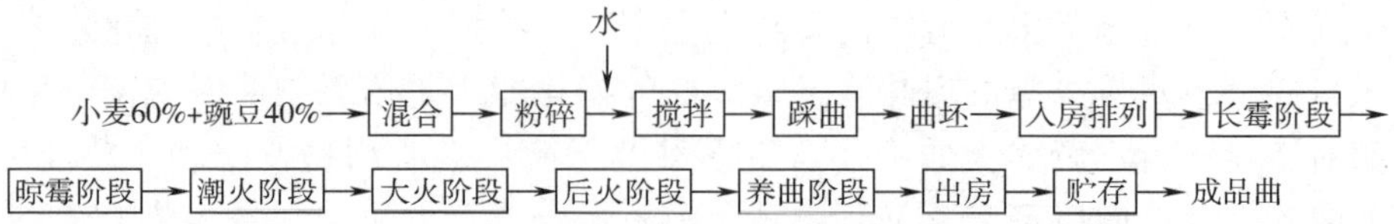

图 2-2　中温曲制备工艺流程

（2）操作要点

①将大麦 60%和豌豆 40%（按质量）混合后粉碎，要求通过 20 目筛孔的细粉占 20%（冬季）或 30%（夏季）。

②将粉碎的混合粉加水拌料，使含水量达 36%~38%，用踩曲机将其压成每块重为 3.2~3.5kg 的曲坯。

③将曲坯移入铺有垫草的曲房，排列成行。每层曲坯上放置竹竿，其上再放一层曲坯，共放 3 层，使成“品”字形，便于空气流通。曲房室温以 15~20℃为宜。经 1d 左右，曲坯表面长满白色菌丝斑点，即开始“生衣”。约经 36h（夏季）或 72h（冬季），品温可升至 38~39℃，此时须打开门窗，并揭盖翻曲，每天一次，以降低曲坯的水分和温度，称为“晾霉”。经 2~3d 后，封闭门窗，进入“潮火阶段”。当品温又上升到 36~38℃时，再次翻曲，并每日开窗放潮两次，需 4~5d。当品温继续上升至 45~46℃时，即进入“大火阶段”，在 45~46℃条件下维持 7~8d，此时期最高品温不得超过 48℃，需每天翻曲一次。大火阶段结束，已有 50%~70%的曲块成熟，之后进入“后火阶段”，曲坯日渐干燥，品温降至 32~33℃，经 3~5d 后进入“养曲阶段”，品温在 28~30℃，使曲心水分蒸发，待基本干燥后即可出房使用。

（二）小曲

1. 特点

小曲以米粉、碎米或米糠为主要原料，添加或不添加中草药，接入纯种酵母、根霉或曲母培养而成。小曲的分类有药小曲、无药白曲、无药糠曲、酒曲饼等。小曲中的主要微生物是根霉和酵母菌，根霉不仅糖化酶丰富，而且有一定的酒化酶能力。小曲对原料的选择性强，适用于糯米、大米、高粱等酿醋原料，而对薯类及野生植物原料的适应性较差。

2. 药小曲制备

（1）工艺流程　如图 2-3 所示。

（2）操作要点

①制酒药坯的米粉用量为 15kg，裹粉的米粉用量为 5kg，药粉用量为制酒药

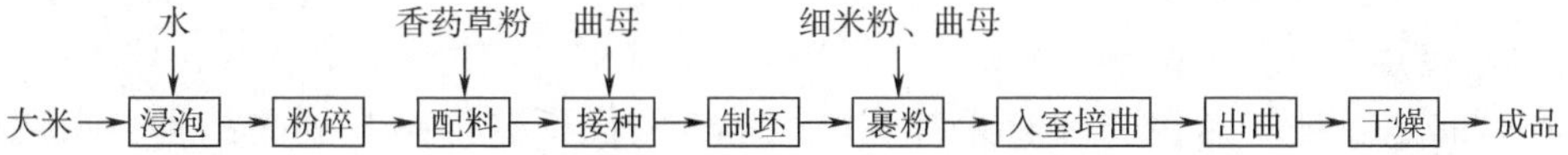

图 2-3 药小曲制备工艺流程

坯的米粉质量的 13%，使用的曲母为上次制备的酒药。制坯时曲母用量为米粉质量的 2%，裹粉时曲母用量为米粉质量的 4%，用水量为米粉质量的 60%。

②先将大米浸泡 3~6h，夏天浸泡时间短些，冬天则长些。浸泡结束，滤去水分，粉碎，粉碎后的米粉过 180 目筛，筛出 5kg 细粉留作裹粉用。

③将 15kg 米粉和 2kg 香药草粉、0. 3kg 曲粉、9kg 水混合，制成饼块，然后切成小块，再在竹匾上筛成圆粒。

④将 5kg 细米粉和 0. 2kg 曲母粉拌匀，作为裹粉材料，裹粉时，先在圆药坯上均匀洒上少许水，然后将药坯倒入盛有少量裹粉材料的竹匾中滚动，让裹粉材料均匀地蘸在药坯上，如此反复操作，直到裹粉材料用完。

⑤在培曲用的木格底部铺一层稻草，然后将药坯装格，入室培养。培养第 0~20h 为前期，曲室温度控制在 28~31℃，最高品温不得超过 37℃；培养第 20~45h 为中期，最高品温不得超过 35℃；培养第 46~90h 为后期，过程中品温逐渐下降，曲子成熟即出曲。

⑥曲子成熟后即取出，放入烘房烘干，备用。成品曲的质量要求为外观呈淡黄色，无黑点，质松，具有酒药芳香。成曲含水量为 12%~14%，每 100g 曲粉的总酸不超过 0. 6g。

3. 酒曲饼制备

（1）原辅料配比　大米 100kg，大豆 20kg，曲种 1kg，中草药 10kg，白癣土泥 40kg。

（2）将大米和大豆分别在常压下煮透，然后在 40℃左右将两者混匀，再加入中草药粉和曲种，拌匀。

（3）将上述曲料压制成正方形酒曲饼，品温为 30℃，入室培养 7d。

（4）成熟曲在 60℃下干燥 3d，至含水量 10%以下，即为成品，贮存备用。

4. 浓缩甜酒药制备

浓缩甜酒药是先将纯根霉在发酵罐内进行液体深层培养，然后在米粉中进行二次培养的根霉培养物。液体培养基配方为：粗玉米粉 7%、30%浓度黄豆饼盐酸水解物 3%，不需再调 pH。接种量 16%，培养温度 30℃，通气量 1：（0. 35~0. 4），搅拌（210r/min），经 18~20h 培养后，用孔径 0. 21mm（70 目）筛收集菌体。洗涤后按质量加入 2 倍米粉，加压成小方块，散放在竹筛上，在 35~37℃中培养 10~15h，品温可达 40℃，转入 48~50℃干燥房，至含水量在 15%以下，经包装即为成品。

（三）麸曲

1. 特点

麸曲是以麸皮为主要制曲原料，以纯培养的优良曲霉菌为制曲菌种，采用固体培养法制得。其优点是制曲周期短、成本低、糖化能力强、对酿醋原料适应能力强、出醋率高，但不宜长期保存。麸曲的生产方法有曲盘制曲、帘子制曲和机械通风制曲。曲盘曲和帘子曲的曲层较薄，主要是自然通风培养；机械通风制曲则采用风机进行通风培养。曲盘制曲和帘子制曲劳动强度大，目前只有种曲生产时采用这两种方式。生产用麸曲多采用机械通风方法。

2. 制备

（1）工艺流程　如图 2-4 所示。

（2）操作要点

①试管菌种培养（以 AS3.3324 为例）：

a. 培养基配方为 6°Bé 米曲汁（或饴糖液）100mL，琼脂 2~3g，pH 为 6.0 左右。

b. 接种后置于 30℃左右恒温箱内培养 3d，待菌株全部发育繁殖，长满黑褐色孢子后取出，置入冰箱内保存。试管原菌每月应移接一次，若在 4℃冰箱内保藏可 3 个月移接一次，使用 5~6 代后必须进行分离、纯化，防止菌种衰退。

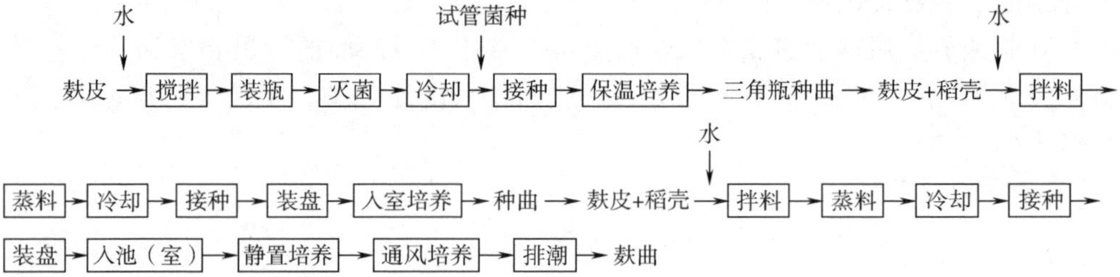

图 2-4　麸曲制备工艺流程

②三角瓶菌种培养：

a. 原料配比为麸皮 100g，水 80~85mL。

b. 将麸皮和水混合均匀，装入经干热灭菌的三角瓶内，塞上棉塞，一般采用 250mL 或 300mL 容量的三角瓶，装料厚度为 1cm 左右。0.1MPa 压力，维持 30min，灭菌后趁热将瓶内曲料摇松。

c. 冷却后接入试管原菌，摇匀，置于 30℃恒温箱内，18h 左右三角瓶内曲料稍发白并结饼，摇瓶一次，将结块摇碎，继续置于 30℃恒温箱内培养 2~3d，全部长满黑褐色孢子后即可使用。

③种曲制备：

a. 原料配比为麸皮 90%，稻皮 10%，加水量为原料总重量的 120%。将原料混合均匀后，堆积 1h，使麸皮充分吸收水分，即可装入蒸锅内。常压蒸料，面层冒汽后，再蒸 40~60min。时间过短蒸不透，过长会使麸皮发黏。熟料出锅后过筛。

b. 蒸熟的原料冷却至 40℃左右，接入 0.15%~0.25%三角瓶菌种，拌和均匀，装入帘子。装帘后品温在 30~31℃，室温保持在 30℃左右，前期由室温维持品温。6h 左右，孢子发芽并且菌丝开始生长，此时将料摊平。这个阶段品温控制在 32~35℃，若温度过高，可用划帘法控制品温。中期菌丝生长旺盛，呼吸作用强，品温上升迅速，这时应控制室温在 28~30℃，品温不超过 35~37℃。可采用划帘和上下调换帘子位置来控制品温，以后曲霉生长逐渐缓慢，品温开始下降，出现分生孢子柄和孢子。此时应密切注意曲室保湿或提湿，如曲料水分充足，孢子生长良好，室温应控制在 30~34℃，品温为 37~38℃。后期麸曲外观已结孢子，曲料变色即可停止保湿，开窗通风排潮，开始干燥，室温保持 34~35℃，品温 36~38℃，至种曲颜色完全变黑，即可出曲。整个过程为 48~50h，符合标准即可移出曲室，放置于阴、凉空气流通处保藏，勿受潮。

④厚层通风制曲：

a. 原料配比为麸皮 100%，谷壳 10%~15%，水 65%~70%。根据气候季节，一般春秋季多加水，夏季少加水，控制堆积曲料水分为 50%左右为宜。

b. 蒸料与冷却同种曲制备。

c. 接种与入池堆积：接种量根据气候变化而定，一般为原料总重的 0.25%~0.35%。曲料入池堆积至 50cm 厚度，以利保温，品温维持在 30~32℃，在 4~5h 内使孢子吸水膨胀，发芽。孢子发芽后，料层厚度减为 25~30cm，料层过厚则上下温差大，通风不良，不利于黑曲霉生长。

d. 通风培养：前期黑曲霉刚生成幼嫩菌丝，呼吸作用不强，产热量少，故应以室温 32~34℃控制品温，当品温接近 34℃时，开始第一次通风，品温降至 30℃时停止通风。通风时，要注意风量不宜过大，但时间要长，要均匀吹透，待上、中、下品温均匀一致时再停风。当品温再升至 34℃时，进行第二次通风，降到 30℃时停风。通风前后温差不可过大，并要注意保湿。开始通风风量要小，随着品温上升，逐渐加大风量，即可达到保温保湿的双重目的。中期阶段菌丝大量生长，呼吸旺盛，品温上升迅速，曲料开始结块，通透性差，炎热夏季品温往往会超过 40℃。此时，务必打开门窗，用最大风量通风，以保持温度在 36~38℃。为了控制中期温度，需要采取“中压”措施，将曲池（箱）四边用沙袋压紧，防止风跑短路。还可采用喷雾降低室温，增加稻皮用量，适当减少接种量，减少曲层厚度等方法。选用风机时应注意保证通风的穿透力，提高降温效果。后期菌丝生长衰退，呼吸已不旺盛，应降低温度，提高室温，把品温提高到37~39℃，以利于水分蒸发，这是制曲过程中很重要的排潮阶段，对酶的形成和成品曲的保存都很重要，出曲水分最好控制在28%以下。厚层通风制曲培养时间一般为22~24h，时间过长，则孢子丛生，会影响糖化力。

（四）红曲

1. 特点

红曲也称红米，是利用红曲霉繁殖在蒸熟的籼米饭上制成的。当它在籼米饭上生长时能分泌出红色素和黄色素，将培养基染成红紫色。红曲霉适宜在籼米淀粉上培养，嗜好醋酸和低度酒精（4%~6%vol），且需要生长在高温和高湿度的空气中，抗杂菌能力强。红曲广泛用于食品增色及红曲醋和玫瑰醋的酿造。

2. 制备

（1）工艺流程　如图2-5所示。

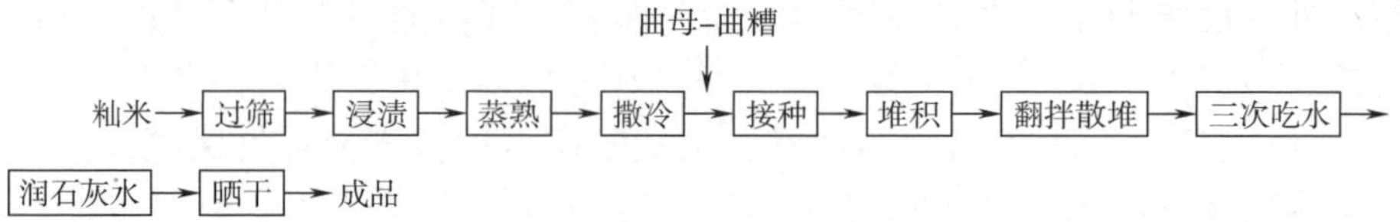

图2-5　红曲制备工艺流程

（2）操作要点

①将精选的籼米浸渍4~6h，用清水淋洗干净，蒸熟，取出撒冷。

②曲糟的制法如下：取糯米煮成泡饭状，加入红曲霉菌种，放入缸中静置培养，每天搅拌一次，7d后成为红黑色浓稠液即为曲糟。曲糟中有红曲霉和酵母菌共生。

③将红曲曲母研细后拌入曲糟内，再加入适量醋酸溶液，混合均匀后接入已撒冷至38~40℃的米饭上，拌和。大约60kg米饭用曲母16g、曲糟1.5kg、冰醋酸60g。

④接种后品温在30~32℃，然后将物料堆积在曲室中，上盖干净麻袋保温，24h后，饭粒表面有红白色斑点出现，此时品温上升至36~38℃。为使物料内外温度一致并排出废气，此时应翻拌散堆，由厚堆摊成几个薄堆，再继续培养。

⑤又经24h，品温上升至48℃，由于水分大量蒸发，此时开始润水，即将曲料装在箩内然后浸于清水中2~3min，提起沥干，接着置于曲室的曲坪上摊开，厚度约为3cm，培养2~3d，再以同样操作方法浸水1min，这种操作称为“吃水”。继续培养到曲粒全部变成红色，表示曲已成熟。

⑥将成熟的曲在稀石灰水中浸片刻后，取出沥干，再在曲坪上敞开静置培养2d后可以出曲。

⑦将曲在75℃以下烘干或晒干，在干燥环境下保存。

（五）液体曲

1. 特点

将曲霉菌在发酵罐中进行深层液体通风培养，得到含有丰富酶系的培养液，这种培养液称为液体曲。其生产过程是在机械化和无菌状态下完成的。液体曲可节约制曲原料，制曲时采用了糖化力较强的菌种，糖化效果好；机械化程度高，可减少约80%曲室面积。

2. 制备

（1）工艺流程　如图2-6所示。

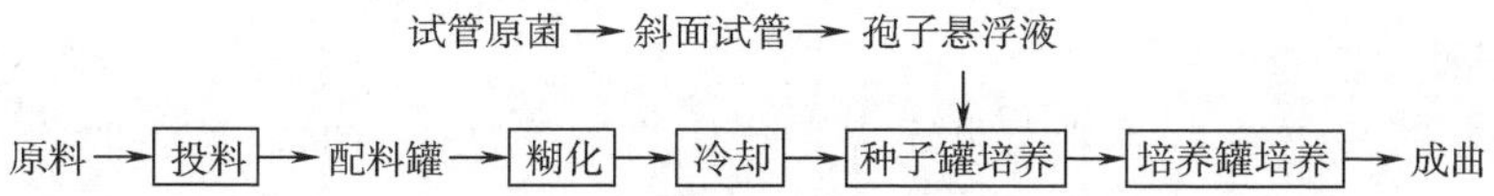

图2-6　液体曲制备工艺流程

（2）操作要点

①孢子悬浮液的制备：液体曲菌种要求孢子多，宜采用营养丰富的小米或米曲汁为培养基。培养时先将小米洗净，加入15%~20%麸皮，加水120%，常压蒸料30min，然后分装入试管，每支装3~5g，摆成斜面，在0.15MPa的压力下，杀菌60min，冷却后接种，置于30~32℃的恒温箱内培养5~7d。直到孢子布满整个斜面，用无菌水把生产菌种的孢子洗下，制成孢子悬浮液，置冰箱中保存。

②种子罐培养：

a. 培养基：玉米粉5%、豆饼粉1.5%、米糠1%，硫酸铵0.2%。培养基成分直接影响到菌丝繁殖以及糖化酶活性，培养基的配方要根据实际情况适当调整。

b. 种子空罐杀菌：先将空罐洗净，通入蒸汽，保持杀菌压力0.15MPa，时间20min。

c. 种子罐投料及实罐杀菌：种子罐内加水并开动搅拌，投料。搅拌均匀后，用盐酸调pH为4.5。向种子罐夹层通入蒸汽，将料液预热至85℃，停止夹层供汽，改为在罐内直接通蒸汽灭菌，压力0.15MPa，时间30min，将罐内料液温度降至35℃时接种。

d. 接种培养：种子罐内料液温度降至30~35℃时，采用减压法接种。接种后，应保持罐内压力为0.03~0.05MPa，培养温度为30~32℃，培养过程中需通入无菌空气，风量为1∶0.4左右。培养时间为36~40h。成熟的种子无杂菌，菌丝粗壮有分枝，醪液呈乳白色，无异味，pH为4.0左右。

③培养罐培养：培养基配方及灭菌方法同种子罐。接种前将培养罐所有接种管路全部灭菌后，提高种子罐压力为0.15MPa，降低培养罐压力为0.05MPa，利

用压力差将种子压入培养罐内，接种量为 10%。维持罐压 0.05MPa，通风量为 1∶0.2左右，在 30~32℃下培养 48~56h 即成熟。成熟液体曲质量指标为醪液呈浓稠乳白色，气味清醇，口尝稍有甜味，pH 为 3.3~3.5，糖化力在 2000U/mL 左右。

二、酒母

酒母就是性能优良的酵母菌经逐级扩大培养后，用于糖化醪的酒精发酵。试管装酵母菌菌种需经过实验室和生产车间两个阶段的培养后才可加入。

（一）实验室阶段培养

1. 培养基制备

实验室阶段培养多采用米曲汁或麦汁作为培养基。米曲汁制备时将米曲加水 4 倍，置 55~60℃下恒温糖化 3~4h 即可，米曲汁浓度一般配成 10~12°Bx。麦汁制备时将市售麦芽或自制大麦芽磨碎后加入，于 55~60℃糖化 4h，过滤，将滤液浓度调整为 10~12°Bx，即得麦汁。

2. 小三角瓶培养

将米曲汁或麦汁调整浓度为 7°Bx，pH 为 4.1~4.4，分装于 250mL 小三角瓶内，每瓶装 150mL，用 0.1MPa 压力，灭菌 30min，冷却至常温。无菌条件下，从试管菌种中挑取 1~2 接种环接入小三角瓶培养液内，摇匀。置于 28~30℃保温培养 24h 左右，瓶内有 CO_2气泡，瓶底有白色酵母沉淀，酵母繁殖旺盛，即培养成熟。

3. 大三角瓶培养

在 1000mL 大三角瓶内装入 500mL 米曲汁或麦汁。在无菌条件下将小三角瓶酵母液 150mL 移入大三角瓶，摇匀，在 28~30℃保温培养 10~20h 即可。

（二）生产车间阶段培养

1. 酒母糖化醪的制备

酒母扩大培养至卡氏罐和酒母罐，由于要用大量的培养基，因此，生产上这一阶段的酒母培养基是采用淀粉质原料来制作酒母糖化醪。

（1）酒母糖化醪原料的选择　制作酒母糖化醪的原料以玉米为最好。因为玉米中除含有大量淀粉外，还含有丰富的蛋白质；另外玉米中无机盐和维生素含量也很丰富，所以用玉米为原料制作酒母培养基时不需补加其他营养物质。使用薯干粉时应补充氮源。

（2）酒母糖化醪的制作　酒母糖化醪原料蒸煮与生产上原料的间歇蒸煮方法基本相同，只是因为酵母宜在低渗溶液中生长，所以加水量要大（加水量为原料的 4~5 倍）。蒸煮后将醪液打入糖化锅，冷却到 68℃左右，加入糖化曲进行糖化。如果使用固体麸曲，则加曲量为原料的 10%左右，如果使用液体曲，一般加曲量为300U/g原料。糖化时间控制在3~4h，目的是使糖化醪中有足够的可被酵母利用的糖分和低分子含氮化合物的生成。为了使糖化均匀，在糖化开始时，要加强搅拌。酒母糖化醪糖化完毕后，要升温至85~90℃，杀菌15~30min，目的是保证酒母在培养过程中不被杂菌污染。

2. 卡氏罐培养

卡氏罐用锡或不锈钢制成，容量一般为15L。卡氏罐培养基采用糖化醪，使酒母逐渐适应大生产培养条件。将酒母糖化醪稀释至8°Bx，调节pH为4.1~4.4，装入卡氏罐内，装入量为7.5L，然后灭菌。如果工厂卫生条件较好，也可不灭菌。接种时，先将卡氏罐及大三角瓶口用70%酒精消毒，然后把培养好的650mL大三角瓶酵母迅速倒入卡氏罐内，摇匀。接种后将卡氏罐放于酒母室内，室温培养8~18h，待液面冒出大量CO_2泡沫即培养成熟。

3. 酒母罐培养

酒母培养方法可分为间歇培养和半连续培养两种，我国多采用间歇培养。酒母间歇培养法分为小酒母罐和大酒母罐两个阶段进行培养。先将酒母罐洗刷干净，并对罐体、管道进行杀菌后，将酒母糖化醪打入小酒母罐内，调整糖化醪浓度为8~9°Bx，并接入已培养成熟的卡氏罐酒母，接种量为10%，通入无菌空气或用机械搅拌，使酒母与醪液混合均匀，并溶解部分氧气，供酵母繁殖所需。然后控制温度28~30℃，培养8~10h，待醪液糖分降低，并且液面有大量CO_2气体冒出，即培养成熟。将此培养成熟的小酒母再接入已装好糖化醪的大酒母罐内，接种量为10%，用同样方法于28~30℃培养8~10h，待醪液糖分降低50%，液面冒出大量CO_2气体时，即可供生产用。

三、 酒精活性干酵母和生香活性干酵母的应用

现在很多厂在酒母的生产上采用酒精活性干酵母或生香活性干酵母，其具体用法如下所述。

（1）活性干酵母复水活化　在35~42℃的温水中加入10%的活性干酵母，小心混匀，静置，使之复水、活化，每隔10min轻轻搅拌一下，经20~30min后酵母可直接添加到糖化醪液中进行发酵。

（2）活化后扩大培养　由于活性干酵母有潜在的发酵活性和生长繁殖能力，为提高使用效果，减少商品活性干酵母的用量，也可在复水活化后再进行扩大培养，制成酒母使用。这样能使酵母在扩大培养中进一步适应使用的环境条件，恢复全部的潜在性能。做法是将复水活化的酵母投入酒母糖化醪液中培养，扩大5~10倍，当培养至酵母的对数生长期后，再次扩大5~10倍培养。培养条件与酒母罐培养相同，如图2-7所示。

四、 醋酸菌

醋酸菌在制醋生产过程中能氧化酒精为醋酸，是醋酸发酵中极重要的菌种。

酒母糖化醪液100L（30min）—活化→ 酒母糖化醪液500L（12h）—酒母制备→ 2500L（12h）—投入使用→ 12500L（12h）→ 供发酵用（用量10%~20%，以体积计）

图 2-7 活性干酵母制备实例

过去主要依靠空气中、填充料及麸曲上自然附着的醋酸菌，因此生产周期较长，产品质量不稳定，现在大多数厂采用人工培养。

（一）醋酸菌的选择

在实际酿醋时，选菌很重要，现在大生产上多数采用中国科学院微生物研究所 1.41 号醋酸菌及沪酿 1.01 号醋酸菌。

（二）醋母生产工艺流程

醋母的生产工艺如图 2-8 所示。

醋母原菌 → 实验室阶段培养 → 生产车间阶段培养 → 醋母

图 2-8 醋母的生产工艺流程

（三）实验室阶段培养

1. 醋酸菌试管斜面培养

（1）试管斜面培养基（下列两种培养基，可以任意选用一种）

①6% 酒液 100mL，葡萄糖 3g，酵母膏 1g，琼脂 2.5g，碳酸钙 1g，水 100mL。

②酒精 2mL，葡萄糖 1g，酵母膏 1g，琼脂 2.5g，碳酸钙 1.5g，水 100mL。

（2）培养　选定配方后，加热熔化琼脂，分装试管，灭菌冷却后做成斜面试管。在无菌箱内将原菌接入斜面试管，置于 30~32℃ 恒温箱内培养 48h 即成熟。

（3）保藏　醋酸菌因为没有芽孢，易被自己所产生的酸杀灭。醋酸菌中，特别是能产生酯香的菌种很容易死亡。因此，宜保藏在 0~4℃ 冰箱内备用。因培养基中已加入碳酸钙以中和产生的酸，所以保藏时期可长些。

2. 三角瓶培养

（1）培养基制备　称取酵母膏 1g、葡萄糖 0.3g，加水 100mL，溶解后分装入容量为 1000mL 三角瓶内，采用 0.1MPa 蒸汽压力灭菌 30min。取出冷却后，在无菌室内加入 95%酒精 40%。

（2）接种　在三角瓶内接入刚培养 48h 的试管斜面菌种，每支试管接 2~3 瓶，摇匀。

（3）培养　接种后置于恒温箱内静置培养 5~7d，液面生长出薄膜，嗅之有醋酸的清香味，即为醋酸菌成熟。如果利用摇瓶振荡培养，三角瓶内装液量可加至120~150mL，于30℃培养24h，镜检菌体正常，无杂菌即可使用。测定酸度一般达1.5~2g/100mL（以醋酸计）。

（四）生产车间阶段培养

1. 固态大缸培养

固态培养醋酸菌是在醋醅上进行固态培养，利用自然通风回流法促使其大量繁殖。固态培养的醋酸菌纯度虽不是很高，但已达到除液体深层发酵制醋外的各种制醋酿造要求。培养时，取生产上配制的新鲜酒醅放置于设有假底、下面开洞加塞的大缸内，把培养菌种子拌入酒醅表面，使之均匀，接种量为原料的2%~3%。然后将缸口盖好，使醋酸菌在醅内生长繁殖。1~2d后品温升高，采用回流法降温，即将缸底塞子拔出，放出醋汁回浇在醅面上，控制品温不超过38℃。培养至醋汁酸度（以醋酸计）达到4g/100mL以上，则说明醋酸菌已大量繁殖，即可将固态培养的醋酸菌种子接种到大生产酒醅中。菌种培养期间，要防止杂菌污染，如果醋醅中有白花或异味，要进行镜检。污染严重的大缸醋种不能用于大生产，否则会影响醋酸菌正常发酵。

2. 种子罐培养

种子罐内盛酒精度为4%~5%vol的酒精醪，装填系数为0.7~0.75，用夹层蒸汽加热至80℃，再用直接蒸汽加热至压力为0.1MPa，维持30min，冷却至32℃，接入三角瓶种子，接种量在10%，于30~31℃通风培养，通风量1∶0.1，培养22~24h即成熟。

（五）醋母质量要求

醋母质量直接影响醋酸发酵的效果，尤其是对液体深层发酵影响较大，因此对醋母有一定要求。优质醋母的醋酸菌细胞形态整齐、健壮、没有杂菌，革兰氏染色为阴性。成熟醋母的醪液总酸（以醋酸计）为1.5~1.8g/100mL。

（六）影响醋母质量的因素

1. 培养基质

培养醋酸菌时需要用含糖较多的培养基质，醋酸菌在含氮丰富的培养基上生长不良，大多数醋酸菌株可用六碳糖作碳源。因此生产中应选六碳糖含量丰富的原料作为醋母培养基质。

2. 培养温度

醋酸菌最适生长温度在30℃左右，可生长温度范围为5~42℃。温度适宜，醋酸菌生长繁殖快，细胞形态整齐、健壮。醋酸菌没有芽孢，对热抵抗力弱。

3. 通风培养

醋酸菌是好氧菌，因此在培养过程中通入适量空气对醋酸菌生长十分有利。

4. 酸度和酒精度

醋酸菌对酸的抵抗性因品种不同而异，一般在含醋酸1.5%~2.5%（体积分数）时，醋酸菌繁殖即完全停止，但也有个别菌种在含醋酸6%~7%时尚能繁殖。醋酸菌一般耐酒精度为5%~12%vol，在含酒精6%vol的溶液中尚能制醋。

5. 耐食盐能力

醋酸菌耐食盐能力只能在1%~1.5%。食盐浓度一旦高于此浓度范围，醋酸菌就被抑制，生长缓慢。生产上常在发酵完毕后添加食盐，以防过度氧化。

6. 防止杂菌污染

醋酸菌培养时，要防止杂菌污染，加强灭菌工作，注意车间卫生。

任务三　传统固态发酵食醋生产工艺及控制

目前食醋生产工艺，既有传统的工艺，也有结合现代科学技术的生产工艺。我国常用的制醋工艺有固态发酵法、表面发酵法、酶法液化通风回流法和液体深层发酵法等。

食醋酿造的原理

一、固态发酵法生产技术

食醋的整个生产过程在固态条件下进行。制醋时需拌入较多的疏松材料如砻糠、小米壳、高粱壳及麸皮等，使醋醅疏松，能容纳一定量的空气。此法酿制的食醋醋香浓郁、口味醇厚，色泽好。采用此法制醋的典型产品有山西老陈醋、镇江香醋等。

1. 工艺流程

以甘薯干或碎米作制醋原料为例，介绍固态发酵制醋工艺流程，如图2-9所示。

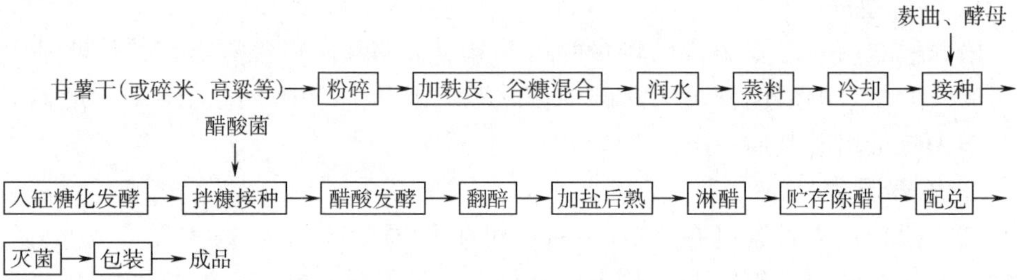

图2-9　固态发酵制醋工艺流程

2. 操作要点

(1) 原料配比（以kg计）　甘薯干100，细谷糠175，蒸料前加水275，蒸料后加水 125，麸曲 50，酒母 40，粗谷糠 50，醋酸菌种子 40，食盐 7.5~15。

（2）原料处理　甘薯干粉碎成粉，与细谷糠混合均匀，往料中进行第 1 次加水，随加随翻，使原料均匀吸收水分（润水），润水完毕后进行蒸料，加压蒸料为 150kPa 蒸汽压，时间 40min。熟料取出后，过筛消除团粒，冷却。

（3）添加麸曲及酒母　熟料夏季降温至 30~33℃，冬季降温至 40℃以下后，进行第 2 次加水。翻拌均匀后摊平，将细碎的麸曲铺于面层，再将搅匀的酒母均匀撒上，然后拌匀，装入缸内，一般每缸装 160kg，醋醅含水量以 60%~62% 为宜，醅温 24~28℃。

（4）淀粉糖化及酒精发酵　醋醅入缸后，缸口盖上草盖。室温保持在 28℃左右。当醅温上升至 38℃时，进行倒醅，倒醅方法是每 10~20 个缸留出 1 个空缸，将已升温的醋醅移入空缸内，再将下一缸醋醅移入新空出的缸内，依次把所有醋醅倒一遍后，继续发酵。经过 5~8h，醅温又上升到 38~39℃，再倒醅 1 次。此后，正常醋醅的醅温在 38~40℃，每天倒醅 1 次，2d 后醅温逐渐降低。第 5d，醅温降至 33~35℃，表明糖化及酒精发酵已完成，此时，醋醅的酒精含量可达到 8%左右。

（5）醋酸发酵　酒精发酵结束后，每缸拌入粗谷糠 10kg 和醋酸菌种子 8kg。在加入粗谷糠及醋酸菌种子 2~3d 后醅温升高，应控制醅温在 39~41℃，不得超过 42℃。通过倒醅来控制醅温并使空气流通，一般每天倒醅 1 次，经 12d 左右，醅温开始下降，当醋酸含量达到 7%以上、醅温下降至 38℃以下时，醋酸发酵结束，应及时加入食盐。

（6）加盐　一般每缸醋醅夏季加盐 3kg，冬季加盐 1.5kg，拌匀，再放置 2d。

（7）淋醋　淋醋是用水将成熟醋醅的有用成分溶解出来，得到醋液。淋醋采用淋缸三套循环法：甲组淋缸放入成熟醋醅，用乙组淋缸淋出的醋倒入甲组缸内浸泡 20~24h，淋下的称为头醋；乙组缸内的醋渣是淋出过头醋的头渣，用丙组缸淋下的三醋放入乙组缸内浸泡，淋下的是二醋；丙组淋缸的醋渣是淋出了二醋的二渣，用清水放入丙组缸内，淋出的就是三醋，淋出三醋后的醋渣残酸仅 0.1%。

（8）陈酿　陈酿是醋酸发酵后为改善食醋风味进行的贮存、后熟过程。有两种方法：一种是醋醅陈酿，将加盐成熟固态醋醅压实，上盖一层食盐，并用泥土和盐卤调成泥浆密封缸面，放置 20~30d；另一种是醋液陈酿，将成品食醋封存在坛内，贮存 30~60d。通过陈酿可增加食醋香味。

（9）灭菌及配制成品　头醋进入澄清池沉淀，得澄清醋液，调整其浓度、成分，使其符合标准，除现销产品及高档醋外，一般要加入 0.1%苯甲酸钠防腐剂。生醋加热至 80℃以上进行灭菌，灭菌后包装即得成品。

二、 酶法液化通风回流法生产技术

酶法液化通风回流法制醋工艺，是利用自然通风和醋汁回流代替固态发酵中人工多次倒醅。发酵中采用液态酒精发酵、固态醋酸发酵的液-固发酵工艺。

1. 工艺流程

酶法液化通风回流法制醋工艺流程，如图 2-10 所示。

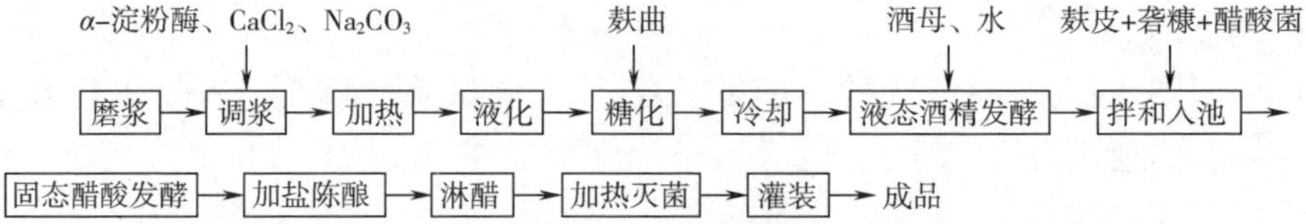

图 2-10 酶法液化通风回流法制醋工艺流程

2. 主要设备

（1）液化及糖化罐　用 3~4mm 钢板制造，一般容积为 2m^{3}左右，罐内设搅拌装置及蛇形冷却管，蒸汽管至中心部位。

（2）酒精发酵罐　用 4mm 钢板制成，一般容积为 30m^3，一般容量为 7000kg，内设冷却装置。

（3）醋酸发酵池　一般容积为 30m^3，距池底 15~20cm 处设一竹篾假底，其上装料发酵，假底下盛醋汁，紧靠假底四周设直径 10cm 风洞 12 个，喷淋管上开小孔，回流液体用泵打入喷淋管，在旋转过程中把醋汁均匀淋浇在醋醅表面。

3. 操作要点

（1）原料配比　一个发酵池的原料用量为：碎米 1200kg，麸皮 400kg，砻糠 1650kg，水 3250kg，食盐 100kg，酒母 500kg，醋酸菌种子 200kg，麸曲 60kg，α-淀粉酶 3.9kg，氯化钙 2.4kg，碳酸钠 1.2kg。

（2）水磨和调浆　碎米用水浸泡使米粒充分膨胀，将米与水按 1∶1.5 送入磨粉机，磨成 70 目以上细度粉浆，送入调浆桶，用碳酸钠调 pH 为 6.2~6.4，再加入氯化钙和 α-淀粉酶，充分搅拌。

（3）液化与糖化　将上述浆料加热升温至 85~92℃，保持 10~15min，用碘液检测显棕黄色表示已达到液化终点，然后升温至 100℃，保持 10min，达到灭菌和使酶失活的目的。将液化醪冷却至 63℃，加入麸曲，糖化 3h，糖化完毕，冷却到 27℃，糖化醪泵入酒精发酵罐。

（4）酒精发酵　糖化醪 3000kg 送入发酵罐后，再加水 3250kg，调节 pH 为 4.2~4.4，接入酒母 500kg。控制醪液温度 33℃左右，发酵周期 64h 左右，酒醪的酒精含量达到 8.5%左右。

（5）醋酸发酵

①进池：将酒醪、麸皮、砻糠和醋酸菌种子用制醅机充分混合，装入醋酸发酵池内。

②松醅：面层醋醅的醋酸菌繁殖快，升温也快，24h可升到40℃，而中层醋醅温度较低，所以要进行1次松醅，将上面和中间的醋醅尽可能疏松均匀，使温度一致。

③回流：松醅后醅温升至40℃以上即可进行醋汁回流，使醅温降低。醋酸发酵温度，前期可控制在42~44℃，后期控制在36~38℃，如果温度升高过快，除醋汁回流降温外，还可将通风洞全部或部分塞住，从而加以控制。一般当醋酸发酵20~25d时，醋醅方能成熟。

（6）加盐　醋酸发酵结束，为避免醋酸被氧化分解成CO_2和H_2O，应及时加入食盐以抑制醋酸菌的氧化作用。方法是将食盐置于醋醅面层，用醋汁回流溶解食盐使其渗入醋醅中。

（7）淋醋　淋醋仍在醋酸发酵池内进行。把二醋浇淋在成熟醋醅面层，从池底收集头醋，当流出的醋汁醋酸含量降到5g/100mL时停止。以上淋出的头醋可配制成品。头醋收集完毕，再在醋醅面层浇入三醋，下面收集到的是二醋。最后在醅面加水，下面收集三醋。二醋和三醋供下批淋醋循环使用。

（8）灭菌及配制　与固态发酵制醋相同。

三、 表面发酵法生产技术

表面发酵法依原料不同，可分为酒醋、糖醋和米醋。酒醋是在敞口的容器中置醋种，加入酒精溶液及少量的营养物质，在自然气温或在30℃的保温室内自然发酵而得。糖醋是以饴糖为原料，接入醋母，用纸封缸进行发酵，保持室内30℃左右约30d成熟。米醋是以大米为原料，蒸熟后加入曲进行糖化，制成糖化液后接种酵母进行酒精发酵，再接入醋酸菌进行表面发酵。下面以米醋为例说明表面发酵法的工艺及操作要点。

1. 工艺流程

表面发酵法生产工艺流程，如图2-11所示。

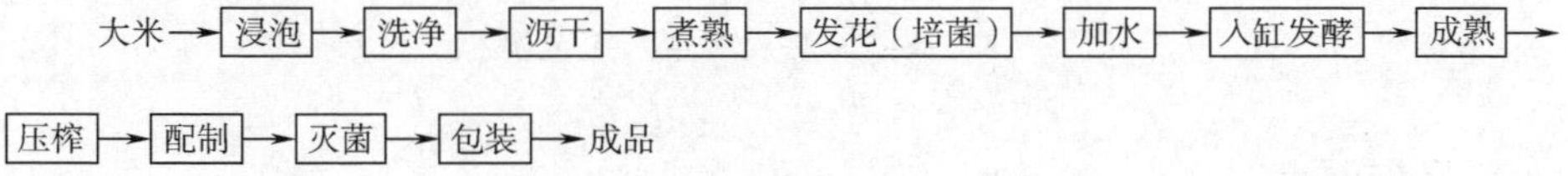

图2-11　表面发酵法生产工艺流程

2. 操作要点

（1）洗米及浸米　将米在竹箩中冲洗一次，倾入缸中，加水高出料面约

20cm，中央插入竹篓筒高出水面。每天由篓中换水1~2次，要求米粒充分吸水，余水无浑浊状为度。一般需6d左右，捞出置竹箩中以清水冲净、沥干。

（2）蒸熟　蒸熟的程度要求为米粒成饭不结块，无白心，蒸熟后立即取出。

（3）发花（即培菌）　培菌方法有两种：装米饭入酒坛中培菌的称为“坛花”，入大缸培菌的称为“缸花”。蒸熟的米饭分装入清洁的酒坛或大缸，装量约为容器的1/2，略压紧，然后在米饭中央挖一凹形，缸、坛上加盖草席，任其自然发酵，在春季气温下约10d，米饭上杂菌丛生，即为“发花”完成。发花期间品温可升至40℃左右，5~6d后凹处析出汁液，味甜，后逐渐变酸，品温也逐渐下降。

（4）加水发酵　“发花”完成后，每缸（坛）约按米饭质量的1.2倍加入温水，搅匀，加盖后堆放室内或室外。待米粒沉降，便倾入大缸，上加草盖，约20d后，液面上出现薄层菌膜，闻之有酸味。以后每隔一天将液面轻轻搅动，并保持室内温度。持续3~4个月，醪液逐渐澄清，醋液呈玫瑰红色，即为发酵完毕。

（5）压榨　成熟醋醪用杠杆式木榨压滤，醪以丝袋装盛，醋液流入承收的缸内，一次压榨完后，滤渣再以清水稀释，进行第二次压榨。

（6）配制及灭菌　将一次和二次滤液按比例（可经化验后计算）配成不同等级产品，再移入锅中以90℃灭菌，即为成品。

四、液体深层发酵生产技术

深层发酵法是在醋酸发酵阶段采用深层发酵罐进行发酵。它可使发酵周期缩短，原料利用率提高，减轻劳动强度，但产品风味稍差。

1. 工艺流程

液体深层发酵生产工艺流程，如图2-12所示。

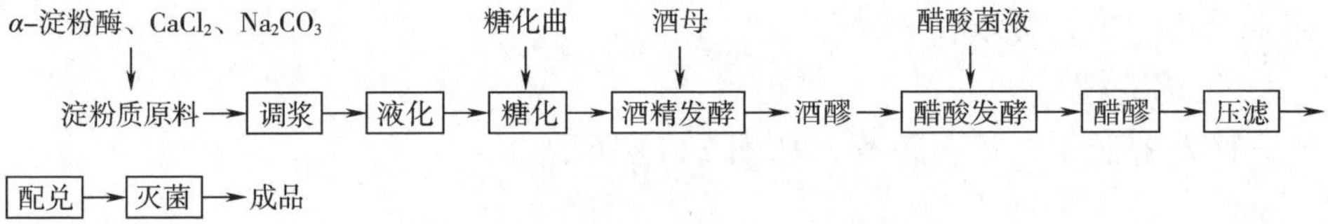

图2-12　液体深层发酵生产工艺流程

2. 操作要点

（1）调浆　原料粉碎后加水调成18~20°Bé粉浆，加入原料质量0.2%的$CaCl_2$和0.1%~0.2%的Na_2CO_3，调整粉浆pH为6.2~6.4，并按60~80U/g原料加入细菌α-淀粉酶制剂，充分搅拌均匀。

（2）液化与糖化　液化与糖化在糖化罐内进行。操作时用泵将粉浆打入，升温至85~90℃，在此温度下维持15min之后，用碘液检查呈棕黄色即液化完全。再升温至100℃并维持20min，进行灭菌。然后将醪液迅速冷却至63~65℃，加入原料量10%的麸曲或按1g淀粉加入100U糖化酶，糖化1~1.5h。

（3）酒精发酵　将糖化醪泵入酒精发酵罐中，加水使糖化醪浓度为8.5°Bé，并使醪液降温至32℃。向罐中接入醪液量10%的酒母，发酵时间为3~5d。酒精发酵结束时，酒醪的酒精含量为6%~7%。

（4）醋酸发酵　醋酸发酵罐为自吸式发酵罐。将空罐用清水洗净，用蒸汽在150kPa下灭菌30min，管道同样用蒸汽灭菌。将酒醪泵入发酵罐中，当醪液淹没自吸式发酵罐转子时，再进行自吸通风搅拌，装液量为罐容积的70%。接入醋酸菌种子液10%（体积分数）。发酵条件：料液酸度2%，温度33~35℃，发酵通风比为1：（0.08~0.1），发酵时间为40~60h。当酒精被耗完，醋酸量不再增加时，结束发酵，升温至80℃，维持10min，灭菌。

（5）压滤　压滤所用设备为板框过滤机。将压滤机进料阀门打开，使贮存罐内的成熟发酵醪自然压进板框中。待一定时间后，开料泵将醋醪打进板框内，最高压力为0.2MPa。要注意随时观察滤液的流量和澄清度，并作适当调整。醋醪打完后，通风压滤，然后进水洗渣。洗渣完毕，将板框松开清渣，滤布洗净晾干备用。

（6）配制与加热　取半成品醋进行化验，按质量标准进行配兑，并加入食盐2%，通过列管式换热器加热至75~80℃进行灭菌，然后输送至成品醋贮存罐。

任务四　食醋常见的质量问题及质量标准

一、食醋常见的质量问题

1. 总酸不合格，不挥发酸的含量低

食醋的不挥发酸主要指乳酸、琥珀酸、葡萄糖酸等，是传统固态发酵食醋的主要质量指标之一。不挥发酸含量高，食醋的口味会更柔和、醇厚，后味长。如果样品不挥发酸含量极低，说明固态发酵食醋或配制食醋的工艺控制仍不稳定。可溶性无机盐固形物和总酸也是反映食醋质量好坏的重要指标，可溶性无机盐固形物、总酸不合格，有可能是为了提高产量而在生产中过量加水导致质量指标降低。

2. 食品添加剂和微生物超标

配制食醋会利用冰醋酸和食品添加剂等混合配制。食品添加剂问题主要为苯甲酸、甜蜜素添加量不合格，微生物问题主要为菌落总数超标。

二、食醋的质量标准（GB 2719—2018）

1. 感官特性

感官特性如表 2-2 所示。

表 2-2　感官特性

项目	要求	检验方法
色泽	具有产品应有的色泽	取 2mL 试样置于 25mL 具塞比色管中，加水到刻度，振摇，观察色泽。取 30mL 试样置于 50mL 烧杯中观察状态，用玻璃棒搅拌烧杯中试样，品尝滋味，闻其气味
滋味、气味	具有产品应有的滋味和气味，尝味不涩，无异味	
状态	不浑浊，可有少量沉淀，无正常视力可见的外来异物	

2. 理化指标

理化指标如表 2-3 所示。

表 2-3　理化指标

项目	指标	检验方法
总酸（以乙酸计）/(g/100mL)	—	GB/T 5009. 41—2003
食醋≥	3. 5	
甜醋≥	2. 5	

3. 污染物限量和真菌毒素限量

污染物限量应符合 GB 2762—2017 的规定。

真菌毒素限量应符合 GB 2761—2017 的规定。

4. 微生物限量

微生物限量应符合表 2-4 的规定。

表 2-4　微生物限量

项目	采样方案*及限量				检验方法
	n	*c*	*m*	*M*	
菌落总数/(CFU/mL)	5	2	10^3	10^4	GB 4789. 2—2016
大肠菌群/(CFU/mL)	5	2	10	10^2	GB 4789. 3—2016 平板计数法

注：*样品的分析及处理按 GB 4789. 1—2016 执行。

5. 食品添加剂和食品营养强化剂

食品添加剂的使用应符合 GB 2760—2014 的规定，冰乙酸（又名冰醋酸）、冰乙酸（低压羟基化法生产）不可用于食醋。

食品营养强化剂的使用应符合 GB 14880—2012 的规定。

6. 其他

（1）预包装食醋的标签应标示总酸含量，产品的包装标识上应醒目标出“食醋”或“甜醋”字样。

（2）散装食醋应在容器或包装外侧标示此项目“6.（1）”中的内容。

三、 食醋卫生标准的分析方法（GB/T 5009.41—2003）

1. 范围

本标准规定了食醋各项卫生指标的分析方法。本标准适用于食醋各项卫生指标的分析。

2. 规范性引用文件

下列文件中的条款通过本标准的引用而成为本标准的条款。凡是注日期的引用文件，其随后所有的修改单（不包括勘误的内容）或修订版均不适用于本标准，然而，鼓励根据本标准达成协议的各方研究是否可使用这些文件的最新版本。凡是不注日期的引用文件，其最新版本适用于本标准。

GB/T 5009.11 食品中总砷及无机砷的测定

GB/T 5009.12 食品中铅的测定

GB/T 5009.22 食品中黄曲霉毒素 B_1 的测定

GB/T 5009.39—2003 酱油卫生标准的分析方法

3. 感官检查

（1）取 2mL 试样置于 25mL 具塞比色管中，加水至刻度，振摇，观察色泽、澄明度，不应浑浊，无沉淀。

（2）取 30mL 试样置于 50mL 烧杯中观察，应无悬浮物，无霉花浮膜，无“醋鳗”“醋虱”。

（3）用玻璃棒搅拌烧杯中试样，尝味应不涩，无其他不良气味与异味。

4. 理化检验

（1）总酸

①原理：食醋中主要成分是乙酸，含有少量其他有机酸，用氢氧化钠标准溶液滴定，以酸度计测定 pH8.2 为终点，结果以乙酸表示。

②试剂：氢氧化钠标准滴定溶液［c（NaOH）= 0.050 mol/L］。

③仪器：同 GB/T 5009.39—2003 中 4.2.1.3。

④分析步骤：吸取 10.0mL 试样置于 100mL 容量瓶中，加水至刻度，混匀。吸取 20.0mL，置于 200mL 烧杯中，加 60mL 水，以下按 GB/T 5009.39—2003 中 4.2.1.4 自“开动磁力搅拌器……”起依法操作。同时做试剂空白试验。

⑤结果计算：试样中总酸的含量（以乙酸计）按式（2-1）进行计算。

$$X = \frac{(V_1 - V_2) \times c \times 0.060}{(V \times 10/100)} \times 100 \tag{2-1}$$

式中：X——试样中总酸的含量（以乙酸计），单位为克每百毫升（g/100mL）；

V_1——测定用试样稀释液消耗氢氧化钠标准滴定液的体积，单位为毫升（mL）；

V_2——试剂空白消耗氢氧化钠标准滴定溶液的体积，单位为毫升（mL）；

c——氢氧化钠标准滴定溶液的浓度，单位为摩尔每升（mol/L）；

0.060——与1.00mL氢氧化钠标准溶液［c（NaOH）= 1.000mol/L］相当的乙酸的质量，单位为克（g）；

V——试样体积，单位为毫升（mL）。

计算结果小数点后保留三位有效数字。

⑥精密度：在重复性条件下获得的两次独立测定结果的绝对差值不得超过算术平均值的10%。

（2）游离矿酸

①原理：游离矿酸（硫酸、硝酸、盐酸等）存在时，氢离子浓度增大，可改变指示剂颜色。

②试剂：

a. 百里草酚蓝试纸：取0.10g百里草酚蓝，溶于50mL乙醇中，再加6mL氢氧化钠溶液（4g/L），加水至100mL。将滤纸浸透此液后晾干、贮存备用。

b. 甲基紫试纸：称取0.10g甲基紫，溶于100mL水中，将滤纸浸于此液中，取出晾干、贮存备用。

③分析步骤：用毛细管或玻璃棒沾少许试样，点在百里草酚蓝试纸上，观察其变化情况。若试纸变为紫色斑点或紫色环（中心淡紫色），表示有游离矿酸存在，最低检出量为5μg。不同浓度的乙酸、冰乙酸在百里草酚蓝试纸上呈现橘黄色环、中心淡黄色或无色。

用甲基紫试纸蘸少许试样，若试纸变为蓝色、绿色，表示有游离矿酸存在。

（3）铅　按GB/T 5009.12操作。

（4）砷　按GB/T 5009.11操作。

（5）黄曲霉毒素B_1　按GB/T 5009.22操作。

拓展阅读

“烹炒煎炸盐为主，五味调和醋为先”。自古以来，醋在烹饪调味中就有着举足轻重的作用。除了调味，醋还有很好的保健作用。食用醋品种很多，如米醋、陈醋、熏醋、香醋、白醋、水果醋等，不同的醋有不同的吃法。在烹饪菜肴时，应根据菜品的颜色、口味、营养搭配选择不同种类的食用醋。食醋家族里的主要成员有如下几种：香醋以江苏镇江的香醋最为著名。它以优质糯米为原料，采用独特工艺酿造而成，色泽红褐，有“香而微甜、酸而不涩”的特点。镇江醋颜色较深，也被称作黑醋，古代形容它“其色如金，其味如梅”。正因为怕热反应破坏其香浓，所以香醋一般用作凉拌菜中，也可以作为蘸饺子的调料。另外，在烹饪海鲜或蘸汁吃螃蟹、虾等海产品时，可用香醋加些蚝油等配成调味汁，有提味增香、去腥解腻、开胃生津、抑菌的作用。

陈醋是以高粱为主要原料陈酿而成的，酿造时需要经过较长时间的发酵过程，其中少量酒精与有机酸反应形成芳香物质，色泽黑紫、醋液清亮、醇厚不涩、香味浓郁、味道更重。常用于需要突出酸味而颜色较深的菜肴中，如酸辣汤、醋烧鲇鱼等。另外，老醋花生米、老醋蜇头这些凉拌菜也常用陈醋；在吃饺子、包子等面食时，也少不了解腻爽口的陈醋。陈醋主要是来自山西。山西出产的老陈醋，和镇江醋、保宁醋、福建红曲醋一起，并称中国的四大名醋。

米醋是以优质大米为原料酿造的，颜色多呈现玫红色或者米黄色，酸味比较醇和，还略带甜味。米醋除有醋的特殊清香外，在发酵中产生的糖使米醋有淡甜味。米醋适用的范围比较广，几乎一般的传统菜肴都会用它，无论是炒菜还是做凉拌菜，米醋都能与菜肴很好地搭配在一起，代表性的菜肴有醋熘白菜、糖醋里脊、酸辣汤等。浙江的名产“玫瑰米醋”，色泽呈透明玫瑰红色，常和白糖、白醋等调成甜酸盐水来制作泡菜，如酸辣黄瓜；江浙人还喜欢用它加麦芽糖调成汁做脆皮鸭，做出来的菜鸭皮呈枣红色，分外诱人。与其他食醋相比，米醋的味道更易被接受，也是老百姓食用量较多的一种食醋产品。

白醋的原材料为大米或糯米，其特点是无色透明、酸味柔和、清香酸甜，也是一款热量低的食醋，基本上只有醋酸和水两种成分。由于色泽较浅，白醋主要用于拌凉菜和一些浅色的菜肴上，比如醋熘土豆丝就要使用白醋，西餐烹饪中使用也较多。烹煮排骨汤时，加入少量的白醋，有助于释放出骨头里的钙，让美食中的钙更容易被人体吸收。超市的货架上摆放了许多水果醋，如苹果醋、葡萄醋、梨醋等，是以水果包括苹果、山楂、葡萄、柿子、梨等为主要原料，利用现代生物技术酿制而成的一种营养丰富的酸味调味品。它兼有水果和食醋的营养保健功能，含有较多的天然芳香物质和有机酸，保持了水果特有的果香，既可做调味品，也可以作为饮品直接饮用。如何选购优质醋？醋以酿为佳。由于酿制原料和工艺条件不同，食醋风味各异，分类方法也有很多种。不过，按照制醋的工艺流程来分，可分为酿造醋和配制醋。我们厨房里常见的醋大都是酿造醋，有酸味醇正、香味浓郁、色泽鲜明的特点。根据科学家分析，酿造醋除含有5%~20%的醋酸以外，还含有氨基酸、草酸、烟酸等多种有机酸，蛋白质、脂肪、钙、磷、铁等多种物质。因此，选购食醋时，应从以下几方面鉴别其质量：一是看颜色，食醋有红、白两种，优质红醋要求为琥珀色或红棕色，优质白醋应无色透明；二是闻香味，优质醋带有浓郁的醋香，酸味芳香，没有其他气味，质量差的醋味较淡；三是尝味道，用筷子蘸一点醋入口中，优质醋酸味柔和，无其他异味，入喉不刺激。

习题

一、填空题

1. 食醋是以______、______、______等含有淀粉、糖类、酒精的物质为原料，经微生物发酵酿制而成的一种酸性调味品。

2. 食醋是传统的调味品，我国酿醋自______开始，已有2500年历史。

3. 食醋分______、______、______三大类，其中产量最大且与我们关系最为密切的是酿造醋。

4. 合成醋也称______，是用可食用的冰醋酸稀释而成。

5. 食醋具有以下几种作用：①______；②______；③______；④______。

6. 食醋生产中常用的糖化剂有：______和______。

7. 淀粉水解后生成的大部分葡萄糖被酵母菌在厌氧条件下经细胞内一系列酶的作用，完成糖代谢过程，生成乙醇和____________。

8. 酒精发酵不需要氧气，所以要求发酵在____________下进行。

9. 醋酸菌为好氧菌，必须供给充足的氧气才能正常生长繁殖。生长繁殖的适宜温度为28～33℃，最适pH为3.5～6.5，醋酸菌最适宜的碳源是______、______等六碳糖，其次是__________________等。

10. 醋酸发酵是依靠醋酸菌氧化酶的作用，将酒精氧化生成____________。

二、判断题

1. 酿造醋是用粮食等淀粉质为原料，经微生物制曲、糖化、酒精发酵、醋酸发酵等阶段酿制而成。（ ）

2. 经常食用醋对健康也有益。（ ）

3. 合成醋容易发霉变质。（ ）

4. 海鲜醋、五香醋、姜汁醋都是“再制醋”。（ ）

5. 食醋中只含有醋酸，它也只是一种调味品，没有营养价值可言。（ ）

6. 在酿醋工艺中由淀粉转化为可发酵性糖的过程称为糖化。（ ）

7. 食醋生产中常用的糖化剂有：糖化酶制剂、根霉曲、黑曲霉麸曲、白曲霉麸曲等。（ ）

8. 淀粉水解后生成的大部分葡萄糖被酵母菌在氧气充足条件下经细胞内一系列酶的作用下，完成糖代谢过程。（ ）

9. 制醋原料中的蛋白质在微生物蛋白酶的催化下，逐步分解形成低分子含氧化合物。（ ）

10. 陈酿是醋酸发酵后为改善食醋风味进行的贮存、后熟过程。（ ）

三、简答题

1. 酿醋的主要原料有哪些？

2. 食醋生产的三个主要过程分别指的是什么？

项目三 果醋发酵生产技术

【知识目标】

1. 掌握果醋生产原料的选择及处理方法。
2. 掌握果醋的生产技术。
3. 掌握果醋的常见问题分析方法。

【技能目标】

1. 掌握原材料的预处理方法。
2. 掌握果醋发酵菌种的制备方法。

【素质目标】

1. 提高对食物营养及安全的认知，促进健康饮食文化的普及，弘扬中华优秀饮食文化，推动全民健康事业的发展，助力“健康中国”目标落实。

2. 培养学生开阔视野，创新的精神。

醋是人类最早的酿造类调味品，醋酸发酵起源于食醋发酵，目前其在工业生产上的主要应用是生产食醋。目前世界食醋年产量 25 亿升，其中我国是消费大国，年产量 4 亿升。随着国民生活水平的提高，越来越多的人选择食用果醋。欧美果醋生产消费高于亚洲，以苹果醋、葡萄醋为主：美国年产苹果醋 0.93 亿升，占食醋总产量的 16.6%；英国年产量 0.1 亿升，占食醋产量的 10%；加拿大年产苹果醋 0.09 亿升，占食醋产量的 14%。日本产量最大的是米醋，果醋年产 0.175 亿升，占食醋年产量的 5%，主要是苹果醋、葡萄醋，其中苹果醋占食醋总量的 2.9%左右。我国是食醋生产和消费最多的国家之一，粮食醋产量高，但果醋生产量相对较小。果醋是以水果或果品加工下脚料为主要原料，经酒精发酵、醋酸发酵酿制而成的营养丰富、风味优良的酸性调味品。酿造的水果醋，不仅在营养、风味、口感上都比传统食醋更佳，而且水果中富含的维生素、矿物质、氨基酸等营养成分在果醋中保留了下来，大大地提高了果醋保健功能。果醋有水果兼食醋的营养保健功能，是集营养、保健、食疗等功能为一体的新型饮品。目前市场上常见的果醋如苹果醋、葡萄醋、梨醋、柿子醋、山楂醋、猕猴桃醋、荔枝醋、菠萝醋等。

任务一 果醋生产原料及处理

果醋生产原料主要有苹果、葡萄、荔枝、菠萝、青梅、枇杷、棠梨、山楂、桑葚、柿子、杏、柑橘、猕猴桃、水蜜桃、芒果、龙眼、木瓜、野生酸枣、番茄、西瓜等水果，目前市场上的果醋生产原料以苹果居多。

苹果属于蔷薇科、苹果属，我国现有400多个苹果品种，常用栽培品种有几十个。苹果的果实酸甜适口、芳香扑鼻、风味优美，而且含有丰富的营养物质，同时能促进消化、增进食欲、预防疾病，是良好的生理碱性食品，具有保健价值。

果汁制备一般选取充分成熟的果实，成熟度过低或过高都会影响成品品质。果实的破碎有利于可溶性成分的抽提，果胶酶可以分解果实中的果胶物质，有利于果汁中固形物的沉降，提高了出汁率。

1. 工艺流程

苹果预处理工艺流程如图3-1所示。

苹果 → 选果 → 洗净 → 破碎 → 榨汁 → 灭菌 → 粗滤 → 灭酶 → 果胶酶处理 → 灭酶 → 过滤

图3-1 苹果预处理工艺流程

2. 工艺操作要点

（1）破碎、榨汁　将洗净的苹果破碎成5~8mm的碎块后泡入浓度为0.01%的偏重亚硫酸钾溶液中5min，冲洗后榨汁，并对苹果汁进行60℃、30min的杀菌处理。

（2）粗滤、酶处理　压榨出的苹果汁经滤布粗滤后，加热到85℃灭活多酚氧化酶防止褐变。然后降温到50℃左右，加入果胶酶和淀粉酶，水解后升温灭酶并进行硅藻土过滤。

任务二 果醋发酵菌种的制备

一、醋酸发酵微生物的选择

醋酸菌是醋酸发酵的主要菌种。醋酸菌具有氧化酒精生成醋酸的能力，其形态为长杆状或短杆状细胞，单独、成对或排列成链状。不形成芽孢，幼龄菌革兰氏染色阴性，老龄菌不稳定，好氧，喜欢在含糖和酵母膏的培养基上生长。其生长最适温度为28~32℃，最适 pH 为3.5~6.5，见图3-2。

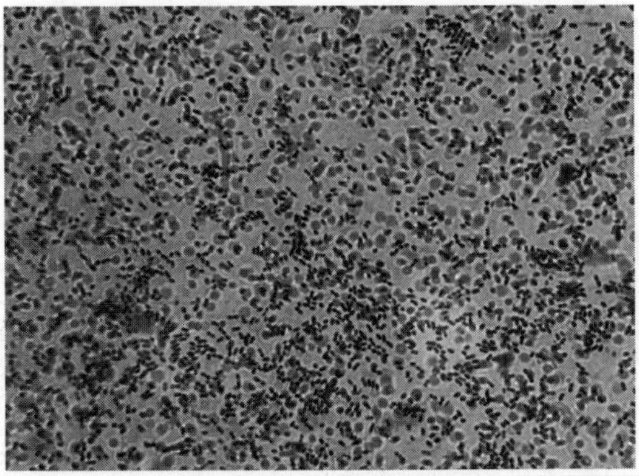

图3-2 醋酸菌

醋厂选用醋酸菌的标准为：氧化酒精速度快、耐酸性强、不再分解醋酸制品，风味良好的菌种。

目前国内外在生产上常用的果醋酿造醋酸菌有以下几种。

（1）奥尔兰醋杆菌（*A. orleanense*） 法国奥尔兰地区用葡萄酒生产醋的主要菌种，最适生长温度为30℃。该菌能产生少量的酯，产酸能力较弱，但耐酸能力较强。

（2）恶臭醋杆菌（*A. rancens*） 我国醋厂中酿醋生产使用的常用菌株之一。该菌在液面处形成皱褶的菌膜，并沿容器壁上升，菌膜下液体不浑浊。一般能产酸6%~8%，有的菌株副产2%的葡萄糖酸，并能把醋酸进一步氧化成 CO_2 和水。

（3）许氏醋杆菌（*A. schutzenbachii*） 国外有名的速酿醋菌种，制醋工业较重要的菌种之一。在液体中生长的最适温度为25~27.5℃，在37℃即不产酸，固体培养的最适温度为28~30℃，最高生长温度37℃。该菌产醋酸高达115g/L，对醋酸没有氧化作用。

（4）恶臭醋酸杆菌浑浊变种（AS1.41） 酿醋常用菌株。细胞呈杆状，常呈链状排列，单个细胞大小为（0.3~0.4）μm×（1~2）μm，无运动性，无芽孢。在不良的环境条件下，细胞会伸长变成线形、棒形或管状膨大。平板培养时菌落隆起，表面平滑，菌落呈灰白色，液体培养时则形成菌膜。该菌生长的适宜温度为28~30℃，生成醋酸的最适宜温度为28~33℃，最适 pH 为3.5~6.0，耐受酒精度为8%vol。最高产醋酸为7%~9%，产葡萄糖酸能力弱。能氧化分解醋酸为 CO_2 和水。

（5）沪酿 1.01（*A. tovaniens*） 即罗旺醋酸杆菌，是上海酿造科学研究所和上海醋厂从丹东速酿醋中分离得到的菌种，是我国食醋工厂常用的菌种。细胞呈杆状，常呈链状排列，菌体无运动性，不形成芽孢。在含酒精的培养液中，常在表面生长，形成淡青灰色薄层菌膜。在不良的条件下，细胞会伸长，变成线状或棒状，有的呈膨大状、分支状。该醋酸菌将酒精生成醋酸的转化率平均高达 93%~95%。

二、 果醋发酵菌种的制备

1. 酵母菌菌种培养

（1）斜面培养 10°Bx 麦汁，2%琼脂，接入酵母菌，28~30℃培养 24h。

（2）三角瓶培养 10°Bx 麦汁 150mL 置于 250mL 三角瓶中，接入活化原菌摇匀，28~30℃培养 24h。

培养后要求瓶内有气泡产生，底部有白色沉淀，酵母数在 8×10^6 ~ 1.2×10^8 个/mL，镜检无杂菌，出芽率大于 15%，死亡率为 1%~3%。

2. 醋酸菌菌种培养

醋酸菌不生芽孢，容易被自身所产生的酸杀死，需保藏于 4℃冰箱中。因培养基中已经加入碳酸钙，中和了产生的酸，所以保藏的时间可长一些，为 25~30d。保藏的醋酸菌菌种经活化、扩培制成醋母后，按一定量接种于待发酵液中。

（1）菌种斜面培养 2%葡萄糖、1.5%酵母膏、2%碳酸钙、2%琼脂、3.5%无水乙醇，制成固体斜面培养基。将醋酸杆菌斜面放置于恒温培养箱中 30℃培养 48h。

（2）一级种子扩大培养 2%葡萄糖，1.5%酵母膏，制成液体培养基。取 100mL 于 500mL 三角瓶中，121℃灭菌 30min。接种前在无菌条件下添加 3.5%无水乙醇，再接入斜面菌种 3~4 环，30℃下摇床振荡培养 27h。显微镜下镜检菌体生长正常，即可作为醋酸菌种子。

任务三 果醋发酵生产工艺及控制

果醋发酵工艺

一、 果醋发酵工艺分类

果醋发酵工艺按其发酵状态可分为全固态发酵法、全液态发酵法和前液后固发酵法。

1. 全固态发酵法生产果醋

（1）工艺流程 如图 3-3 所示。

原料→选料清洗→破碎→加少量稻壳、酵母菌→固态酒精发酵（加麸皮、稻壳、醋酸菌）→固态醋酸发酵→淋醋→灭菌→陈酿→成品

图 3-3 全固态发酵法生产果醋工艺流程

（2）优缺点 这种方法制醋时需要拌入较多的疏松材料，使醋醅疏松，能容纳一定量的空气。由于发酵过程中加入的辅料和填充物多，基础物质较液态发酵法丰富，因此有利于微生物繁殖而产生不同的代谢产物，使制得成品中总醋酸、氨基酸、糖分浓度高，因此制品酸味柔和、酸中回甜、香气浓郁、果香明显、口味醇厚、色泽也好，是传统制醋法。但这种方法也有一些缺点，如卫生条件差、劳动强度高、生产周期长、原料利用率低、生产能力低，同时出醋率低、质量不易稳定。

2. 全液态发酵法生产果醋

（1）工艺流程 如图 3-4 所示。

原料→选料清洗→打浆→酶解→过滤→加入酵母菌→液体酒精发酵→加入醋酸菌→液体醋酸发酵→澄清→过滤→灭菌→陈酿→成品

图 3-4 全液态发酵法生产果醋工艺流程

（2）优缺点 液体深层发酵制醋是利用发酵罐通过液体深层发酵生产食醋的方法，通常是将淀粉质原料经液化、糖化后先制成酒醪或酒液，然后在发酵罐里完成醋酸发酵。液体深层发酵法制醋不用谷糠、麸皮等辅料，具有机械化程度高、操作卫生条件好、原料利用率高（可达 65%~70%）、生产周期短、产量高、产品的质量稳定等优点，是食醋生产的发展方向。缺点是醋的风味较差，这主要是由于使用纯种培养的菌种，其微生物种类少，酶系不丰富的缘故，另外与酿造周期短也有关系。

果醋果浆预处理仿真

3. 前液后固发酵法生产果醋

（1）工艺流程 如图 3-5 所示。

原料→选料清洗→打浆→酶解→过滤→加入酵母菌→液体酒精发酵→加麸皮、稻壳、醋酸菌→固态醋酸发酵→淋醋→灭菌→陈酿→成品

图 3-5 前液后固发酵法生产果醋工艺流程

（2）优缺点　前液后固发酵法可分为固态翻醅发酵法、固态浇淋发酵法。这种发酵方法生产周期相对全固态发酵法来说要短，卫生条件高；较液态发酵法而言提高了果醋的风味；但操作要比液态发酵法复杂，周期长，有待改善。前液后固发酵法的特点是：提高了原料的利用率；提高了淀粉质利用率、糖化率和酒精发酵率；采用液态酒精发酵、固态醋酸发酵的发酵工艺；醋酸发酵池近底处设置假底的池壁上开设通风洞，让空气自然进入，利用固态醋醅的疏松度使醋酸菌得到足够的氧，全部醋醅都能均匀发酵；利用假底下积存的温度较低的醋汁，定时回流喷淋在醋醅上，以降低醋醅温度，调节发酵温度，保证发酵在适当的温度下进行。

二、苹果醋液态发酵生产工艺

1. 工艺流程

苹果醋液态发酵生产工艺流程，如图 3-6 所示。

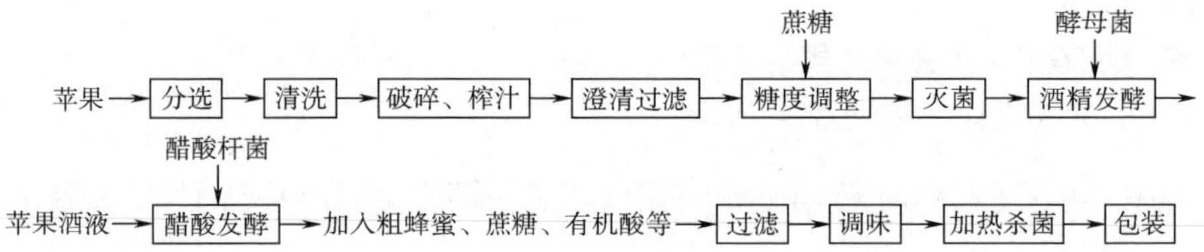

图 3-6　苹果醋液态发酵生产工艺流程

2. 主要技术要点

（1）原料处理　苹果经清洗、破碎、榨汁后加入 1.8U/100mL 果胶酶，在 40℃下酶解 100min，在 95℃下灭酶 5min，添加蔗糖调整苹果汁含糖量使固形物为 10%左右为宜。

（2）酒精发酵　在苹果汁中接入 0.35%活化好的酿酒酵母，28℃恒温发酵。每隔 12h 检测发酵液的糖度和酒精度，基本 4~5d 发酵完成。把得到的苹果酒醪静置沉降数天，取上层较清的苹果酒液进入醋酸发酵。

（3）醋酸发酵　将经过扩大培养的醋酸菌种子接入发酵好的苹果酒中，30℃培养，每隔 24h 测定其酸度，直至酸度不再上升或下降，结束醋酸发酵。

（4）膜过滤除菌　将发酵好的苹果醋用过滤网粗过滤，除去较大的固体杂质。把经粗过滤的苹果醋倒入管式膜料液桶中，在进料温度 26℃、操作压力 0.1MPa 条件下超滤，除去苹果醋发酵液中的菌体，使醋质澄清。

三、葡萄醋液态发酵生产工艺

1. 工艺流程

葡萄醋液态发酵生产工艺，如图 3-7 所示。

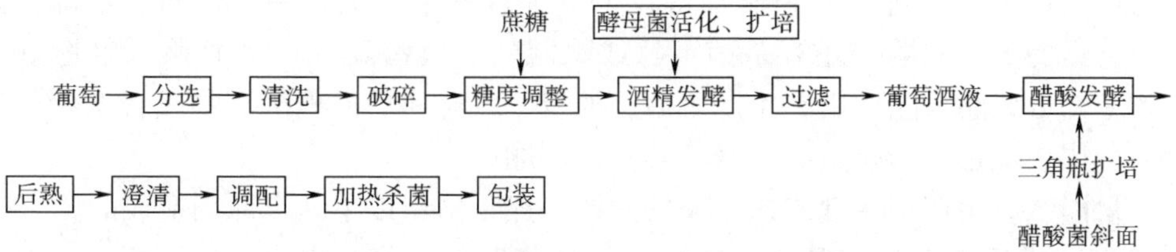

图 3-7 葡萄醋液态发酵生产工艺流程

2. 主要技术要点

（1）原料分选　选择成熟度高、果实丰满的葡萄，剔除病虫害和腐烂的果实等，以免影响果醋最终的色、香、味，减少微生物污染的可能。

（2）清洗、破碎　流动水漂洗，将附着在葡萄上的泥土、微生物和农药洗净。洗果温度控制在40℃以下，将洗涤后的葡萄用打浆机破碎。

（3）成分调整　为使酿成的酒液成分接近且质量好，并促使发酵安全进行，根据葡萄浆的成分及成品所要求达到的酒精度进行调整。成分调整主要是根据检测的结果，计算需补加的糖、酸、亚硫酸钠量。

（4）酒精发酵　将经过活化的酵母液接种入葡萄浆料中，接种量为10%，发酵温度30℃，初始糖浓度140g/L。发酵初期向发酵罐中通气4~6h，促使酵母菌大量繁殖，之后密闭发酵，发酵过程中应经常检查发酵液的品温、糖度、酸及酒精含量等，至残糖降至0.4%以下时结束发酵。

（5）醋酸发酵　将经过扩大培养的醋酸菌种子接种于葡萄浆酒精发酵醪中，接种量10%，酒精度为6.5%~7.0%vol，发酵温度30℃。发酵过程中注意调节醋酸发酵的通气量，发酵期间每天检查发酵液的温度、酒精及醋酸含量等，至醋酸含量不再上升时为止。

（6）加盐后熟　将发酵成熟的醋液泵入后酵罐中陈酿1~3个月。

（7）澄清　为提高葡萄醋的稳定性和透明度，采用壳聚糖澄清过滤，添加量为0.3g/L，澄清后用过滤机过滤。

（8）调配　根据产品要求进行风味调配。

（9）加热杀菌　将葡萄醋于93~95℃杀菌30s，杀菌后迅速冷却。

任务四　果醋常见的质量问题及质量标准

一、果醋常见的质量问题

发酵型果醋的常见质量问题是胀瓶，造成果醋胀瓶的主要原因是微生物的二次污染，许多的饮料生产企业常常在生产中忽视生产工艺中的原料、水源、设备、管道的卫生问题，还有杀菌不够或洗瓶的二次污染（比如真菌，生物膜），导致一部分成品果醋饮料在生产之后，放置一段时间后出现沉淀物或者絮状悬浮物、分层、褪色、影响口感、胀瓶等质量问题。

果醋饮料生产型企业二次污染的问题一般是由于以下几点原因造成的。

（1）成品料工艺　很多成品料工艺会孳生嗜热菌、霉菌、酵母菌、微细藻类、放线菌、病毒等，通常很多企业都会采用高温瞬时灭菌、臭氧灭菌、含氯消毒剂，但都无法达到要求的灭菌程度，致使成品质量不稳定。

（2）水源　饮料原水都是通过反渗透、石英砂、活性炭过滤等处理（处理之后有些原水细菌每毫升还有几百个）。虽然在之后的工艺中用臭氧或紫外线进行灭菌，但是臭氧、紫外线对细菌的控制范围及强度都是有限的，只有对原水杀菌才能保障后续品质。

（3）管道　很多厂家通常都使用火碱、二氧化氯等清洗剂、消毒剂对管道进行冲洗消毒，而且使用之后还需要用热水冲洗管道，有热汽就会有湿度，很容易孳生霉菌和细菌。其次，二氧化氯使用之后抗药性比较强，容易形成温床，使成品料孳生细菌，造成二次污染。

（4）空瓶瓶盖　通常有很多厂家对于空瓶瓶盖消毒不够，甚至很容易疏忽，以为成品料进行过很多道工艺杀菌了，瓶内不再杀菌也没有多大关系。但饮料成品灌装后，细菌会在瓶内迅速繁殖，使成品出现胀瓶、长霉斑等现象。

（5）成品配料　生产区有些饮料在兑配方料时或者原料经高温煮料再冷却后，工艺过程的高温瞬时灭菌虽然能起到灭菌的效果，但有些真菌在100℃都不能完全被杀灭，会导致成品品质感染，再次孳生。

（6）原料菌落总数过大　有很多原料都是带着真菌的，需要灭菌才能进行配料。

拓展阅读

合成生物学是生命科学、信息技术和工程技术等汇聚而产生的一门崭新学科，是生物制造过程中的“灵魂”。合成生物学可以通过基因编辑和重组技术来定向优化生物体内的代谢途径，使得生物体能够更高效地合成目标产物。通过改造微生物的代谢通路和基因组，可以使目标产物转化率和产量得到显著提高。

同时，合成生物学可以帮助设计和构建新的生物体或微生物，使其能够实现特定的生产任务。通过合成生物学技术，可以创造出不存在于自然界中的生物体，从而实现生物制造的定向和定制。

近些年来随着技术的发展，合成生物学技术可以实现高通量筛选，即在较短时间内对大量微生物或细胞株进行快速测试，找到最优的产物生产组合。这样可以节省时间和成本，并快速找到最有效的生产策略。在生物制造中，合成生物学提供了一系列的技术和方法，例如基因编辑、基因合成、调控元件设计等，使得微生物或细胞可以实现特定产物的合成和生产。

因此，在具备了上游大量的合成生物学技术突破和下游坚实的发酵领域产业基础的条件下，生物制造将迸发出巨大的势能，极有可能在未来十年内重塑我们现在的产业结构，实现质的飞跃。

中国科学家在合成生物学领域取得了许多重要的研究成果和应用进展，成为全球合成生物学领域的重要参与者和推动者。

生物制造是未来的国运之争。生物制造将协同带动众多产业链的发展，成为一个巨大的经济增长点。

二、 果醋的质量标准

1. 感官特性

果醋感官特性应符合表 3-1 的规定。

表 3-1　　果醋感官特性

项目	要求	项目	要求
色泽	具有产品应有色泽	味道	酸味柔和、无异味
香气	具有产品特有的香气	外观	澄清、无异物、无悬浮物、无沉淀

2. 理化指标

果醋理化指标应符合表 3-2 的规定。

表 3-2　　果醋理化指标

项目	指标
总酸（以乙酸计）/（g/100mL）	≥2.50
可溶性固形物（20℃，折光计法）/%	8.0~12
可溶性无盐固形物（g/100mL）	≥0.50

习题

一、填空题

1. 目前市场上的果醋生产原料以________居多。

2. 目前国内外在生产上常用的果醋酿造醋酸菌主要有________、________、

________、________、________五种。

3. 果醋发酵工艺按其发酵状态可分为________、________和________。

4. 造成果醋胀瓶的主要原因是________。

二、判断题

1. 醋酸发酵的主要菌种是乳酸菌。(　　)

2. 全液态发酵法生产果醋的缺点是醋的风味较差。(　　)

3. 果醋的滋味特点是酸味柔和、无异味。(　　)

4. 果醋放置一段时间后出现沉淀物或者絮状悬浮物、分层、褪色、影响口感、胀瓶等质量问题。(　　)

三、简答题

1. 苹果醋液态发酵生产工艺流程。

2. 葡萄醋液态发酵生产工艺流程。

项目四 酱油发酵生产技术

【知识目标】

1. 掌握酱油生产原料的选择及处理方法。
2. 掌握酱油的生产技术。

【技能目标】

1. 掌握酱油发酵菌种的制备方法。
2. 掌握检验酱油质量的方法。

【素质目标】

1. 提高对食物营养及安全的认知，促进健康饮食文化的普及，弘扬中华优秀饮食文化，推动全民健康事业的发展，助力“健康中国”目标落实。
2. 严谨的工作作风、实事求是的工作态度。
3. 遵守有关法律法规。
4. 具有安全知识与职业道德。
5. 应有人文积淀，厚德精技。
6. 应有开阔的视野，创新的精神。

酱油生产历史悠久，据史料记载，最早发明于我国的西周时期。酱油在历史上名称很多，有清酱、酱汁、豆酱、淋油、晒油、豉油等。随着科学技术的发展，酱油生产的机械化程度有了很大的提高。蒸料普遍采用旋转式蒸料罐，制曲采用厚层通风制曲，并大量采用翻曲机、抓酱机、拌曲机、扬散机等先进的机械设备，大大减轻了工人繁重的体力劳动，改善了工作环境，提高了劳动效率。工艺上低盐固态发酵法已经被普遍采用，稀发酵法和固-稀发酵法也有了长足的进步。设备的机械化、自动化，加上工艺的进步和生产管理的加强，使酱油生产的原料蛋白质利用率有了较大提高。一般的企业，原料蛋白质利用率可以达到70%~75%，较好的企业高达80%以上。

据酿造酱油的国家标准（GB/T 18186—2000《酿造酱油》）和配制酱油的行业标准（GB 2717—2018《食品安全国家标准　酱油》），酱油的分类如下所述。

1. 酿造酱油

酿造酱油是以大豆和/或脱脂大豆、小麦和/或麸皮为原料，经微生物发酵制成的具有特殊色、香、味的液体调味品。

酿造酱油按发酵工艺分为如下两类。

（1）高盐稀态发酵酱油（含固-稀发酵酱油） 以大豆和/或脱脂大豆、小麦和/或小麦粉为原料，经蒸煮、曲霉菌制曲后与盐水混合成稀醪，再经发酵制成的酱油。

（2）低盐固态发酵酱油 以脱脂大豆及麦麸为原料，经蒸煮、曲霉菌制曲后与盐水混合成固态酱醅，再经发酵制成的酱油。

2. 配制酱油

配制酱油是以酿造酱油为主体，与酸水解植物蛋白调味液、食品添加剂等配制成的液体调味品。

注意：配制酱油中酿造酱油比例（以全氮计）不得少于50%；配制酱油中不得添加味精废液、胱氨酸废液和用非食品原料生产的氨基酸液。

3. 再配制酱油

再配制酱油是酱油经过浓缩、喷雾等工艺制成的其他形式的酱油，如酱油粉等。这是为了满足酱油的贮藏、运输，适于边疆人民、山区人民、勘探队伍和部队的需要。

酱油生产原料及处理

任务一 酱油生产原料及处理

多年来，生产酱油的原料都是以大豆和小麦为主。随着科学技术的不断发展和生产实践经验的逐步积累，人们发现大豆中的脂肪对酿造酱油的作用不大，直接采用大豆，会浪费其中的脂肪。为合理利用资源，目前我国大部分酱油酿造企业已普遍采用大豆脱脂后的豆粕或豆饼作为主要的蛋白质原料，以麸皮、小麦或面粉等作为淀粉质原料，再加食盐和水生产酱油。实践证明，采用不同的原料会使产品具有不同的风味。

原料质量优劣决定着酱油产品的质量，所以原料选择一定要慎重。具体可依据以下标准：①蛋白质含量较高，碳水化合物适量，有利于制曲和发酵；②无毒无异味，酿制出的酱油质量好；③资源丰富，价格低廉；④容易收集，便于运输和保管；⑤因地制宜，就地取材，有利于原料的综合利用。

一、 蛋白质原料

目前我国大部分酿造厂普遍采用豆饼或豆粕作为主要的蛋白质原料，但也有使用大豆或其他蛋白质原料的。

1. 大豆

大豆是黄豆、青豆及黑豆的统称，一年生草本植物，种子椭圆形至近球形，有黄、青、褐、黑和双色等。我国各地均有种植，其中以东北地区产量最大，大豆质量最优，平均千粒重约为165g，最大者千粒重在200g以上。大豆的一般化学成分如表4-1所示。

表4-1　　大豆的一般化学成分

名称	水分	粗蛋白质	粗脂肪	碳水化合物	纤维素	灰分
含量/%	7~12	35~40	12~20	21~31	4.3~5.2	4.4~5.4

2. 豆粕

豆粕是大豆先经适当的热处理，调节其水分到8%~9%，再经过轧坯机轧扁，然后加入有机溶剂浸泡或喷淋，提取其中的油脂，然后用烘干法等除去豆粕中的溶剂而得到。一般呈颗粒或片状，有时有小部分结成团块。豆粕中脂肪含量低，水分也很少，蛋白质含量很高，约为大豆全氮量的1.2倍，而豆粕价格比大豆便宜，容易破碎，其他成分与大豆相同。实践证明，豆粕是制作酱油的理想原料。豆粕的一般化学成分如表4-2所示。

表4-2　　豆粕的一般化学成分

名称	水分	粗蛋白质	粗脂肪	碳水化合物	灰分
含量/%	7~10	46~51	0.5~1.5	19~22	5左右

3. 豆饼

豆饼是大豆用压榨法提取油脂后的产物。根据压榨工艺条件不同，豆饼有几种不同的名称。

（1）根据加热程度分类

①冷榨豆饼：压榨前未经高温处理，将未经任何处理的大豆送入压榨机压油后得到的豆饼，此法压榨出油率低，但蛋白质基本没有任何变性，可用来做豆制品。

②热榨豆饼：经较高温度处理后（即炒熟）再压榨而得到的豆饼，此法含水分较少，含蛋白质较高，质地较松，易于破碎，非常适合酿制酱油。

（2）根据使用压榨机的形式及压榨压力分类

①圆车饼：制作方式是先将大豆加热再压榨成扁平形，入蒸锅蒸煮后用油草

包好，经初压成形再经压榨机压榨，压力为 10~14MPa，经 3~5h 压完，属热榨豆饼。

②方车饼：用板式及盒式压榨机从低油压（表压 3.5MPa）至高油压（表压 28MPa），压榨时间 30~50min，制成的长方形饼板。

③红车饼：此饼是用动力连续作用的螺旋榨油机所榨出的油饼，压前经过一定温度的热炒，对料胚压榨的压强最高可达 70MPa，压榨时间只需 2~3min，压榨过程中温度在 125~140℃，所以蛋白质变性程度随温度不同而异，基本已适度变性。豆饼的化学成分如表 4-3 所示。

表 4-3　豆饼的化学成分　单位：%

名称	项目					
	水分	粗蛋白质	粗脂肪	碳水化合物	纤维素	灰分
冷榨豆饼	12	44~47	6~7	18~21	—	5~6
热榨豆饼	11	45~48	3~4.6	18~21	—	5.5~6.5
红车饼	3.38~4.55	46.2~47.94	3.06~3.1	22.84~28.92	5.50	5.9~6.31
方车饼	10.77	42.06	5.51	31.6	4.99	5.37

4. 蚕豆、豌豆

蚕豆，也称胡豆、罗汉豆、佛豆或寒豆，在我国西南、华中和华东各地栽培最多。其种子富含蛋白质和淀粉，江浙地区常将其作为酱油原料。豌豆，也称小寒豆、淮豆或麦豆，我国各地均有栽培，我国西南地区常作为酱油原料。

5. 其他蛋白质原料

只要蛋白质含量高，脂肪含量少，没有异味，不含有毒成分均可利用，如含有毒物质应先经处理后再使用。常用的有花生饼、菜籽饼、芝麻饼等各种油料作物的饼粕；玉米浆干、豆渣等均可用以酿造酱油；鱼粉或蚕蛹等，也可用于制作酱油。

二、 淀粉质原料

酿造酱油用淀粉质原料传统上以小麦和面粉为主，多年的生产实践表明，小麦和麸皮是比较理想的淀粉质原料，也可因地制宜选用其他淀粉质原料。

1. 小麦

小麦是世界上分布最广、种植面积最大的主要粮食作物之一，因品种、产地等不同，小麦外形及成分各有差异。按照粒色可分为红皮小麦和白皮小麦，根据粒质可分为硬质小麦、软质小麦和中间质小麦，国外一般为白皮和硬质小麦。酿造酱油，应选用红皮软质小麦。

小麦除含 70%淀粉外，还含有 2%~3%的糊精和 2%~4%的蔗糖、葡萄糖和果糖。小麦含有10%～14%的蛋白质，其中麸胶蛋白质和谷蛋白质丰富，麸胶蛋白质中的氨基酸以谷氨酸最多，它是产生酱油鲜味的主要因素之一。

2. 麸皮

麸皮又称麦皮，是小麦制面粉时的副产品。麸皮的成分因小麦品种、产地及加工时出粉率的不同而异。

麸皮质地疏松、体轻、表面积大，除一般成分外，还含多种维生素，钙、铁等无机盐，营养成分适于促进米曲霉的生长和产酶，既有利于制曲，又有利于淋油，能提高酱油的原料利用率和出品率。

麸皮粗淀粉中多缩戊糖含量高达20%～24%，它可与蛋白质的水解产物氨基酸相结合，产生酱油色素；另外麸皮本身还含有α-淀粉酶和β-淀粉酶。据测定，每克麸皮含α-淀粉酶10～20U（60℃碘比色法测定），含β-淀粉酶2400～2900U（40℃碘量法测定）。

由于麸皮资源丰富、价格低廉、使用方便，又有上述多种优点，因此目前国内酱油厂大多以麸皮作为生产酱油的主要淀粉质原料。为了提高酱油质量、改善风味，应适当补充些含淀粉较多的原料，如淀粉不足，必然使糊精和糖分减少，影响酒精发酵，造成酱油香气差和口味淡薄。

3. 米糠和米糠饼

米糠是碾米后的副产品，米糠饼则是米糠榨油后的饼渣。两者均含有丰富的粗淀粉，尤其是米糠饼中粗淀粉的含量更丰富。它们均可作为生产酱油的淀粉质原料。

4. 其他淀粉质原料

凡是含有淀粉而又无毒、无怪味的谷物，如玉米、甘薯、碎米、小米等，均可作为生产酱油的淀粉质原料。

酿造酱油所用的淀粉质和蛋白质原料中还含有许多微生物所必需的脂肪、无机盐、维生素、氨基酸等营养物质，这些物质对酿制成的酱油也有一定影响。

三、 食盐

食盐是生产酱油的重要原料之一，它使酱油具有适当的咸味，并且与氨基酸共同呈鲜味，能增加酱油的风味。食盐还有杀菌防腐作用，可以在发酵过程中一定程度上减少杂菌污染，同时可以防止成品酱油的腐败。

生产酱油的食盐宜选用氯化钠含量高、颜色白、水分及夹杂物少，卤汁（氯化钾、氯化镁、硫酸钙、硫酸镁、硫酸钠等的混合物）少的食盐品种。食盐若含卤汁过多，会给酱油带来苦味，使品质下降。最简单的去除卤汁的方法是将食盐放于盐库中，让卤汁自然吸收空气中的水分进行潮解而脱苦。

食盐在运输和保管过程中，要防止雨淋、受潮、漏撒及杂质混入，保管的地方必须清洁干燥。

纯食盐的相对密度为 2.161（25℃），在溶解食盐时水应不断搅拌，生产实践经验是每 100kg 水中加入 1.5kg 食盐即约为 1°Bé 溶液的盐水。食盐的溶解度与温度的关系不大，因此在溶解食盐时可以不必加热。一般 27°Bé 溶液为达到饱和状态。

四、水

凡是符合卫生标准能供饮用的水，如自来水、深井水、清洁的江水、河水、湖水等均可用于酿造酱油。

酿造酱油用水量很大，一般生产 1t 酱油需用水 6~7t，包括蒸料用水、制曲用水、发酵用水、淋油用水、设备容器洗刷用水、锅炉用水以及卫生用水等。仅对产品而言，水的消耗量也是很大的，酱油成分中水分占 70%左右，发酵生成的全部调味成分都要溶于水才能成为酱油。

目前来讲，使用自来水比较理想，但随着工业化的进展，今后对水质的要求必将更高。如果水中含有大量的铁、镁、钙等物质，不仅不符合卫生要求，而且有碍于酱油风味。一般来说在酱汁中含铁不宜超过 5mg/kg。

含有可溶性钙盐、镁盐较多的水称为硬水，含较少的则为软水。通常钙盐以 CaO 表示，镁盐以 MgO 表示。硬度是表示水中含有多少氧化钙和氧化镁的单位。硬度的标准是 100mL 水中含有 1mgCaO 为 1 度，MgO 的含量要换算成 CaO，即 1mgMgO＝0.714mgCaO。

水中含有 CaO 和 MgO 的总量即为总硬度，化验水中 CaO 和 MgO 的含量即可计算水的总硬度。水的硬度标准如表 4-4 所示。

表 4-4　水的硬度标准

硬度	很软水	软水	中等硬水	硬水	很硬水
标准	0~4 度	4~8 度	8~16 度	16~30 度	30 度以上

五、原料处理的意义

原料的处理是生产酱油的重要环节，处理是否得当直接影响到制曲的难易、成曲的质量、酱醪的成熟度、淋油的速度和出油的多少，同时也影响着酱油的质量和原料利用率，因此必须掌握好这一环节。

原料处理包括两个方面：一是通过机械作用将原料粉碎成为小颗粒或粉末状；二是经过充分润水和蒸煮，使原料中蛋白质适度变性、淀粉充分糊化，以利于米曲霉的生长繁殖和酶类的分解作用。另外，通过加热可以杀灭附在原料上的杂菌，以排除制曲过程中杂菌对米曲霉生长的干扰。

原料的处理因设备、原料、工艺而不同，但原则上应做到：颗粒细而均匀，润水充分，适当的蒸煮压力和时间，迅速地脱压和冷却。

六、 加水及润水

豆粕或豆饼由于原形已被破坏，加水浸泡就会将其中的成分浸出而损失，因此必须有润水的工序，使需要加入的水分充分而均匀地吸入原料内部，以利于原料的进一步加工处理。润水需要一定的时间。

1. 润水的目的

使原料中蛋白质含有适量的水分，以便在蒸料时原料受热均匀，能迅速达到蛋白质的一次变性；使原料中的淀粉吸水膨胀，易于糊化，以便溶解出米曲霉生长所需要的营养物质；供给米曲霉生长繁殖所需要的水分。

2. 加水量的确定

加水量的确定必须考虑到诸多因素。

(1) 原料含水量　原料不同，其含水量不同，即使同一种原料因加工方法不同，含水量也不一样。

(2) 原料配比　目前各厂生产酱油，豆饼与麸皮的配比不同，有7∶3，6∶4或5∶5者，麸皮用量越大，加水量越大；反之，则可适当减少。

(3) 季节和地区　夏季风大，温度相对高，应多加水；一些地区气候干燥，加水量也应该相应增加；反之，则应减少用水量。

(4) 蒸料方法　一般常压蒸料蒸汽流畅，原料增加水分较少；而加压蒸料时，水分较多。

(5) 冷却和送料方式　在夏季有时为了使蒸料迅速冷却，要大力翻扬或用风扇吹，水分散发较快、较多，应注意加水量的调节。

(6) 曲室保温及通风情况　当曲室保温及通风设备良好，可以自由控制室温时，加水量应该适当增加。

生产上应严格控制加水量。生产实践证明，以豆粕质量计算，加水量在80%~100%较合适。但加水量的多少主要依据曲料水分，一般冬天掌握在47%~48%，春天、秋天要求水分为48%~49%，夏天以49%~51%为宜。

七、 蒸料

1. 蒸煮的目的和要求

蒸煮在原料处理中是一个重要的工序。蒸煮是否适度，对酱油质量和原料利用率影响极为明显。蒸煮的目的：一是蒸煮使原料中的蛋白质完成适度的变性，便于被米曲霉生长发育利用，并为以后酶分解提供基础。二是蒸煮使原料中的淀粉吸水膨胀而糊化，并产生少量糖类，这些成分是米曲霉生长繁殖适合的营养物，而且易于被酶所分解。三是蒸煮能消灭附在原料上的微生物，提高制曲的安全性，给米曲霉正常生长发育创造有利条件。

蒸煮的要求：达到一熟、二软、三疏松、四不黏手、五无夹心、六有熟料固有的色泽和香气。

加压蒸料操作时应注意：①经常检查，压力不得超出规定范围；②操作时要严格遵守操作规程；③出料时锅内残余蒸汽必须排尽；④装卸锅盖时，应对称地上紧螺栓，使各螺丝及锅盖承受比较均匀的力量。

2. 蒸熟程度与蛋白质变性

（1）N 性蛋白（原料未蒸熟） 未蒸熟的蛋白质称为 N 性蛋白，其不变性，能溶于盐水中，但不能被米曲霉中的酶系所分解。含有 N 性蛋白的酱油经稀释或加热后会产生浑浊物质（这是通过检验酱油了解蒸料质量的简便方法）。

（2）适度变性 适度变性的蛋白质能被米曲霉分泌的蛋白酶分解。

（3）过度变性（褐变） 蒸煮过度后，蛋白质色泽加深，蛋白质中氨基酸与糖结合，形成褐变，就很难被米曲霉分泌的蛋白酶所分解。

（4）蒸料压力（温度）与时间的关系 生产实践证明，在一定范围内，蒸汽压力越高，时间越短，全氮利用率也越高。

（5）冷却速度和消化率的关系 冷却速度和消化率也有相当大的关系。生产实践证明，排气脱压冷却快，则消化率高；排气脱压冷却慢，则消化率低。

3. 旋转式蒸煮锅蒸料的方法

国内已采用旋转式蒸煮锅（以下简称转锅，在日本称 NK 罐，是一个受压热力容器）蒸料，罐体以立式双头锥为主，也有球形的。容量一般为 5～6m^3，在蒸料时转锅可不断地做 360°旋转运动。新式的转锅附有减压冷却装置（水力喷射器）。水力喷射器配有离心水泵，利用高速水流从喷嘴喷出，在蒸料出料时，锅内形成减压作用，水分在低压下蒸发吸收热量，使曲料冷却，转锅的上端设有投料出料口，锅身的下面设有接种机和输送机，可直接送入曲池。

新式的转锅操作要点如下：罐的蒸料量以不超过 70%的容量为宜，使转锅的原料能够混匀，压力、温度应均衡。开始蒸料时，先排出气管中的冷凝水，当升压时先用排气阀将空气排出，若锅内空气未排尽，会使锅内形成虚假气压，会降低蒸料温度和蒸料的效果。等排气阀连续喷出饱和蒸汽时，再关闭排气阀，使锅内压力升高，当压力升到 0.03～0.05MPa 时，再打开排气阀，将残余空气排除干净，然后关闭排气阀继续通入蒸汽使压力上升达到所规定的压力，一般为0.1～0.15MPa，时间为 30～40min。在蒸熟过程中转锅不停旋转。蒸料完毕，开启排气阀使压力降到零位，然后关闭排气阀，开动水泵供给水力喷射器冷却水进行减压冷却，锅内形成真空蒸发，品温快速下降，达到接种温度即可出料，一般降至 40℃。

4. FM 式连续蒸料方法

（1）豆粕加水和润水 加水和润水与山崎式相似，唯喷水部分采用钻眼喷管，喷水不均匀。

（2）蒸料　蒸料罐内设有一个用不锈钢丝编织的金属网，原料落到金属网上，厚度在20cm以下时，可随着金属网移动。加压蒸汽由原料的上、下两面导入，罐内蒸汽压力为0.17MPa，蒸料时间为3min。内部的网状传送带结构复杂不易清洗。

（3）冷却　在两端装有旋转阀的减压室中以水力喷射泵进行真空冷却，由于不用外部空气冷却，可避免冷却时原料被细菌污染。FM式（日本的一种用于酱油生产中的高压连续蒸煮装置）原料处理量为4t/h，蛋白质利用率可达85%~87%。

5. 熟料质量标准

（1）感官特性　①外观：黄褐色，色泽不过深；②香气：具有豆香味，无煳味及其他不良气味；③手感：松散、柔软、有弹性、无硬心、无浮水，不黏。

（2）理化标准　①水分（入曲池取样）在45%~50%为宜；②蛋白质消化率在80%以上。

八、其他原料的处理

由于地区和条件的不同，还有许多蛋白质原料和淀粉质原料被用来酿制酱油，因为原料性质不同，其处理方法也各不相同。

1. 以小麦、大麦或高粱作原料

用小麦、大麦或高粱作原料时，一般要先经过焙炒，使淀粉糊化增加色泽与香气，同时杀灭附在原料上的微生物。焙炒后含水量显著减少，便于粉碎，能增加辅料的吸水能力。要求焙炒后的小麦或大麦呈金黄色，其中焦煳粒不超过5%~20%，每汤匙熟麦投水试验下沉，生粒不超过4~5粒，大麦爆花率为90%以上，小麦裂嘴率为90%以上。为了节约用煤，减轻焙炒劳动强度和改善劳动条件，可直接将原料轧碎，与豆饼、豆粕等原料混合拌匀（或分先后润水）后再进行蒸煮。

日本使用小麦时的处理方法介绍如下。

（1）前处理　同大豆一样要进行筛选处理，目的是除去杂质，其方法与大豆基本相同。

（2）焙炒　由于焙炒小麦的水分被蒸发，同时小麦膨胀，易于破碎。经过焙炒，除去了小麦的水分，在制曲时就能起到调节蒸煮大豆的水分的重要作用，同时还可以杀死附在生小麦表面的微生物。此外焙炒使小麦淀粉糊化，使之容易被曲霉菌淀粉酶分解。

最普通的炒麦机：在轴承上安装着一只两端直径不同的圆筒并可旋转，由圆筒直径小的一端投入原料小麦，圆筒在明火上旋转而使小麦得到焙炒，焙炒小麦的沙子与小麦一起送进去，由于加热的小麦与沙子是混合起来的，因此在流动中同时存在。沙子用金属网筛去，落入圆筒外面的螺旋状管内并回到入口，再次与进入的小麦混合。炒完的小麦温度约为150℃，质量为原来的80%~90%，因为小麦水分急剧蒸发，炒麦机的容积要增加50%~80%。

（3）破碎　经过焙炒的小麦在冷却后进行破碎，目的是使之有利于曲霉菌的繁殖及容易受酶的作用，这样就需增大其表面积和调节蒸煮大豆表面的水分，以利于制曲。破碎的程度为四瓣，且需要有一定量的粉末。这样，当进行通风制曲的时候，小麦就将易于细菌繁殖的大豆表面覆盖住，从而有助于曲霉菌丝的生长。破碎机是滚柱式的，滚柱的直径为100~150mm，长为200~350mm，是用硬铜制作的。滚柱的表面上有沟槽，由于两个滚柱的旋转方向是不同的，因此小麦可被粉碎。

2. 以其他油料作为原料

以其他油料作物榨油后的饼粕类作为代用原料时，其处理方法基本上与豆饼相同。

3. 以米糠为原料

用米糠时，使用方法与麸皮相同，若用榨油后的米糠饼，要先经过粉碎。

4. 以面粉或麦粉为原料

以面粉或麦粉为原料时，除老法生产直接将生粉拌入制曲外，一般可采用酶法将其液化、糖化，将淀粉水解成糖液后参与发酵，不需经过蒸料、制曲工艺操作。

5. 液化与糖化

酿造酱油中应用液化和糖化方法，是近10年来才发展起来的一门新技术，是利用微生物酶制剂使淀粉水解成还原糖，再拌入成曲中发酵的一种方法，可以节约粮食、劳动力及制曲设备，达到增产节约的目的。

液化糖化法应用于酱油生产中的优点如下所述：①减少淀粉损耗，提高淀粉原料利用率。在制曲过程中，米曲霉的生长需要消耗大量的淀粉，原料中加水量越大，淀粉消耗越多；制曲时间越长，淀粉消耗也越多。如果采用液化糖化工艺，在制曲时可大幅度地减少淀粉质原料用量，将所减少的淀粉质原料的一部分，利用酶解成糖后直接加入发酵酱醅中，可使淀粉质原料较充分地被利用。②节约蒸料及制曲设备。③有利于机械化、连续化生产，提高了原料在发酵前加工的劳动生产率。

任务二　种曲制备

制种曲的目的是要获得大量纯菌种，要求菌丝发育健壮、产酶能力强、孢子数量多、孢子的耐久性强、发芽率高、细菌的混入量少，为制成曲提供优良的种子。

一、 菌种的选择

菌种选择十分重要，关系到酱油生产的成败和产品质量的好坏。在选择菌种时应该按照下列标准。

(1) 酶的活力强，菌株分生孢子大、数量多、繁殖快。

(2) 发酵时间短。

(3) 适应能力强，对杂菌的抵抗能力强。

(4) 产品香气和滋味优良。

(5) 不产生黄曲霉毒素和其他有毒物质。

目前我国酱油生产上以使用米曲霉为主，常用的酿造菌株有沪酿 3.042，即 AS3.951。该菌种具备以下特点，分泌的蛋白酶和淀粉酶活力很强，本身繁殖非常快，发酵时间仅为 24h；对杂菌有非常强的抵抗能力；用其制造的酱油质量十分优良；不会产生黄曲霉毒素等；不易变异。此外，近年来还出现了一些性能优良的菌株，也逐渐地被酿造厂采用，如上海酿造科学研究所的 UE336，重庆市酿造科学研究所的 3.811，江南大学的 961 等，见图 4-1。

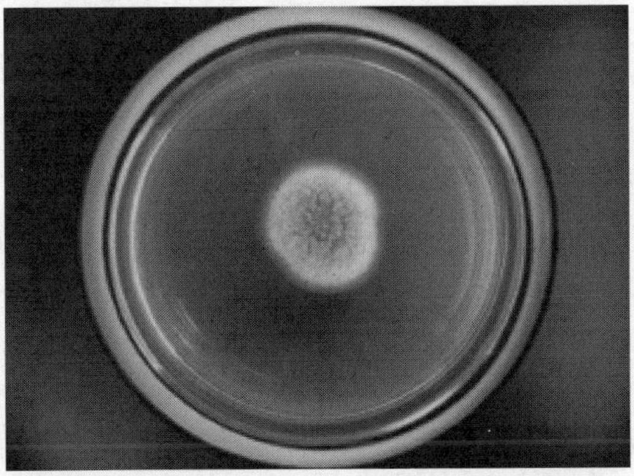

图 4-1 米曲霉

二、 纯种三角瓶培养

(1) 原料配比 麸皮 80g，面粉 20g，水 80mL。

(2) 混合 将上述原料混合均匀，并用筛子将粗粒筛去。

(3) 装瓶 一般采用容量为 250mL 或 300mL 的三角瓶。将瓶先塞好棉花塞，以 150~160℃ 干热灭菌，然后将料装入，料层厚度以 1cm 左右为准。

(4) 灭菌 蒸汽加压灭菌，0.1MPa，维持 30min，灭菌后趁热把曲料摇瓶。

(5) 接种及培养 待冷却后，在无菌接种橱内接入试管原菌。摇匀后置于

30℃恒温箱内，18h 左右，三角瓶内曲料已稍发白结饼，摇瓶 1 次，将结块摇碎，继续置于 30℃恒温箱内培养，再过 4h 左右，有发白结饼，再摇瓶 1 次。经过 2d 培养后，把三角瓶轻轻地倒置过来（也可不倒置），继续培养 1d，待其全部长满黄绿色孢子时，即可使用。若需放置较长时间，则应置于阴凉处，或置于冰箱中备用。

三、种曲的制造

1. 种曲的原料要求

制种曲是为了培养优良的种子，原料必须适应曲霉菌旺盛繁殖的需要。曲霉菌繁殖时需要大量糖分，而豆饼含淀粉较少，因此在原料配比上，豆饼占少量，麸皮占多量，同时还要加入适当的饴糖，以满足曲霉菌的需要。为了使曲霉菌繁殖旺盛并大量着生孢子，曲料必须保持松散，空气要保持流通。如果麸皮过细会影响通风，可以适当加入一些粗糠等疏松料，这对改变曲料物理性质起着很大的作用，也是制好种曲不可缺少的因素。

另外在制种曲时，原料中加入适量（0.5%～1%）的经过消毒灭菌的草木灰效果较好。制种曲所用原料的检验必须认真，发霉或气味不正的原料不应该使用。因为发霉的原料含有杂菌，虽然在蒸料过程中能够把杂菌杀死，但是杂菌在原料中所生成的有害物质（如毒素等）却无法被去除，仍存于原料之中，这些微量有害物质对纯菌种的繁殖有抑制作用，会导致其在制曲过程中不能正常繁殖。

2. 种曲室及其主要设施（以盒曲为例）

种曲室是培养种曲的场所，要求密闭、保温、保湿性能好，使种曲有一个既卫生又符合生长繁殖条件的环境。种曲室的大小一般为 5m×（4～4.5）m×3m，四周以水泥为墙，并保持平整光滑，便于洗刷。房顶为圆弧形，以防冷凝水滴入种曲中，天棚上最好铺有一定厚度的锯末等保温材料，以利于种曲室保持一定的温度。种曲室必须安装有门、窗及天窗，并有调温调湿装置和排水设施。

其他配备：蒸料锅（桶）、种子桶（或盆）、振荡筛及扬料机。

培养用具：木盘（45～48）cm×（30～40）cm×5cm，盘底有厚度为 0.5cm 的横木条 3 根。

四、种曲制作方法（以盒曲为例）

1. 种曲制作工艺流程（以培养沪酿 3.042 米曲霉为例）

种曲制作工艺流程，如图 4-2 所示。

2. 灭菌工作

种曲制作必须防止杂菌污染，因此曲室及一切工具在使用前需经洗刷后再进

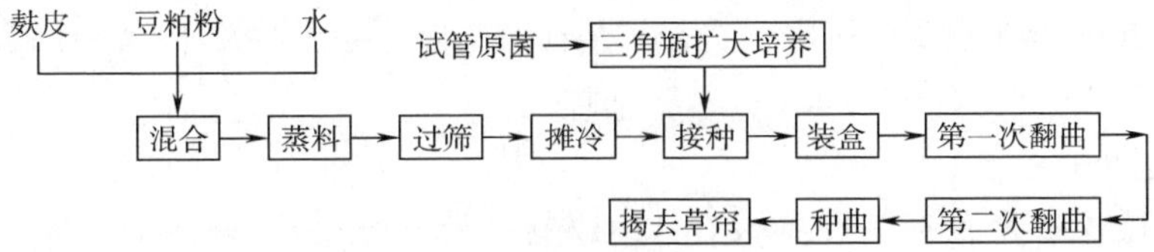

图 4-2 种曲制作工艺流程

行消毒灭菌。制种曲用的各种工具每次使用后要洗刷干净，然后放入曲室待灭菌，曲盘也应移入曲室以“品”字形堆叠，灭菌前将曲室门窗及地沟等洞孔密闭好，按种曲室的空间计算出灭菌剂用量。具体灭菌方法如下所述。

（1）硫黄灭菌　硫黄量 $25g/m^3$，放于小铁锅内加热，使硫黄燃烧产生蓝色火焰即二氧化硫（SO_2）气体。反应方程式如下所示。

$$S+O_2 \longrightarrow SO_2 \uparrow$$

$$SO_2+H_2O \longrightarrow H_2SO_3$$

其中的 H_2SO_3 有灭菌作用，由上式可知采用硫黄灭菌时，曲室及木盒必须呈潮湿状态。燃烧硫黄时，为了产生足够的 H_2SO_3，必须保持在密封状态 20h 以上。同时把曲室暖气开放，提高其室温，以提高灭菌效果，同时可将木盘烘干。

（2）蒸汽灭菌　草帘用清水冲洗干净，100℃蒸汽灭菌 1h。

（3）甲醛灭菌　甲醛对细菌及酵母的杀灭力较强，但对霉菌的杀灭力较弱。甲醛或硫黄两者混合使用或交替使用，效果更佳。

（4）酒精灭菌　操作人员双手以及不能灭菌的器件，要首先清洗干净，然后用 75%的酒精擦洗灭菌。

3. 原料处理

（1）种曲原料可选用下列各种配比（水分占原料总量的百分比/%）

①麸皮 80，面粉 20，水占前两者的 70 左右。

②麸皮 85，豆饼 15，水占前两者的 90 左右。

③麸皮 80，豆饼粉 20，水占前两者的 100~110。

④麸皮 100，水占 95~100。

（2）原料处理方法　豆饼加水浸泡，水温 85℃以上，浸泡时间 30min 以上，搅拌要均匀一致，然后加入麸皮拌匀，入蒸料锅蒸熟达到灭菌目的及蛋白质适度变性，蒸料时间 2h 以上，停汽后焖料 90min，出锅过筛，摊开冷却，以品温 35~40℃接种为宜。

如采用常压蒸料，一般保持蒸汽从原料面层均匀地喷出后，再加盖蒸 1h，再关汽焖 30min。加压蒸料一般保持 0.1MPa 蒸 30min，蒸料出锅黄褐色，柔软无浮水，出锅后过筛使之迅速冷却，要求熟料水分为 52%~55%。

采用一次加润水法的熟料团块较多，过筛困难，劳动力大，可改用两次加润水法。在混合原料中，先加水40%～50%，蒸熟后过筛，熟料疏松容易过筛，过筛后再加30%～45%的冷开水，为防止杂菌污染，可在此冷开水中添加0.2%～0.3%食用冰醋酸或0.5%～1.0%醋酸钠拌匀。

4. 接种

接种温度夏天为38℃，冬天在42℃左右，接种量为0.1%～0.5%。接种时先将三角瓶外壁用75%酒精擦拭，拔去棉塞后，用灭菌的竹筷（或竹片）将纯种取出，置于少量冷却的曲料上，拌匀（分三次撒布于全部曲料上）。如用回转式加压锅蒸料，可用真空冷却，并在锅内接种及回转拌匀，以减少与空气中杂菌的接触。

5. 装盒入室培养

（1）堆积培养　将曲料摊平于盘中央，每盘装料（干料计）0.5kg，然后将曲盘竖直堆叠放于木架上，每堆高度为8个盘，最上层应倒盖空盘一个，以保温保湿。装盘后品温应为30～31℃，保持室温29～31℃（冬季室温32～34℃），干湿球温度计温差1℃，经6h左右，上层品温达35～36℃可倒盘一次，使上下品温均匀，这一阶段为沪酿3.042的孢子发芽期。

（2）搓曲、盖湿草帘　继续保温培养约6h，上层品温达36℃左右。这时曲料表面生长出呈微白色菌丝，并开始结块，这个阶段为菌丝生长期。此时即可搓曲，即用双手将曲料搓碎、摊平，使曲料松散，然后在每盘上盖灭菌湿草帘一个，以利于保湿降温，并倒盘一次，将曲盘改为品字形堆放。

（3）第二次翻曲　搓曲后继续保温培养6～7h，品温又升至36℃左右，曲料全部长满白色菌丝，结块良好，即可进行第二次翻曲，或根据情况进行划曲（即用竹筷将曲料划成2cm的碎块，使靠近盘底的曲料翻起，以利其通风降温，可使菌丝孢子生长均匀）。翻曲或划曲后仍盖好湿草帘并倒盘，仍以品字形堆放。此时室温为25～28℃，干湿球温度计温差为0～1℃，这一阶段菌丝发育旺盛，可大量生长蔓延，曲料结块，此阶段称为菌丝蔓延期。

（4）洒水、保湿、保温　划曲后，地面应经常洒冷水以保持室内湿度，降低室温使品温保持在34～36℃，使干湿球温度计温差达到平衡，相对湿度为100%，这期间应每隔6～7h倒盘一次。这个阶段已经长好的菌丝又长出了孢子，称为孢子生长期。

（5）去草帘　盖草帘后48h左右，将草帘去掉，这时品温趋于缓和，停止向地面洒水，并开天窗排潮，保持室温30℃±1℃，品温35～36℃，中间倒盘一次，至种曲成熟为止。这一阶段孢子大量生长并老熟，称为孢子成熟期。自装盘入室至种曲成熟，整个培养时间共计72h。在种曲制造过程中，应每1～2h记录一次品温、室温及操作情况。

6. 种曲制作过程中的注意事项

（1）种曲室要经常保持清洁卫生，必要时需彻底消毒灭菌。

（2）设备及用具使用后要清洗干净，并妥善保管。

（3）严格按工艺操作要求生产，控制好温、湿度。

（4）加强生产联系，保证使用新鲜种曲。

（5）加强对种曲质量的检查并做好记录。

（6）培养好的种曲保藏于低温干燥处。

7. 种曲质量检验

（1）感官特性检验　菌丝整齐健壮，孢子丛生，呈新鲜黄绿色并有光泽，无夹心、无杂菌、无异色。

（2）理化检验

①孢子数：用血球计数板法测定米曲霉种曲，种曲中孢子数应在 6×10^9 个/g（以干基计）以上；米曲霉种曲中细菌数不超过 10^7 个/g。

②孢子发芽率：用悬滴培养法测定发芽率，要求达到90%以上。

③蛋白酶活力：新制曲在5000单位以上，保存制曲在4000单位以上。

④水分：新制曲水分35%~40%，保存制曲水分10%以下。

种曲质量关系到生产用曲的质量，因此必须严格控制。如果发现种曲色泽不符，或杂菌丛生，或孢子数少，或细菌数多，或孢子发芽率偏低，必须停止使用该批种曲；彻底清洗一切工具与设施，并进行消毒灭菌；与此同时还应对菌种及三角瓶扩大曲进行认真检查，找出其中的原因。

任务三　酱油酿造工艺及控制

一、制曲

制曲是酿造酱油的主要工序。制曲过程实质是创造米曲霉生长最适宜的条件，保证优良曲霉菌等有益微生物得以充分繁殖发育并积累大量的酶类。要制好曲，就必须创造适当的环境条件，适应米曲霉的生理特性和生长规律。在制曲过程中，关键是掌握好温度、湿度。近年来，制曲操作主要采用厚层通风制曲工艺。

（一）厚层通风制曲工艺

厚层通风制曲就是将接种后的曲料置于曲池内，厚度一般为25~30cm。利用通风机供给空气，调节温、湿度，促使米曲霉在较厚的曲料上生长繁殖和积累代谢产物，完成制曲过程。现除使用通用的简易曲池外，也有采用链箱式机械通风制曲机和旋转圆盘式自动制曲机进行厚层通风制曲，使制曲技术得到进一步提高。

1. 制曲设备

（1）曲室　曲室有地上曲室和楼上曲室两种。地上曲室应用较广，但是楼上曲室可以利用其空间的优势，在其正下方设置为发酵场所，这样制成的曲可以利用重力送至楼下。曲室的构造有砖木结构、砖结构和钢筋水泥结构等，四壁和顶部全部涂水泥，使表面光洁。室内设下水道。墙壁厚度应能满足保温要求。

（2）保温保湿设备　室内沿墙安装一根 40~50mm 的保温蒸汽管或一组蒸汽散热片，设有天窗及风扇，以利降温。厚层通风制曲需要配备空调箱进行保湿，空调箱一般可用水泥砖砌或钢板做成。正面装有入孔、进风阀，内装有蒸汽加热喷嘴、进水阀、溢水管、进水过滤器、挡水板等，喷嘴连接水泵，出风口与风机相连，通入曲池风道。

（3）曲池　曲池用钢筋混凝土、砖砌、钢板、水泥板制成，一般长 8~10m，宽 1.5~2.5m，高约 0.5m。曲池通风道底部倾斜，角度以 8°~10°为宜。倾斜的池底称为导风板，作用是使水平方向来的气流转向为垂直方向气流。另外倾斜的导风板能减少风压损失，并使气流分布均匀。

（4）通风机　通风机一般分为低压、中压及高压三种。总压头小于 1kPa 为低压；1~3kPa 为中压；3~10kPa 为高压。厚层通风制曲选用的风机是中压的，一般要求总压头在 1kPa 以上即可。风量以每小时曲池内盛总原料（kg）的 4~5 倍空气量（m^3）计算。例如：曲池内盛入的总原料为 1000kg，则需要风量为 4000~5000m^3/h。

2. 工艺流程

厚层通风制曲工艺流程，如图 4-3 所示。

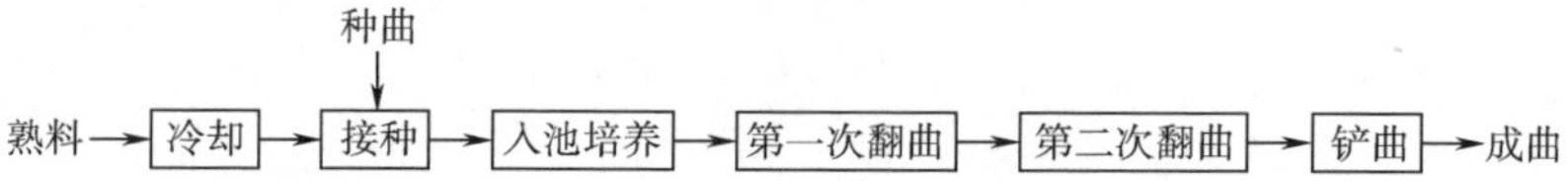

图 4-3　厚层通风制曲工艺流程

3. 操作要点

（1）冷却、接种　原料经蒸熟出锅后应迅速冷却，并将结块的原料打碎。使用旋转式蒸煮罐，可在罐内利用水力喷射器直接冷却。出罐后可用绞龙或扬散机扬开热料，使料冷却到 40℃左右接种，接种量为 0.3%~0.5%。接种时先用少量麸皮将种曲拌匀后再掺入熟料中，以增加其均匀性。

（2）培养

①入池：接种后的曲料即可入池培养，入池时应该做到料层松、匀、平，否则通风不一致，影响制曲质量。

②温度管理：接种后料层温度过高或上下品温不一致时，应及时开动鼓风机，调节温度在 30~32℃，促使米曲霉孢子发芽。静置培养 6~8h，此时料层开

始升温到 35~37℃，应立即开动风机通风降温，维持曲料温度到 35℃，不低于 30℃。

曲料入池经 12h 培养以后，品温上升较快，菌丝密集繁殖，曲料结块，通风的效果达不到控制品温作用，此时应进行第一次翻曲，使曲料疏松，保持正常品温在 34~35℃。继续培养 4~6h 后，由于菌丝繁殖旺盛，又形成结块，及时进行第二次翻曲，翻完曲应连续鼓风，品温以维持 30~32℃ 为宜。培养 20h 左右，米曲霉开始产生孢子，蛋白酶活力大幅度上升。培养 24~28h 即可出曲。值得重视的是翻曲时间及翻曲质量是通风制曲的重要环节，翻曲要做到透彻，保证池底曲料要全部翻动，以免影响米曲霉的生长。

（3）翻曲的作用　①疏松曲料使各部位品温和水分均匀，成曲质量趋于一致；②供给米曲霉旺盛繁殖所需的氧气，米曲霉是好气菌，它在旺盛繁殖时因呼吸作用加强产生大量 CO_2 和热量，需要供给充足的氧气，同时排出 CO_2，促使米曲霉旺盛繁殖。

（4）注意事项

①曲料混合润水要求均匀，从而保证米曲霉所需营养成分一致。

②制曲产酶时品温尽量低于 30℃，能增加酶的活性。

③接种应均匀，从而保证曲料上米曲霉生长的均匀。

④因为厚层通风制曲时，料层厚度一般有 25~30cm，米曲霉生长时需要有足够的空气，繁殖时又需要将产生 CO_2 和热量及时排出，所以需要有足够的风量。

4. 制曲过程中的生物化学变化

制曲是生产酱油的关键环节，其目的就是在处理过的原料上接入纯种培养的种曲，使它在最适宜的条件下大量繁殖，同时分泌出大量的活力强的酶系。这样，不但使处理过的原料起变化，而且也将成为在发酵期间发生的一系列生物化学变化的基础。

（1）霉菌在曲料上的变化　厚层通风制曲是以培养微生物米曲霉（沪酿 3.042 号）和累积代谢产物酶等为主要目的。从米曲霉生理活动来观察，24h 制曲的周期一般分为四个阶段，制曲的全过程就是要掌握管理好这四个阶段影响米曲霉生长活动的因素，如营养、水分、温度、空气、pH 及时间等方面的变化，具体阶段如下所述。

①孢子发芽期：曲料接种进入曲池后，米曲霉得到适当的温度和水分，开始发芽生长。此阶段的温度为 32℃，最好不低于 30℃，以 30~32℃ 为最佳，时间为 4~5h。在孢子发芽阶段一般不需要供给氧气，更不需要大量地调节空气。在此阶段，如果温度高、湿度大、时间长、空气流通不良，热量和湿度散发不出去，就会感染杂菌，很难把曲制好。所以，千万不能忽视孢子发芽期。

②菌丝生长期：孢子发芽后，接着生长菌丝，当静置培养 8h 左右时，品温已经逐渐上升至 36℃，需要进行间歇或连续通风，一方面调节品温，另一方面

调换新鲜空气，以利于米曲霉生长。继续保持品温35℃左右，培养12h左右，当肉眼稍见曲料发白时进行第一次翻曲，这一阶段是菌丝生长期。

③菌丝繁殖期：第一次翻曲后，菌丝发育更加旺盛，品温上升也极为迅速，需要加强管理，继续连续通风，严格控制品温为35℃左右，约再隔5h，曲料表面产生裂缝迹象，品温相应上升，进行第二次翻曲。此阶段米曲霉菌丝繁殖，肉眼见曲料全部发白，称为菌丝繁殖期。

④孢子着生期：第2次翻曲完成后，品温逐渐下降，但仍宜连续通风维持品温30~34℃。一般来讲，曲料接种培养18h后，曲霉逐渐由菌丝的大量繁殖，到开始着生孢子。培养24h左右，孢子逐渐成熟，使曲料呈现淡黄色直至嫩黄绿色。在此孢子着生期中，米曲霉的蛋白酶分泌最为旺盛。

总之，按照米曲霉生长繁殖四个时期的不同条件和要求，把握好时机，控制和调节好温度、空气和湿度等变化，就能把曲制好，较好地完成24h制曲周期及米曲霉生长繁殖和累积代谢产物的任务。

（2）物理变化　制曲过程中的物理变化，主要是米曲霉的生理活动产生的呼吸热和分解热。在通风条件下，曲料随着米曲霉生长繁殖，产生了热量，散发了水分，出现膨胀、疏松、紧缩以致裂缝等状况，这种水分、体积、质量、颜色等的物理变化，可以清楚地表现出成曲优劣的情况，也是评定成曲质量的一种方法。

①水分蒸发：因米曲霉的代谢作用产生呼吸热和分解热，所以需要通风降温，在通风时，曲料中的水分大量蒸发。一般曲料入曲池时的水分为45%~48%，培养24h后，出曲时成曲水分下降到30%左右。据测算，每吨制曲原料在24h制曲过程中所蒸发的水分约0.5t。

②曲料形体上的变化：由于粗淀粉的减少、水分的蒸发以及菌丝的大量繁殖，曲料开始变得坚实，料层收缩以致发生裂缝，这时必须及时翻曲或铲曲，使曲料疏松。

③色泽的变化：曲菌未繁殖前，曲料呈红褐色，当菌丝繁殖旺盛时呈霜状白色，待孢子丛生时呈黄绿色，有严重的杂菌污染时，局部或全部可能呈灰色、黑色、青色等各种杂色。

（3）化学变化　制曲中的化学变化主要是米曲霉进行生理活动所分泌的淀粉酶将淀粉分解成糖，同时通过呼吸热和分解热的作用将糖分解成二氧化碳、水和大量的热量。与此同时，米曲霉分泌的蛋白酶将蛋白质分解成氨基酸。实践证明，制曲过程中的碳水化合物（淀粉）损耗一般在45%左右，而蛋白质损耗一般在1%~3%，其化学变化如下所述。

$$\underset{\text{淀粉 162g}}{(C_6H_{10}O_5)_n} + nH_2O \longrightarrow \underset{\text{葡萄糖 180g}}{nC_6H_{12}O_6}$$

$$\underset{\text{葡萄糖 180g}}{C_6H_{12}O_6} + 6O_2 \longrightarrow 6CO_2 + 6H_2O + \underset{\text{热量}}{3085kJ}$$

这个反应过程说明：162g 淀粉分解成 CO_2 需氧气 134.4L，同时产生 3085kJ 热量。由此可知，在制曲过程中米曲霉生长繁殖需要热量而消耗淀粉，同时也需要空气，产生热量。因此，制曲过程中应认真加强曲室管理，掌握和控制好制曲过程中的通风换气，温、湿度及翻曲和铲曲等工作，以减少淀粉的损耗。

（二）制曲过程中常见的杂菌污染及其防治

在制曲过程中，由于原料营养丰富，操作又是在敞口的情况下进行，因此极易污染杂菌，在种曲质量欠佳的情况下，更易造成杂菌污染。

1. 制曲过程中常见的杂菌

制曲过程中常见的杂菌有霉菌、酵母菌和细菌，尤其以细菌为最多，一般正常生产的酱油曲含细菌（4~6）$\times10^9$个/g，而污染严重的则高达（2~3）$\times10^{10}$个/g。

（1）霉菌

①毛霉：菌丝无色，如毛发状，繁殖后，妨碍米曲霉繁殖，还会降低酱油的风味。

②根霉：菌丝无色，菌丝如蜘蛛网状，繁殖后所造成的危害没有毛霉那样大。

③青霉：在较低温度下容易繁殖，菌丝灰绿色，繁殖后，产生霉臭气味，影响酱油的风味。

（2）酵母菌　曲子中的酵母菌对酿造酱油有的有益，有的有害。据测定，在制曲过程中每克成曲内污染酵母的数目有 10^5~10^6个。

①有益的酵母菌：鲁氏酵母。

②有害的酵母菌：a. 毕赤酵母，不能生成酒精，能产生醭，消耗酱油中的糖分等；b. 醭酵母，能在酱油液面形成醭，分解酱油中的成分，降低风味，是酱油中较普遍存在的有害菌；c. 圆酵母，能生成丁酸及其他有机酸，使酱油变质，一般不如醭酵母普遍且危害大。

（3）细菌

①小球菌是制曲污染的主要细菌，好气，生酸力弱，在制曲的初期繁殖，如果繁殖得恰当，产生少量的酸，使曲料的 pH 下降，能起到抑制枯草芽孢杆菌的作用，可是它繁殖过多，也会妨碍曲霉的生长，而且因其不耐食盐，被当成曲拌入盐水后，会很快死亡，但是残留的菌体会造成酱油浑浊沉淀。

②粪链球菌嫌气，生酸力比小球菌强，在制曲前期繁殖旺盛，产生适当的酸，会抑制枯草芽孢杆菌的繁殖，但是当它产酸过多时，又会影响曲霉的生长。

③枯草芽孢杆菌是制曲中有害菌的代表，它具有芽孢，因其繁殖消耗了原料中的蛋白质和淀粉，并生成氨，会造成曲子发黏，有异臭，影响米曲霉繁殖及酶的形成，致使制曲失败。

2. 杂菌污染的防治方法

为了提高制曲质量，必须采取措施以减少杂菌的污染，具体措施如下所述。

（1）原菌种应该进行纯化，保证其活力。

（2）三角瓶菌种的培养，无菌操作要严格。

（3）种曲要菌丝健壮旺盛、发芽率高、繁殖力强，能够抑制杂菌的侵入。

（4）蒸料要达到料熟、水分适当、疏松、灭菌彻底、冷却迅速，减少杂菌侵入。

（5）加强制曲过程中的管理工作，掌握好温度、湿度、通风条件，使环境适宜于米曲霉生长从而控制杂菌的生长。

（6）保持曲室及工具设备的清洁卫生，以防感染杂菌。当发现杂菌污染时可用如下药剂灭菌：①0.1%新洁尔灭液或漂白粉液喷洒原料处理设备、曲池及其假底；②可用甲醛、高锰酸钾处理风送熟料的风管；③种曲和通风曲生产过程中添加冰醋酸可抑制杂菌的生长。

（三）成曲质量标准

通过感官特性和理化指标来确定成曲质量的优劣。

1. 感官特性

（1）外观　优良的成曲内部白色菌丝茂盛，并密密地着生黄绿色的孢子。但由于原料及配比的不同，色泽也稍各异，曲应无灰黑色或褐色的夹心。

（2）香气　具有曲香气，无霉臭及其他异味。

（3）手感　曲料蓬松柔软，潮润绵滑，不粗糙。

2. 理化指标

（1）水分　一、四季度含水量为28%~32%；二、三季度含水量为26%~30%。

（2）蛋白酶活力　1000~1500U（福林法）。

二、液化及糖化

液化及糖化法生产在酱油酿造中首次应用是在20世纪70年代。该法有很多优点：一是解决了曲料需要加大水量的矛盾；二是节约了大量的粮食；三是原料处理设备及制曲设备的利用率显著提高；四是有利于提高机械化程度。50多年来的生产实践证明，液化及糖化法不但在酱油生产上十分实用，而且给企业带来了很好的效益。

1. 酶法的应用

米曲霉在生长繁殖过程中，通过呼吸作用会消耗碳水化合物，尤其是淀粉质会被分解成葡萄糖。葡萄糖进入菌体后继续被分解成二氧化碳和水分，同时放出大量的热能。实践证明，原料中加水量越大，淀粉被消耗得越多。制曲的时间越长，淀粉的消耗也越多，无形中浪费了大量的粮食，降低了原料的利用率。原料中的淀粉颗粒一般直径在0.002~0.15mm。淀粉是由很多葡萄糖分子连接起来形成的大分子。按连接的方式可分为直链淀粉和支链淀粉。淀粉颗粒在热水中能大大膨胀，水温达到一定温度时，淀粉颗粒比原体积膨胀50~100倍，淀粉颗粒解体而糊化。α-淀粉酶能在一定的条件下使逐渐已糊化的淀粉的化学结构破坏，将直链淀粉和支链淀粉都切成短分子的糊精和少量糖，使淀粉发生液化。此时淀粉黏度显著降低，再利用麸皮中的β-淀粉酶（或其他糖化剂）进行糖化，继而可使短分子的糊精全部变成麦芽糖（或葡萄糖）。在酱油生产中，利用α-淀粉酶和β-淀粉酶可以取代淀粉质原料的制曲工序，从而大大节约粮食并可方便生产。

2. 液化及糖化工艺流程

液化及糖化工艺流程，如图 4-4 所示。

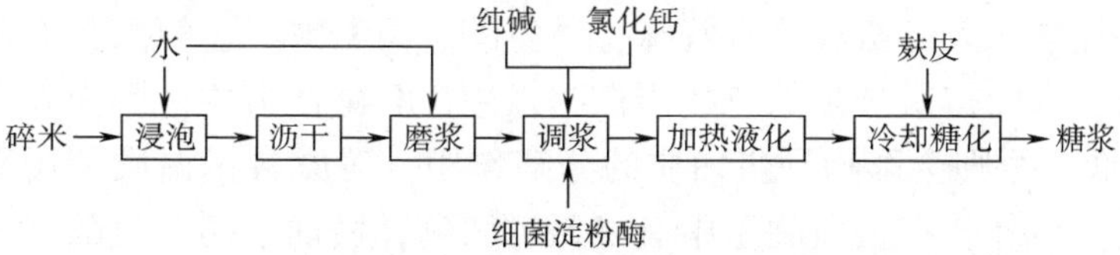

图 4-4　液化及糖化工艺流程

3. 液化方法

（1）浸米　先将碎米（或其他淀粉质原料）过磅，然后倒入输送机中，运入储料桶内，加水浸泡冲洗，在常温下浸泡 0.5~1h，把水放掉沥干。

（2）磨浆　把冲洗干净的碎米，投入钢片式磨粉机中磨细。磨时一边投入碎米，一边加入适量的水。粉浆要求越细越好，一般每 100kg 碎米磨成米浆约 250kg，米浆呈稠厚均匀的乳浊状。

（3）调浆　米浆边磨边流入液化及糖化桶内。磨浆结束后开动搅拌器，加水，使粉浆调节在 18~20°Bé。再用碳酸钠（俗称纯碱，Na_2CO_3）溶液调节至 pH 为 6.2~6.4。然后加入 0.2%氯化钙（$CaCl_2$），最后加入细菌淀粉酶（每 1g 原料使用淀粉酶 100U）。

（4）液化　调浆完毕后通入蒸汽，使浆温缓缓上升，浆温达到 85~90℃时，维持 10~15min，期间发生糊化和酶的液化作用。碘液检验呈金黄色时，即表示液化完成。最后再逐步升温至煮沸。

4. 糖化方法

液化完成后，冷却管内不断通入冷水，将液化醪冷却至 65~70℃，加入相当于碎米 2%的麸皮作糖化剂，充分搅拌均匀，保持糖化温度在 60~65℃，一般以 62℃为宜，糖化时间为 3h，如能延长至 4h 则更好。糖化完毕后，可直接供发酵用。

三、 发酵

（一）酱油发酵的理论基础

在酱油酿造过程中，发酵是利用制曲中米曲霉所分泌的多种酶（蛋白酶和淀粉酶），将蛋白质和淀粉等高分子物质分解成氨基酸和糖。同时，在制曲和发酵过程中，从空气中落入的酵母菌和细菌也进行繁殖、发酵，如酵母菌发酵生成酒精，乳酸菌发酵生成乳酸。可见发酵就是利用这些酶在一定条件下的作用，最终形成酱油的色、香、味、体。发酵期间所发生的一系列变化与微生物学和生物化学有着非常密切的关系。

1. 发酵过程中的生物化学变化

（1）蛋白质的分解作用　各种酿造酱油原料豆饼（豆粕）及麸皮中所含蛋白质经蛋白酶的分解作用，逐步降解成氨基酸，从而构成酱油的营养成分和风味成分，如谷氨酸和天冬氨酸具有鲜味，甘氨酸、丙氨酸、色氨酸具有甜味，酪氨酸却呈苦味。米曲霉所分泌的三类蛋白酶以中性和碱性为主，因而在发酵期间要防止 pH 过低，否则会影响到蛋白质的分解作用，对原料蛋白质利用率及产品质量影响极大。另外，在蛋白酶系中有谷氨酰胺酶，酱油中的谷氨酸除来自原料中的游离谷氨酸外，也由原料蛋白质游离出来的谷氨酰胺受谷氨酰胺酶的作用而得到。

（2）淀粉的糖化作用　制曲后的原料，还有部分碳水化合物尚未彻底糖化。在发酵过程中继续利用微生物分泌的淀粉酶将残留碳水化合物分解成葡萄糖、麦芽糖、糊精等。糖化后的单糖中除了葡萄糖外，还有果糖及五碳糖。酱油色泽主要由糖分与氨基酸发生的美拉德反应形成。另外酒精发酵也需要糖分。淀粉糖化作用越完全，则酱油的甜味越好，体态越浓厚，无盐固形物含量越高。

（3）脂肪水解作用　原料豆饼中残存油脂 3%左右，麸皮含有粗脂肪也是 3%左右，这些脂肪要通过脂肪酶、解脂酶的作用水解成甘油和脂肪酸，其中软脂酸、亚油酸与乙醇结合成的软脂酸乙酯和亚油酸乙酯是酱油香气成分的一部分。

（4）色素生成　酱油色素并不是单一成分组成的，是在酿造过程中经过了一系列的化学变化产生的，酶促褐变和非酶褐变反应是酱油颜色生成的基本途径。

①非酶褐变反应：非酶褐变反应主要是美拉德反应，即氨基-羰基反应，它是氨基酸或蛋白质与糖在加热时产生的复杂化学反应，其最终产物为黑褐色的类黑素。类黑素是组成酱油颜色的一种重要色素。酱油醪（醅）保温发酵时，原料的蛋白质和糖类水解越好，累积的氨基酸和还原糖越多，通过美拉德反应生成的酱油颜色就越深，酱油色泽质量就越好。另外酱油原料麸皮中含有较多的多缩戊糖（五碳糖），而五碳糖褐变反应最易发生，故应适量配用麸皮以提高酱油色泽。

②酶促褐变反应：酶引起的褐变反应是生成酱油颜色的另一条重要途径。蛋白质原料经蛋白酶水解为氨基酸，酪氨酸在有氧供给的条件下（pH 为 6~7），在微生物产生的酚羟基酶和多酚氧化酶催化下，氧化生成棕色、黑色色素，参与酱油颜色的组成。该反应的条件是酪氨酸、多酚氧化酶和氧三者同时存在。

（5）酒精发酵作用　在制曲和发酵的过程中，从空气中落入的酵母菌可繁殖，生长。

酵母菌在10℃以下不能发酵，仅能繁殖，28～35℃时最适合于繁殖和发酵，超过45℃酵母菌就自行消失。采取高温发酵法，酵母菌绝大部分被杀死，不会进行酒精发酵，因而酱油香气少、风味差。所以有些厂家采用后熟发酵来发挥酵母菌的作用，从而提高酱油的香气。

在温度较低的情况下，酵母菌将葡萄糖分解成酒精和二氧化碳。酒精一部分被氧化成有机酸，一部分与氨基酸及有机酸反应而生成酯，酯对酱油的香气有重大作用。值得注意的是：在食盐含量和总酸含量较多时，酵母菌的繁殖和发酵能力显著减退。

（6）酸类的发酵作用　在制曲过程中，一部分来自空气的细菌也得到繁殖、生长，在发酵过程中能使部分糖类变成乳酸、醋酸和琥珀酸等有机酸。适量的有机酸存在于酱油中可增加酱油的风味。但是若控制不当，细菌大量繁殖，会造成发酵醪（醅）pH偏低，导致原料利用率低，成品质量下降。

2. 发酵过程中的微生物变化

在发酵过程中，与原料的利用率、发酵的快慢、成品颜色的浓淡以及味道是否鲜美具有直接关系的微生物是曲霉；与酱油风味有直接关系的微生物是酵母菌和乳酸菌；它们都随着发酵期和发酵条件而生长、消亡。

（1）曲霉　曲霉主要是提供分解蛋白质和淀粉的酶类，曲霉进入发酵池后，由于温度、pH、环境的影响，很快就失去作用，而发生自溶，生成核酸自溶物、氨基酸和糖分。

（2）酵母菌　从酱油醅中分离得到与酱油香气有关的是鲁氏酵母、易变球拟酵母、埃契球拟酵母。鲁氏酵母占总数的45%，它与细菌中的嗜盐足球菌联合作用，能赋予酱油特殊气味。鲁氏酵母是在主发酵期产生酒精。易变球拟酵母和埃契球拟酵母在酱油发酵后期形成香气成分——四乙基愈创木酚。

（3）细菌　酱醅中细菌有的是有益的，有的是有害的。有的在酱醅中不能繁殖很快死亡，有的不能繁殖只以芽孢形式存在。对酱油风味起主要作用的细菌是四联球菌和嗜盐足球菌。四联球菌能耐20%的食盐，在发酵后期能生成一定量的乳酸；嗜盐足球菌在18%的食盐中繁殖很好，在24%～26%食盐含量中也能繁殖产生乳酸，pH在5以下则不能繁殖。两种细菌都产生乳酸使发酵醅的pH降低到5，以促进鲁氏酵母的繁殖；其次是都可以除去酱油醅中的氨基酸，分解臭味，提高酱油的色、香、味。

（二）低盐固态发酵工艺

低盐固态发酵工艺是在无盐固态发酵的基础上发展起来的，改进了后者质量不稳定、酱油香气不足的缺点。该工艺中，食盐含量在10%以下，所以食盐对酶活力的抑制作用不大。将各种发酵工艺的优缺点进行比较，低盐固态发酵法是目前我国酱油酿造工艺中最好的一种。其优点如下：①酱油色泽深，滋味鲜美，后味浓厚，香气比固态无盐发酵法显著提高；②不需添置特殊设备；③操作简易、技术简单、管理方便；④原料蛋白质利用率及氨基酸生成率较高，出品率稳定，比较易于满足消费者对酱油的大量需要；⑤发酵周期为15d左右，比其他发酵方法的发酵周期短。

低盐固态法制酱油的发酵周期较短，因而在发酵过程中，应严格控制工艺条件，对提高原料的利用率、改善产品风味尤为重要。低盐固态发酵分三种不同类型的工艺：一是低盐固态发酵移池浸出法；二是低盐固态发酵原池浸出法；三是低盐固态淋浇发酵浸出法。前两种应用较多，现分别介绍如下。

1. 低盐固态发酵移池浸出法

这种方法即将发酵后成熟酱醅移入浸出池（俗称淋油池）淋油。

（1）工艺流程　如图4-5所示。

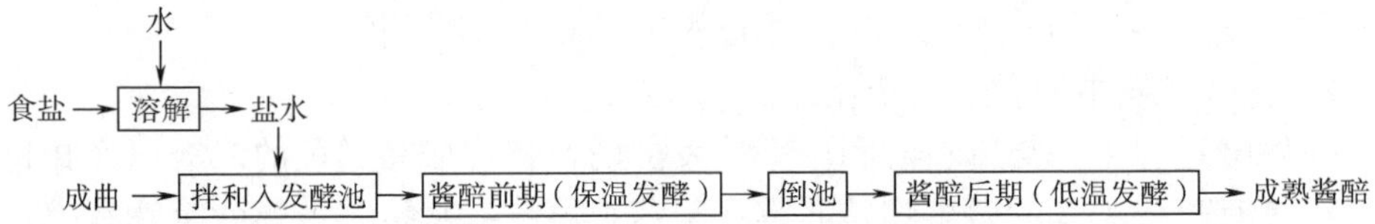

图4-5　低盐固态发酵移池浸出法工艺流程

（2）工艺操作要点

①盐水调制：食盐溶解后，以波美表测定其浓度，并根据当时的温度调整到规定的浓度。一般规律是：在100kg水中加1.5kg盐得到的盐水浓度为1°Bé。波美表一般以20℃为标准，但实际中并不都是20℃，或高或低，所以需要修正。修正方法如下。

设：修正值B，实际测得值A。

如果$T>20$℃，则$B=A+0.05\ (T-20)$；如果$T<20$℃，则$B=A-0.05\ (20-T)$。

式中T为实际盐水的温度。

盐水的浓度一般要求在11~13°Bé（氯化物含量为11%~13%）。盐水浓度过高，会抑制酶的作用，延长发酵时间；盐水浓度过低，杂菌易于大量繁殖，导致酱醅pH迅速下降，从而抑制了中性、碱性蛋白酶的作用，同样影响发酵的正常进行。盐水质地一般要求清澈无浊、不含杂物、无异味，pH在7左右。

②拌曲盐水温度：一般来说，夏季盐水温度在45~50℃，冬季在50~55℃。入池后，酱醅品温应控制在42~46℃。盐水的温度如果过高会使成曲酶活性钝化以致失活。

③拌曲盐水量和操作要点：一般要求将拌曲盐水量控制在制曲原料总重量的65%左右，连同成曲含水相当于原料重的95%左右，此时酱醅水分在50%~53%。

拌曲操作时首先将粉碎成2mm左右的颗粒成曲由绞龙输送，在输送过程中打开盐水阀门使成曲与盐水充分拌匀，直到每一个颗粒都能和盐水充分接触。开始时盐水略少些，使醅疏松，然后慢慢增加，最后将剩余的盐水洒入醅表面。发酵过程中，在一定范围内，酱醅含水量越大，越有利于蛋白酶的水解作用，从而提高全氮利用率。因此，在酱醅发酵过程中，可以合理地提高用水量。但是对移池浸出法，水分过大，醅粒质软，会造成移池操作的困难。所以拌水量必须恰当掌握。

④防止表层氧化：在低盐固态发酵过程中，由于酱醅与空气接触以及水分的大量蒸发与下渗造成酱醅表面氧化，从而导致酱油风味和全氮利用率的下降。为防止酱醅表面氧化，可以加盖面盐或者采用塑料薄膜封盖酱醅表面。

⑤保温发酵和管理：在发酵过程中，反应速度与温度关系密切。在一定范围内，温度上升，反应速率增加；温度下降，反应速率减小。但温度过高，酶本身被破坏，反应也就停止。所以，酶作用的最适温度是控制最适发酵温度的依据。

在发酵过程中，不同发酵时期的目的不同，发酵温度的控制也有所区别。发酵前期目的是使原料中的蛋白质在蛋白水解酶的作用下水解成氨基酸，因此发酵前期的发酵温度应当控制在蛋白水解酶作用的温度。蛋白酶最适温度是40～45℃，若超过45℃，蛋白酶失活程度就会增加。但是在低盐固态发酵过程中，发酵基质浓度较大，蛋白酶在较浓基质情况下，对温度的耐受性会有所提高，但发酵温度最好也不要超过50℃。因此发酵温度前期以44～50℃为宜，在此温度下维持10余天，水解即可完成，如表4-5所示。后期酱醅品温可控制在40～43℃。在此温度下，某些耐高温的有益微生物仍可繁殖，经过10余天的后期发酵，酱油风味可有所改善。

表4-5　发酵过程中酶活力与生成物质关系

项目	发酵天数/d								
	2	3	4	5	6	8	10	12	14
蛋白酶活力/U	67.86	29.02	6.43	6.43	3.16	0.90	0	0	0
淀粉酶活力/U	48.01	47.60	33.90	32.30	16.50	10.20	7.14	6.92	6.56
氨基酸含量/(g/100mL)	0.55	0.84	0.86	0.88	0.88	0.91	0.95	0.94	0.86
糖分/(g/100mL)	6.24	9.64	9.32	8.94	8.18	8.76	8.94	8.42	7.74

⑥倒池：倒池具有三方面作用：一是促进酱醅各部分的温度、盐分、水分以及酶的浓度趋向均匀；二是排出酱醅内部因生物化学反应而产生的有害挥发性物质；三是增加酱醅的氧含量，防止厌氧菌生长，以促进有益微生物繁殖和色素生成。倒池的次数可这样确定：发酵周期为20d左右时只需在第9～10d倒池一次；

发酵周期为25~30d可倒池二次。倒池的次数不宜过多，因为既增加工作量，又不利于保温，还会造成淋油困难。

2. 低盐固态发酵原池浸出法

此法无须单独建造淋油池，而是在发酵池下面设有假底以利于淋油。发酵完毕时，打入冲淋盐水浸泡后，打开阀门即可淋油。原池淋油与移池淋油操作基本相同，酱醅含水量可增大到57%左右。这样高的含水量有利于蛋白酶进行良好的水解作用，因此全氮利用率就能相应提高。

3. 低盐固态发酵生产注意事项

（1）入池前的准备工作

①成曲的粉碎要恰当，以保证盐水迅速进入曲料的内部，增加酶的溶出并加快原料的分解速度。

②生产设施和工具应保持清洁卫生，隔一段时间要进行杀菌。方法为用沸水洗净或蒸汽灭菌。

③盐水的浓度和温度一定要准确控制。

④出曲前需快速测定曲子水分含量，以便计算总加水量。

（2）成曲拌和盐水时的操作　拌和盐水要均匀，动作要迅速，盐水用量要准确，还要防止盐水流失。绞龙拌曲直接入池时，要严格控制好盐水流量，剩余的少量盐水可浇在上面，使其慢慢淋下去。

4. 低盐固态发酵工艺成熟酱醅的质量标准

（1）感官特性

①外观：赤褐色，有光泽，不发乌，颜色一致。

②香气：有浓郁的酱香、酯香气，无不良气味。

③滋味：由酱醅内挤出的酱汁，口味鲜，微甜，味厚，不酸，不苦，不涩。

④手感：柔软，松散，不干，不黏，无硬心。

（2）理化标准

①水分：48%~52%。

②食盐含量：6%~7%。

③pH：4.8以上。

④原料水解率：50%以上。

⑤可溶性无盐固形物：25~27g/100mL。

（三）高盐稀发酵工艺

高盐稀发酵法是指在面曲中加入较多的盐水，使酱醅呈流动状态进行发酵的方法，有常温发酵和保温发酵之分。常温发酵的酱醅温度随气温高低自然升降，酱醪成熟缓慢，发酵时间较长。保温发酵也称温酿稀发酵，因采用的保温温度不同，又分为消化型、发酵型、一贯型和低温型四种。

消化型：酱醅发酵初期温度较高，一般在42~45℃保持15d，酱醅的主要成分全氮及氨基酸生成速度基本达到高峰。然后逐步将发酵温度降低，促使耐盐酵母大量繁殖，进行旺盛的酒精发酵，同时进行酱醅成熟作用。发酵周期为 3 个月。产品口味浓厚，酱香气较浓，色泽较其他类型深。

发酵型：温度先低后高。酱醅先经过较低温度缓慢进行酒精发酵作用，然后逐渐将发酵温度上升至 42~45℃，使蛋白质分解作用和淀粉糖化作用完全，同时可促使酱醅成熟。发酵周期为 3 个月。

一贯型：酱醅发酵温度始终保持在 42℃ 左右。耐盐耐高温的酵母菌也会缓慢地进行酒精发酵。发酵周期一般为 2 个月。

低温型：酱醅发酵温度先在 15℃ 维持 30d。这阶段维持低温的目的是抑制乳酸菌的生长繁殖，同时酱醅 pH 保持在 7 左右，使碱性蛋白酶能充分发挥作用，有利于谷氨酸生成和蛋白质利用率提高。30d 后，发酵温度逐步升高，开始乳酸发酵。当 pH 下降至 5.3~5.5，品温到 22~25℃ 时，由于酵母菌开始酒精发酵，温度升到 30℃ 时是酒精发酵最旺盛的时期。下池 2 个月后 pH 降到 5 以下，酒精发酵基本结束，而酱醅继续保持在 28~30℃ 4 个月以上，酱醅即可达到成熟。

稀醪发酵法的优点是：①酱油香气较好；②酱醅较稀薄，便于保温、搅拌及输送，适于大规模的机械化生产。缺点是：①酱油色泽较淡；②发酵时间长，需要庞大的保温发酵设备；③需要酱醪输送和空气搅拌设备；④需要压榨设备，压榨工序繁多，劳动强度较高。

1. 工艺流程

高盐稀发酵工艺流程，如图 4-6 所示。

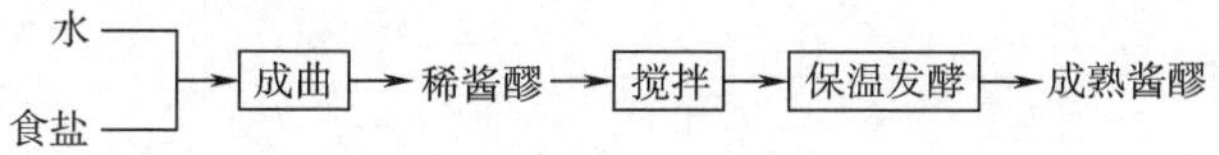

图 4-6 高盐稀发酵工艺流程

2. 发酵设备

稀醪发酵的发酵容器有发酵池和发酵罐两种。发酵池用钢筋水泥制成，敞口；发酵罐是全封闭的，罐体内有夹层可供热保温与冷却。发酵容器的大小和数量应视生产规模而定。

3. 操作要点

（1）盐水调制 食盐水调制成 18~20°Bé，吸取其清液使用。消化型和一贯型需将盐水保温，但不宜超过 50℃。低温型在夏天则需加冰降温，使其达到需要的温度。

（2）制醪 将成曲破碎，称量后拌和盐水，盐水用量一般约为成曲质量的 250%。

（3）搅拌 因曲料干硬，有菌丝及孢子在外面，盐水往往不能很快浸润，而漂浮于液面上，形成一个料盖，应及时搅拌。成曲入池应该立即进行搅拌，搅拌利用压缩空气来进行。如果采用低温型发酵，开始时每隔 4d 搅拌一次，酵母发酵开始后每隔 3d 搅拌一次；酵母发酵完毕后，一个月搅拌两次，直至酱醪成熟。如果采用消化型发酵，由于需要保持较高温，可适当增加搅拌次数。稀醪发酵的初发酵阶段常需要每日搅拌。需要注意的是，搅拌要求压力大，时间短。时间过长，酱醪发黏不易压榨。搅拌的程度还会影响酱醪的发酵与成熟，所以搅拌是稀醪发酵的重要环节。

（4）保温发酵　根据各种稀醪发酵法所要求的发酵温度开启保温装置，进行保温发酵，每天检查 1~2 次温度。同时借助控温设施及空气搅拌将其调节至要求的品温，并加强发酵管理，定期抽样检验酱醪质量直至酱醪成熟。

四、 酱油的浸出、加热和配制

（一）酱油的浸出

酱醅成熟后，利用浸出法将可溶性物质最大限度地溶出，从而提高全氮利用率并获得良好的成品质量。浸出操作包括浸泡和滤（淋）油两个工序。该种方法与传统的手工或机械压榨的方法相比，有很多优点：改善了劳动条件；降低了酿造工人的劳动强度；提高了劳动生产率；提高了原料的利用率等。

1. 浸出工艺流程

移池浸出工艺流程，如图 4-7 所示。

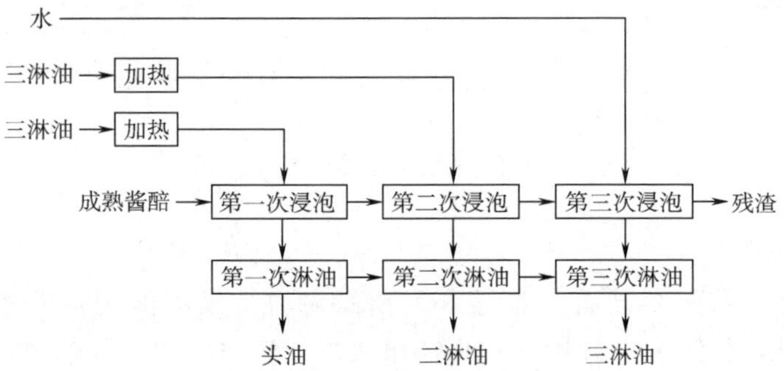

图 4-7　移池浸出工艺流程

2. 浸泡、滤油的基本原理

酱醅成熟后，加入二油或清水浸泡，使酱醅中的可溶性物质扩散到液体中去，再通过滤油提取出酱油，达到固、液分离的目的。在浸泡过程中，相对分子质量很大的蛋白质、糊精、有机酸和色素等溶解较慢。因为大分子物质的溶出有个吸水膨胀的过程，所以酱油的浸出必须先经过一个浸泡的过程。

浸泡是一种扩散现象，在一定范围内，影响浸泡的重要因素有：①浸泡温度高，则可溶性物质易于浸出；②浸泡时间长，可以增加浸出量，但过长会增加黏度，不利于淋油，所以浸泡时间要适宜；③酱醅与溶剂中浸出物浓度差越大，越易浸出，即在酱醅浸泡中，二油水或盐水与酱醅浓度差越大，越易浸出；④溶剂与溶质的接触面积越大，浸出物越多，所以酱醅要求疏松，防止结块；⑤相对分子质量小的物质容易被浸出，如氨基酸、葡萄糖等；⑥颗粒直径小的物料容易浸出，但颗粒太小会增加黏度，影响淋油，生产上采用的豆粕多呈小片状，以利于浸出。

淋油液体（浸出液）通过滤渣的毛细管流出，即可达到液-渣分离的目的。过滤速度与过滤面积、温度和压力成正比，而与黏度、滤渣阻力成反比。影响滤油速度的主要因素有以下几点。

（1）过滤面积越大，滤油越快，所以酱醅料层疏松，形成毛细管多而通畅，则滤油就快。

（2）过滤压力大，滤油快。在浸出法中，过滤的压力是由酱醅及浸出液的自重提供的。

（3）滤液黏度越大，滤油越慢。造成黏度大的原因有：①原料分解不彻底；②污染大量的杂菌；③制醅水分不均匀，池底过湿而发生黏底；④原料颗粒过细等。

（4）滤油时阻力影响滤油速度，形成滤油阻力的因素有以下几点：①物料颗粒过于细小；②滤渣料层厚度过高；③滤渣紧实；④滤油过程中出现脱水，造成滤层龟裂，使毛细管收缩；⑤过滤介质、假底、管道、阀门等发生部分堵塞现象。

3. 浸泡和滤油工艺操作

（1）浸泡　酱醅成熟后，即可用水泵加入预先加热到70~80℃的二油。在加入二油时，在酱醅的表面铺一块竹帘，以防酱层被冲散影响滤油。二油的用量根据生产酱油的品种、蛋白质总量及出品率等因素决定。热二油加入完毕后，发酵容器仍须用聚乙烯薄膜盖紧，减少散热。经过2h左右，酱醅逐步散开。如果酱醅整块上浮后，一直不散开，或者在滤油时，以竹竿或木棒插试发酵容器底部发现有黏块者，表示发酵不良，此时滤油将会受到一定影响。浸泡时间为20h左右，浸泡期间，品温不要低于55℃，一般维持在60℃以上。适当提高温度和适当延长浸泡时间，可显著加深酱油色泽。

（2）滤油　浸泡时间达到之后，头油便从发酵容器的底部放出，流入酱油池中。池内应预先放置备盛食盐的箩筐，把每批所需要的食盐置于其中，使流出的头油通过盐层而逐渐将食盐溶解。头油流完后（注意不宜放太干），关闭阀门，再加入70~80℃的三油，浸泡8~12h，滤得二油（留为下批浸泡使用），再加入热水，浸泡2h左右，滤出三油，做下批套二油之用。

在滤油过程中，头油是产品，二油套头油，三油套二油，热水浸三油，如此循环使用。以上为间歇滤油法，现在很多酿造企业已经采用连续滤油法：浸泡的方式一样，但当头油将要滤完，酱渣刚露出液面时，马上加入75℃左右的三油，浸泡1h，滤出二油，待二油即将滤完，酱渣刚露出液面时，再加入常温自来水，放出三油。从头油到放完三油仅8h。

4. 浸出操作标准

衡量浸出工序操作的标准是酱渣中残留的酱油成分的数量，通常以残存食盐或可溶性无盐固形物的数量作为衡量指标。以豆粕（饼）：麸皮=6：4原料配比为例，酱渣（干基）中食盐及可溶性无盐固形物含量均不得高于4%。

5. 浸出的主要设备

①根据淋油工序的特点，在建筑施工时要保证淋油池的工程质量，防止因冷热交替而破坏池壁，造成渗漏。假底的空隙可尽量小些，以免存水过多；出油口留在最低位置，确保油放尽后不存水；条件允许时应尽量扩大过滤面积，要求面积大而高度浅，但要和发酵池配套，使酱醅正好装2~4个淋油池，不使酱醅有剩余零头，便于分批生产、分批核算，有利于总结经验。

②接油池、配油池、浸淋水储存池、溶盐池等，应根据生产需要配套，对各池容量要测量准确。

③浸清水加热设备有两种形式：冷热缸（四周有夹层可用蒸汽直接加热）和接触式热交换器。

④水泵。

6. 酱渣的理化标准

（1）水分为80%左右。

（2）粗蛋白质含量≤5%。

（3）食盐含量≤1%。

（4）水溶性无盐固形物含量≤1%。

（二）酱油的加热

1. 加热的目的

（1）灭菌　酱油中含有较多的盐分，对一般微生物的繁殖能起到一定的抑制作用，病原菌会迅速死亡。酱油中微生物种类繁多，加热灭菌的方法可以杀灭多种微生物，防止生霉发白。

（2）调和香气和风味　经过加热，可使酱油增加醛、酚等香气成分，并使部分小分子缔结成大分子，改善口味，除去霉臭味。

（3）增加色泽　生酱油色泽较浅，加热后部分糖反应生成色素，可增加酱油的色泽。

（4）除去悬浮物　酱油中的微细悬浮物或杂质，经加热后同少量高分子蛋白质凝结成酱泥沉淀下来，从而使产品澄清透明。

（5）破坏酶　生酱油中存在多种酶，加热可破坏这些酶系，使酱油质量稳定。

2. 加热的温度

加热温度因设备条件、酱油品种、加热时间长短以及季节不同而略有差异。一般酱油的加热温度为65~70℃，时间为30min。如果采用连续式加热交换器，出口温度控制在80℃为宜。如采用间接式加热到80℃，时间不应超过10min。如果酱油中添加核酸等调味料以增加鲜味，为了破坏酱油中存在的核酸水解酶——磷酸单酯酶则需把加热温度提高到80℃，保持20min。

另外，夏季杂菌量大，种类多，易污染，加热温度应比冬季高5℃。高级酱油加热温度可比普通酱油略低些，但均以能杀死产膜酵母及大肠杆菌为准。

加热后要及时冷却，防止加热后的酱油在70~80℃放置较长时间，使糖分、氨基酸及pH等因生成色素而下降，影响产品质量。

3. 加热的设备

国内多用间接蒸汽法加热，方式有三种：第一种是在加热容器内安装蛇形管，带有盖和搅拌装置，通蒸汽加热，使加热均匀。第二种是利用列管式热交换器加热，其结构简单，清洁卫生，操作及管理比较方便，成品质量好，生产效率也较高。酱油加热完毕，将加入罐中的管道洗刷干净即可。第三种是采用板式热交换器，此设备热交换效率高，但造价高，加热前酱油必须经过滤才能使用。

（三）成品酱油的配制

配制即将每批生产中的头油和二淋油或质量不等的原油，按统一的质量标准进行调配，使成品达到感官特性、理化指标要求。由于各地风俗习惯不同、口味不同，还可以在原来酱油的基础上，分别调配助鲜剂、甜味剂以及某些香辛料等以增加酱油的花色品种。常用的助鲜剂有谷氨酸钠（味精），强助鲜剂有肌苷酸、鸟苷酸，甜味剂有砂糖、饴糖和甘草，香辛料有花椒、丁香、豆蔻、桂皮、大茴香、小茴香等。配制是一项十分细致的工作，配制得当，不仅可以保证质量，而且还可以起到降低成本，节约原材料，提高出品率的作用。

挑选酱油的方法

任务四 酱油常见的质量问题及质量标准

一、酱油常见的质量问题

酱油是耐盐微生物的天然培养基，未经灭菌或灭菌后的成品酱油在气温较高的地区和季节里，酱油表面往往会产生白色的斑点，随着时间的延长，逐步形成白色的皮并加厚变皱，颜色也由嫩白逐渐变成黄褐色，这种现象俗称酱油生花或长白。酱油生霉是由于微生物，特别是一些产膜酵母生长繁殖，主要有：粉状毕赤酵母、盐生接合酵母、日本接合酵母、球拟酵母、醭酵母等需氧耐盐产膜酵母。这些产膜酵母的最适繁殖温度为25～30℃，加热到60℃数分钟就可以杀灭。酱油虽经加热灭菌，但由于整个生产和销售过程常接触空气，空气本身就含有这些微生物，因此从生产到销售的全过程均需重视酱油的防腐。

酱油的生霉原因有两方面：①内因：与酱油本身质量有关。酱油质量好，盐分大，含有较多的脂肪酸、醇类、醛类、酯类等香气成分，对杂菌有一定的抑制作用。相反，如果酱油的质量不好，本身抵抗杂菌的性能差，就容易生霉。另外，其生产中发酵不成熟，灭菌不彻底或防腐剂添加量不足（未全部溶解或搅拌不匀）等也会引起酱油生霉。②外因：在温度高、潮湿的地方容易生白，或因为包装容器不清洁，容器里有生水，也会出现生霉。

（一）酱油生霉造成的危害

生霉后的酱油，表面会形成令人厌恶的菌膜，使香气减少，口味变淡而发苦，酸味增强，甜味和鲜味减少，有时甚至会产生臭味。其营养成分被杂菌消耗，从而也降低了食用价值，个别产品除发白以外甚至还会再发酵，生成酒精或二氧化碳，产生泡沫，降低风味。

（二）酱油防霉措施

1. 从生产工艺方面，提高酱油质量

如前所述高质量酱油本身具有较高的抗霉能力，因此应尽可能生产优质酱油。

2. 从生产卫生方面，加强管理

酱油的生产操作是在开放的环境下，每个工序都会带入大量杂菌，所以在每个生产环节中，工具用具、生产设备都应有严格的卫生制度，要及时清洗消毒。操作人员的个人卫生也应该给予高度的重视，以确保淋出的酱油含杂菌较少。贮油容器和包装容器应洗刷干净，保持干燥，不可存有洗刷水、生水，在运输贮存过程中应防止雨淋或生水污染。

3. 从加热灭菌方面，消除杂菌污染

成品酱油按加热要求进行灭菌，杀灭酱油中的微生物和酶类，从而在一定程度上减缓或抑制发白现象的产生。

4. 从防腐剂的使用方面，防止杂菌丛生

合理正确地添加允许使用的防腐剂，是防止发霉的一项有效措施。

（三）常用酱油防腐剂及其使用方法

防腐剂的选择原则是：对人体无毒无害，容易得到，应用时操作简单，价格

便宜，用量小，防霉效果好。酱油生产中常使用的防腐剂有苯甲酸钠、山梨酸、山梨酸钾、维生素 K 类等，具体用量详见 GB 2717—2018。

二、质量标准（食品安全国家标准 GB 2717—2018）

以大豆和/或脱脂大豆、小麦和/或小麦粉和/或麦麸为主要原料，经微生物发酵制成的具有特殊色、香、味的液体调味品。

（一）感官要求（表 4-6）

表 4-6　感官要求

项目	要求	检验方法
色泽	具有产品应有的色泽	取混合均匀的适量试样置于直径 60~90mm 的白色磁盘中，在自然光线下观察色泽和状态，闻其气味，并用吸管吸取适量试样进行滋味品尝
滋味、气味	具有产品应有的滋味和气味，无异味	
状态	不浑浊，无正常视力可见外来异物，无霉花浮膜	

（二）理化指标（表 4-7）

表 4-7　理化指标

项目	指标	检验方法
氨基酸态氮/(g/100mL)	0.4	GB 5009.235

（三）污染物限量和真菌毒素限量

（1）污染物限量应符合 GB 2762 的规定。

（2）真菌毒素限量应符合 GB 2761 的规定。

（四）微生物限量

（1）致病菌限量应符合 GB 29921 的规定。

（2）微生物限量还应符合表 4-8 的规定。

表 4-8　微生物限量

项目	采样方案及限量				检验方法
	n	c	m	M	
菌落总数/(CFU/mL)	5	2	5		GB 4789.2
大肠菌群/(CFU/mL)	5	2	10	10^2	GB 4789.3 平板计数法

样品的采样及处理按 GB 4789.1 执行。

（五）食品添加剂和食品营养强化剂

（1）食品添加剂的使用应符合 GB 2760 的规定。

（2）食品营养强化剂的使用应符合 GB 14880 的规定。

酱油中氨基酸态氮的测定

三、影响酱油质量优劣的因素

（一）发酵工艺

酱油的加工和生产主要是通过发酵工艺完成的，而发酵工艺不同，制造出的酱油在质量上也就存在差异。

目前酱油加工中比较常用的发酵工艺包括传统天然晒露发酵、固态低盐发酵等。

1. 传统天然晒露发酵

传统天然晒露发酵工艺指的是在酱油生产的过程中利用传统的天然晒露发酵方式，将发酵所需的原材料放置在酱油的发酵场地上进行天然发酵。

在该过程中，利用温度、光照等自然条件使原材料发酵，最终得到酱油。这种天然晒露发酵工艺比较传统，在使用的过程中，最大程度地利用了自然环境，没有人工加工环节，所以发酵得到的酱油质量比较高，氨基酸的含量也很高，酱香醇厚，色泽红褐，味道鲜美，营养价值更高且保存周期更长。但是该发酵工艺的耗时较长，需要有大的发酵场地，还需要消耗大量的人力资源，产量又比较低，因此不适合大范围应用。

2. 固态低盐发酵

固态低盐发酵工艺是当前酱油发酵生产中最为常用的工艺，该工艺是将酱油的原材料与特定的生物酶结合在一起，将其放置在合适的环境下，使二者发生反应达到发酵的目的。该发酵工艺在应用的过程中只需要控制好发酵的温度和盐的浓度，整个发酵过程耗时较短，产量较高，质量也很稳定，操作简单，所以适用于大规模的酱油发酵。

3. 其他发酵工艺

在酱油的发酵生产过程中，除了上述两种常用的发酵工艺之外，还包括了分酿固-稀发酵工艺、固态无盐发酵工艺和稀醪发酵工艺。固态无盐发酵工艺是在固态低盐发酵工艺的基础上衍生的，区别在于其提高了发酵温度，所以发酵速度更快，适用于酱油的快速发酵生产，但这种工艺生产出的酱油质量较低，氨基酸含量低，香味和色泽都比较差。分酿固-稀发酵工艺与前者相比，发酵时间相对比较长，但质量却更好，酱油色泽更深。稀醪发酵工艺的发酵周期是三者中最长的，但其生产出的酱油质量较高，香味和色泽都比较好。

（二）菌种

酱油是通过发酵生产出来的，所以在酿造过程中，菌种的作用至关重要，菌种的质量会直接影响到酱油的生产质量。目前随着我国酱油制造行业的不断发展，酱油发酵加工中使用的菌种种类也在不断增多，不同的菌种在使用时所达到的效果也不同，因此需要生产企业对菌种进行合理选择。

（三）制曲

曲是发酵工艺中比较常用的材料，比如酿酒工业中就会使用酒曲，其对于发酵的影响是十分重要的。所以在酱油的发酵生产过程中，需要探讨制曲对酱油质量的影响。

1. 食盐的影响

在蛋白酶与其他材料发生反应进行发酵时，盐的浓度对于其发酵速度会产生直接影响，低浓度也能够在一定程度上激活蛋白酶的活力，但一旦超过了某个临界值，蛋白酶的活力又会被抑制。

2. 蛋白酶

蛋白酶在发酵的过程中，由于其发酵产物的不同，制曲过程中的 pH 也会发生变化。经过实验发现，中性条件下蛋白酶的活力最强，而酸性或碱性的增强，会对制曲的质量产生极大破坏。

3. 酶活力与发酵温度的影响

蛋白酶是酱油发酵工艺中的关键要素，蛋白酶的活力对于发酵质量和发酵速度的影响是很直接的，同时发酵温度也会影响到发酵质量。蛋白酶的活力在 30~45℃时最强。

4. 水分

水分对于制曲也会产生直接影响，如果制曲过程中的水分含量不合格，那么就会影响到制曲的质量，使得发酵过程中出现各种质量问题。

四、提高酱油质量的有效措施

（一）原料处理

在酱油的发酵加工过程中，原材料对酱油质量的影响较大，原材料的质量如果存在问题，就会影响到最终酱油的质量，因此要求加工单位必须做好原料处理，促使蛋白酶与原料进行充分的反应，以此来提高酱油的加工质量。酱油在发酵时需要通过蒸煮使蛋白质发生变性，使蛋白酶能够快速作用，从而提高发酵速度。在传统的发酵工艺中，工作人员通常会对制曲材料进行烘焙和压碎，将其与其他的材料混合在一起进行发酵。但是随着科技的创新，发酵工艺也得到了改进，经过加工处理后的蛋白质能够变成一种海绵状组织，使曲菌的菌丝向原料内部生长，这样可以最大限度地提高原材料的利用率，减少废弃物的产生。

（二）多菌种制曲及发酵

酱油的制曲工艺包括混合制曲工艺和分别制曲工艺，两种制曲工艺存在着很大的差别，而发酵工艺的选择也会影响到酱油的生产质量。当前比较常用的酱油制曲发酵工艺包括混合制曲工艺和多菌种混合发酵工艺，混合制曲工艺是将多种菌种混合在一起，共同进行制曲发酵；而多菌种混合发酵是在其基础上，向其中添加耐盐产脂酵母和乳酸菌，进一步提高发酵速度。

（三）酱油配制

酱油生产过程中，除了核心的发酵工艺之外，还需要对其进行合理的配制，在通过各种发酵工艺获得了基础酱油之后，可以通过后期的配制对酱油的色、香、味进行调整，这使得酱油的种类得到了极大的丰富。酱油的配制除了广义上的不同辅料的应用之外，在发酵工艺中也可以通过对其中原材料或发酵环节的调整，使生产出的酱油具有独特的风味，各种添加剂的使用，也是十分常见的。

（四）防腐剂使用

现在酱油在生产的过程中，为了改善其整体形象，提高酱油的质量，延长其保存期限，通常会在酱油中增加一些防腐剂。酱油中经常使用的防腐剂有苯甲酸及苯甲酸钠、山梨酸及其钾盐、双乙酸钠、对羟基苯甲酸酯类，应按照 GB2760《食品安全国家标准　食品添加剂使用标准》添加使用。

食品的质量是效益，食品的质量是生命，提高产品质量也是保护消费者权益，我们要时刻保持求真务实的科学精神，能够遵纪守法，实事求是。

拓展阅读

我国传统发酵食品历史悠久，种类丰富，在食品产业中占有重要地位。发酵食品是指通过所需的微生物生长和食品成分的酶转化而制成的食品。在数千年的传承发展过程中，发酵食品逐渐显现出其鲜明的特点。发酵食品通过微生物产生有机酸、乙醇和细菌素等抑制性代谢物，有效延长食品保存期。发酵过程中微生物代谢产生的酶、氨基酸和健康因子等物质，可提高发酵食品的营养价值。在微生物的作用下，发酵食品具有独特的风味、质构、色泽、口感等，极大地提升了食品感官质量。发酵食品中功能微生物可去除或降解原料中的有毒或抗营养化合物，并通过菌种优势或分泌抑菌性产物抑制腐败菌生长，改善食品安全。发酵食品可有效增加人类肠道微生物菌群的多样性，降低炎症因子，对人体肠道健康发挥有益作用。食品用微生物菌种是赋予我国传统发酵食品产业的核心资源。随着传统发酵食品行业生产力的大幅提升和发酵工艺的传承与创新，新菌种资源和菌种新功能被不断挖掘和应用，更多的传统发酵食品用菌种应进入菌种名单。本书第一版名单中菌种的应用领域和功能研究尚需扩增和延伸，名单中已有菌种的分类学地位及安全性等信息需及时补充和更新。因此，开展本书第二版中国传统发酵食品用微生物菌种名单研究，对指导我国传统发酵食品行业的生产和应用，促进产业科学创新和发展具有重要意义。

新增细菌如下。

(1) 醋杆菌科、醋化醋杆菌、果实醋杆菌 是参与醋酸发酵的重要菌种。这些菌种在食醋的醋酸发酵阶段，可氧化有机质形成高浓度的醋酸，同时产生大量其他有机酸。

(2) 芽孢杆菌科 解淀粉芽孢杆菌在醋的醋酸发酵阶段产糖化酶、蛋白酶、纤维素酶、淀粉酶等，其中蛋白酶可将蛋白质水解成氨基酸，对食醋特殊风味和色泽的形成起至关重要的作用。在腐乳后发酵阶段，解淀粉芽孢杆菌具有较强的次级代谢产物生产能力，可抑制腐乳中杂菌生长并促进多种有机活性成分产生。在酱油酱醪发酵阶段，解淀粉芽孢杆菌产蛋白酶和糖化酶的能力较强，同时可去除酱油中的氨基甲酸乙酯，进而提高酱油风味。在四川藏茶和普洱茶渥堆发酵过程中，解淀粉芽孢杆菌可以合成氨基酸和维生素，对陈熟普洱茶形成怡人风味和独特色泽起重要作用。在豆瓣酱发酵后期，解淀粉芽孢杆菌可分解糖类等大分子有机物，也可降解生物胺，如腐胺、尸胺、组胺、亚精胺等，有益于改善食品安全。

豆瓣酱发酵后期，具有耐盐特性的短小芽孢杆菌产蛋白酶，提升豆瓣酱品质。

沙福芽孢杆菌（*Bacillus safensis*）和 *Weizmannia acidiproducens* 在食醋的醋酸发酵阶段，主要功能是产酸，包括酒石酸、甲酸和柠檬酸等。

(3) 梭菌科（*Clostridiaceae*） 酪丁酸梭菌（*Clostridium tyrobutyricum*）存在于白酒的窖泥中，具有较强产丁酸和己酸的能力。

(4) 肠球菌科（*Enterococcaceae*） 粪肠球菌（*Enterococcus faecalis*）在酱油制曲前期产乳酸，进而抑制枯草芽孢杆菌的繁殖。

(5) 肠杆菌科（*Enterobacteriaceae*） 弗氏柠檬酸杆菌（*Citrobacter freundii*）主要在酱油发酵醪中分泌谷氨酰胺酶，提高酱油鲜味。

类肠膜魏斯菌（*Weissella paramesenteroides*）在酱油酱醅发酵阶段，水解原料产生较多鲜味氨基酸并合成短链脂肪酸。在酱油酱醅后发酵时期，加入类肠膜魏斯菌可提高酱油中酚类物质含量，增强酱油抗氧化活性，还能增加风味物质的种类以及总游离氨基酸含量，显著改善酱油风味。

习题

一、选择题

1. 糖化温度控制在（　　）。

A. 60℃　　B. 50℃　　C. 45℃

2. α-淀粉酶对纯淀粉水解作用的最适温度为（　　）。

A. 40~45℃　　B. 50~55℃　　C. 60~65℃　　D. 70~75℃

3. 酱油发酵目前使用最广泛的保温方法是（　　）。

A. 汽浴保温法　　B. 水浴保温法　　C. 室内暖气保温法

4. 采用纯种甘薯生产酱油，使用的曲霉菌代号为（　　）。

A. 沪酿 3.042　　B. AS3.350　　C. AS3.324

5. 厚层通风制曲，静置培养时间为（　　）。

A. 3~4h　　B. 5~6h　　C. 7~8h

6. 国标要求酱油中，防腐剂苯甲酸钠的最大使用量应小于（　　）。

A. 0.05%　　B. 0.1%　　C. 0.5%

二、判断题

1. 米曲霉是兼性厌氧微生物。(　　)

2. 蒸料时，进入料中的水分，加压法比常压法大。(　　)

3. 酱油色素的生成，在美拉德反应时必须要有氧气的参与。(　　)

4. 酱油制曲时，曲料的接种量应掌握在 0.25%~0.3%。(　　)

5. 麸皮中多缩戊糖与蛋白质的水解物氨基酸相结合而产生酱油色素。(　　)

6. 酱油制曲过程就是生产各种酶的过程。(　　)

三、简答题

1. 加曲量根据什么原则确定？加曲量过大有何缺点？

2. 固态发酵生产的特点有哪些？

3. 固态低盐发酵生产酱油的操作要点。

4. 厚层通风制曲的操作要点。

5. 简述酱油酿造过程中色素形成的基本途径。

6. 酱油有哪些特点？

7. 简述酱油天然晒露发酵法的生产特点。

8. 制曲过程中会发生哪些异常现象？如何防止？

9. 酱油发酵中发生的生化变化有哪些？

四、论述题

从微生物生理角度分析，在厚层通风制曲时如何进行分阶段控制？

项目五 腐乳发酵生产技术

【知识目标】

1. 掌握腐乳生产原辅料及处理方法。
2. 掌握腐乳生产的微生物知识。
3. 掌握腐乳发酵生产工艺及控制。
4. 掌握腐乳常见的质量问题及质量标准。

【技能目标】

1. 掌握腐乳菌种的制备操作。
2. 掌握腐乳的发酵生产操作。

【素质目标】

1. 通过腐乳生产工艺历史记载，了解古代人们对发酵技术的应用。
2. 通过学习腐乳生产工艺方法，培养学生细心严谨的科学态度。

腐乳又称为乳腐或豆腐乳，是我国著名的民族传统酿造食品之一。它是以大豆为原料，经过磨浆、制坯，前期培菌、腌坯、后发酵等加工工序而成的一种口味鲜美、风味独特、质地细腻、营养丰富、价格低廉，深受人民所喜爱的佐餐食品，在我国已有悠久的历史。腐乳酿造相传至今，已有一千余年的历史，在古籍中常见有酱腐乳、糟腐乳、白腐乳的记载。在中国食品史上，腐乳的名称很多，如酱豆腐、乳豆腐，还有霉豆腐、臭豆腐、长毛豆腐等。关于豆腐的起源一般以前汉淮南王刘安为发明者的说法较多，至于腐乳的具体起源，最早是 5 世纪魏代的古籍中记载有“干豆腐加盐成熟后为腐乳”之说，从这一记载看出这种腐乳相当于无霉腐乳，而且是距豆腐的出现之后不久即有腐乳。

任务一 腐乳生产原料及处理

腐乳生产的
类型及特点

一、腐乳的分类

我国现代的腐乳种类很多，大体上分为红腐乳、白腐乳、青腐乳、酱腐乳及各种花色腐乳。这种腐乳的分类方法，主要是从表面的颜色、原材料的配方以及酿造后反映出来的风味不同而有所区别，但生产制造的工艺过程大体是相同的，此外，还可按照工艺过程的不同来分类，或者按生产过程所使用的微生物不同来分类。

1. 依据产品风味和颜色分类

（1）红腐乳（红方） 在后期发酵的汤料中，配以着色剂红曲酿制而成的腐乳，表面呈鲜艳的红色或紫色，断面为淡黄色。在酿制过程中因添加不同的调味辅料，其呈现不同的风味特色。红腐乳大致包括普遍型红腐乳、辣味型红腐乳、甜香型红腐乳、香料型红腐乳和咸鲜型红腐乳等品种。

（2）白腐乳（白方） 在后期发酵过程中，不添加任何着色剂，汤料是以黄酒、酒酿、白酒、食用酒精、香料为主酿制而成的腐乳，鲜味突出，酒香浓郁。在酿制过程中因添加不同的调味辅料，其呈现出不同的风味特色。白腐乳大致包括普通型白腐乳、辣味型白腐乳、甜香型白腐乳、香料型白腐乳、咸鲜型白腐乳等品种。

（3）青腐乳（青方） 在后期发酵过程中，以低浓度盐水为汤料酿造而成的腐乳。其具有特有的气味，表面呈青色。在酿制过程中因添加不同的调味辅料，其呈现出不同的风味特色。青腐乳大致包括普通型青腐乳、辣味型青腐乳等品种。

（4）酱腐乳（酱方） 在后期发酵过程中，以酱曲（大豆酱曲、蚕豆酱曲、面酱曲）为主要辅料酿制而成的腐乳。表里颜色基本一致，呈自然生成的酱褐色或棕褐色，酱香浓郁，质地细腻。在酿制过程中因添加不同的调味辅料，其呈现出不同的风味特色。酱腐乳大致包括普通型酱腐乳、辣味型酱腐乳、甜香型酱腐乳、香料型酱腐乳和咸鲜型酱腐乳等品种。

2. 依据生产工艺分类

（1）腌制型 腌制型腐乳生产过程中（图 5-1），豆腐坯不经前期发酵，直接腌制，装坛加入辅料，进入后期发酵。发酵作用和风味形成依赖于添加的辅料，如面曲、红曲、米酒、黄酒等。这种加工方法操作简单，对生产设施要求低，但因无前期发酵，所以蛋白酶不足，氨基酸含量低，后期发酵时间长。

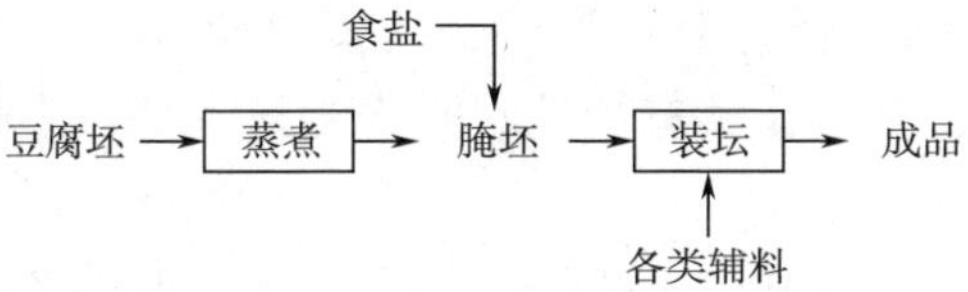

图 5-1 腌制型腐乳生产过程

(2) 发霉型 发霉型腐乳生产过程中（图 5-2），豆腐坯先经天然或人工接入的微生物进行前期发酵，再添加配料进行后期发酵。这种加工方法因有前期的适当发酵，蛋白酶大量分泌，后期发酵豆腐坯酶解较充分，产品质地细腻，口感好。

发霉型腐乳又分为天然接种和纯种培养两种。发霉型腐乳所用的霉菌以毛霉为主，也有用根霉的，特别是耐高温型根霉，适于在南方制作，上海、南京一带一些厂家均用此法生产腐乳。根霉和毛霉的作用近似，优点是能耐 37℃ 高温，它们都在腐乳坯上生长成茂密菌丝形成菌膜，包住坯乳，为保持腐乳形态起主导作用；菌丝分泌大量酶系，如蛋白酶、淀粉酶、肽酶等，以使后期发酵产生腐乳特有的色、香、味。

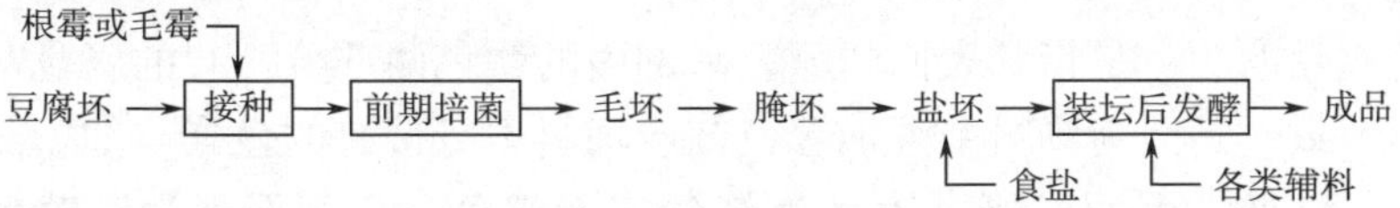

图 5-2 发霉型腐乳生产过程

(3) 细菌型 细菌型腐乳以黑龙江克东腐乳为代表，所用菌种为藤黄微球菌（嗜盐小球菌），其特点是质地柔软、色泽鲜艳、口味鲜美、后味绵长，为其他产品所不及。但该产品成型较差。细菌型腐乳生产过程见图 5-3。

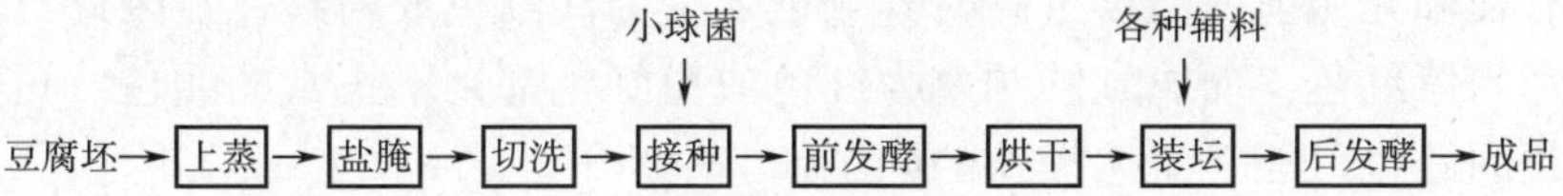

图 5-3 细菌型腐乳生产过程

3. 依据产品规格分类

按产品的规格又可分为太方腐乳、行方腐乳、醉方腐乳、中方腐乳、棋方腐乳、精醉方腐乳。

二、 腐乳的感官性状

腐乳在我国各地都有生产，由于我国各地人民的生活习惯不同，对腐乳的风味和体态等方面也有不同的食用习惯。但是腐乳作为佐餐食品或调味品，不论其产地和加工方法如何，都存在共有的性状来作为统一的质量指标。

1. 规格

腐乳成品的规格大小实际上不统一，尽管在本行业的产品名称上，过去有许多是以规格命名的，如大方、中方、丁方、棋方等，但都不能反映出产品的具体风味特性，因而这类名称已逐渐变成生产术语，以表示该产品的规格大小。如：大方腐乳的规格一般为 7.2cm×7.2cm×2.4cm，这是腐乳的规格中最大的一种；中方腐乳的规格为 4.2cm×4.2cm×1.6cm；丁方腐乳为 5.5cm×5.5cm×2.0cm；棋方腐乳的规格为 2.2cm×2.2cm×1.2cm。上述这些规格目前全国各地生产的腐乳并不都纳入这一范畴，按各地的实际情况自行决定。

2. 重量

这一指标是指腐乳的个体重量，腐乳的单个重量与本品种的规格大小有关，规格越大单个重量就越重。虽然腐乳的规格相同，各品种之间相对密度会稍有差异，但以不同品种来比较其重量的差异是毫无意义的。所以这一指标是作为同一品种、同一产地和加工方法的比较。作为商品同一品种规格的腐乳每块的重量就要有标准，这样才能保证消费者和国家的利益不受损害。

3. 颜色

腐乳成品的颜色是指其表面的颜色和剖面的颜色两部分。有的腐乳品种的颜色表里不一致，是因为汤料中添加着色剂或辅料本身带有的色素。如：红腐乳的汤料添加了红曲，因而红腐乳表面为红色或紫红色，其剖面则为浅黄色或杏黄色。酱腐乳表面为褐色，剖面为黄色或黄褐色。至于其他类型的腐乳，除了汤料添加红曲的品种之外，绝大部分的品种其颜色是表里一致的。如：青腐乳的颜色表里都是豆青色或青灰色。白腐乳表里是浅黄色或乳白色等。

（1）红色　对红色的描述主要是由红曲质量引发的。红曲的颜色应为紫红色。红曲的颜色在汤料的酒精溶液中溶出，然后附着在腐乳坯的表面，其颜色不变。只有在阳光照射或酸度过高时其颜色才变为浅红色或粉红色。因此红腐乳的正常颜色为紫红色，而腐乳的颜色为红色或粉红色都是不正常的颜色。可能是红曲的质量问题也可能是工艺操作的问题。

（2）青色　用以描写青腐乳的颜色，在词典中解释青色有几种含义，它包括蓝色或绿色，也有黑色的意思。如果单纯以青色来描述青腐乳的颜色是不太准确的。因为青腐乳既不是纯蓝或纯绿色，也不是纯黑色，而是这几种颜色的混合色。青腐乳正常的颜色为灰绿色。即以灰为主稍显绿色。当青腐乳被阳光照射或长时间暴露在空气中时，它的颜色为浅灰色。当青腐乳发酵过度，其局部有较多的黑斑或整块腐乳成黑灰色。当青腐乳发酵不完全时则显灰黄色或里面有黄色的小斑块，这些都是不正常的颜色。

（3）黄色　用以描述白腐乳和腐乳剖面的颜色。腐乳所具有的黄色只有深浅之分，并无其他颜色的参与。正常的腐乳可以分为浅黄、淡黄、乳黄色等。至于杏黄色则已是较深的颜色，杏黄色本身是以黄色为主，参有极少量的红色所产生。往往是红腐乳成品存放较长时才出现。腐乳的黄色一是发酵时产生；二是曲料及黄酒本身带有的黄色；三是红曲含有的红曲霉黄素。黄色过深或过浅都是不正常的。

（4）褐色　用以描述酱腐乳及酱类的颜色。酱腐乳的颜色有棕褐色或黄褐色，这些是辅料中酱料的颜色。只要长期暴露于空气中就会变成黑褐色。

4. 光泽

所谓光泽是指物体表面上反射出来的亮光。腐乳的光泽也是如此，是其表面反射亮光的程度。腐乳的光泽也分为表面的光泽和剖面的光泽。表面的光泽是汤料的成分决定的，剖面的光泽是腐乳水解程度决定的。汤料中含有一定量的脂肪和糖度，使表面光泽比较明显，汤料的辅料颗粒越细，发酵越彻底，对腐乳的表面光泽越有帮助。剖面的光泽是腐乳的水解发酵程度的标志，水解越好细腻程度越高，则其光泽就越显著。

5. 气味

气味就是用嗅觉器官可以闻到的味道，当然食品气味在口内咀嚼时也可以感觉到。前者称为香味，后者称为味道。我们在这里讲的是指能用鼻子嗅到的气味。鼻子的嗅觉能分辨出食品的基本风味。腐乳的气味有两大类：一是腐乳的特有香味；二是青腐乳所特有的臭味。腐乳的香味主要是酒的香气；其次是醇香、酱香气。这几种香气构成腐乳的特有香味，当然还有花色腐乳中甜香型腐乳的花香气，辣味型的香辛料香气和咸鲜型腐乳的辅料香气等。总之，腐乳的香气必须符合本品种所应有的香气。这些气味应该是比例适当互相配合的，哪一种太突出都会掩盖其他气味，致使腐乳失去原有的风味特色。

腐乳的臭味主要分两种：一种为硫化氢、硫醇等硫的化合物的臭味，我们简称为硫臭；另一种为游离氨或铵盐等化合物的臭味，我们简称为氨臭。这两种臭味成分都是青腐乳发酵过程产生的。这两种臭味复合在一起很难分辨哪种臭味为主，但在青腐乳的水溶液中加入酸溶液，则使游离氨等变成不挥发的铵盐，此时挥发出的是硫臭，这种硫臭比较接近青腐乳的臭味。当在青腐乳溶液中加入碱溶液，则使硫化氢等生成硫化钠等不挥发物，同时把铵盐置换出游离氨形成氨臭，这种氨臭气味是很难闻的，作为食品单纯的气味是不能被人所接受的。所以应该说青腐乳的臭味是以硫臭为主，氨臭为辅，如果氨的臭味突出是不正常的也可说是蛋白质腐败的产物。

6. 滋味

化学味觉包括咸、甜、苦、辣、酸等。具体到腐乳的滋味是多种味觉的复合作用，形成腐乳的独特的风味。腐乳的滋味细分一下，可以有以下几种基本成分。

（1）咸味　主要是食盐的味，在调味上，咸味是许多食品的基本味。腐乳的滋味第一个感觉就是咸味。咸味是表示中性盐的味，但呈纯粹咸味的只有食盐，其他的盐类都是有复合味。例如：铅盐是甜的，镁盐是苦的。腐乳中盐的来源是由腌制过程中添加的食盐和制造豆腐白坯时所使用盐卤中的镁盐。因此，生产中所使用的食盐纯度和来源对腐乳的咸味有绝对影响。制白坯时用盐卤越纯净，在腌制时把镁盐置换得越好，腐乳的咸味就比较醇正，不会产生苦味。腐乳的含盐量一般在12%~14%，如果单纯食用就感到很咸的，要同主食一起吃，使食盐浓度降低1%左右才感觉到适口。若饮用12%~14%的食盐水感到很咸，而同浓度的腐乳就不感到那么咸，这是因为腐乳中存在多量的氨基酸和糖类，调整了食盐的咸味。食盐在腐乳中的作用先是调味，没有食盐的腐乳就淡而无味。其次是控制发酵的程度，食盐浓度低，腐乳会变得酸臭而腐败。食盐浓度过高则抑制酶的作用使产品生硬。再有是使腐乳成品具有保存性能的长期储藏，因此腐乳的食盐浓度要达到规定的要求。

（2）甜味　主要以糖类中的蔗糖为代表的味。呈甜味的化合物除糖类外，还有许多种类，范围很广。腐乳的甜味除了蔗糖之外，还有面曲发酵水解后生成的麦芽糖和葡萄糖，此外还有添加糖精以及发酵生成的呈甜味氨基酸。上述这些甜味物质的甜度各不相同，而且甜度的性质也不同，从进到口中瞬间的留味到残存的后味都各不相同。例如：糖精有苦味，同蔗糖相比，有持续性的后味；甘草有不快的后味，带苦味的强甜味。为此，评价甜味的强度要以蔗糖甜度为标准物质。各种甜味物质同蔗糖的关系在其他呈味成分共存时也受到影响，但与食盐、有机酸、谷氨酸钠、肌苷酸钠等的一般呈味成分共存时，它们的关系不变。普通腐乳的甜味实际上以麦芽糖为主，因为汤料中的面曲水解成的糖多为麦芽糖，麦芽糖的甜度为蔗糖的60%，只有个别特制品种的腐乳才添加蔗糖，以增强腐乳的甜味降低咸味。一般腐乳含糖量为3%~5%，甜香型的腐乳含糖量为7%~9%。

（3）酸味　酸味是无机酸、有机酸及酸性盐中特有的一种味，呈酸味的本体是氢离子。腐乳中的酸味是汤料的黄酒发酵中产生的，另外，腐乳后发酵过程中也会产生一定量的有机酸。腐乳中呈酸味的有机酸以醋酸为主，因为腐乳不是酸性调味料，因此其含量不能超过1.5%（以乳酸计）。如果酸度太大即视为不正常。造成酸度高的原因有两个方面：一方面是汤料所使用的黄酒本身酸度高，这是主要的原因；另一方面是后发酵时条件不适当，使酒精继续氧化成酸。腐乳所含有机酸能给它带来酸味，适量的酸能突出腐乳的风味，适当的酸味有味美、增加食欲的效果，但是酸度过高则起到相反的作用。

（4）鲜味　鲜味是指谷氨酸钠和核苷酸钠等呈鲜味物质所特有的一种味。腐乳中的鲜味是大豆蛋白质被水解后产生的。主要成分为谷氨酸和各种氨基酸，其核苷酸的含量很微量。腐乳的鲜味成分是以氨基酸为主体，各种不同的腐乳其氨基酸的含量和比例均有所不同，但并不是所有的氨基酸都具有鲜味，有的甚至呈苦味。通过分析对比，我们可以看到不同产地的各个品种的腐乳其游离氨基酸的含量都比较丰富，同时还可以看到不论产地如何，只要同属同品种的红腐乳或青腐乳，它们有共同之处：不论氨基酸的产生率高低，凡是红腐乳其谷氨酸的含量都占首位。谷氨酸的含量高便决定了红腐乳本身的鲜味。凡是青腐乳，其丙氨酸的含量都居首位，而谷氨酸含量却很低。因此，鲜味应是红腐乳的共同特点。青腐乳所含的丙氨酸具有特殊的甜味，浓度高时有较浓的醋香味，从而决定了青腐乳的特有滋味。青腐乳的氨基态氮一般为0.7%左右。

（5）苦味　苦味在腐乳中不是好的味道，但它能使食品具有复杂的味道。腐乳的苦味来源于两个方面：首先是制造豆腐坯时使用的盐卤，它含有镁和钙的盐，这些都是苦味物质，特别是盐卤不纯净，各种无机盐的含量虽然比较少，但造成的苦味却很突出。所以有的地方把盐卤叫苦卤。这些无机盐的苦味很大部分在腌制过程中被排除掉，所以要操作得当；另一方面造成苦味的物质是蛋白质水解过程产生的，一部分是生成有苦味的，另一部分是生成带有苦味的氨基酸，这些都是极难避免的。这些氨基酸的存在并不会使腐乳呈苦味，因为腐乳的化学成分非常复杂，相互之间都有影响。但有时吃腐乳确实感到苦味，主要是蛋白质形成的苦味过多，是腐乳发酵时间短，还不成熟的缘故。

7. 体态

食物进入口中，通过口腔进入消化道这个过程，引起的感觉除了化学的味觉之外，还包含有心理的、物理的味觉。物理的味觉与被称为“口感”“咀嚼感”“软硬”“粗细”的组织结构和温度有关。在食品品质评定方面也很重要。食品的组织结构主要是由口感来判断的。腐乳的组织结构以往只有软硬和粗糙细腻之分。但有人混淆细腻和软硬，把两者等同起来，其实腐乳的软不等于就一定细腻，但细腻就一定较软。

拓展阅读

腐乳营养成分及功能性

腐乳经微生物发酵后，大豆的苦腥味、所含的胀气因子以及抗营养因子等被分解，消化率和生物效价大大提高，同时产生了多种呈味物质如有机酸、醇、酯、氨基酸。腐乳富含油酸、亚油酸等不饱和脂肪酸，蛋白质含量极高，不含胆固醇，对于降低血清胆固醇，防治血管硬化、高血压和冠心病有一定作用。100g 腐乳中所含必需氨基酸的量可供成人一日之需，且 18 种氨基酸含量齐全。维生素 B_2 是促进人体正常生长和维持健康的重要因子，缺乏维生素 B_2 会引起口角溃疡、唇炎、舌炎、角膜炎、肾囊炎等症状。腐乳中维生素 B_2 的含量为 130~360μg/100g，比豆腐高 6~7 倍，仅次于乳制品的维生素 B_2 含量。维生素 B_{12}在促进人体的造血、预防恶性贫血等方面具有重要作用，红腐乳中维生素 B_{12} 的含量为 0.42~0.78mg/100g，青腐乳中维生素 B_{12} 的含量为 9.8~18.8mg/100g，仅次于肝脏中维生素 B_{12} 的含量。此外腐乳中还含有硫胺素 0.09~10.04mg/100g，烟酸 0.5~1.1mg/100g，钙 108~134mg/100g，铁 13~16mg/100g，锌 6~8mg/100g，这些都是促进人体正常发育或维持人体正常生理机能所必需的。

腐乳自古以来都是药食两用的，至今还应用在某些中药制剂中；清王士雄《随息居饮食谱》中有“腐干而再造者为腐乳，陈久愈佳，最宜病人”的记载，其生理保健功能早已为祖先所利用。腐乳因含有众多生物活性物质如大豆多肽、大豆异黄酮、大豆皂苷等而具有保健功能。大豆蛋白经蛋白酶水解后的低分子多肽混合物在营养学方面优于蛋白质和游离氨基酸的事实已被逐步证明。事实上，蛋白质在人体内消化后大部分是以多肽形式被直接吸收的，而小分子大豆肽正好就是一种易于吸收的肽。此外，它具有低抗原性，不会产生过敏反应，能增强运动员的体质，促进肌红细胞复原，帮助消除疲劳；促进发酵作用，促进脂肪分解，降低胆固醇的含量，降血压以及抗氧化等功能。大豆异黄酮主要包括：染料木素、大豆黄素、黄豆黄素等。大豆异黄酮能够有效地预防和抑制白血病、具有抗肿瘤效应及抗氧化性、降血脂等生物活性，尤其对乳腺癌和前列腺癌有积极的预防和治疗作用。近年来关于大豆皂苷生物活性的研究逐渐成为热点，研究表明它具有调节脂质代谢、增强机体免疫力、抗肿瘤、消炎抗病毒、预防心血管疾病等多种功能。腐乳作为一种大豆发酵食品，同时也保留着大豆中天然存在的大豆磷脂、大豆植酸等活性成分。因此从营养学的角度来讲，腐乳不仅是优良蛋白质来源，同时也是一种潜在的功能性食品。

腐乳中所含的大豆多肽能够通过抑制血管紧张素转换酶（ACE）的活性而起到降血压的作用，同时对血压正常者无影响。有人研究比较了亚洲几个国家的发酵豆制品，结果表明：中国腐乳对血管紧张素转换酶（ACE）的抑制活性较强；同时分析了我国 5 种市售腐乳，表明腐乳提取液均具有 ACE 抑制活性。Kuba 等测得腐乳的 ACE 抑制活性为 1.77mg/mL，并从中分离出两种具有 ACE 抑制活性的小肽 Trp-Leu 和 le-Phe-Leu，其 IC50 值分别为 29.9mg/mL 和 44.8mg/mL。

腐乳中的大豆异黄酮主要以苷元的形式存在，苷元体积小，易吸收，亲水性弱，具有广泛的生物活性。大豆异黄酮能通过抑制人体小肠内绒毛膜上的结合酶、麦芽三糖及双糖类水解酶的活力，使其水解双糖或寡糖的能力下降，导致食物中葡萄糖成分的释放量降低，最终起到延缓餐后血糖升高的作用。因此，腐乳具有一定的降血糖功能。

腐乳中起抗氧化作用的物质可能是大豆异黄酮、大豆皂苷、某些小肽以及 SOD 等。张晓峰等研究了腐乳的抗氧化功能，通过对腐乳试样的抗氧化活性分析结果表明：其抗氧化活性在 0.41~1.30g BHA/g 样品，说明腐乳中含有具较强抗氧化活性的物质。

三、 原辅料介绍

生产腐乳所需原辅料主要有大豆、食盐、酒类、曲类、凝固剂、消泡剂及香辛料等。虽然在不同类型的腐乳生产中，依据产品特点和质量要求，原辅料种类的选择会有差别，但都应满足国家对产品的安全要求。原辅料的品质会影响产品的产量和质量，因此正确选择原辅料是腐乳生产中非常重要的工作。

1. 大豆

大豆，中国古称"菽"，其种子含有丰富的蛋白质，属豆科植物，一般都指其种子。大豆起源于中国，中国学者大多认为其原产地是云贵高原一带，现种植的栽培大豆是从野生大豆通过长期定向选择、改良驯化而成的。中国种植大豆的历史有5000多年，于1804年引入美国，20世纪中叶，成为美国南部及中西部的重要作物。大豆呈椭圆形或球形。种皮颜色有黄色、淡绿色、黑色，别名为黄豆、青豆（不是指豌豆)、黑豆，以黄豆最常见。毛豆即为未成熟的食用大豆(大豆在荚果种仁生长至八分熟时采收的鲜豆荚)。

大豆是豆科植物中最富有营养而又易于被人体消化的，是蛋白质最丰富、最廉价的作物。在当今世界上许多地方，大豆是人和动物的主要食物。不同种类、不同地区大豆的化学组成如表5-1、表5-2所示。大豆不但营养丰富，还含有大量人体自身不能合成的8种必需氨基酸（表5-3)、不饱和脂肪酸和必需脂肪酸，比其他谷物中必需氨基酸含量都高。大豆是生产腐乳的主要原料，生产的产品口味好，质地佳，富含营养。生产腐乳使用的大豆通常为当年收获的新豆，大豆贮存时间以不超过2年为宜，水分含量在14%以下，否则容易生长杂菌，甚至霉变。

表5-1　　不同大豆的化学组成　　单位：%

种类	成分					
	粗蛋白质	粗脂肪	粗纤维	水分	灰分	碳水化合物
黄豆	36.06~41.96	14.22~19.88	3.10~6.81	9.40~10.12	3.77~5.67	18.70~30.09
青豆	35.58~39.81	15.98~18.30	4.89~11.67	9.16~12.64	4.28~4.89	19.31~25.68
黑豆	36.59	19.85	4.05	13.96	4.23	21.33

表5-2　　我国不同地区大豆化学组成　　单位：%

产地	成分			
	粗蛋白质	粗脂肪	粗纤维	水分
东北地区	43.20	15.0	4.5	8.30
北京	34.8	16.0	3.8	12.00

续表

产地	成分			
	粗蛋白质	粗脂肪	粗纤维	水分
上海	35.9	17.6	3.7	14.00
南京	41.70	16.6	3.9	6.70
四川	25.60	16.1	2.7	12.40

表 5-3　　大豆蛋白质中必需氨基酸含量　　单位：%

氨基酸	亮氨酸	赖氨酸	苯丙氨酸	异亮氨酸	缬氨酸	苏氨酸	色氨酸	甲硫氨酸
含量	8.55	2.71	3.86	1.80	0.86	4.2	1.2	1.84

2. 脱脂大豆

脱脂大豆是大豆提取油脂后的产物，因提取油脂的方法不同而有豆粕和豆饼之分。一般来说，豆粕是指用溶液浸出法提取油脂后的残余物，而豆饼则是指用压榨法提取油脂后的残余物。

豆粕是将大豆进行加热、调节水分、压坯、提取油脂等一系列处理后的产物，经此加工后，豆粕含脂肪低，水分小，但蛋白质的含量较高，因此它是适宜制酱油及豆制品的原料。

因压榨前大豆处理温度的不同，豆饼分热榨豆饼和冷榨豆饼两种。热榨豆饼在榨油时加温，提取油脂较多，但大豆蛋白质被破坏也较多。冷榨豆饼在榨油时不加温，提取油脂较少，大豆蛋白质相对破坏也少。脱脂大豆的成分因大豆种类及提取脂肪工艺不同而异。

大豆经过加热处理后，部分蛋白质变性，溶解性降低，不能溶于水、食盐和碱液中，在制作豆腐时便会影响出品率。蛋白质变性程度与大豆热处理的温度和时间有关，一般随着处理温度的升高和时间的增加，不溶性蛋白质也会逐渐增多。因此，就出品率而言，在脱脂大豆中，豆粕大于冷榨豆饼，而冷榨豆饼又大于热榨豆饼。

3. 食盐

食盐是一种矿物结晶，主要成分为氯化钠，是人类和动物生存必需的物质，但摄入过量也会对人体造成损害。盐是最古老、最广泛的调味料，用盐腌制也是最早的保存食物的方法之一。咸味是舌头对盐的感觉，是基本味觉之一。某些食盐品种中，会添加碘、硒或者其他微量元素，以改善当地人群对某种重要元素的缺乏。我国食盐依据提取来源不同，分为海盐、池盐、岩盐和井盐等。

食盐是腐乳生产必需辅料之一，起着重要作用。食盐在腐乳中既可以增加咸味，起着调味的作用，又能在发酵过程及成品中起到防止腐败的作用。腐乳生产应选用氯化钠含量高、颜色白、颗粒小、水分及杂质少的食盐，一般最好选取粉状的精制盐，有利于保证产品质量。

4. 水

腐乳生产用水必须符合国家饮用水标准。实践证明，水质与豆制食品生产的关系极为密切，水质好坏决定着大豆蛋白质的溶解性，影响着原料利用率和产品质量。一方面，水中的钙、镁离子会与部分水溶性蛋白质结合，形成沉淀，从而使大豆蛋白溶解度降低，导致腐乳产品得率下降。另一方面，水质过硬会使豆腐的结构粗糙，口感不好。因此，豆制品生产最好使用硬度低于1mmol/L的软水。

5. 酒类

在腐乳的发酵过程中，会添加酒类。酒类可以抑制杂菌的生长，并与有机酸发生酯化反应形成酯类，促进腐乳香气的形成，此外，酒类还可以促进腐乳风味特色的形成。常用到的酒类有黄酒、酒酿、红酒醪、白酒和米酒。腐乳生产所用的酒类因地方品种而异，是形成腐乳风味特色差异化的原因之一。

6. 曲类

（1）面曲　面曲又称面糕，是以面粉为原料经过人工接种米曲霉后制曲或采用机械通风制曲制成的。其用量随腐乳品种不同会有差异。由于面曲中米曲霉和其他微生物分泌的各种酶系非常丰富，特别是含有较多的蛋白酶和淀粉酶，在腐乳后期发酵过程中加入面曲，可以提高腐乳的香气和味道，同时可促进产品成熟。

（2）红曲　红曲是以籼米为主要原料，经过红曲霉菌在米上生长繁殖，分泌出红曲霉红素使米变红而成的。它是一种安全的天然食品着色剂。红曲是红腐乳后期发酵过程中必须添加的辅料，不但可以起着色作用，还有明显的防腐作用，此外红曲中含有较多糖化型淀粉酶，还具有一定的健脾胃的保健功能。它所含有的淀粉水解产物——糊精和糖，蛋白质的水解产物——多肽和氨基酸，对腐乳的香气和滋味也有着重要的影响。

7. 食品添加剂

食品添加剂是为改善食品品质和色、香、味，以及为防腐、保鲜和加工工艺的需要，而加入食品中的人工合成或者天然物质。食品用香料、胶基糖果中基础剂物质、食品工业用加工助剂也包括在内。食品添加剂的使用可以增加食品的保藏性，可防止腐败变质，可以改善食品的感官性状，提高食品的品质，有利于食品加工操作，保持或提高食品的营养价值，还可以满足其他特殊需要，提高经济效益和社会效益。腐乳生产中常用到的添加剂有凝固剂、消泡剂、甜味剂、香辛料和防腐剂。

（1）凝固剂　凝固剂在腐乳生产中必不可少，其可使蛋白质凝聚成形，从而能够制成豆腐坯，保证了成品的外观和质地。腐乳生产中常用的凝固剂一般可分为两类，即盐类和有机酸类。盐类凝固剂的豆腐出品率比酸类高，但是以有机酸作凝固剂的豆腐口感细腻，可以把两种凝固剂混合使用，取长补短。常用凝固剂有氯化镁、氯化钙、硫酸钙、碳酸钙、醋酸钙、乳酸钙、葡萄糖酸-δ-内酯等。各种凝固剂有各自优缺点，为了弥补不足，发挥各自优点，在生产中经常使用复配凝固剂。例如，可以将硫酸钙与葡萄糖酸-δ-内酯以 1∶1 配比组合。

（2）消泡剂　豆浆中的蛋白质分子间由于内聚力（或收缩力）作用，形成表面张力，导致产生大量泡沫，在煮浆时容易溢锅，点脑时凝固剂不容易和豆浆混合均匀，从而影响豆腐的质量和出品率，所以要加入消泡剂以降低豆浆的表面张力，保证煮浆和点脑的顺利进行。常用的消泡剂有油角、米糠油、乳化硅油和甘油脂肪酸酯等。

（3）甜味剂　腐乳中使用的甜味剂主要是葡萄糖、蔗糖、果糖等，还有天然或人工合成的高甜度甜味剂，如环己基氨基磺酸钠。不得使用糖精和糖精钠。蔗糖、葡萄糖和果糖等糖类是天然的甜味剂，既是腐乳生产的甜味剂又是腐乳重要的营养素，供给人体热量。此外，甘草、甜叶菊等天然物质因具有甜味，也可作为腐乳生产的甜味剂。

（4）香辛料　腐乳生产过程中使用的香辛料种类很多，常用的有胡椒、花椒、八角、茴香、桂皮、生姜、辣椒等。香辛料中所含的芳香油和刺激性辛辣成分，起着抑制和矫正食物的不良气味，有提高食品风味的作用，并能增进食欲，促进消化，有些还具有防腐、杀菌和抗氧化的作用。

（5）防腐剂　我国《食品安全国家标准 食品添加剂使用标准》（GB 2760—2014）中规定，腐乳中仅能使用脱氢乙酸及其钠盐作为防腐剂，其最大使用量为 0.3g/kg（以脱氢乙酸计）。

8. 其他辅料

除上述多种辅料外，还有一些其他辅料，如玫瑰花、桂花、虾料、火腿、香菇等。这些辅料在生产中虽然用量有限，但可以帮助各种腐乳形成自身的特色风味，因此，对其质量要求高。

四、原料处理操作要点

1. 大豆分选清洗

豆腐加工时，用选料机对大豆进行分选，先用风选机将混于原料的杂质除去，再筛选除掉石块，最后经磁选将金属屑等除去。

大豆选料后需进行清洗，洗掉大豆表皮上的大量微生物，以避免这些微生物在腐乳加工过程中不断繁殖生长，最后使磨浆后的豆浆酸度改变，造成豆浆点脑困难，甚至难以凝固成形，无法制得豆腐坯。洗选大豆可以在搅拌条件下进行，一般清洗 2~3 次，至水清为止。大豆的清洗是工艺的第一步，良好的开始是成功的一半，任何事都要提前做好准备工作。

2. 浸泡

大豆浸泡的目的是为蛋白质的溶出和提取创造条件。大豆中的蛋白质大部分包裹在细胞组织中，呈胶体状态。浸泡就是要使大豆充分吸收水分，吸水后的大豆蛋白质胶粒周围的水膜层增厚，水合程度提高，豆粒的组织结构也变得疏松，细胞壁膨胀破裂；同时豆粒外壳软化，易于破碎，大豆细胞中的蛋白质被水溶解出来，形成豆乳。

大豆经清洗后，浸泡于水中，使大豆充分吸水膨胀。浸泡大豆的水量约是大豆量的3~4倍，以豆胀后不露出水面为宜，加水量过少，大豆泡不透，豆粒不能充分吸收水分，影响大豆蛋白质的溶出和提取，加水量过大，会造成大豆中的水溶性物质损失。浸泡后的大豆吸水量为干豆的1.5倍，吸水后体积膨胀为干豆体积的2~2.5倍。大豆浸泡达到要求后，应将大豆捞出或将泡豆的水排掉，待磨浆。

泡豆使用水的水质对豆腐品质与得率有影响。水质偏硬会降低豆腐品质与得率，因此，泡豆时最好用软水。当水偏酸性时，大豆蛋白质胶体很难吸水，出品率会很低。相反，微碱性的泡豆水不但能促进蛋白质胶体吸水膨胀，还能将大豆中一部分非水溶性蛋白质转化为水溶性蛋白质，从而提高原料的利用率。所以，尤其在夏季，水温很高，为防止泡豆水变酸，必须经常换水，也可适当加碱。碱常用纯碱（$Na_2CO_3 \cdot 10H_2O$），但应避免过量使用，否则会给点脑造成困难。

大豆浸泡时间的确定与温度有关，水温低浸泡时间必须延长；相反，水温高，浸泡时间可以短些。泡豆时间长短直接影响产品质量和原料利用率。一般春秋季为8~12h，夏季为6h左右，冬天为16~20h。此外，浸豆时间还与大豆品种、颗粒大小、新鲜程度、含水量等有关。

任务二 腐乳发酵菌种的制备

一、腐乳生产的微生物

目前腐乳生产行业，虽然绝大多数将传统的自然发酵工艺改为纯菌接种发酵工艺，但由于生产中仍然采用敞开式自然环境培养，难免侵入外界的微生物，加上配料中也带有微生物，所以，豆腐乳发酵的微生物十分复杂。腐乳发酵实际上是多种菌类的混合发酵。从腐乳中分离出的微生物有腐乳毛霉、芽孢杆菌、酵母菌等近20种。在腐乳生产中，人工接入的菌种有毛霉或根霉、米曲霉、红曲霉和酵母菌等。

腐乳生产的微生物——霉菌

腐乳生产选择菌种的具体标准如下：①不产生毒素，菌丝壁柔软细致，棉絮状，色白或淡黄；②生长繁殖快；③抗杂菌力强；

④生产的温度范围大，受季节限制小；⑤能够分泌蛋白酶、脂肪酶、肽酶及有益于腐乳产品质量的酶系；⑥能使产品质地细腻柔糯，风味独特。

二、腐乳发酵菌种的制备

1. 试管斜面接种培养基

配方为：饴糖 15g、蛋白胨 1.5g、琼脂 2g、水 100mL，pH 为 6。也可以采用马铃薯培养基：将马铃薯清洗净、去皮、称取 20g 切成小薄片，加水煮沸 15~20min，纱布过滤，去渣取滤汁，加水补充至 100mL，加入琼脂 2g，煮溶解后加入 2g 葡萄糖拌匀，将分装试管（装量为试管的 1/5）塞上棉塞，包扎后灭菌，摆成斜面，接种毛霉（或根霉），在 15~20℃（根霉 28~30℃）条件下，培养 3d 左右，即为试管菌种。

2. 三角瓶菌种培养基

配方为：麸皮 100g、蛋白胨 1g、水 100mL。配制方法为：将蛋白胨溶于水中，然后与麸皮拌匀，装入三角瓶中，500mL 三角瓶装 50g 培养料，塞上棉塞，灭菌（灭菌条件：采用高压灭菌锅，0.1MPa 灭菌 45~60min）后趁热摇散，冷却后接入试管菌种一小块，25~28℃ 培养，2~3d 后长满菌丝，并有大量孢子，备用。

任务三 腐乳发酵生产工艺及控制

一、豆腐坯生产

豆腐坯生产是腐乳生产的重要工序。品质良好的豆腐坯是生产优质腐乳的前提。腐乳对豆腐坯质量要求很高，如含水量要达到某种腐乳的要求，不能高也不能低。另外，豆腐坯要有弹性，不糟不烂，豆腐坯表面要有黄色油皮，断面不得有蜂窝，表面不能有麻面等。要达到以上标准，在加工过程中必须严格遵守豆腐坯生产的工艺规程。

1. 豆腐坯生产工艺

豆腐坯生产工艺流程如图 5-4 所示。

2. 豆腐坯生产操作要点

（1）磨浆　磨浆是将筛选清洗后已经完全被水浸胀饱满的大豆磨成乳白色液体豆浆的过程。在磨浆时大豆细胞组织被破坏，大豆可溶性蛋白质及其他水溶性成分随水溶出，得到豆浆。

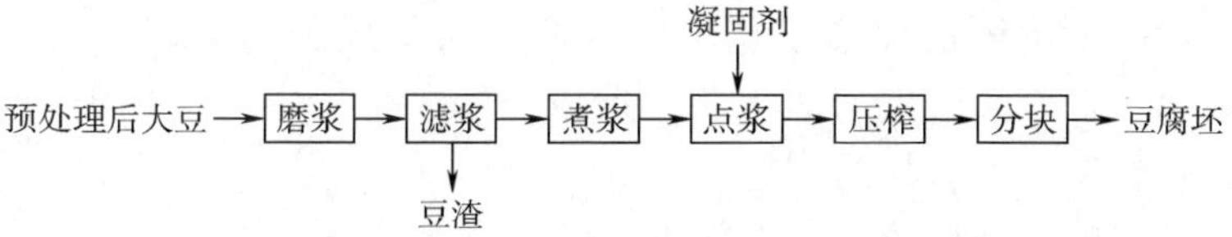

图 5-4 豆腐坯生产工艺流程

磨浆过程中要控制好磨碎度、加水量、水温及 pH，否则易造成蛋白质流失或变性，影响蛋白质得率。蛋白质之间有脂肪球和少量淀粉颗粒，磨浆时要掌握一定的粗细度，不能过粗或过细。粉碎过细，豆糊会发黏，使一些纤维组织等不溶性成分在浆渣分离时随蛋白质进入豆浆中，使制成的豆腐坯粗糙、无弹性，甚至会堵塞分离筛网眼，影响分离操作，降低出品率。粉碎过粗，颗粒过大，会使大部分大豆组织膜不能破裂，蛋白质不能被充分提取出来，同样会降低出品率。因此在磨浆操作中，一定要掌握好磨碎度，要求不粗不黏，用手捻摸以没有颗粒感为宜。

磨浆时应适度加水，加水量一般掌握在 1∶6（干料∶水）或 1∶3（湿料∶水）为宜。加水量少，豆糊温度上升，蛋白质发生变性，黏度增加，可影响蛋白质的提取，而且给后续的浆渣分离带来很大困难；另外，加水量少会使豆浆过浓，点脑时凝固剂与蛋白质作用缓慢，阻力过大，会阻碍蛋白质凝固。加水量过多，豆糊过稀，煮浆时能量会消耗过多；因为水多，蛋白质分子分散，点脑时很难形成较好的网状组织，会造成豆腐坯粗糙易碎。

磨浆时，水温应控制在 10℃左右为宜，避免高温引起蛋白质变性，溶解度降低，导致难以提取。

在磨浆操作中要注意加水、下料要协调一致，不得中途断水或断料，做到磨糊光滑、粗细适度、稀稠合适、前后均匀。磨料应根据需要，用多少磨多少，以保证其新鲜。

（2）滤浆　滤浆是将豆渣与豆浆分离的过程。为了降低残渣蛋白质、增加浆水浓度及提高原料利用率，在磨浆时应采用套用淡浆水的做法。从豆糊中分离出来的是头浆，第 2 次洗涤分离的称为二浆，第 3 次洗涤的称为三浆，第 4 次洗涤的称为四浆。具体做法是：四浆套三浆、三浆套二浆，二浆与头浆合并为豆浆。头浆分离的豆渣有条件要复磨一次，使其中的水溶性物质溶出。在洗涤豆渣时，要控制用水量，总加水量可为干质量的 5～6 倍。不能过多也不能过少，水量少稀释倍数小，渣子洗不净，影响出品率。水量过大，虽然渣子洗得干净，但在煮浆时会给点脑带来困难，因为豆浆浓度低，蛋白质不能结成很好的网状结构，致使细小的豆腐碎块流失而影响出品率，最终导致豆腐质量出问题。

（3）煮浆　将滤浆后得到的豆浆加热到 95～100℃，保持 5min，经过筛后

(筛孔为80~100目)，转入点浆缸内。煮浆设备有敞口式常压煮浆锅、封闭式高压煮浆锅、阶梯式密闭溢流煮浆罐等，都可以实现煮浆的工艺条件。煮浆过程中，为了避免豆浆表面产生起泡现象，造成溢锅，生产中常采用消泡剂来灭泡。常用消泡剂有乳化硅油、甘油脂肪酸酯等。

煮浆可以实现三个目的：①去除大豆中的有害成分；②杀灭豆浆本身存在的以蛋白酶为主的各种酶系，保护大豆蛋白质；③使豆浆中的蛋白质发生热变性，为后一步的点脑制豆腐打基础。通过煮浆可以消除大豆胰蛋白酶抑制素、血球凝集素、皂素等对人体有害的因素，减少生豆浆的青臭气味，使豆浆特有的香气显露出来，同时还可起到灭菌的作用。加热可以加速大豆蛋白质分子运动，使其相互撞击，破坏维持蛋白质空间结构的氢键，空间结构的改变可引起大豆蛋白质发生热变性。只有蛋白质发生适度的热变性，才能在点浆时形成洁白、柔软有劲、富有光泽和保水性好的豆腐脑。否则即使加入凝固剂也不会成豆腐脑。

（4）点浆　点浆是将豆浆制成豆腐脑的过程，又称点脑。在煮好的豆浆中加入凝固剂，发生热变性的蛋白质表面的电荷和水合膜被破坏，蛋白质分子链状结构相互交联，形成网络状结构，大豆蛋白质由溶胶变为凝胶。煮浆处理后的豆浆适度冷却，调整pH在6.6~6.8，85~90℃时立即将以盐卤为主的凝固剂加入豆浆中，适度搅拌均匀，静置15~20min即可。

点浆是生产豆腐重要的环节之一，操作水平影响着成品豆腐坯的细腻度和弹性。加盐卤时应适当搅拌，边加边搅拌，前快后慢，搅拌动作轻柔，避免剧烈搅拌破坏脑花结构，当脑花移动缓慢并且开始下沉时停止搅拌。

加盐卤后适当静置，可以使热变性后的大豆蛋白质与凝固剂的作用继续进行，联结成稳定的空间网络。静置时间过短，凝固物内部结构不稳定，蛋白质分子之间的联结比较脆弱，压榨时，大豆蛋白质组织容易破裂，制成的豆腐坯质地粗糙，保水性差；但时间过长，温度过低，豆腐坯成型困难。只有凝固时间适当，制出的豆腐坯结构才会细腻，保水性才好。操作过程不能急于求成。

（5）压榨　点浆后，待豆腐花下沉，黄泔水澄清后，用成型压榨设备适当排去水分。压榨去水程度应由豆腐坯所需水分含量来决定，不同季节、不同品种之间会有差异，一般在70%~74%。

豆腐压榨成形设备目前有两种：一种是间歇式设备；另一种是自动成形设备。间歇式设备压榨成形箱有木制的，也有铝板的，四周围框及底板都设有出水孔，压上盖板加压之后，豆腐中多余的水会从出水孔中流出。自动成形设备则是所有工序全部自动化完成。

通过压榨可以使豆腐脑内部分散的蛋白质凝胶更好地接近及黏合，使制品内部组织紧密，同时可排出豆腐脑内部的水分。压榨出的豆腐坯应薄厚均匀、色光正常、软硬合适、富有弹性、无水泡及麻皮现象，水分含量满足产品要求。

（6）分块　是将已压榨成形的豆腐坯平铺于操作台上，用刀具按品种规格要求划成适当大小的豆腐坯。分块时应注意将豆腐坯适当冷却后再划块，这样可以保证分出的豆腐坯外形规则完整。如在较高的温度下，大豆蛋白质凝胶的可塑性很强，形状不稳定。这道工序关系到腐乳产品的规格质量，所以一定要保证划出的坯子不歪不斜，形状规则。

二、 前期发酵

1. 工艺流程

前期发酵工艺流程如图 5-5 所示。

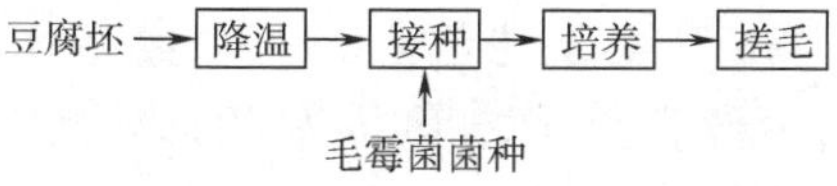

图 5-5　前期发酵工艺流程（接种发酵）

2. 前期发酵操作要点

豆腐乳的前期发酵过程，就是豆腐坯发霉的过程，此过程可通过自然发霉与接种发酵两种方式完成。

（1）自然发霉　利用自然界中所存在的毛霉进行腐乳生产，是我国传统的腐乳生产方法，现在的小作坊或家庭仍在采用这种方法。加工好的豆腐坯摆入蒸笼内蒸熟，适当排除水分，然后将豆腐坯摆入有水稻秸秆的蒸笼内。或者使用几层蒸笼，将豆腐块摆入笼内，侧面立放，每层笼屉约盛 80 块，中间四行，两侧各两行，中间与左右两侧的行距要大一些，以保证通风良好。排匀后，摊晾一夜，然后将笼屉叠起，约 100cm 高。一般笼屉的规格为直径 55cm、高 15cm。

将蒸笼放在 15~18℃的阴凉地方令其生霉。由于气温较低，其他微生物，如细菌、酵母或曲霉等不易生长，而某些毛霉或某些可以在低温生长的根霉会慢慢生长。室内温度在 15~18℃为宜。豆腐坯入霉房，2d 后毛霉开始发育；3~4d 后菌丝生长旺盛；5d 后全面布满菌丝；6d 后菌丝生长如丝绵；7d 后毛霉顶端开始着生淡黄色孢子，是成熟的象征。将笼打开放晾 1d 即可腌坯。

（2）接种发酵

①接种：当白坯温度降至 35℃时，即可进行接种。如为固体菌粉，可筛至码好的豆腐坯上，要求均匀，每面都沾有菌粉。如为液态原菌，可采用喷雾法接种，或将豆腐坯浸沾菌液。方法为将原菌液加入 4 倍冷开水，兑成接菌用菌液，一般盛在搪瓷盆中，豆腐坯沾匀菌液即离开菌液，以防水分浸入坯内使其含水量增加而影响毛霉生长。喷雾法操作简单，坯子吸水机会少，有利于原菌的生长，但不易做到六面都沾原菌，所以要喷涂均匀。

②摆块：接好种的白坯放在笼屉内，行间留间隔，以利通风调节温度。码好

笼后，上下屉垛起，一般将上层用布盖上，以便保温。

③培养：摆好块的豆腐坯必须立即送进发酵室进行培养。发酵室温度控制在20~25℃，最高28℃，温差保持1℃左右，夏季如温度高，可利用通风降温设备进行降温。为了调节各层笼屉中品温均匀一致，发酵过程中可进行倒笼、错笼。一般在室温25℃以下时，24h倒笼一次，36~40h第二次倒笼。这时，菌丝生长旺盛，长度可达6~10mm，如棉絮状，在正常的生长情况下，一般48h后菌丝开始发黄，转入衰老阶段，这时即可倒笼、降温，停止发霉。如温度高达30℃，要提前倒笼，各次倒笼时间都要提前，甚至要增加倒笼次数。发霉时间由室温及发霉程度决定，室温在20℃以下时，发霉需72h；20℃以上时约需48h。发霉过老会发生"臭笼现象"。一般生产青方腐乳时，发霉可嫩些，当菌丝长好成白色棉絮状即可，这时毛霉的蛋白酶活性尚未达到最高峰，蛋白分解力尚低，可保证在后发酵时蛋白分解及发酵作用不致太旺盛；否则，会导致豆腐破碎。

④搓毛：前期培菌阶段生长好的毛坯要及时进行搓毛。即将毛霉或根霉的菌丝用手抹倒，使其包住豆腐坯，成为外衣，同时要把毛霉间粘连的菌丝搓断，分开豆腐坯，这一操作与成品块状外形有密切关系。搓完毛的毛坯整齐地码入特制的腌制盒内进行腌制。要求毛坯六个面都长好菌丝并都包住豆腐坯，保证毛坯不黏不臭。

三、后期发酵

1. 工艺流程

后期发酵工艺流程如图5-6所示。

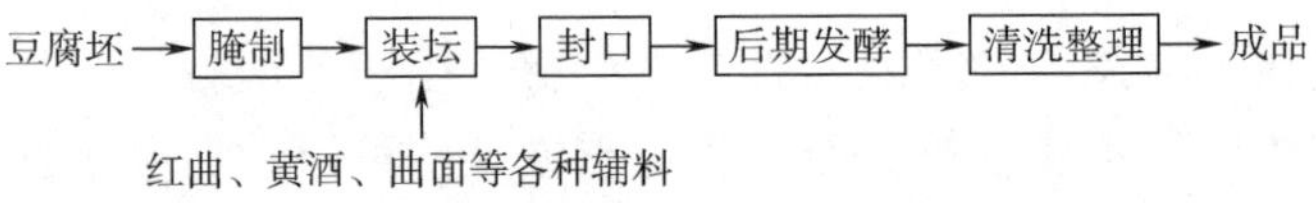

图5-6　后期发酵工艺流程

2. 后期发酵操作要点

（1）腌坯　毛坯经搓毛之后，即进行盐腌，将毛坯变成盐坯，使坯的食盐含量达16%，一般腌5~10d。腌坯的用盐量及腌制时间有一定的标准，食盐用量过多，腌制时间过长，不但成品过咸，而且，后期发酵会延长；食盐用量过少，腌制时间虽然可以缩短，但易引起腐败。

通过腌制可以实现多种作用：①使腐乳有一定的咸味，并容易吸附辅料的香味；②食盐有防腐功能，可以防止发酵中由杂菌引起的腐败变质；③高浓度食盐对蛋白酶有抑制作用，使蛋白酶作用缓慢，不致在未形成香气之前腐乳就糜烂；④渗透盐分，析出水分。腌制后，菌丝与腐乳坯都收缩，坯体发硬，菌丝在坯体外围形成一层被膜，经后发酵之后，菌丝也不松散。腌制后的盐坯水分含量下降，使其在后发酵期间也不致过快地糜烂。

（2）装坛与配料

①装坛：取出盐坯，将盐水沥干，装入坛或瓶内，先在木盆内过数，装坛时先将每块坯子的各面沾上预先配好的汤料，然后立着码入坛内。

②配料：将配好的汤料灌入坛内，用手转动盐坯，使每块坯子的六面都沾上汤料，最好使汤料淹没坯子1.5~2cm，再加入浮头盐，或少许防腐剂，封坛，发酵。不同地区和品种的豆腐乳汤料的配制会有不同。汤料的风味会影响腐乳的特色风味。

（3）后期发酵　后期发酵指前期培菌（发酵）后的毛坯再经过腌制后，在微生物以及各种辅料的作用下进行后期成熟。豆腐乳的后期发酵主要是在贮藏期间进行的。腐乳的后期发酵方法有两种，即天然发酵法和人工保温发酵法。后发酵也是必不可少的工艺，也影响产品的质量，做事要有始有终，切不可虎头蛇尾。

①天然发酵法：此法是利用较高的气温来使腐乳发酵。豆腐乳封坛后即放在通风干燥之处，利用户外的气温进行发酵，但要避免雨淋和暴晒。后发酵时间因腐乳品种和地区会有差别。例如，红方腐乳，北京地区4月份开始发酵的需5个月，5月份开始发酵的产品需4个月；青方腐乳，4月份开始发酵的产品需4个月；5月份开始发酵的产品需3个月。

②人工保温发酵法：人工保温发酵法一般在气温较低的地区或季节使用。尤其在深秋和冬季生产的豆腐坯放入特设的发酵室里，靠保温进行后发酵。例如，室温在35~38℃时，红方经过70~80d成熟；青方40~50d可成熟。

任务四　腐乳常见的质量问题及质量标准

一、质量问题及影响因素

1. 蛋白质原料因素

腐乳生产所使用的原料目前大约有两大类，即大豆和脱脂大豆。大豆的种类很多：有黄豆、青豆、黑豆等，但以黄豆为主。青豆和黑豆的数量很少，是在个别地区使用。黄豆的质量对腐乳的质量影响不大，不论是什么品种或产地，只要不是陈年豆或冻豆都可正常使用。我国产的黄豆从南到北都有生产，只不过南方生产的黄豆含碳水化合物稍高，蛋白质及脂肪稍低。使用不同品种或不同产地的黄豆为原料，只有数量上的差异而无质量上的差异。至于陈年豆，由于贮藏过程中呼吸氧化等因素，大豆蛋白质的水溶性蛋白质有所下降，脂肪也被氧化，对腐乳的质量影响不大，因为在制豆腐坯时，一些不良气味的物质大部分挥发或随黄浆水流失。制造豆腐坯时稍为粗糙，只是数量上稍有影响。大豆的其他种类如青豆较黑豆好，这些原料的色泽对豆腐坯的色泽稍有影响。

腐乳蛋白质原料的另一大类就是脱脂大豆，主要是冷榨豆饼和低温浸出豆粕。这些原料无论是压榨或浸出脂肪，在提取脂肪过程中，大豆蛋白质由于受理化因素的影响，往往容易产生变性，如果压榨时温度过高，则大部分成为不溶于水的蛋白质，会降低豆腐的产量和质量。但对腐乳成品质量来说，只要工艺方法得当，也同样能产生出好的产品。

2. 辅助原料因素

腐乳的辅助原料因腐乳品种的不同而异。总体来说辅助原料是很多的。主要有黄酒、白酒、白（红）米醪、红曲、面曲等。至于花色腐乳所用的辅料则不加论述。

（1）黄酒　是用江米（糯米）酿造而成的一种原酒。在腐乳的生产中配制汤料时使用。要求黄酒的质量有两个指标：一是酒精度，二是酸度。酒精度要在15%~20%vol（体积分数），总酸不能高于0.5%。酒精在腐乳生产中起到增香和控制发酵的作用。汤料酒精度若低于13%，发酵作用可以加快，但容易感染杂菌生白，甚至会出现酸败。酒精度若高于20%则会抑制发酵作用，腐乳质量生硬。至于酸度则要求绝对不高于0.5%，若高于0.5%则汤料的pH就会降低，使中性蛋白酶的活力降低，抑制了蛋白质的水解，造成腐乳质量生硬或细腻程度较差。尤其应注意的是尽量避免使用酸败的低度黄酒，有的单位只注意用白酒来补足酒精度，而对酒的浓度却忽略了，这样会影响腐乳的质量。

（2）白酒　就是市售的蒸馏酒。含酒精度在55%~60%vol，白酒也可以用在配制汤料。有的厂家没有条件生产或购买不到黄酒时，用白酒调整到15%~20%vol的酒精度来配制汤料。这种方法对腐乳的增香及发酵都起到一定的好作用。但白酒在腐乳的增香上比黄酒差，因为白酒是蒸馏酒，所含成分中有些低沸点的挥发性物质，在腐乳香气上不能形成柔和的香味，但这种辅料对发酵不会有影响，只要酒精度适量即可。使用白酒为辅料成功的例子是桂林腐乳。他们采用三花酒的酒尾为汤料，使腐乳的香气柔和。

（3）红米醪　红米醪和白米醪实际上是一样的东西，其区别是红米醪用红曲作糖化剂，白米醪是用酒药作糖化剂。其质量要求与黄酒相同。酒精度要求在15%vol以上，酸度在0.5%以下。因为米醪与黄酒一起来配制汤料，其作用是使汤料的浓度提高，和充分利用制酒原料的成分。红米醪经过研磨之后稠度很大，有利于色素附着于腐乳醪的表面。如果汤料浓度不够，色素的附着力就差。但酸度高就使汤料发稀，既影响色素的附着也影响发酵的进行。白米醪在原理与使用上与红米醪不尽相同，白米醪一般不研磨，把发酵成熟的米醪直接配入汤料，使汤料中自带有一定量的米粒状残渣，作为糟方腐乳的汤料。另外有些白米醪在酒化程度稍低而糖度较高时即用以配汤料，这种东西相当于酿酒，用作醉方的汤料，腐乳的甜度较好。

（4）红曲　是利用红曲霉繁殖在蒸熟的米饭原料上而制成的团体曲。红曲霉在培养基上生长时分泌出红色素和黄色素，把培养基染成紫红色。红色素为红曲霉红素（分子式为 $C_{22}H_{24}O_5$）。黄色素称为红曲霉黄素（分子式为 $C_{17}H_{22}O_4$）。这些色素微溶于水，溶于酒精、醋酸等。红曲霉红素在高浓度酒精中、紫外线与日光中、高温中不受破坏，在稀释的溶液中呈鲜艳红色，浓厚时呈红褐色。红色素经日光照射，能逐渐褪色而变成黄色，遇氧、氯及其他还原剂，也能使红色溶液变成黄色溶液。制造红腐乳就是利用红曲的红色素在后期发酵时把豆腐坯表面染成紫红色。因此，可见红曲质量的好坏决定了红腐乳的表面颜色的质量。因此红曲的质量要以红色素的多少为主要指标。

（5）面曲　又名面糕曲，是米曲霉在蒸熟的面团上繁殖而成，可视为面酱的半成品。腐乳酿造使用的面曲为后期发酵提供酶源，增加腐乳的含糖量。因此要重视面曲的质量。腐乳发酵主要是蛋白质的水解过程，但毛霉菌所产生的蛋白酶活力很低（200~300 单位），不足以为蛋白质水解提供酶源，因此面曲可补充部分蛋白酶。因为米曲霉含蛋白酶较高，而且在面曲中只利用其淀粉酶，这样就对豆腐坯中的蛋白质水解十分有利。有的厂家不加面曲而先制成面酱再配汤，这样使蛋白酶在制酱时就损失了，对腐乳后发酵极为不利。面曲在水解后得到麦芽糖和葡萄糖，对腐乳的风味有很大影响，面曲少则口感寡淡，面曲太多则酱味太浓。

3. 凝固剂因素

腐乳生产前期制造豆腐坯的过程中，将大豆蛋白质从豆浆中凝固成凝胶，一般都要使用凝固剂。做豆腐的凝固剂种类很多，但生产腐乳白坯的主要是盐卤。因为豆腐白坯要求含水量较低的缘故。盐卤的主要成分为 $MgCl_2$，含量约为 29%，其次是 NaCl、$MgSO_4$、KCl 等物质，呈块状或片状。因 $MgCl_2$ 等盐类具有苦味，对腐乳的风味有一定影响，尽管在制豆腐坯时已排除了很大部分，但豆腐坯中仍含有少量的盐卤，必须去除以减少对腐乳的影响。一般是通过腌制工序使食盐渗透进豆腐坯内把水和盐卤置换出来。即便如此也不可能绝对去除，所以要使用比较纯净的盐卤为好。目前各地已开始使用片状的盐卤，对腐乳的质量影响就比较小。

4. 消泡剂因素

消泡剂是制豆腐白坯时磨浆等工序用以消除泡沫的物质。一般采用植物油或植物油的酸化油，一些地区因植物油不足而使用油脚等来消泡。能够消泡的一些消泡剂种类很多，但因为食品卫生或本身的气味等问题要有选择地使用。目前大多以酸化油为主，其使用量一般为原料的 0.3%左右，因此对腐乳白坯的影响不大，但用量过多豆腐坯颜色会发黄，味道发涩。尤其注意用油脚的问题，因为油脚是榨油后的沉淀物，各种杂质非常多，对产品卫生有很大的影响，因此要选用纯净的消泡剂。

5. 微生物

腐乳生产所用的微生物主要是毛霉、根霉、米曲霉、红曲霉和细菌等，这些微生物本身并无不可接受的不良气味，现将生产腐乳用微生物的特性和用途介绍如下：

（1）毛霉和根霉　这两种菌是前发酵菌，主要起保护腐乳块形的作用，因此，挑选菌种要具有如下四个特性。

①菌丝的颜色为白色。

②菌丝的组织稠密。

③能于低温下在豆腐的表面生长。

④蛋白酶的活力较弱。

毛霉和根霉都具有以上特性，是制腐乳的优良菌种。

（2）米曲霉　这种霉主要利用其分泌的蛋白酶和淀粉酶，以及各种酶类。这些酶类是以面曲的形式进入腐乳的后发酵过程的。首先起作用的是淀粉酶，先把面曲的淀粉水解，随之蛋白酶通过汤料的渗透和交换而进入腐乳坯内，然后由里到外进行蛋白质的水解。由于米曲霉所分泌的蛋白酶以内肽酶居多，因而对腐乳的细腻程度起到良好的促进作用。米曲霉的淀粉酶以 α-淀粉酶为主，β-淀粉酶较少，甜味形成比较慢。如果是红腐乳则可借助红曲霉的糖化型淀粉酶的作用，促进淀粉向糖的转化。

（3）红曲霉　红曲霉在腐乳的制造中，主要作为红色素来使用，红曲霉所分泌的色素有红曲霉红素和红曲霉黄素。如红曲的质量出问题，往往是红色素的变更或红、黄色素的比例改变，这些都直接影响腐乳的色泽。其次红曲本身有一种特殊的香味，这种香味只有在制红米醪时或腐乳发酵完成之后才产生。如果腐乳汤料的配方除去红曲之外完全相同，有红曲与无红曲的成品腐乳的风味就完全不同，所以红腐乳具有自己独特的香味，是与红曲有关的。

（4）细菌　细菌在腐乳的制作过程中，不是以纯菌的形式进入工艺过程，而是从自然的空气或容器中感染上去的。主要有 G^+ 芽孢菌、大肠菌群、枯草芽孢杆菌等。以青腐乳为例，G^+ 芽孢菌在整个生产过程中始终存在着，大肠菌群同样如此，只是在后发酵完成之后才完全消失。枯草芽孢杆菌则在后发酵的开始阶段被检出，随后又消失。从以上情况说明，G^+ 芽孢菌虽然始终存在，但究竟是否发挥作用有待于进一步去研究。大肠菌群虽在发酵的中间环节都有检出，但在成品阶段却消失。因此，关于大肠菌长期存在的腐乳发酵关系，有待进一步弄清。至于枯草芽孢杆菌虽然检出阶段不多，只在后发酵 14d 时被检出，但它在腐乳发酵过程中的作用不能轻视。从经验来看，青腐乳后发酵装坛时，一定要放入一片荷叶，这样做发酵效果好，否则发酵速度慢而且质量和风味都较差。这是因为荷叶上有大量的枯草芽孢杆菌存在。从实践来看，在腐乳的汤料中添加 1.398 枯草芽孢杆菌所产生的蛋白酶，能缩短腐乳后发酵阶段，质量也有所提高。这就说明腐乳在后发酵阶段细菌型蛋白酶起着决定性的作用，而且对发酵和产品质量有很大影响。

6. 主要工艺条件因素

腐乳的工艺条件控制是否得当，对腐乳的质量和风味都有很大影响。腐乳生产工艺过程主要分为制坯、前期培菌、腌制、后发酵等工序。每一个工序的工艺条件都有其特定的要求，只有严格按照条件去操作，才能获得优质的产品。腐乳的生产过程主要是生物化学的变化过程和物理变化过程。生化过程是依靠微生物及其产生的酶类来完成。而微生物的培养条件又是较难控制的，因为随着原料、辅料、设备、气候、操作人员的责任心等条件的变化而变化，所以生产过程中要严格按照工艺要求去操作。

（1）制坯　对于豆腐白坯的质量要求，各地的看法不一，要求也不尽相同。有的要求白坯的质量为洁白细嫩、有弹性、有韧性，能对折而不断裂等；有的则要求白坯达到要发酵的水分含量即可，至于白坯的含渣量或物理性状不大注重。从理论上讲，制白坯是把大豆的蛋白质提取出来，形成蛋白质含量比较高的坯子，经发酵制成腐乳。为了提高豆腐白坯的质量，首先要研究去渣的问题。大豆中的纤维等不溶物，在磨浆时被破碎成小片状，如果分离不净就被转移入白坯中，尽管含量较少，但因为后发酵时酶系中纤维酶含量很少，这些纤维素没有被水解，必然影响腐乳的细腻程度。即便破碎到较小，也会影响质量。目前还没有可以食用的纤维素酶制剂，因此依靠后发酵去除纤维素还不是可行的。其次研究白坯的物理性状。如果去渣很干净，并不一定能做出物理性状很好的白坯，性状好的白坯在工艺上是要“点嫩榨实”，这样白坯才有弹性和韧性，否则硬度就很大而且易碎。实际上性状好的白坯其组织中蛋白质的网状结构均匀密实，而且蛋白质的网架比较稳定。保持水分进出的孔道通畅，有利于发酵过程中汤料及酶的渗透。所以白坯制造的工艺条件总是去渣及点嫩榨实。另外在制造白坯时的卫生条件也非常重要。车间停产之后，由于洗涮不彻底，各种容器及管道内都会生长大量的细菌，最多的是 G^+ 芽孢菌，如生产前不能洗涮灭菌就会污染白坯。进入前期培菌室之后就会很快生长繁殖，使豆腐白坯发黏而培菌失败，这就是所谓的臭笼。因此制坯的工艺条件控制非常值得注意。

（2）前期培菌　这是培养微生物的工序。目的是使毛霉的菌丝将豆腐坯包裹起来，培养好毛霉就达到要求，就能保证腐乳成品的规格和体态。这一工序的工艺条件主要是掌握好温度和湿度。白坯制成后要晾透，才能接种，如果只是表面吹凉而内部尚温热就接菌，会使菌种受热而生长迟缓，造成细菌的污染繁殖。摆笼之后要调节好室温和湿度。培菌过程要及时倒笼及晾笼，以便调节温度和使每一笼豆腐都生长好毛霉。温度过高会臭笼，过低也会生长缓慢而干坯。总之应掌握好两个条件才能保证产品的质量。

（3）腌制　这一工序是加盐以控制腐乳的发酵程度，但实际上腐乳的发酵过程从这一阶段就开始了。因为前期培菌完成后，不论毛霉或感染的细菌，都已分泌出一些酶，尽管不多但确实是在起作用，因此这一工序的工艺条件如何掌握好，对腐乳的质量至关重要。

有些腐乳没有腌制过程，是把盐和辅料连同毛坯一起装坯直接进入后发酵阶段。这种腐乳的制造方法可统称为霉香型腐乳法。这种方法的工艺条件只要掌握好加盐量和酒精量，就能基本成功。这种方法的工艺特点是腐乳坯在发酵前期阶段，由于食盐的渗透逐渐深入，因此腐乳坯内基本处在无盐或低盐的状态，这就使酶的活动比较活跃，蛋白质的水解速度比较快，而且水解的程度也比较深入，有一少部分蛋白质被脱氢和脱硫，等到食盐和酒精的渗透继续深入，整个发酵处在可控阶段，蛋白质又正常地被水解。因此这种腐乳的细腻程度比较好，并有霉香腐乳特有的风味，而且腐乳的质地也比较细软。

除了上述工艺条件之外，一般的腐乳腌制工艺条件是先把毛坯收入容器中，一层毛坯一层盐，码放整齐之后经过 7d 左右的时间，食盐逐步渗透入毛坯之内，最后食盐含量达到要求再取出，经过控汤后装坛发酵。这种工艺条件也同样使食盐逐步渗透，在 7d 的过程中腐乳毛坯的食盐含量状态是由无盐至低盐最后达到高盐。这一过程酶的活动程度也由活跃转变为被控制。待腌制完成之后，已经有一部分蛋白质被酶水解，形成可溶性的小分子蛋白质。这种方法的工艺条件主要是掌握食盐的最高含量，为腐乳坯进入后发酵时准备好发酵控制的条件。如果食盐量过低，后期发酵就很难控制，甚至在腌制过程中就变臭。食盐含量过高，后发酵就缓慢进行，使腐乳的质量受到影响。

（4）后期发酵　这一工序是把盐坯和汤料一起装入容器中，密封后经自然发酵或人工保温发酵而成为腐乳成品。这一工序的工艺条件要掌握好汤料中酒精度及发酵时的温度。酒精度是由黄酒或白酒提供，其浓度的高低对腐乳的质量有较大的影响，因为酒精度的高低对酶的活力有较大影响。太高则酶活力受到抑制，发酵进程缓慢，太低则易染菌或酸败，所以要掌握到适当的程度。既能保证不酸败又不至于因酒精度的升高而增加成本，一般汤料的酒精度在 13%~15%vol 即可。发酵的品温控制是很重要的。一般室温掌握在 36℃ 左右为宜，太高则使产品产生焦煳味，太低则发酵缓慢，所以人工保温的方法所生产的腐乳是水解型的。与自然发酵的风味有所区别。天然发酵由于日晒夜露，其发酵温度随自然气温的升降而波动，香气合成较好，质地上较细腻。但天然发酵也要注意不能暴晒，特别是在夏天，由于日光的照射也会使品温升高太多，最后的产品风味差。所以要适当遮蔽，不使日光直接照射发酵容器。

二、质量标准（SB/T 10170—2007《腐乳》）

1. 感官要求

感官要求应符合表 5-4 的规定。

表 5-4 腐乳感官要求

项目	要求			
	红腐乳	白腐乳	青腐乳	酱腐乳
色泽	表面呈鲜红色或枣红色，断面呈黄色或酱红色	呈乳黄色或黄褐色，表里色泽基本一致	呈豆青色，表里色泽基本一致	呈酱褐色或棕褐色，表里色泽基本一致
滋味、气味	滋味鲜美，咸淡适口，具有红腐乳特有气味，无异味	滋味鲜美，咸淡适口，具有白腐乳特有香味，无异味	滋味鲜美，咸淡适口，具有青腐乳特有气味，无异味	滋味鲜美，咸淡适口，具有酱腐乳特有香味，无异味
组织形态	块形整齐，质地细腻			
杂质	无外来可见杂质			

2. 理化指标

理化指标应符合表 5-5 的要求。

表 5-5 腐乳理化指标

项目	要求			
	红腐乳	白腐乳	青腐乳	酱腐乳
水分/% ≤	72.0	75.0	75.0	67.0
氨基酸态氮（以氮计）/（g/100g）≥	0.42	0.35	0.60	0.50
水溶性蛋白质/（g/100g）≥	3.20	3.20	4.50	5.00
总酸（以乳酸计）/（g/100g）≤	2.50	1.30	1.30	2.50
食盐（以氯化钠计）/（g/100g）≥	6.5			

3. 卫生指标

卫生指标应符合表 5-6 的要求。

表 5-6 卫生指标

项目	要求			
	红腐乳	白腐乳	青腐乳	酱腐乳
总砷（以 As 计）/（mg/kg）≤	0.5			
铅（以 Pb 计）/（mg/kg）≤	1.0			
黄曲霉毒素 B_1/（μg/kg）≤	5			
大肠菌群/（MPN/100g）≤	30			
致病菌（沙门菌、志贺菌、金黄色葡萄球菌）	不得检出			
食品添加剂	质量应符合相应的标准和有关规定 品种和使用量应符合 GB 2760—2014 的规定			

习题

一、填空题

1. 现代科学研究表明，________微生物参与了普通豆腐转变成腐乳的发酵，其中起主要作用的是__________。这些微生物产生的______________能将豆腐中的蛋白质分解成小分子的肽和氨基酸，______________可将脂肪水解为甘油和脂肪酸。

2. 腐乳外部致密的“皮”是前期发酵时在豆腐表面上________________，它能形成腐乳的____________，使腐乳成形。“皮”对人体____________。

二、选择题

1. 在腐乳制作过程中，起主要作用的是（　　）。

A. 酵母菌　　B. 青霉　　C. 毛霉　　D. 大肠杆菌

2. 下列不属于制作腐乳时盐的作用的是（　　）。

A. 抑制杂菌的生长　　B. 有利于细菌的繁殖

C. 析出豆腐中多余的水分　　D. 有利于腐乳的保存

3. 吃腐乳时，外层有一层致密的皮，这层“皮”是（　　）。

A. 毛霉匍匐菌丝　　B. 毛霉白色菌丝上的孢子囊

C. 毛霉分泌物　　D. 豆腐块表面失水后变硬

4. 腐乳味道鲜美，易于消化、吸收，是因为其内含有（　　）。

A. 无机盐、水、维生素　　B. NaCl、水、蛋白质

C. 多肽、氨基酸、甘油和脂肪酸　　D. 蛋白质、脂肪、NaCl、水

5. 下列关于腐乳制作过程中的操作，不正确的是（　　）。

A. 先将豆腐切成块，放在消毒的笼屉中，保持温度在15~18℃，并且有一定湿度

B. 将长满毛霉的豆腐块放在瓶中，并逐层加盐，接近瓶口表面的盐要铺厚一些

C. 配制卤汤时加的香辛料越多，将来腐乳的口味越好

D. 加入卤汤后要用胶条将瓶口密封，并将瓶口通过酒精灯火焰

6. 下列生物中与毛霉结构最相似的是（　　）。

A. 细菌　　B. 蓝藻　　C. 青霉　　D. 放线菌

7. 制作腐乳的过程中，毛霉生长的温度控制及生长旺盛的时间是（　　）。

A. 12~15℃，3d　　B. 25~40℃，5d

C. 40℃以上，48h　　D. 15~18℃，3d

8. 下列有关卤汤的描述，错误的是（　　）。

A. 卤汤是决定腐乳类型的关键因素

B. 卤汤是由酒和各种香辛料配制而成的

C. 卤汤有加强腐乳营养的作用

D. 卤汤也有防腐杀菌作用

9. 下列是有关腐乳制作的叙述，不正确的是（　　）。

A. 腐乳的制作起主要作用的微生物是青霉、曲霉和毛霉

B. 含水量为70%左右的豆腐适于作腐乳，含水量过高，腐乳不易成形

C. 豆腐上生长的白毛是毛霉的白色直立菌丝，豆腐中还有其匍匐菌丝

D. 腐乳的营养丰富，是因为大分子物质经发酵作用分解成小而易于消化吸收的物质

10. 在腐乳的制作过程中，不需要严格杀菌的步骤是（　　）。

①让豆腐长出毛霉　②加盐腌制　③加卤汤装瓶　④密封腌制

A. ①②　B. ②③　C. ③④　D. ①④

项目六 酸乳生产技术

【知识目标】

1. 掌握原料乳的质量控制及处理方法。
2. 掌握酸乳发酵剂的制备方法。
3. 掌握凝固型和搅拌型酸乳的加工技术及质量控制措施。
4. 掌握酸乳常见质量问题及质量标准。

【技能目标】

1. 掌握原料乳和成品酸乳的质量检测方法。
2. 掌握酸乳发酵菌种培养基的制备、活化和扩培、菌种活力的控制。
3. 掌握凝固型、搅拌型酸乳的配料、杀菌、均质、接种、发酵、冷却、灌装、贮藏及运输等过程的操作要点。

【素质目标】

1. 了解我国酸乳工业的发展历史、现状和趋势，培养学生爱岗敬业的“社会主义核心价值观”。
2. 提高学生对酸乳类发酵食品的认知水平，促进肠道健康知识的普及，推动全民健康事业的发展。
3. 培养发酵食品从业人员严谨的科学态度，严格遵守《中华人民共和国食品安全法》及各项食品安全标准，从生产和检测环节保证人民群众的食品安全。

酸乳是深受大众喜爱的消费食品之一，具有酸甜可口、香气怡人的独特风味。酸乳中含有大量的益生菌，可有效地抑制有害杂菌在肠道内的生长繁殖，还具有丰富的营养。随着经济的发展和人们生活水平的提高，人们对酸乳的营养和功能特性也提出了越来越高的要求。联合国粮油组织（FAO）、世界卫生组织（WHO）与国际乳品联合会（IDF）对酸乳做出如下定义：酸乳（俗称酸奶）是指添加（或不添加）乳粉（或脱脂乳粉）的乳中（杀菌乳或浓缩乳），由于保加利亚乳杆菌和嗜热链球菌的作用使其进行了乳酸发酵而制成的凝乳状产品，成品中必须含有大量的、相应的活性微生物。

一、 酸乳的分类

1. 酸乳按照成品的组织状态分类

（1）凝固型酸乳的发酵过程是在包装容器中进行，使成品因发酵而保留其凝乳状态。

（2）搅拌型酸乳先发酵后灌装而得成品。发酵后的凝乳已在灌装过程中搅拌而成黏稠状组织状态。此外，国外的饮用酸乳其基本组成与搅拌型一样，但状态更稀，可直接饮用。

2. 酸乳按照成品的口味分类

（1）天然纯酸乳仅由原料乳加菌种发酵而成，不含任何辅料和添加剂。

（2）加糖酸乳由原料乳和糖加入菌种发酵制成。

（3）调味酸乳在天然酸乳或加糖酸乳中加入香料制成。

（4）果料酸乳成品是由天然酸乳与糖、果料混合制成的。

（5）复合型或营养健康型酸乳是在酸乳中强化不同的或在酸乳中混入不同的辅料（如谷物、干果等）而成。

3. 酸乳按照原料中脂肪含量分类

根据 FAO/WHO 规定，脂肪含量全脂酸乳为 3.0%，部分脱脂酸乳为 0.5%~3.0%，脱脂酸乳为 0.5%，乳酸非脂固体含量为 8.2%。

我国将酸乳分为：全脂酸乳、部分脱脂酸乳和脱脂酸乳，不同酸乳中的脂肪、蛋白质和非脂乳固体含量如表 6-1 所示。

表 6-1 不同酸乳中的脂肪、蛋白质和非脂乳固体含量

项目		纯酸乳/g	调味酸乳/g	果料酸乳/g
脂肪含量	全脂≥	3.1	2.5	2.5
	部分脱脂	1.0~2.0	0.8~1.6	0.8~1.6
	脱脂≤	0.5	0.4	0.4
蛋白质含量	全脂、部分脱脂及脱脂≥	2.9	2.3	2.3
非脂乳固体含量	全脂、部分脱脂及脱脂≥	8.1	6.5	6.5

4. 酸乳按照发酵后的加工工艺分类

（1）浓缩酸乳是将正常酸乳中的部分乳清除去而得到的浓缩产品。

（2）冷冻酸乳是在酸乳中加入果料、增稠剂或乳化剂，然后将其进行凝炼处理而得到的产品。

（3）充气酸乳是发酵后，在酸乳中加入部分稳定剂和起泡剂（通常是碳酸盐），经均质处理而成的。该类产品通常是以充 CO_2 的酸乳饮料形式存在的。

（4）酸乳粉通常是使用冷冻干燥法或喷雾干燥法将酸乳中约 95% 的水分除去制成的。在制造酸乳粉时，在酸乳中加入淀粉或其他水解胶体后再进行干燥处

理，即为即食酸乳。

5. 酸乳按照菌种种类分类

（1）酸乳一般是指仅用保加利亚乳杆菌和嗜热链球菌发酵而得的产品。

（2）含有双歧杆菌的酸乳，如法国的“Bio”、日本的“Mil-Mil”。

（3）含有嗜酸乳杆菌的酸乳。

（4）含有干酪乳杆菌的酸乳。

二、酸乳的营养价值

（一）与原料乳有关的营养价值

1. 较好生理价值的蛋白质

在发酵过程中，乳酸菌产生蛋白质水解酶，将原料中部分蛋白质水解，使酸乳与一般乳相比含有更多的肽和比例更为合理的人体必需氨基酸，使酸乳中的蛋白质更容易被机体所利用，具有更高的生物利用率。发酵过程中，原料乳在酸化时使蛋白凝结，从而使酸乳的蛋白质比原乳中的蛋白质在肠道中释放速度更慢、更稳定，使蛋白质水解酶在肠道中能充分发挥作用。

2. 更多易于吸收的钙质

酸乳固体含量一般大于原乳，经发酵后，原乳中的钙被转化为水溶形式，更易被人体吸收利用。酸乳中含钙量一般为 140~165mg/100g。

3. 维生素

酸乳中维生素含量主要取决于原料乳，其发酵所用菌种也会影响维生素的含量。酸乳中主要含 B 族维生素，如维生素 B_1、维生素 B_2、维生素 B_6等，还含有少量的脂溶性维生素。

（二）酸乳特有的营养价值

1. 减轻“乳糖不耐受症”

人体内乳糖酶活力在刚出生时最强，断乳后开始下降，成年时人体内乳糖酶活力只有刚出生时的 10%。部分人群因体内缺乏乳糖酶以致无法消化乳糖，因此喝牛乳时就会出现腹胀、腹痛、肠道痉挛，甚至呕吐或腹泻的症状。牛乳经发酵制成酸乳后，近 1/3 的乳糖被水解生成半乳糖和葡萄糖，后者又被转化为乳酸，因此降低了牛乳中的乳糖含量。1984 年国际乳品联合会的研究结果表明，酸乳中的活菌直接或间接地具有乳糖酶活性，因此摄入酸乳可以减轻喝牛乳时出现的乳糖不耐受症，如表 6-2 所示。

2. 调节人体肠道中的微生物菌群平衡

酸乳中的乳酸菌可活着到达大肠，虽无法在肠道中长期存活，但摄入酸乳后的几个小时内，乳酸菌的作用是不容怀疑的，其经过消化道时会发挥抗菌作用。事实上，酸乳中的菌株能产生许多抗菌物质，从而抑制多种致病菌在人体内的增殖；同时酸乳中的乳酸菌能在肠道中营造一种不利于致病菌增殖的环境，协调人体肠道中微生物菌群的平衡。

表 6-2 酸乳减轻乳糖不耐受症的情况

症状	酸乳		乳	
	+①	-②	+	-
腹泻、胀气、腹痛	0	9	5	4
腹泻、排气	2	8	8	2
腹泻、腹绞痛	0	9	8	1

注：①+：有某种症状的人；②-：没有某种症状的人。

3. 降低胆固醇水平

乳中抗胆固醇因子是乳清酸、乳糖和钙，而酸乳中的抗胆固醇因子又增加了羟甲基戊二酸。

4. 预防白内障

研究表明，乳酸能预防白内障的形成。与牛乳相比，人体对酸乳中游离半乳糖的吸收慢，但代谢更有效。酸乳中游离的半乳糖能激活空肠或肝中的半乳糖激酶。这种由酸乳引起的对半乳糖代谢的敏化作用可能是减少白内障形成的一个因素。

（三）有待进一步验证的其他特性

1. 有助于生长

曾有报道说动物摄入酸乳比摄入其他乳品长得快，但也有研究表明两者并无差别，尤其是对幼畜无影响。横向研究表明幼年时代进食乳制品对儿童骨骼发育起着决定性作用，但酸乳的特殊性并未被证实。

2. 益生作用

在牧场，将乳酸菌溶入动物饲料配方中，观察其影响的研究已经进行多年，这些研究表明乳酸菌有益生作用，即可改善动物的驯养机能，如有助于生长、减少腹泻等。乳酸菌的益生作用与所用菌株、摄入菌量和摄入周期有关。

3. 与长寿的关系

诺贝尔奖获得者梅契尼柯夫最早将酸乳与人类长寿联系在一起，而后又有几项有关这方面的研究。但具体实验和流行病学方面的数据很少。有一项研究表明发酵乳可以延长老鼠的寿命。近年来的研究结果使人们认为酸乳对人体肠道的协调作用可能是有助于人类预防某些疾病，从而达到延长人寿命的效果，但这一切还有待于进一步验证。

任务一 酸乳生产原料及处理

在酸乳的发酵生产中，原料乳位于产业链上游，其质量直接关乎最终乳制品的风味、感官品质、理化指标、卫生、营养与安全等。只有好的原料乳，才能生产出好的乳制品，后期的加工并不能从根本上改良乳制品的基本质量。

原料乳的质量包括感官指标、理化指标、微生物质量和有害物质残留量及污染物量4个方面。理化指标也就是乳成分指标，包括水分、乳蛋白质、乳脂肪、乳糖、矿物质、磷脂、维生素、酶类、免疫体、色素及其他一些微量成分；而原料乳的卫生质量包括体细胞数、细菌总数、抗生素残留等。

原奶中微生物的检测——前增菌

一、原料乳的质量控制

1. 奶牛场环境卫生控制

奶牛饲养环境直接影响原料乳卫生质量，若奶牛运动场、挤奶车间地面长期潮湿，圈舍通风不好，特别是粪便清理不及时、不充分时，牛体和牛舍卫生就很难保持清洁，还会导致奶牛出现乳房炎、肢蹄病、不孕症、难产等情况增加，引起原料乳中细菌数和体细胞数升高，从而影响原料乳的卫生指标。为改善奶牛饲养环境，良种场一般采取以下措施。

（1）牛场要保持清洁，定期进行消毒。场区消毒范围包括场区内各条道路、道路两侧及运动场，使用3%火碱消毒；圈舍（夹杠、槽道、地面、墙壁）及牛体消毒的消毒药主要是浓度为0.2%的过氧乙酸（牛舍内及墙壁）和1∶800消毒溶液。

（2）牛舍建筑应坚固耐用，宽敞明亮，通风良好，具备良好的排粪排水系统。在牛舍外设运动场，并和牛舍相通，每头牛占用面积20m^2左右。运动场地要平坦，有一定的坡度，四周建排水沟。场内要有凉荫棚、饮水槽、矿物质补饲槽和干草补饲槽。

（3）运动场有专人清除粪便，排除污泥积水，实行人工和机械化共同操作。冬季运动场内垫碎棒秸，夏季垫沙土，并要定期清理，及时更换。牛舍内每班都要清除粪便等污物，要保持通风良好。

2. 饲养管理控制

良好的奶牛饲养管理是保证奶牛健康和奶牛生产优质原料乳的基础。奶牛发病后尤其是患乳房炎后，原料乳中的药物残留、病原体、体细胞数会增加，使奶牛所产原料乳质量下降，并使与之混合的其他原料乳卫生指标也受影响。针对以上问题，应采取如下措施对奶牛进行饲养管理。

（1）各饲养阶段的奶牛应分群管理，饲喂、挤奶时间不轻易变动。

（2）每班饲喂后都要清槽。

（3）严格执行防疫、检疫和其他兽医卫生制度，定期进行消毒，建立系统的奶牛病历档案。春秋各进行一次检蹄、修蹄。

（4）坚持每天刷拭牛体，以保持牛体清洁和奶牛舒适，但刷拭牛体后不要立即挤奶。

（5）给奶牛创造健康的生长环境，减少细菌、病毒的感染机会，废弃的头把奶要挤入桶中，最后进行生态无害化处理。

（6）每月以奶牛隐性乳房炎快速诊断技术（BMT）检测乳房炎一次，乳房炎的高发季节（7、8、9月）每半个月测一次。对乳房炎和BMT检测“++”以上的牛，如乳房炎症表现不明显，乳汁无明显感官改变，可用无抗生素药物治疗，并在舍内护理。对乳房炎症明显，乳汁发生改变的乳房炎患牛，应尽早转入病牛舍，应用敏感抗生素治疗，必要时采用全身疗法。

（7）对每月奶牛生产性能测定体系（DHI）报告中列出的体细胞数在70万个/mL以上的奶牛，应做临床检查和BMT检测，以保持牛群处于良好健康状态。

（8）疾病治疗期间及停药7d内应注意将原料乳单独处理，并注意对病牛隔离和消毒，以保证牛奶的安全。

（9）正确注射疫苗使奶牛机体产生特异性抗体，并保持在较高水平，可有效地保护奶牛免受相应病原体侵染。抓好消毒工作，防止病原体的传入和繁殖。

（10）提供良好的饲养环境，供给全混合日粮和清洁饮水，确保奶牛机体非特异性抵抗力始终处于正常状态。

3. 制定挤奶操作规范

（1）挤奶前应保持现场及牛体的清洁卫生　用高温消毒后的毛巾擦洗乳头，并做到一头牛使用一条毛巾的原则，以防交叉污染。挤奶时应将前三把的奶废弃，集中处理，不得乱扔。若发现奶有异常，必须与正常乳分开，另做处理。挤乳完毕后乳头可用0.5%~5%的碘仿浸泡消毒。

（2）加强挤奶设备的清洗与消毒

a. 水冲洗：挤奶结束后，应及时冲洗挤奶设备，水温可控制在40℃左右，冲洗至排出的水无白色为止。

b. 碱冲洗：用质量分数为0.8%~1.2%的氢氧化钠（NaOH）溶液，温度控制在75~80℃，循环冲洗挤奶设备10~15min，然后用清水反复冲洗，水呈中性为止（用61试纸检测）。

c. 酸冲洗：每周至少1次用质量分数为0.8%~1.0%的硝酸溶液冲洗，温度控制在65~70℃，循环冲洗挤奶设备10min，然后用清水清洗直至中性为止。

d. 消毒：每次挤奶前，用90~95℃热水循环消毒挤奶设备10~15min。

二、 原料乳的处理

原奶中微生物的检测——形态鉴定

1. 牛乳的净化

利用特别设计的离心机除去牛乳中的白细胞和其他肉眼可见的异物。

2. 配料

（1）奶粉的添加　加入1%~3%的奶粉，调节非脂干物质。

（2）蔗糖的添加　加入4%~8%的蔗糖，调节酸奶的口感。

（3）均质　将调制奶加热到60℃，于均质机中，8~10MPa压力下均质。

（4）灭菌　采用高温巴氏杀菌法，90~95℃保持5min杀菌。

3. 原料乳中微生物的污染来源

（1）乳头表面的微生物对原料乳的污染　奶牛乳头表面很容易被粪便、土壤、青贮饲料、粗饲料、草垫等弄脏，使乳头表面附着大量的细菌和芽孢，若挤奶前没有清理掉乳头表面的污染物或未彻底清洗干净，污染物上附着的细菌及芽孢就会随挤出的牛奶进入挤奶机或奶桶中，最终到达贮奶罐。牛奶中的芽孢主要就是通过这个渠道进入的。受污染的乳头可使牛乳中细菌总数达10^5CFU/mL。

（2）手工挤奶对原料乳的污染　手工挤奶时，微生物污染主要来源于挤奶员的双手和奶桶，严重的污染可使每毫升牛乳中细菌总数达到10万个。另外挤奶员在患病期间挤奶易使牛奶感染致病菌，并可能使奶牛患乳房炎。

（3）水对原料乳的污染　水是原料乳中微生物污染的重要来源，但往往容易被忽视。目前，许多农场使用未经处理的井水、湖水、溪水、河水等，这些水中常常含有大肠杆菌、粪链球菌和梭状芽孢杆菌。用这种水清洗挤奶设备，残留在水中的微生物，如革兰氏染色阴性嗜冷菌就会大量繁殖，产生严重污染。清洗乳房用的温水，易被自来水中或其他途径的大肠杆菌和假单孢菌污染。这些细菌不仅污染原料乳，还可能引起乳房炎。

（4）机械挤奶对原料乳的污染　使用机械挤奶时，微生物数量的波动幅度最大，细菌总数可高达10^6CFU/mL。出现这种情况主要是由于设备表面清洗不良和牛乳残留，管道内残留的牛乳细菌总数可高达10^7CFU/mL。当乳牛被病原菌感染生病时，用注射抗生素进行治疗是最基本的方法，如果在用药治疗期间照常挤奶，就会使挤出的乳中残留抗生素。

（5）原料乳的贮存与运输　挤奶结束后应尽快（2h内）将原料乳冷却至2.5~4.0℃。原料乳在符合贮存温度的条件下贮存不得超过24h，过长会使原料乳中的嗜冷菌大量繁殖，影响原料乳质量。同时，应避免多天挤的奶混合。贮奶罐每次必须及时清洗消毒后才可再次贮奶，贮奶罐各个死角应进行人工刷洗。未能运走的剩余原料乳最好不要与新挤的原料乳混合。要有专人对贮奶罐温度、产品状态实施定时监控，应有定时的奶温记录。定期检测奶罐显示的温度与奶实际温度是否相符。要配备发电机组，在停电时可自行发电，不至于影响挤奶和其他工作的进行。奶泵、输奶管与贮奶罐用后都要清洗消毒，及时清洗装奶管道，用热水加次氯酸钠冲洗，并注意各接口的清洁消毒，装奶管道在冲洗后悬挂在清洁通风处待用，并有清洗记录。奶罐车必须具备隔热或制冷设备。保证牛乳在运输过程中，乳温上升不超过1℃/h，减少牛乳中微生物在运输过程中的增殖。原料乳必须及时装卸，防止奶温升高。原料乳在运输途中奶温不应高于7℃。奶罐车交奶后必须彻底对罐内进行清洗消毒，清洗罐外壁，保持罐外清洁。

（6）综合防疫　培育无病原牛群。外地引入的奶牛须隔离饲养，经确诊无病后方可混入牛群；建立健全的疫病预防制度和检疫制度，剔除有病或有潜在感染的牛；防治乳房炎；防治结核病和布鲁氏菌病，这两种病属人畜共患病，不仅严重影响养牛业的发展，还会危及人体健康。

（7）保持牛体卫生　牛体不清洁是影响牛乳质量的重要原因，而牛舍及其周围环境过于污秽是导致牛体不洁的根本原因，必须采取有效措施，保持牛体卫生。一般应做到牛舍通风、采光良好、温度适宜，舍内不堆放粪尿或青贮饲料。饲养人员要勤打扫牛舍卫生，定期消毒（每周至少一次），每班奶牛下槽后应及时清扫舍内地面，排除粪尿，保持饲槽清洁。平时要经常刷拭牛体以清除牛体的尘土、污物、粪尿等，挤奶前应认真清洗乳房。

（8）减少直接污染　牛乳的污染与挤奶过程中与牛乳相接触的容器的清洁程度密切相关，特别是奶桶罐、挤奶管道、运输桶、过滤装置以及贮存设备。因此，挤奶各个环节中所有设备的彻底清洗和消毒是减少牛奶污染的重要因素。

（9）正确处理与保存牛乳　牛乳挤出后应迅速冷却到6℃以下，从牛乳挤出至加工前不超过24h。整个处理过程牛乳不能与铜、铁等金属接触。另外牛乳不能在阳光下暴晒，倾倒时不能使其形成泡沫，否则会产生氧化味。

（10）正确使用药物　一方面为使牛乳不产生异味，应管理好并正确使用各种治疗药物和消毒剂；另一方面经抗生素治疗的奶牛必须有一定的休药期，严禁将有抗生素的鲜奶作为原料乳使用。

（11）严防掺假　目前有极少数生产者和销售商不顾商业信誉和职业道德，在鲜乳中掺入大量的水，甚至在变质的牛乳中掺入碱、尿素等物质，以次充好。因此收奶员和化验员应严格把好原料乳的检收和化验关，认真负责地对原料乳进行感官检查、新鲜度检验、理化成分检验和微生物检验等。原料乳的检验与控制是一项综合性的技术工程，只有抓好奶牛饲养的各个环节，在品种、饲料、饲养管理、疾病防治等各个方面加强管理；只有抓好挤奶前、挤奶中、挤奶后的几个重要环节的管理措施；只有加强原料乳的质量检测与控制，才能保证鲜乳及其制品的质量，为广大消费者提供更多、更好的优质牛乳。

任务二 酸乳发酵剂的制备

酸乳发酵剂的制备

一、 酸乳发酵剂概述

1. 发酵剂的定义及作用

（1）发酵剂是一种含有高浓度乳酸菌的产品，能促进乳的酸化过程。其质量优劣与酸乳质量关系密切，发酵剂制备是酸乳生产的关键技术之一。

（2）酸乳发酵剂的主要作用

①分解乳糖产生乳酸。

②产生风味物质，如丁二酮、乙醛等，使酸乳具有典型的风味。

③分解蛋白质和脂肪，使酸乳更容易消化吸收。

④酸化过程抑制致病菌生长。

2. 酸乳发酵剂常用菌种及特性

（1）传统酸乳发酵剂的菌种主要是由嗜热链球菌和保加利亚乳杆菌组成，二者按一定比例混合，组成混合型发酵剂，两种菌的比例一般为1∶1或2∶1。

（2）在采用上述两种菌的基础上，还可添加嗜酸乳杆菌或双歧杆菌，也可同时添加两种乳酸菌，进一步增强酸乳的保健作用。此外还可添加明串珠菌，以提高酸乳中维生素 B_2 和维生素 B_{12} 的含量，并增加香味。添加双乙酰链球菌也能增加酸乳香味。

（3）菌种特性

①嗜热链球菌：兼性厌氧，革兰氏染色阳性菌，最适培养温度为40~45℃，能发酵葡萄糖、果糖、蔗糖和乳糖，在85℃条件下，能耐20~30min，蛋白质分解力微弱，对抗生素极敏感，细胞呈球形或卵圆形，直径为0.7~0.9μm，成对或形成长链。细胞形态与培养条件有关：在30℃乳中培养时，细胞成对；在45℃时呈短链；在高酸度乳中细胞形成长链；液体培养时，细胞呈链状；平板培养时细胞膨胀变粗；有时会呈杆菌状，形成针尖状菌落。嗜热链球菌的某些菌株在平板移接时，如中间不经过牛乳培养，直接将细胞涂平板培养，往往得不到菌落，这些菌株是典型的牛乳菌，属同型发酵乳酸菌，能产生香味物质双乙酰。

②保加利亚乳杆菌：兼性厌氧，革兰氏染色阳性菌，最适培养温度为40~43℃，能发酵葡萄糖、果糖和乳糖，但不能利用蔗糖，对耐热链球菌敏感，细胞呈细杆状，长4~6μm，宽0.8~0.9μm，呈单杆状或分节链状，久存时呈颗粒状或长链状，频繁传代易变性，属同型乳酸发酵，产生D（-）-乳酸。如将嗜热链球菌

和保加利亚乳杆菌混合培养，两者的生长情况均比各自单独培养时好，这是因为保加利亚乳杆菌可将酪蛋白分解为游离的氨基酸，为嗜热链球菌的生长提供营养物质，同时嗜热链球菌产生的甲酸，又能促进保加利亚乳杆菌的生长。采用90℃加热5min 或 85℃加热 20~30min 对牛乳进行杀菌处理时，牛乳中的甲酸含量就较多，用这种牛乳培养保加利亚乳杆菌能起到满意效果，还能产生香味物质乙醛。

③嗜酸乳杆菌：属微厌氧菌，革兰氏染色阳性菌，最适培养温度为 35~38℃，能发酵葡萄糖、果糖、蔗糖和乳糖。此外，还能将麦芽糖、纤维二糖、甘露糖、半乳糖和水杨苷等作为碳源，对热耐受性差，蛋白分解力弱，对抗生素比嗜热链球菌更敏感，细胞呈杆状，两端钝圆，单个、成双或成短链，属同型乳酸发酵，产生 D，L-乳酸，嗜酸乳杆菌最适生长 pH 为 5.5~6.0，对培养基营养成分要求较高，用牛乳培养时一般需添加酵母膏、肽或其他生长促进物质，如使用合成培养基，需添加乳清或西红柿汁，能耐胃酸和胆汁，在肠道中能存活。

④双歧杆菌：属专性厌氧菌，革兰氏染色阳性菌，如果经多次传代培养，革兰氏染色反应转呈阴性，最适培养温度 37℃左右，能发酵葡萄糖、果糖、乳糖和半乳糖。对热耐受性差，蛋白分解力微弱，对抗生素敏感，不同菌种、不同培养条件，细胞的形态不一样，有棍棒状、勺状、V 字形、弯曲状、球杆菌状和 Y 字形等。属异型乳酸发酵，除产生 L（+）-乳酸外，还产生乙酸、乙醇和二氧化碳等。抗酸性弱，对营养要求复杂，含有水苏糖、棉籽糖、乳多糖、异构化乳糖、聚甘露糖和 *N*-乙酰-β-D-氨基葡萄糖苷中的一种或几种的培养基有助于双歧杆菌的生长，在培养基中添加维生素 C 和半胱氨酸（Cys）对培养双歧杆菌有好处。

（4）酸乳发酵剂菌种的共生作用　酸乳生产中常用的发酵剂是保加利亚乳杆菌与嗜热链球菌的混合物。两菌种混合使用时，在 40~45℃，只需 2~3h 即可达到所需的凝乳状态和酸度，而使用单一菌种的凝乳时间一般都在 10h 以上，其原因就是上述两菌种之间存在共生现象，如图 6-1 所示。

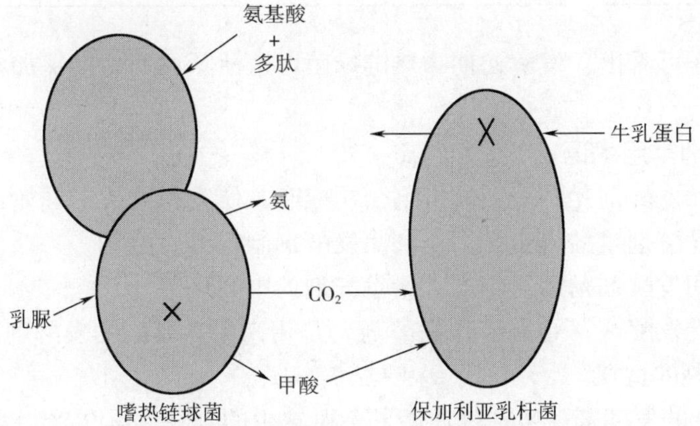

图 6-1　牛乳中乳酸菌发酵的共生作用

保加利亚乳杆菌在发酵初期分解乳中酪蛋白而产生某些氨基酸（主要是缬氨酸）和多肽，促进了嗜热链球菌的生长，随着嗜热链球菌的增加，乳酸也随之增加。酸度的增加，又抑制了嗜热链球菌的生长。在嗜热链球菌生长过程中乳脲活动产生了 CO_2，刺激保加利亚乳杆菌生长，伴随着 CO_2 的产生，释放出的氨可作为微弱缓冲剂，嗜热链球菌产生的甲酸（一部分可能由牛乳的热处理产生）可促进保加利亚乳杆菌的生长。单独接种嗜热链球菌的牛乳滴定酸度较低或 pH 高。

在发酵初期，嗜热链球菌生长快，发酵 1h 后与保加利亚乳杆菌的比例为 (3~4)∶1。随后，嗜热链球菌因乳酸的抑制作用开始生长缓慢，保加利亚乳杆菌的数量也逐渐与嗜热链球菌数量相近。酸乳发酵过程中两种乳酸菌数量变化情况如表 6-3 所示。

表 6-3　发酵酸度对酸乳中嗜热链球菌与保加利亚乳杆菌数量的影响

酸度/°T	嗜热链球菌数 ×10⁶/（CFU/mL）	保加利亚乳杆菌数 ×10⁶/（CFU/mL）	比例 嗜热链球菌∶保加利亚乳杆菌
28	200	37	0.18
38	440	86	0.20
56	480	170	0.35
68	560	230	0.40
75	580	400	0.64
91	600	470	0.78
101	570	530	0.93
120	560	720	1.28

从表 6-3 可看出，发酵初期嗜热链球菌增殖活跃，而后期保加利亚乳杆菌增殖活跃。

3. 发酵剂常用术语

（1）商品发酵剂是从专业发酵剂公司或有关研究所购买的原始菌种。

（2）母发酵剂是酸乳生产厂用商品发酵剂制得的发酵剂。

（3）中间发酵剂是用于生产大量发酵剂的中间环节。

（4）生产发酵剂（也称工作发酵剂）是用来生产乳酸的发酵剂。

4. 发酵剂的选择

质量优良的发酵剂是生产优质酸乳不可缺少的。在实际生产过程中，应根据所产酸乳的品种、口味及消费者需求来选择合适的发酵剂。选择时应考虑以下几个方面因素。

（1）产酸能力不同　发酵剂的产酸能力有很大不同。产酸能力强的发酵剂在发酵过程中容易导致产酸过度和后酸化过强（在冷却和冷藏时继续产酸）。生产中一般选择产酸能力中等的发酵剂，即2%接种量，在42℃条件下发酵3h后，滴定酸度为90～100°T。

（2）后酸化　后酸化是指酸乳酸度达到一定值，终止发酵，进入冷却和冷藏阶段仍继续缓慢产酸。后酸化过程包括三个阶段：①冷却过程产酸，即从发酵终点（42℃）冷却到19℃或20℃时酸度的增加，产酸能力强的菌种在此过程产酸量较大，尤其在冷却比较缓慢时；②冷却后期产酸，即从19℃或20℃冷却至10℃或12℃时酸度的增加；③冷藏阶段产酸，即在0～6℃冷库中酸度的增加。

应尽可能选择后酸化弱的发酵剂，以便于控制产品质量。后酸化的选择应符合以下要求：①自发酵结束到冷却的产酸强度，应选择产酸弱到产酸中等程度者；②冷藏过程中的产酸（后酸化），应尽可能选择弱产酸者；③冷链中断时的产酸（10～15℃），应尽可能选择弱产酸者。

目前我国冷链系统尚不完善，从酸乳产品出厂到消费者饮用之前，冷链经常被打断，因此在酸乳生产中选择产酸较温和的发酵剂显得尤为重要。

（3）滋气味和芳香味的产生　优质酸乳必须具有良好的滋气味和芳香味。与酸乳特征风味相关的芳香物质主要有乙醛、双乙酰、乙偶姻、丙酮和挥发酸等，因此选择能产生良好滋气味和芳香味的发酵剂很重要。评估方法有以下三点。

①感官评定：评估方法首选三角实验，即进行感官评定。应考虑样品的温度、酸度和存放时间对品评的影响。品尝时样品温度应为常温，因低温对味觉有阻碍作用；酸度不能过高，酸度过高对口腔黏膜刺激过强；样品要新鲜，以生产后24～48h的酸乳进行品评为佳，因为该阶段是滋气味和芳香味形成阶段。

②测定挥发酸：通过测定挥发酸的量来判断芳香物质的生成量。挥发酸含量越高，意味着生成芳香物质的含量越高。

③测定乙醛：酸乳的典型风味是由乙醛（主要由保加利亚乳杆菌产生）形成的，不同菌株生成乙醛的能力不一样，因此乙醛产生能力是选择优良菌株的重要指标。

（4）黏性物质的产生　酸乳发酵过程中产生微量的黏性物质，有助于改善酸乳的组织状态和黏稠度，这对固形物含量低的酸乳尤为重要。但一般情况下，产黏性物质菌株通常对酸乳的其他特性如酸度、风味等有不良影响，其发酵产品风味都稍差些。因此在选择这类菌株时，最好和其他菌株混合使用。生产过程中，如正常使用的发酵剂突然发黏，则可能是发酵菌种变异所致，应引起注意。

（5）蛋白质的水解活性　嗜热链球菌的蛋白水解活性很弱；而保加利亚乳

杆菌表现出一定的蛋白水解活性，能将蛋白质水解为游离的氨基酸和肽类。影响发酵剂蛋白质水解活性的主要因素有以下几点。

①温度：低温时（如3℃冷藏时）弱，常温下强。

②pH：不同的蛋白质水解酶具有不同的最适 pH。pH 过高，容易积累蛋白质水解的中间产物，从而使酸乳出现苦味。

③菌种与菌株：嗜热链球菌和保加利亚乳杆菌的比例和数量会影响蛋白质水解的程度。不同菌株水解蛋白质的能力也有很大不同。保加利亚乳杆菌的某些菌株水解蛋白质能力强，会产生苦味。

④时间间隔：贮藏时间的长短对蛋白质水解作用有一定影响。乳酸菌的蛋白质水解作用可能对发酵剂和酸乳产生一些影响，如刺激嗜热链球菌的生长，促进酸的生成，增加了酸乳的可消化性，但也带来产品黏度下降，出现苦味等不利影响。所以，若酸乳保质期短，蛋白质水解问题可不予考虑，若酸乳保质期长，应选择蛋白质水解能力弱的菌株。

5. 发酵剂的不同类型

发酵剂大致可分为三类：混合发酵剂、单一发酵剂和补充发酵剂。

（1）混合发酵剂　该类发酵剂是由保加利亚乳杆菌和嗜热链球菌按 1∶1 或 1∶2比例混合，两种菌比例的改变越小越好。

（2）单一发酵剂　该类发酵剂一般是将每一种菌株单独活化，生产时再将各菌株混合。其优点是：①容易继代，且能保持保加利亚乳杆菌和嗜热链球菌比例稳定；②容易更换菌株，特别是引入新菌株时（如产酸弱的发酵剂、产生双乙酰能力强的发酵剂等），这一点非常重要；③容易调整保加利亚乳杆菌和嗜热链球菌的比例来生产不同类型的乳酸产品，如在搅拌型果料乳酸中会使用 0.5%~1.0%的球菌和 0.01%的杆菌；④选择性地继代是可能的，如在果料酸乳生产中，可先接种球菌，1.5h 后再接种杆菌；⑤菌株之间的共生作用减弱了，从而可减慢酸的生成；⑥单一菌株在冷藏条件下易保持性状，液态母发酵剂可以数周活化一次。

（3）补充发酵剂　为了增加酸乳黏稠度、风味或增强酸乳产品的保健功能等，可选择一些其他菌种参与发酵，一般可单独培养或混合培养后加入乳中。

①产黏发酵剂：为防止产黏菌过度增殖，应将其与保加利亚乳杆菌或嗜热链球菌分开培养。

②产香发酵剂：当生产的天然纯酸乳香味不足时，可考虑加入特殊产香的保加利亚乳杆菌菌株或嗜热链球菌丁二酮产香菌株。

③嗜酸乳杆菌：这种发酵剂在乳中生长缓慢，有时将其与双歧杆菌配合生产保健酸乳。

④干酪乳杆菌：日本特别有名的发酵乳“Yakult”，其发酵剂就是由嗜酸乳

杆菌、干酪乳杆菌和双歧杆菌组合而成的。

⑤双歧杆菌：因双歧杆菌会产生特有的不良醋酸味，一般不单独使用。通常单独培养双歧杆菌，生产前与保加利亚乳杆菌和嗜热链球菌一起接种于乳中，目的是增加酸乳产品的食疗作用。

6. 发酵剂产品的形式

发酵剂在生产、分发时，有液态、粉状（或颗粒状）及冷冻状三种形式。

（1）液态发酵剂　液态发酵剂中的母发酵剂、中间发酵剂一般由乳品厂化验室制备，而生产用的工作发酵剂由专门发酵剂室或酸乳车间生产。所用培养基为脱脂乳粉，干物质含量一般较高，必要时可添加生长促进因子。工作发酵剂的培养基必要时也可使用原料乳。

液态发酵剂的优点是：①使用前能给予评估和检查；②依据实验和已知的方法能指导酸乳生产；③价格便宜。

液态发酵剂的缺点是：①每批与每批之间质量不稳定；②生产厂还要再扩大培养，费料、费时、费工；③保存期短，乳酸菌含量较低；④接种量较大。

液态发酵剂制备程序如下所述。

①用无抗生素的优质脱脂乳粉加水配制成含10%~12%总固形物的物料，装入带无菌棉塞或耐热硅胶塞的专用小烧瓶中，在121℃下保持15min，或90℃保持30min。

②冷却至44℃。

③用灭菌吸管接种2%商品发酵剂，接种前检查小烧瓶口的密封性，接种过程在无菌条件下进行。

④将加入的发酵剂摇匀。

⑤在42℃恒温箱或水浴锅中培养约3h，达到所需凝乳状态与酸度后冷却，置于2~8℃冰箱中保存备用。

⑥对于酸乳发酵剂的混合菌种，根据需要可在2d、4d、7d内进行继代。

（2）粉状（或颗粒状）发酵剂　粉状发酵剂是将培养到最大乳酸菌数的液体发酵剂冷冻干燥而制成的。因冷冻干燥是在真空下进行，因此能最大限度减少对乳酸菌的破坏。

粉状发酵剂一般在使用前再接种制成母发酵剂。单独使用粉状发酵剂时，可将其直接制备成工作发酵剂，不需进行中间扩培过程。

与液态发酵剂相比，粉状发酵剂具有以下优点：①良好的保存质量；②稳定性更好，乳酸菌活力更强；③因接种次数减少，降低了被污染的机会。

粉状发酵剂菌种的扩培程序如下所述。

①将总固形物含量约12%的脱脂乳粉或复原脱脂乳，加入专用发酵剂烧瓶中，并在适当密封的情况下，在121℃下保持15min或在90℃下保持30min进行灭菌。

②将杀菌后的发酵剂冷却至46~47℃。

③加入粉状发酵剂（若是铝塑袋包装的发酵剂，在剪开前先用75%的酒精擦拭袋口，剪刀要在酒精灯上灼烧）。一次未用完的发酵剂，应在无菌条件下将开口密封好，以免污染。然后放入冷冻的冰柜中，并尽快用完。

④充分摇动烧瓶，使发酵剂分散均匀。

⑤在培养温度下发酵约4h，直至完全凝固。在某些情况下可反复接种几次以恢复菌种的活力。

（3）冷冻发酵剂　冷冻发酵剂是将处于生长活力最高点时的液态发酵剂冷冻浓缩而制成的，包装后放入液氮罐中。

超浓缩冷冻发酵剂也属于冷冻发酵剂，是在乳培养基中添加了生长促进剂，用氨水不断中和产生的乳酸，最后用离心机来浓缩菌种。将浓缩发酵剂单个滴在液氮罐中，由于冷冻作用而形成片种，然后存于-196℃液氮中。

冷冻发酵剂的优点：①除具有粉状发酵剂的优点外，超浓缩发酵剂可直接用作工作发酵剂；②一次性使用方便、简单、准确，无须在生产前反复扩培菌种而浪费时间与人力；③大大降低了杂菌或病毒在培养时的污染，确保每批产品质量相同，降低因生产失误而造成的浪费；④可随时按酸乳生产量的大小添加菌种。

一般来讲，一次性发酵剂来源稳定，在其价格能接受时，可以选择一次性发酵剂。若发酵剂来源不稳定，考虑到价格因素而又不仅仅依赖于一次性发酵剂时，以不使用一次性发酵剂为好。

（4）不同形态发酵剂的乳酸菌浓度、保存温度与保存期的比较　不同形态的发酵剂，因生产配方、工艺与设备不同，对乳酸菌活力及保存条件的要求也有所差异。不同发酵剂的乳酸菌浓度及保存条件如表6-4所示。

表6-4　不同发酵剂的乳酸菌浓度及保存条件

<table>
<tr><th colspan="2">物理状态</th><th>乳酸菌数/[CFU/(mL·g)]</th><th>保存温度与保存期</th></tr>
<tr><td colspan="2">液态</td><td>0.5×10^9</td><td>5℃，7d
-45℃时，3个月</td></tr>
<tr><td rowspan="3">粉末状态</td><td>冷冻干燥</td><td>1×10^9</td><td>5℃，6个月
-20℃时，超过1年</td></tr>
<tr><td>浓缩，冷冻干燥</td><td>1.0×10^11~2.0×10^11
2×10^9~7×10^9</td><td>5℃，3个月
-20℃，超过6个月
-196℃，超过1年
-45℃时，3个月</td></tr>
<tr><td>超浓缩</td><td>1.0×10^11~2.0×10^11</td><td>-196℃，2~3个月</td></tr>
</table>

二、 酸乳发酵剂的制备

（一）酸乳发酵剂的制备过程

1. 培养基的选择与制备

（1）菌种活化、母发酵剂和中间发酵剂的培养基　一般用高质量无抗生素残留的脱脂乳粉（最好不用全脂乳粉，因为游离脂肪酸的存在可抑制发酵剂菌种的增殖）制备，培养基固形物含量为 10%～12%，90℃保持 30min 或 121℃保持 15min。

（2）工作发酵剂的培养基　可用高质量无抗生素残留的脱脂乳粉或全脂乳粉制备。杀菌条件一般为 90℃保持 15～30min。

2. 发酵剂的活化和扩培

发酵剂的活化、扩培主要是针对液态发酵剂而言的，冷冻或冷冻干燥发酵剂可用于制备工作发酵剂或直接用于生产。

（1）商品发酵剂的活化　商品发酵剂在使用前应反复活化几次才能恢复其活力。一般用带无菌棉塞或耐热硅胶塞的试管，在活化过程中应严格进行无菌操作。

（2）母发酵剂和中间发酵剂的制备　制备必须在严格的卫生条件下进行。为尽可能减少霉菌、酵母和噬菌体由空气污染的机会，制备间最好具备经过过滤的正压空气，在操作前小环境要用 400～800mg/L 的次氯酸钠溶液喷雾消毒，每次接种，容器口要用 75%乙醇溶液或 200mg/L 次氯酸钠溶液浸湿的干净纱布擦拭消毒，以防杂菌污染。

母发酵剂一次制备后可放置在 0～7℃冰箱中保存。对于混合菌种，每 7～10d 活化一次即可。为保证产品质量，防止在活化过程中受到杂菌、酵母、霉菌或噬菌体的污染，应定期更换母发酵剂，一般最长不超过 1 个月。Tamime 等（1985 年）认为，为防止菌种的比例失调与变异，菌种的继代次数应在 15～20 次。谢继志等（1995 年）研究却认为条件严格时，有的种（如 B_3型）可多次反复继代，而发酵剂的产酸性能及乳酸菌在形态及比例上未发生不利变化。

中间发酵剂作为发酵剂的使用量因生产量而定。

（3）工作发酵剂的制备　工作发酵剂室最好与生产车间隔离，要求有良好的卫生状况，最好有换气设备。每天要用 200mg/L 的次氯酸钠溶液喷雾，操作人员也要用 100～150mg/L 的次氯酸钠溶液洗手消毒。氯水由专人配制并每天更换。

工作发酵剂制备可在小型发酵罐中进行，整个过程可全部自动化，并采用 CIP 清洗。

（二）发酵剂活力的影响因素及质量控制

1. 影响发酵剂菌种活力的主要因素

（1）天然抑制物　牛乳本身含有不同的抑菌因子，主要功能是增强牛犊的抗感染与抵抗疾病的能力。这些物质包括乳抑菌素、凝聚素、溶菌酶和乳过氧化酶体系（LPS）。但乳中的抑菌物质一般对热不稳定，加热后即被破坏。

（2）抗生素残留　患乳房炎等疾病的乳牛常用青霉素、链霉素等抗生素药物治疗，在一定时间内（一般3~5d，个别在7d以上）乳中会残留一定量的抗生素。由于部分人对抗生素过敏，因此西方国家对乳中抗生素残留要求比较严格，用于生产酸乳的所有乳制品原料中都不允许有抗生素残留，抗生素残留对于发酵乳的加工往往是致命的。酸乳发酵剂对常见抗生素的敏感性比较如表6-5所示。

表6-5　不同抗生素对酸乳发酵剂中球菌与杆菌的抑制水平比较

抗生素种类（1mL牛乳）	嗜热链球菌	保加利亚乳杆菌	混合发酵剂菌种
青霉素	0.004~0.010IU	0.02~0.100IU	0.01IU
链霉素	0.380IU	0.380IU	1.00IU
四环素	0.130~0.500μg	0.34~2.000μg	1.00IU
金霉素	0.060~1.000μg	0.060~1.000μg	0.10IU
土霉素	0.400IU	0.700IU	0.40IU
杆菌肽素	0.040~0.120IU	0.040~0.100IU	0.04IU
红霉素	0.300~1.300mg	0.070~1.300mg	0.10IU
氯霉素	0.800~13.000mg	0.800~13.000mg	0.50IU

乳品加工厂一般采取做小样的方法，来判断原料乳中是否残留抗生素。发酵后再做β-内酰胺检测盒（SNAP）快速检验，可以检测到5μg/mL的水平，而且在10min内就可判断出乳中是否残留抗生素。此方法的原理是利用酶变反应，当原料乳中有抗生素残留时，样品点颜色比对照点浅；当原料乳中无抗生素残留时，样品点颜色比对照点深或相等。

该法优点是：①能检测生乳中青霉素G、氨苄西林、阿莫西林等；②不需准备标准品，内置阴性对照可以省去每次用标准品对照的麻烦；③检测时也不需量取试剂；④准备时间极短，在10min内检测出结果。其缺点是检测盒的价格稍贵。

（3）噬菌体　噬菌体的存在对发酵乳生产是致命的。噬菌体对嗜热链球菌的侵袭，通常表现为发酵时间比正常时间长，产品酸度低，并有不愉快的味道。发酵剂制备过程中应严格遵守以下环节：①在发酵剂继代过程中必须无菌操作；②工作发酵剂培养基热处理时应确保灭活噬菌体病毒；③每天最好循环使用与噬菌体无关或抗噬菌体的菌株；④发酵剂室和生产区域空气的有效过滤有助于控制噬菌体的存在，发酵剂室良好的卫生能减少微生物的污染，此外加工间设计合理也能限制空气污染；⑤设备必须经充分消毒，如加热或用化学溶液处理；⑥发酵剂室应远离生产区域，以降低空气污染的可能性；⑦除专门人员外，一般人员不得进入发酵剂生产车间；⑧发酵剂准备间用 400~800mg/L 次氯酸钠溶液喷雾或紫外线灯照射，控制空气中的噬菌体数；⑨使用混合菌株的发酵剂。

（4）清洗剂和杀菌剂的残留　清洗剂和杀菌剂是乳制品厂用来清洗和杀菌的化学物品。这些化合物（碱洗剂、碘灭菌剂、季铵类化合物、良性电解质等）的残留会影响发酵剂菌种的活力。氯化物、季铵盐、碘类对酸乳发酵剂中嗜热链球菌和保加利亚乳杆菌的抑制水平分别为 100mL/L、100~500mL/L 和 60mL/L，100mL/L、50~100mL/L 和 60mL/L。Guirguis 等（1987 年）报道 0.5mL/L 的季铵盐对某些保加利亚乳杆菌有抑制作用，因此发酵乳生产厂最好不要使用季铵盐类消毒剂。

清洗剂和杀菌剂在发酵剂中的污染来自人为工作的失误或 CIP 系统的失控。在实践中，清洗程序的设定应保证除去生产发酵剂罐内可能残留的化学制品。

2. 发酵剂的质量控制

（1）感官检查　对于液态发酵剂，首先是检查其组织状态、色泽及有无乳清分离等；其次是检查凝乳的硬度；然后是品尝酸味及风味，观察其是否有苦味、异味等。

（2）发酵剂活力　测定发酵剂的活力，可以对乳酸菌在规定时间内的产酸状况或色素还原状况进行判断。

①活力测定：在 10mL 灭菌脱脂乳或复原脱脂乳（固形物含量 11.0%）中接入 3%的待测发酵剂，在 37.8℃的恒温箱下培养 3.5h，然后迅速从培养箱中取出试管加入 20mL 蒸馏水及 2 滴 1%酚酞指示剂，用 0.1mol/L NaOH 标准溶液滴定，按式（6-1）计算。

$$\text{活力}=\frac{\text{消耗 0.1mol/LNaOH 标准溶液体积（mL）}\times 0.009}{10\times \text{牛乳相对密度}}\times 100\% \qquad (6-1)$$

如果计算结果达 0.8%以上，则可以认为发酵剂活力良好。

②刃天青还原试验：在 9mL 灭菌脱脂乳中加 1mL 发酵剂和 0.005%刃天青溶液 1mL，在 36.7℃的恒温箱中培养 35min 以上，如完全褪色则表示活力良好。

（3）污染程度检查　在实际生产过程中需对连续传代的母发酵剂进行定期检查。①纯度可用催化酶试验检查，乳酸菌催化酶试验应呈阴性，阳性反应是污染所致；②用阳性大肠菌群试验检测粪便污染情况；③检查是否污染酵母、霉菌，乳酸发酵剂中不允许出现酵母或霉菌；④检查噬菌体的污染情况。

（三）国外一次性发酵剂菌种

1. 法国罗地亚（Crhodia）公司 EZAL DVI 一次性菌种

法国罗地亚公司 EZAL DVI 一次性冷冻干燥菌种用量，如表 6-6 所示。

表 6-6　EZAL DVI 一次性使用菌种技术指标比较

应用范围	菌种类型	乳酸菌菌种	发酵温度/℃	发酵时间/h	发酵终点 pH	用量/(U/100L)
搅拌型酸乳	MYE96-98	ST①+LB②	43	4.5~5	4.5	4
	MYE96-98	ST+LB	43	3.5~4	4.7	4
凝固型酸乳	MYE800	ST+LB+LL③	43	5	4.5	5
	MYE900	ST+LB	43	4.5	4.8	4

注：①ST 为嗜热链球菌；②LB 为保加利亚乳杆菌；③LL 为乳酸乳杆菌。

2. 丹麦汗森（Hansen's）公司 DVS 一次性菌种

丹麦汗森（Hansen's）公司 DVS 一次性菌种（冷冻干燥）用量如表 6-7 所示。

表 6-7　汗森 DVS 一次性使用菌种技术指标比较

应用范围	菌种类型	接种量	发酵温度/℃	发酵时间/h	发酵终点 pH	8℃冷藏 7d 最终 pH
搅拌型酸乳	YC-380①	0.02	43	4.5~5	4.5	4.1
	YC-370①	0.02	43	4.5~5	45	4.1
	YC-350①	0.02	43	4.5~5	4.5	4.1
凝固型酸乳	YC-460②	0.02	43	4.5~5	4.5	4.1
	YC-470②	0.02	43	4.5~5	4.5	4.1
	YC-471②	0.02	43	4.5~5	4.5	4.1

注：①YC-380、YC-370、YC-350 为适中型口味，前两种产品黏稠度较高；②YC-460、Y-470、Y-471 为浓味型，产品黏稠度适中。

任务三　酸乳发酵生产工艺及控制

一、酸乳的加工技术

凝固型酸乳的加工技术

（一）凝固型酸乳的加工技术

1. 原料乳质量

原料乳的质量要求：生产酸乳的原料乳质量比一般乳制品原料乳要高。除按规定验收合格外，还须满足以下要求：①总乳固体不低于 11.5%，其中非脂乳固体不低于 8.5%；②不得使用含有抗生素或残留有效氯等杀菌剂的鲜乳，一般乳牛注射抗生素后4d内所产的乳不能使用；③不得使用患有乳房炎的牛乳，否则会影响酸乳的风味和蛋白质的凝胶力。

2. 原料乳标准化

标准化酸乳生产所用的原料乳需先经过标准化，目的是在食品法规允许范围内，根据所需酸乳成品的质量要求，对乳的化学成分进行改善，从而使其不足的化学成分得到校正，保证各批成品质量稳定一致。标准化也加强了原料乳用量的合理性，以尽量少的原料乳生产出符合质量标准的产品。同时，在必要的情况下可与其他辅料（如糖）或添加剂配成混料液，经均质、杀菌、发酵、冷却等制成酸乳。

目前原料乳标准化的工艺方法一般有三种途径：直接添加原料组成、浓缩原料乳和复原乳。

（1）直接添加原料组成　在原料乳中直接加混全脂或脱脂乳粉或强化原料乳中某一组分（如乳粉、酪蛋白粉、奶油、浓缩乳等）达到原料乳标准化目的。

操作时应注意合理选择和控制以下因素：①标准化时的温度：该温度由原料温度、添加料温度和混料过程中的机械热效应决定；②原料乳标准化后所得混料乳的温度，也是混料乳贮存时的温度；③混料乳的贮存时间：是指从标准化开始到混料乳开始杀菌之间的时间，其长短主要由混料乳温度、所用原料微生物指标和所用设备决定。在粉状物料充分水合的前提下，该时间应尽量短，过长会引起直返上浮或带入过多空气，使混料乳的热稳定性下降。

（2）浓缩原料乳　浓缩过程一般有三种方式。

①蒸发浓缩：用蒸发器部分除去乳中水分，从而提高原料乳中各化学组分的浓度。乳品加工中经常使用的蒸发器是单效板式蒸发器，因为它容易并入酸乳生产线，通常是在原料乳杀菌之前使用这种蒸发器，以达到提高总乳固体的目的。在国外，广泛应用真空蒸发、降膜式单效机械再压缩蒸发、多效蒸汽喷射压缩蒸发等蒸发技术。

影响蒸发浓缩的关键参数是：浓缩温度、原料乳在蒸发器中停留时间、蒸发面积和热能利用率。

②反渗透浓缩：利用一种允许溶剂而不允许溶质透过的半透膜将溶液与溶剂隔开，那么溶剂就会透过半透膜而渗入溶液中，这种现象叫渗透。若在溶液上加压时，可驱使一部分溶剂分子从溶液一方渗透到溶剂一方，这种现象叫反渗透。

当溶液上的压力达到一定值时，单位时间内反渗透回去的溶剂分子的数目恰好等于单位时间内从溶剂一方向溶液一方渗透的溶剂分子数目，这一压力值称为该溶液的渗透压。反渗透浓缩就是利用上述原理，对液体施加大于其渗透压的压力，以达到除掉部分溶剂的目的。

在利用此法进行原料乳标准化时，应考虑下列因素的影响。

a. 压力：根据原料本身特点以及浓缩后需达到的浓度来确定最佳浓缩压力。b. 温度：通常最佳温度选择在50~55℃。c. 浓缩时间：浓缩时间过长，会因原料乳菌数的增加而影响产品的质量。d. 最大浓缩浓度：将脱脂总乳固体浓缩至28%左右。但考虑经济效益，一般最多将原料乳浓缩到总乳固体的15%左右。e. 原料乳的物化性质与质量：全脂乳比脱脂乳更难浓缩，均质也会使反渗透浓缩效率降低，而牛乳的酸化也不利于这种浓缩的进行。

③超滤浓缩：当过滤介质是半透膜，其微孔足以截留溶液中的大溶质分子时，这一操作过程就是超滤，所用的半透膜称为超滤膜。超滤原理和反渗透原理类似，两者都是加压作用的半透膜分离技术，只是超滤法中所用压力小于1MPa，反渗透压力一般在2.7~10MPa。另外，在超滤法中使用的半透膜仅截留溶液中相对分子质量较大的分子，即相对分子质量>1000的分子，而反渗透中仅是相对质量很小的分子（相对分子质量<500）通过半透膜。

利用超滤法浓缩原料乳时，一部分乳糖、矿物质盐类与水一起进入到滤液中，过滤后的原料乳的化学组成比例就与初始原料乳不同，从而影响最终乳制品的风味、营养价值和质量。

影响超滤法效率的主要因素是压力、温度、超滤膜的孔隙率与面积。

（3）复原乳　复原乳是指以脱脂乳粉、全脂乳粉、无水奶油为原料，根据所需原料乳的化学组成，用水配制而成的标准原料乳。

利用这种复原乳生产的酸乳产品质量稳定，但常带有一定程度的“乳粉味”。该方法所需的控制条件和直接加混原料组成标准化法相似，尤其应严格控制原料质量、混料时间、水合温度和复原乳粉贮存时间。

原料乳标准化方法与成品酸乳的口感、风味和质地密切相关，标准化工艺方法不同，用所得原料乳制成的酸乳质量也会有所不同。选择标准化工艺方法时，我们应主要考虑以下因素。a. 原料价格和可用性：了解已存原料的化学组成有助于在原料和价格之间做出更好地折中，各种可用原料化学组成如表6-8所示；b. 生产规模；c. 该工艺设备所需投资额。

表6-8　酸乳生产中所用原料的化学组成　单位:%（质量分数）

产品	成分及含量				
	水分	蛋白质	脂肪	乳糖	灰分
全脂乳	87.4	3.5	3.5	4.8	0.70
脱脂乳	90.5	3.6	0.1	5.1	0.70
乳清	93.5	0.8	0.4	4.9	0.56
稀奶油	74.5	2.8	18.0	4.1	0.60
淡奶油	47.2	1.8	48.0	2.6	0.40

续表

产品	成分及含量				
	水分	蛋白质	脂肪	乳糖	灰分
全脂淡乳粉	2.0	26.4	27.5	28.2	5.9
脱脂乳粉	3.0	35.9	0.9	52.2	8.0
脱盐乳清粉	3.0	14.5	1.0	80.5	1.0
低乳糖乳清粉	4.0	32.0	2.0	53.0	8.0
蛋白乳清粉	5.0	61.0	5.0	22.0	7.0
酪蛋白酸钠	5.0	89.0	1.2	0.3	4.5
酪蛋白酸钙	5.0	88.6	1.2	0.2	5.0
酸法酪蛋白	9.0	88.0	1.3	0.2	1.5
酪乳粉	3.0	34.0	5.0	48.0	7.9
奶油粉	0.8	13.4	65.0	18.0	2.9
无水奶油	0.1	—	99.9	—	—
浓缩全脂乳	73.8	7.0	7.9	9.7	1.6
浓缩脱脂乳	73.0	10.0	0.3	14.7	2.3

一般认为用直接加混原料组成和蒸发浓缩来进行原料乳标准化是对这三种因素的最佳选择。

3. 配料

国内生产酸乳一般都要加糖，添加量一般为4%~7%。加糖方法是先将溶解糖的原料乳加热至50℃左右，加入砂糖，待完全溶解后，经过滤除去杂质，再加入标准化乳罐中。

4. 预热、均质、杀菌、冷却

一般来说，预热、均质、杀菌和冷却都是由预热段、杀菌段、保持段、冷却段的板式换热器和外接的均质机联合完成的。

（1）预热　物料通过泵进入杀菌设备，预热至55~65℃，再送入均质机。

（2）均质　均质是指对脂肪球进行机械处理，使它们呈较小的脂肪球，并均匀分散在乳中。自然状态的牛乳，其脂肪球直径一般为2~5μm，经均质后，脂肪球的直径可控制在1μm左右，此时乳脂肪的表面积增大，浮力下降，此外经均质后的牛乳脂肪球直径减小，易于被人体消化吸收。

一般来说，一级均质适用于低脂肪产品和高黏度产品的生产，二级均质适用于高脂肪、高干物质产品和低黏度产品的生产。

物料通过均质机在15.0~20.0MPa压力下均质，均质后回到杀菌器中。

均质化乳的测定方法有以下几点。

①显微镜下镜检：在显微镜下直接用油镜镜检脂肪球的大小。

②均质指数：用分液漏斗或量筒取250mL均质乳在冰箱内贮存48h（4~6℃），然后将上层1/10的乳吸出，并将下层9/10的乳混合均匀，分别测定上层及下层的脂肪含量，最后根据式（6-2）计算出均质指数。

$$均质指数 = 100 \times (w_1 - w_b) / w_1 \tag{6-2}$$

式中 w_1 为上层脂肪含量，w_b 为下层脂肪含量。一般均质指数在1~10内表明均质效果可接受，该法特点是可定量测出均质效果，但需较长时间，而且精确度不是很高。

③尼罗（NIZO）法：取25mL乳样在半径250mm，转速为1000r/min的离心机内，于40℃条件下离心30min，然后取下层20mL样品和离心前样品，分别测定其乳脂率，二者相除，乘以100即得尼罗值。一般巴氏灭菌乳的尼罗值在50%~80%。该法较迅速，但精确度不高。

（3）杀菌

①杀菌目的是杀灭物料中的致病菌和有害微生物，保证成品微生物质量，以保证食用安全；为发酵剂菌种创造良好的外部条件；提高乳蛋白的水合力。

②杀菌条件如表6-9所示。

表6-9　液态乳与酸乳基料加工中的热处理工艺

时间	温度/℃	加工过程	说明
30min	65	巴氏杀菌低温长时间	大约破坏99%的微生物生长细胞
15s①	72	高温短时间（HTST）	
30min	85	高温长时间（HTLT）	杀死所有微生物细胞及部分芽孢
5min	90~95	很高温短时间（VHTST）	
20min（+）②	110~115	常规灭菌（于瓶中）	同上，但有可能杀死几乎所有的芽孢
3s	低温UHT	低温UHT	除低温UHT处理外，其他过程几乎杀死所有包括芽孢在内的微生物
16s	长时间UHT	长时间UHT	同上
1~2s	UHT	UHT	同上
0.8s	法国加工方法的UHT	法国加工方法的UHT	同上

注：①广泛用于酸乳生产的热处理过程中；②（+）较长保温时间，通常选用90~95℃，保持3~6min。

（4）冷却　杀菌后的物料，在冷却段冷却至45℃左右，该温度比发酵温度稍高，其原因是在后续的接种和灌装过程中温度会略有下降。

5. 接种

接种是指在物料基液进入发酵罐的过程中，通过计量泵将工作发酵剂连续地添加到物料基液中，或将工作发酵剂直接加入物料中，并将其搅拌混合均匀。

（1）接种量　接种量有最低、最适和最高三种，最低接种量一般为0.5%~1.0%，最适接种量一般为2.0%~3.0%，最高接种量一般为5.0%以上。经实验证明：当接种量超过3%时，达到滴定酸度100°T所需的时间并未缩短，而酸乳风味因发酵前期酸度上升太快反而变差；反之，接种量过小，达到所要求的滴定酸度所需时间就会被延长，且酸乳中杆菌数少于球菌，D（-）-乳酸含量较低，酸乳的酸味不够。

（2）接种方法　接种前应将发酵剂充分搅拌，使凝乳完全破坏；接种时应严格注意操作卫生，防止霉菌、酵母、细菌、噬菌体及其他有害微生物的污染；接种后，要充分搅拌10min，使发酵剂菌体与杀菌冷却后的牛乳充分混合均匀；此外还应注意保温。

目前多采用特殊装置在密闭系统中以机械方式自动添加发酵剂。如无此类装置，也可以手工方式将发酵剂倾入发酵罐中。有的酸乳加工厂使用直接入槽式冷冻干燥颗粒状发酵剂，按比例将发酵剂加入发酵罐，或者撒入工作发酵剂乳罐中扩大培养一次，即可作为工作发酵剂使用。

6. 灌装

接种后经充分搅拌的牛乳应立即连续灌装到零售容器中。酸乳容器一般有玻璃瓶、塑料杯、纸盒、陶瓷瓶等，凝固型酸乳使用最多的是玻璃瓶，因其能很好地保持酸乳组织状态，容器本身无有害浸出物质，但玻璃瓶在运输、回收、清洗、消毒等方面比较麻烦。塑料杯和纸盒等容器在凝固型酸乳“保形”方面不如玻璃瓶，主要用来灌装搅拌型酸乳。

灌装方式有手工灌装、半自动灌装和全自动无菌灌装等。整个灌装工序包括将接种后经充分搅拌的牛乳灌装到零售容器中、加盖、封口、装箱、送入保温室等几个环节。整个灌装过程要做到快，这样乳液温度下降较小，与所设定的发酵温度接近，整个发酵时间就不会延长。

在灌装过程中，容器上部留出的空隙要尽可能小，其中内容物晃动幅度小，酸乳形态容易保持完整，此外减少空气也有利于乳酸菌的生长。

7. 发酵

发酵温度一般控制在42~43℃，这是嗜热链球菌和保加利亚乳杆菌最适温度的折中温度，实际上培养温度大都控制在40~45℃。发酵时间一般在2.5~4h。发酵终点判断是制作凝固型酸乳的关键技术之一，如发酵终点确定得过早，则酸乳组织软嫩，风味差，过迟则酸度高，乳清析出过多，风味不佳。发酵终点的判断方法是在发酵一定时间后，抽样观察，打开瓶盖，观察其凝乳情况，如已基本凝乳，应立即测定酸度，观察。具体方法：打开瓶盖，缓慢倾斜瓶身，观察酸乳流动性和组织状态，如流动性变差，酸乳中有微小颗粒出现，可终止发酵，如不够则应适当延长发酵时间。另外，要详细记录每批发酵时间和发酵温度等，可供下批发酵判断终点时参考。

在实际生产中，发酵时间确定还应考虑后面的冷却过程，在冷却过程中，酸乳酸度会继续上升。

8. 冷却

冷却的目的是终止发酵过程，抑制酸乳中乳酸菌的生长，使酸乳的质地、口味、酸度等达到规定要求。发酵结束，应将酸乳从保温室转入冷却室，用冷风迅速将酸乳冷却至10℃以下，此时酸乳中乳酸菌生长活力很有限；在5℃左右时，它们几乎处于休眠状态，因此酸乳酸度变化微小。

9. 冷藏和后熟

冷藏除了达到上述冷却目的外，还有促进香味物质产生，改善酸乳硬度的作用。冷藏温度一般控制在2~5℃，最好是在-1~0℃的冷藏室中保存。如长时间贮藏，温度可控制在-1.2~-0.8℃。香味物质产生的高峰期一般是在酸乳终止发酵后第4h，而有的研究结果表明该时间更长。酸乳优良的风味是多种风味物质相互平衡的结果，一般需要12~24h才能完成，这段时间就是后熟期。

（二）搅拌型酸乳的加工技术

1. 发酵前处理

搅拌型酸乳生产，从原料乳验收、预处理、标准化、加糖、预热、均质、杀菌、冷却至接种，基本与凝固型酸乳相同。最大区别在于凝固型酸乳是先灌装后发酵，而搅拌型酸乳是先大罐发酵后灌装。

2. 发酵

搅拌型酸乳发酵通常在专门的发酵罐中进行。发酵罐带有保温装置，利用罐体四周夹层里的热媒来维持一定温度，发酵罐上装有温度计和pH计。pH计可控制罐中的酸度，当酸度达到一定数值后，pH计就传出信号。发酵温度为41~43℃，经过2~3h，pH降至4.7左右，乳在发酵罐中形成凝乳。

如热媒温度过高或过低，则接近罐壁的物料温度就会上升或下降，从而产生温度梯度，对酸乳正常培养不利。

3. 冷却、搅拌

终止酸乳发酵的方法是降温的同时适度搅拌凝乳。搅拌型酸乳可以采用间歇冷却（用夹套）或连续冷却（管式或板式冷却器）。采用夹套冷却时，搅拌速度不应超过48r/min，以保证凝乳组织结构的破坏至最低限度；如采用连续冷却，则用容积泵将凝乳从发酵罐输送至冷却器中。旋转式容积泵、螺杆泵广泛用于输送酸乳等糊状产品。冷却温度的高低根据需要来确定，一般冷却至15~20℃，然后混入果料或香料后灌装，再冷却至10℃以下。冷却温度会影响灌装充填期酸度的变化，当大批量生产时，充填所需的时间长，应尽可能降低冷却温度。冷却之后往包装机输送时，应采用高位自流的方式，而不使用容积泵，以避免泵对凝乳组织产生影响。

4. 果料混合和香料混合

酸乳与果料、香料混合方式有两种：对于生产规模较小的企业往往采用间歇生产法，在罐中将酸乳与杀菌的果料（或果酱）混合均匀；对生产规模较大的企业则通常采用连续混料法，用计量泵将杀菌的果料泵入在线混合器中连续地添加到酸乳中。

5. 灌装

混合均匀的酸乳和果料，直接流入灌装机进行灌装。搅拌型酸乳通常采用塑料杯装或屋顶纸盒包装。包装材料必须对人体无害，具有稳定、良好的化学性质，良好的密封性以及对产品有效的保护性能。

二、 酸乳生产的质量控制措施

（一）原辅料的质量控制

主要是指对原辅料微生物学方面和物理化学方面的质量控制。

微生物学检验主要是要求总菌数、大肠杆菌数在要求范围内，致病菌不得检出。物理化学检验主要包括原辅料的抗生素残留量、热稳定性、重金属含量以及辅料特征指标（溶解度、杂质等）。

（二）加工过程中关键控制点

首先必须保证生产设备已经过 CIP 清洗和灭菌。现以搅拌型酸乳生产为例简述如下。

1. 标准化和混料过程

需要检验总菌数、大肠菌群总数、致病菌数，原料乳中蛋白质、脂肪和总乳固体含量以及原料乳的酸度变化。同时加强对搅拌时间、温度、水合时间的控制。

2. 热处理杀菌过程

热处理杀菌过程需要注意以下几个方面。

①热处理过程中的最高温度。②达到最高温度所需时间。③在最高温度下的保持时间。④供热液体与待杀菌乳之间的温差。⑤供热液体与待杀菌乳之间的热交换系数（设备一定时，其主要与流量有关）。

一般要求热处理设备应安装杀菌温度-时间自动记录仪，以严格控制上述诸因素。操作人员在实际生产过程中，必须严密监视上述温度、时间及流量变化是否合理，同时在杀菌前后分别取样，检验杀菌效率（注意无菌操作）。

此外，操作人员还必须注意热处理设备本身的清洁。

3. 均质过程

均质过程必须控制的指标主要是均质压力和温度。

4. 接种、发酵过程

接种、发酵过程需注意以下几个方面。

①接种时乳的温度。②接种时间。③发酵温度和时间。④发酵过程中 pH

（或酸度）变化。⑤发酵环境。

该过程在杀菌之后，因此必须严防再污染。此外，应考虑发酵过程中产生的热量，使整个发酵乳温度有所升高的现象。

5. 冷却过程

冷却过程需注意以下几方面。

①设备在冷却前的卫生指标。②产品在冷却前后的 pH、酸度及质地变化。③冷却所用时间。④冷却后产品的温度。⑤冷却效率。⑥冷却前后的物化指标和微生物指标。

该过程同样需要严防再污染。

6. 灌装过程

灌装过程同上述诸过程一样必须严防再污染。主要控制指标是：①灌装车间及设备的卫生指标。②包装材料、酸度、口感与风味。③灌装质量。④灌装前后产品微生物指标。

7. 贮藏、运输过程

贮藏、运输过程需注意以下几方面。

①冷库温度及卫生状况。②产品温度降至 10℃ 时所需时间。③产品在保质期内的质量变化情况。④产品微生物、物理化学及感官指标。

该批产品各项指标符合国家标准以及本企业对该产品的有关要求，方可进入市场，不合格产品坚决不予出厂。成品运输条件必须符合保鲜制品运输条件（食品卫生及温度等）的要求。

任务四　酸乳常见的质量问题及质量标准

一、酸乳常见的质量问题

酸乳成品质量可从理化、微生物和感官三个方面进行评定。一般规定在组织状态上，凝块均匀细腻，无气泡，允许有少量乳清析出；具有纯正的酸乳滋味及气味，无酒精发酵味、霉味及其他异味；色泽均一，呈白色或稍带微黄色。

在酸乳生产过程中易产生以下一些质量缺陷，需根据上述质量控制措施从原料和工艺条件等方面加以注意。

1. 产品质地不均，有蛋白凝块，不黏稠，凝固不良

凝固不良、发软可能是由以下因素引起的：发酵时间不够；使用了发酵能力衰退的发酵剂；产酸低，引起了凝固不良；乳中固体物不足，发酵停滞；在搬运

过程中的剧烈震动等。

2. 产品缺乏发酵乳的芳香味，酸度过高或过低

口感、滋味及气味不良可能因以下一些因素引起：原料乳品质；发酵剂污染；生产环境不卫生等诸多因素均会使酸乳凝固时出现海绵状气孔、乳清分离、口感不良、有异味等现象。

3. 乳清析出

乳清析出是因贮藏温度过高或时间过久，使蛋白质的水合能力降低，形成的凝乳因疏松而碎裂。

4. 发酵时间长

发酵时间长可能是使用的发酵剂不良，产酸弱，乳中酸度不足、温度过低或发酵剂用量过少等因素引起的。

5. 微生物污染

生产环境污染或生产时灭菌不彻底，未按工艺参数进行操作等原因造成的。

二、 发酵乳食品安全国家标准（GB 19302—2010《食品安全国家标准 发酵乳》）

此标准适用于全脂、脱脂和部分脱脂发酵乳。

1. 感官指标

酸乳的感官要求如表 6-10 所示。

表 6-10 酸乳的感官要求

项目	发酵乳	风味发酵乳
色泽	色泽均匀一致，呈乳白色或微黄色	具有与添加成分相符的色泽
滋味、气味	具有发酵乳特有的滋味、气味	具有与添加成分相符的滋味和气味
组织状态	组织细腻、均匀，允许有少量乳清析出	具有添加成分特有的组织状态

2. 理化指标

酸乳的理化指标如表 6-11 所示。

表 6-11 酸乳的理化指标

项目	指标	
	纯酸乳	风味酸乳
脂肪 * /（g/100g） ≥	3.1	2.5
非脂乳固体/（g/100g） ≥	8.1	—
蛋白质/（g/100g） ≥	2.9	2.3
酸度/°T≥	70.0	

注：* 仅适用于全脂产品。

3. 污染物限量

酸乳的污染物限量应符合表 6-12 所示。

表 6-12　　　　酸乳的污染物限量　　　　单位：mg/kg

项目	指标
铅（以 Pb 计）　≤	0.05
总砷　≤	0.1
铬（以 Cr 计）　≤	0.3

4. 微生物指标

酸乳的微生物指标如表 6-13 所示。

表 6-13　　　　酸乳的微生物指标

项目	采样方案[a]及限量（若非指定，均以 CFU/g 或 CFU/mL 表示）			
	n	*c*	*m*	*M*
大肠菌群	5	2	1	5
金黄色葡萄球菌	5	0	0/25g（mL）	—
沙门菌	5	0	0/25g（mL）	—
酵母　≤	100			
霉菌　≤	30			

注：a 样品的分析及处理按 GB 4789.1—2016 和 GB 4789.18—2010 执行；*n*：同一批次产品应采集的样品件数；*c*：最大可允许超出 *m* 值的样品数；*m*：微生物指标可接受水平的限量值；*M*：微生物指标的最高安全限量值。

5. 乳酸菌数

酸乳的乳酸菌数指标如表 6-14 所示。

表 6-14　　　　酸乳的乳酸菌数指标　　　　单位：[CFU/g(mL)]

项目	指标
乳酸菌数*　≥	1×10^{6}

注：* 发酵后经热处理的产品对乳酸菌数不作要求。

拓展阅读

一、酸乳制品消费产业概况

近年来，随着人们对健康饮食的追求和消费水平的提高，酸乳市场需求不断增长。目前，全球酸乳市场呈现出稳步增长的趋势。根据市场研究机构的数据显示，酸乳市场规模在过去几年中不断扩大，2022 年全球酸乳市场规模达到了约 600 亿美元，预计到 2028 年将增长至约 800 亿美元。由于人们对健康饮食的重视和乳制品消费量的增加，特别是在年轻人和中产阶层中，对于健康食品的需求不断增长，酸乳市场尤为活跃。

二、新型酸乳产品的发展前景

1. 益生菌酸乳

益生菌酸乳是近年来研究的热点之一。益生菌是一类对宿主有益的活性微生物，是定植于人体肠道、生殖系统内，能产生确切健康功效进而改善宿主微生态平衡、发挥有益作用的活性有益微生物的总称。发酵酸乳中的益生菌群，可以帮助维持和改善人体肠道菌群的平衡。

2. 有机酸酸乳

有机酸酸乳是以有机酸为发酵剂制成的酸乳。与普通酸乳相比，有机酸酸乳具有更低的 pH 和更高的有机酸含量。研究表明，有机酸酸乳具有抑制腐败菌生长、促进肠道蠕动等功能。有机酸酸乳的创新点在于利用有机酸代替传统酸乳制作中的果糖等甜味剂，从而降低酸乳的糖分和热量。同时，有机酸还可以提高酸乳的抗氧化能力和改善肠道环境。

3. 谷物酸乳

谷物酸乳是以谷物为主要原料制成的酸乳。与传统的牛乳酸乳相比，谷物酸乳具有更高的膳食纤维、矿物质等营养成分。此外，谷物酸乳还有助于改善乳糖不耐受症状。谷物酸乳的创新点在于以谷物为主要原料，从而提高了酸乳的营养价值。

4. 高钙酸乳

高钙酸乳作为一种营养丰富、口感优良的乳制品，具有广阔的市场前景。高钙酸乳的特点为：营养价值高，高钙酸乳富含蛋白质、钙、维生素等营养成分，对人体健康有很好的促进作用。口感优良，高钙酸乳口感更加细腻、爽口，具有独特的乳香味。稳定性好，储存和运输过程中不易变质，能够保持其原有的品质和口感。此外，由于其生产工艺和品质的稳定性，高钙酸乳也具有很好的出口前景。

5. 高蛋白酸乳

高蛋白酸乳作为优质的蛋白质来源，在发酵过程中，部分牛乳中的蛋白质被分解成小分子肽和氨基酸，更容易被消化吸收。蛋白质含量高的酸乳可以更好地填补饥饿感，并维持更长时间的饱腹感。健身人士和孕妇以及其他需要补充蛋白质的人群可以将其作为高蛋白补充品。

6. 无蔗糖酸乳

无蔗糖酸乳具有甜味适中、营养丰富等特点，成为市场上的一种新兴健康食品。通过添加低聚糖类，如异麦芽糖、低聚果糖等，来替代蔗糖，不仅能够保留酸乳的口感，还能起到调节肠道菌群的作用。然而，低聚糖类的添加量需要严格控制，否则可能会影响产品的质量和口感。

7. 植物基酸乳

植物基酸乳是一种由植物性原料经过发酵制成的乳制品。植物基酸乳的制备方法、营养特性和质量与动物酸乳相似，同时具有降低环境污染、节约资源等优势。尽管植物基酸乳具有许多优点，但目前仍存在一些问题，如植物基酸乳的口感和风味可能与动物酸乳存在差异，营养成分和含量与动物酸乳有所不同，生产成本较高等。

三、酸乳发酵产业市场分析

1. 消费需求分析

随着生活水平的提高和健康意识的增强，消费者对酸乳产品的需求更加多元化和个性化。企业要加强对市场的研究，了解消费者需求的变化趋势，及时调整产品策略，以满足市场需求。酸乳因其营养价值和保健作用，越来越受到消费者的青睐。特别是年轻人和健康意识较强的人群，对酸乳的需求量较大。同时，随着消费者对食品质量、安全和口感的追求，对酸乳的品质和口感的要求也越来越高。

2. 市场竞争分析

目前，酸乳市场竞争激烈。市场上存在众多品牌和种类，包括常温酸乳、低温酸乳、风味酸乳等。一些大型乳制品企业如伊利、蒙牛等在酸乳市场上占据主导地位，而一些地方品牌和新兴品牌也在逐渐崭露头角。

3. 市场趋势分析

（1）个性化需求　随着消费者对食品需求的多样化，对酸乳的口味、颜色、形状等个性化需求越来越高。这为生产企业提供了更多的创新机会。

（2）运用新技术提升产品质量　新技术的运用将为酸乳生产带来更多的可能性，如无糖、高蛋白、益生菌等产品的出现，满足了消费者对健康和营养的需求。企业应根据新技术的发展动态，将其应用到生产过程中，提高产品质量和附加值。随着人们对健康饮食的追求，对具有特定功能的酸乳需求越来越大，如添加益生菌、高钙、低糖等。

（3）绿色环保　企业应根据环保法规的变化，采用环保友好型原料和生产工艺，以降低碳排放和资源消耗，实现产业的可持续发展。因此，生产企业在生产过程中要注意环保，使用可降解的包装材料等。

综上所述，酸乳行业的发展趋势主要体现在消费者需求的变化、产品创新和品牌机遇等方面。我们呼吁广大消费者支持酸乳行业的发展，共同促进健康饮食习惯的普及和推广。未来随着科技的不断进步和消费者需求的多样化，酸乳产业将迎来更为广阔的发展前景。

习题

一、填空题

1. 酸乳按照其成品的组织状态分类，可分为______和______两种类型。

2. 酸乳按照其成品的口味分类，可分为______、______、______、______和______五种类型。

3. 酸乳生产中常用的发酵剂，一般有______、______和______三种发酵剂类型。

二、判断题

1. 乳粉生产中应尽量使水分全部除去，这样更有利于保持产品不变质。(　　)

2. 乳中掺水后密度降低，冰点上升。(　　)

3. 发酵剂中菌种的活力主要受乳中乳糖含量的影响。(　　)

4. 影响乳分离效率的因素主要是温度、时间和流量。(　　)

5. 搅拌型酸乳的加工特点是在发酵过程中不断搅拌。(　　)

6. 正常乳的pH为7.0，呈中性。(　　)

三、简答题

1. 原料乳预处理中主要包括哪几项工序？各有什么要求？

2. 在酸乳发酵剂的制备过程中，影响发酵剂菌株活力的主要因素有哪些？

3. 酸乳生产中常见的质量问题有哪些？

项目七 味精发酵生产技术

【知识目标】

1. 掌握谷氨酸生产用培养基的组成。
2. 掌握谷氨酸发酵条件的控制方法。
3. 掌握谷氨酸分离提取、纯化的工艺方法。
4. 掌握用谷氨酸制造味精的工艺方法。

【技能目标】

1. 掌握配制谷氨酸发酵培养基的技能。
2. 掌握发酵法生产谷氨酸的技能。
3. 掌握分离提取、纯化谷氨酸的技能。
4. 掌握用谷氨酸制造味精的技能。

【素质目标】

1. 弘扬中华优秀饮食文化，辩证地看待调味料的作用，助力“健康中国”目标落实。
2. 认识谷氨酸工业发展历史，对我国在谷氨酸生产领域取得的巨大成绩产生认同感。
3. 提升食品安全和安全生产意识，具备高尚的职业道德修养。
4. 培育严谨求实的工作作风，团结互助的协作精神。

味精是一种调味料，化学名称为 L-谷氨酸钠，又称谷氨酸钠、麸酸钠、味素等。来源上，味精由生物发酵制取：以淀粉、大米、糖蜜等碳水化合物为原料，经谷氨酸棒杆菌等微生物发酵得到谷氨酸，再经碳酸钠或氢氧化钠中和、精制而成。它是增强食品风味的增味剂，主要呈现鲜味，也称鲜味剂。味精的鲜味不是一种单纯味道，而是多种风味的复合体，鲜味占 71.4%，咸味占 13.5%，酸味占 3.4%，甜味占 9.8%，苦味占 1.7%。味精呈无色或白色，柱状结晶性粉末，无臭，有特殊鲜味。味精易溶于水，微溶于乙醇，不溶于乙醚。无吸湿性，对光稳定，水溶液加温也较稳定。味精在水中溶解度为 64.1g/100g（0℃）。于 100℃ 的温度下加热 3h，分解率为 0.6%，在 120℃ 时失去结晶水，在 155~160℃ 或长时间受热，会失水而发生吡咯烷酮化反应，生成焦谷氨酸钠，其呈味力降低。

1866年，德国人里德豪生（Ritthasen）首先从植物蛋白质中提炼得到味精。我国的味精产业起始于1919年，由著名爱国实业家吴蕴初经3年多的钻研研制而成。经百年的发展，我国味精产业从无到有、从弱到强，创新驱动使它从一个高能耗、高粮耗、高污染的行业迈向成熟的循环经济和清洁生产，实现了绿色生产味精的强国梦。我国成为全球最大谷氨酸生产国和出口国，进口量几乎忽略不计，出口量远远大于进口，2022年国内谷氨酸出口量为近80万吨，出口至60个国家和地区。

味精主要成分是谷氨酸一钠，简称MSG。在使用性能上，MSG的抗pH特性不好，无论在酸性或碱性条件下都会使鲜味降低，当pH为3.2时，鲜味最低，pH在7以上时，由于生成二钠盐无鲜味，只有在pH为6~7时，才有最好的味感。原因是：鲜味的产生可能是—NH_3^+和—COO^-两个基团之间产生静电吸引，形成的五元环结构对味觉有鲜味的作用，在酸性条件下—COO^-变成—COOH，在碱性条件下—NH_3^+变成—NH_2，这都会使氨基与羧基之间的静电引力减弱，使五元环结构受到影响而鲜味降低。

味精在pH为5以下的酸性条件长时间受热，会发生分子内脱水生成焦谷氨酸，结果使鲜味消失，还会产生毒性。

味精具有很强的肉类鲜味，用水稀释3000倍，仍能感到其鲜味，呈味阈值为0.014%。人体食入味精后，受胃酸作用，反应生成谷氨酸，谷氨酸不仅是合成人体蛋白质的主要成分，而且还参与体内许多其他代谢过程，因而有较高的营养价值。另外，MSG的食品安全问题成为一个争论不休的话题。大量摄入会导致血液谷氨酸浓度显著上升，机体出现代谢综合征症状，甚至可诱导神经兴奋毒性，引起化学性脑损伤等。因此，要引导大众合理、适量食用谷氨酸。

谷氨酸应用领域广泛，包括医药、食品加工、日用化工、保健品等。在医药领域，谷氨酸可用于治疗酮血症、酮尿症、肝性昏迷、癫痫等，还用于改善儿童智力发育；在食品加工领域，谷氨酸为味精的主要成分，具有提鲜作用；在日用化工领域，谷氨酸作为生发剂，能被头皮吸收，预防脱发并使头发新生，对毛乳头、毛母细胞有营养功能，并能扩张血管，增强血液循环，用于生产洗发剂等产品；在保健品领域，谷氨酸帮助人们保持精力充沛和健康；在农业领域，谷氨酸与某些激素配合，可制成柑橘增甜剂。

任务一　谷氨酸发酵培养基的制备

1956年从日本开始，谷氨酸生产由面筋豆粕和废糖蜜浓缩物水解法，转为用糖质原料的细菌发酵法。生产谷氨酸的发酵，区别于传统的酿酒和抗生素发酵，是一种改变微生物代谢的控制发酵。谷氨酸发酵主要以谷氨酸棒状杆菌（*Corynebacterium glutamicum*）、乳糖发酵短杆菌（*Brevibacterium lactofermentum*）和黄色短杆菌（*Brevibacterium flavum*）等棒状杆菌属细菌为主。我国使用的生产菌株有北京棒状杆菌（*Corynebacterium pekinenese n.* sp.）AS1.299、北京棒状杆菌D110、钝齿棒状杆菌（*Corynebacterium crenatum n.* sp）AS1.542、棒状杆菌S-914和黄色短杆菌T6-13（*Brevibacterium flavum* T6-13）等。在已经报道的谷氨酸产生菌中，除芽孢杆菌外，虽然它们在分类学上属于不同的属种，但有一些共同的特点，如菌体为球形，短杆至棒状，无鞭毛，不运动，不形成芽孢，呈革兰氏染色阳性，需要生物素，在通气条件下培养产生谷氨酸。谷氨酸发酵的工艺过程主要包括培养基的配制，上罐实消，冷却接种和发酵等工艺阶段，制得发酵液，用于提取谷氨酸。谷氨酸发酵培养基包括碳源、氮源、无机盐、生长因子及水等。发酵培养基不仅供给菌体生长繁殖所需要的营养和能量，而且是构成谷氨酸的碳架来源。要积累大量谷氨酸，就要有足够的碳源和氮源，有对菌体生长必需的因子——生物素，但要控制其用量，见表7-1。

表7-1　谷氨酸生产菌的菌体特征

谷氨酸生产菌	菌体形态	革兰氏染色	运动性	生化性能
棒状杆菌属	一端膨大的杆状	阳性，但有时候呈阴性，菌体内着色不均一	多数不能运动	好氧或厌氧，从葡萄糖发酵产酸
短杆菌属	细胞短，不分枝	阳性	少数有鞭毛运动	多数从葡萄糖发酵产酸
小杆菌属	与棒杆菌相似，有时为球状	阳性，亚甲蓝染色呈颗粒状		从葡萄糖发酵，产酸弱，主要产乳酸
节杆菌属	由球菌变杆菌，又由杆菌变球菌	由阳性变阴性，又由阴性变阳性	一般不运动	从葡萄糖发酵，产酸极少或不产酸

一、培养基主要成分

1. 碳源及其生产要求

碳源是供给菌体生命活动所需能量，构成菌体细胞以及合成谷氨酸的基础，谷氨酸生产菌是异养微生物，只能从有机化合物中取得碳源。目前使用的谷氨酸生产菌均不能利用淀粉，只能利用葡萄糖、果糖等，有些菌种还能利用醋酸、正烷烃等为碳源。在一定浓度范围内，谷氨酸产量随糖浓度增加而增加，但是糖浓度过高，引起渗透压增大，对菌体生长和发酵均不利，当工艺条件设置不当时，谷氨酸对糖的转化率降低。同时，培养基浓度大，氧溶解阻力大，影响供氧速率。目前国内谷氨酸发酵糖浓度为 125~150g/L，一般采用流加糖工艺，如采用一次高糖发酵工艺，糖浓度可达 170~190g/L。为了降低培养基中糖浓度又提高产酸水平，就必须采用低浓度糖的流加糖发酵工艺。目前，我国谷氨酸生产中普遍采用淀粉水解的葡萄糖，其次用甜菜糖蜜、甘蔗糖蜜作为糖质原料来源。在国外也有用醋酸、乙醇等作为碳源的。

2. 氮源及其生产要求

常用氮源有：①尿素（目前以尿素为氮源的谷氨酸发酵仅属于小试或中试）；②液氨，也可用氨水，工业中主要采用液氨；③碳酸氢铵。谷氨酸发酵的有机氮源常用玉米浆、麸皮水解液、米糠水解液、豆饼水解液和糖蜜等。当氮源的浓度过低时，会使菌体细胞营养过度贫乏形成“生理饥饿”，影响菌体增殖和代谢，导致产酸率低。随着玉米浆的浓度增高，菌体大量增殖，使谷氨酸非积累型细胞增多，同时又因生物素过量，合成磷脂增多，导致细胞膜增厚，不利于谷氨酸的分泌，造成谷氨酸产量下降。碳氮比一般控制在 100：(15~30) 为宜。当碳氮比在 100：11 以上时才开始积累谷氨酸。在实际生产中，采用尿素或液氨作为氮源时，由于一部分氨用于调节 pH，一部分逸出，使实际用量很大，当培养基中糖浓度为 140g/L，碳氮比应为 100：32. 8。

在不同发酵阶段，控制碳氮比可以促进以生长为主的阶段向产酸阶段转化。在长菌阶段，过量的铵离子会抑制菌体生长；在产酸阶段，如铵离子不足，α-酮戊二酸不能还原并氨基化，而积累 α-酮戊二酸，谷氨酸生成量减少。

3. 无机盐及其生产要求

无机盐是微生物生命活动不可缺少的物质，其主要作用是构成菌体成分，作为酶的组成部分，酶的激活剂或抑制剂，调节培养基的渗透压，调节 pH 和氧化还原电位等。生产上对无机盐的需要量很少，但无机盐对菌体生长和代谢产物的生成影响很大。主要使用的无机盐有磷酸盐、硫酸镁、钾盐以及微量元素等。磷含量对谷氨酸发酵影响很大。磷浓度过高时，菌体的代谢转向合成缬氨酸；磷含量低，菌体生长不好。微生物对磷的需要量一般为 0. 005~0. 01mol/L。硫存在于细胞的蛋白质中，是含硫氨基酸的组成成分，是构成一些酶的活性基团。培养基中的硫已从硫酸镁中供给，不必另加。钾是许多酶的激活剂，谷氨酸的生成所需的钾盐比菌体生长需要量高。谷氨酸生成需钾量为 0. 2~1. 0g/L。另外，某些金属离子（如汞离子和铜离子）会抑制菌体生长和影响谷氨酸的合成，因此必须避免有害离子进入培养基中。

4. 生长因子及其生产要求

含硫水溶性维生素是 B 族维生素的一种，又称为维生素 H 或辅酶 R，广泛存在于动物及植物组织中。已从肝提取物和蛋黄中分离出含硫水溶性维生素，是多种羧化酶辅基的成分。生物素主要影响谷氨酸生产菌细胞膜的通透性，同时也影响菌体的代谢途径。生物素对发酵的影响是全面的，在发酵过程中要严格控制其浓度。维生素 B_1 对谷氨酸菌种的发酵具有促进作用，主要存在于种子的外皮和胚芽中，如米糠和麸皮中含量丰富，在酵母菌中含量也极丰富。能提供生长因子的农副产品原料主要有玉米浆、麸皮水解液、糖蜜、酵母等，其中，玉米浆用麸皮水解条件如下所述。

（1）以干麸皮：水：HCl = 4.6：26：1（质量比）配比混合，装入水解锅中，以 0.07~0.08MPa 表压加热水解 70~80min。

（2）以干麸皮：水 = 1：20（质量比）配比混合，用盐酸调至 pH 为 1.0，以 0.25MPa 表压加热水解 20min，然后过滤取滤液。浆用量应根据淀粉原料、糖浓度及发酵条件不同而异。

二、典型培养基

1. 保藏斜面培养基

牛肉膏 1%，蛋白胨 1%，氯化钠 0.5%，琼脂 2%，pH7.0。

2. 活化斜面培养基

葡萄糖 0.1%，牛肉膏 1%，蛋白胨 1%，氯化钠 0.5%，琼脂 2%，pH7.0。

3. 一级种子培养基

葡萄糖 2.5%，玉米浆 3.1%，尿素 0.55%，磷酸氢二钾 0.12%，硫酸镁 0.06%，pH7.0。

4. 摇瓶初筛发酵培养基

葡萄糖 12%，玉米浆 0.8%，磷酸二氢钾 0.2%，硫酸镁 0.04%，pH7.0。

5. 摇瓶复筛发酵培养基

葡萄糖 18%，玉米浆 0.5%，甘蔗糖蜜 0.15%，磷酸二氢钾 0.2%，硫酸镁 0.04%，pH7.0。

任务二 谷氨酸生产菌种的扩大培养

一、斜面培养基

1. 斜面培养基的组成

葡萄糖 0.1%，牛肉膏 1.0%，蛋白胨 1.0%，氯化钠 0.5%，琼脂 2.0%，pH7.0~7.2。121℃灭菌 30min（传代和保藏斜面不加葡萄糖）。

2. 注意事项

（1）如果将灭菌后的试管直接置于室温下冷却，斜面上会出现一层冷凝水。使用这种斜面接种，由于冷凝水的流动，导致试管上部划线处菌落稀少，而在试管下部会出现一片菌苔，因为营养不足，菌体生长欠佳。所以，灭菌后应将试管置于30℃恒温箱内。

（2）接种后的斜面，在4℃下可保藏2~3个月。

（3）因为保藏斜面的菌体都处于休眠状态，所以使用前必须经过活化。活化就是把保藏斜面上的菌体移接到活化斜面（在保藏斜面培养基基础上添加了0.1%葡萄糖）上，在30~32℃下恒温培养18~24h，取出后存放于4℃冰箱内，随时取用。

二、 一级种子培养基和二级种子培养基

1. 一级种子培养基

种子扩大培养的目的是获得大量健壮的细胞。一级种子培养基应该营养丰富，有利于菌体的生长繁殖。为了避免培养过程中因产生有机酸引起培养基pH下降而造成菌体老化，培养基的含糖量要低，一般在2.5%左右。一级种子培养基其他成分组成与斜面培养基组成相同。

2. 二级种子培养基

通过一级种子扩大培养后，种量还不能满足发酵的需要，因此需要进一步扩大培养。二级种子培养基的组成和原料来源应该与发酵培养基一致，但配比上可有差异，这样可以保证二级种子接到发酵罐后能很快适应环境，缩短发酵周期。不同菌种的二级种子培养用培养基组成略有差异，常用培养基组成见表7-2。

表7-2　　常用谷氨酸发酵二级种子培养基的组成

培养基组成	菌株			
	T6-13	B9	T738	AS1.299
水解糖/%	2.5	2.5	2.5	2.5
玉米浆/%	2.5~3.5	2.5~3.5	2.5~3.5	2.5
磷酸氢二钾/%	0.15	0.15	0.2	0.1
硫酸镁/%	0.04	0.04	0.05	0.04
尿素/%	0.4	0.4	0.5	0.5
Fe^{2+}/(mg/L)	2	2	2	2
Mn^{2+}/(mg/L)	2	2	2	2
pH	6.8~7.0	6.8~7.0	7.0	6.5~6.8

3. 发酵培养基

发酵培养基不仅提供菌体生长繁殖所需要的营养和能量，而且是谷氨酸的物质来源。因此，发酵培养基应含有足够的碳源和氮源，其含量比种子培养基中的含量要高出很多。发酵培养基的组成和配比因菌种、设备、工艺条件和原料来源等不同而异。B9、T6-13 菌株的发酵培养基组成（单位:%）为：水解糖 12~14，尿素 0.5~0.8，玉米浆 0.6mL，K_2HPO_4 0.1~0.2，$MgSO_4 \cdot 7H_2O$ 0.04，pH 7.0。为节约生产成本，可用 Na_2HPO_4 和 KCl 代替 K_2HPO_4。发酵过程中追加的总尿素量为 3.0%~3.2%，玉米浆也可用麸皮水解液代替，用量为 6mL。麸皮水解液的制法是：以麸皮：水：盐酸=4.6：26：1（质量比）的配比混合，在水解锅中用蒸汽(0.07~0.08MPa）加热水解 70~80min，水解液浓度控制在 5°Bé 左右。

三、 种子扩大培养

1. 一级种子扩大培养

（1）培养条件　在 1000mL 三角瓶中，装入一级种子培养基 180~200mL，以 8 层纱布覆盖瓶口，并用细绳将纱布扎紧，瓶口外再以牛皮纸裹紧，同样用细绳扎牢。灭菌后接种，然后置于摇床上，在 30~32℃下振荡培养 10~12h。

（2）一级种子质量指标

①用显微镜观察，菌体粗壮、均匀，排列整齐。

②用琼脂平板检查，无杂菌，无噬菌斑。

③OD（光密度）值净增 0.6 左右。

④种子培养液 pH 在 6.4 左右。

⑤种子培养液的残糖含量在 0.5%以下。

2. 二级种子扩大培养

（1）培养条件　二级种子是在种子罐里培养的，种子罐的大小根据发酵罐大小和接种量来决定。培养二级种子时的接种量为 0.2%~0.5%，温度为32~34℃，培养时间为 6~8h。种子罐的搅拌转速和通风量因种子罐大小而异。种子罐的搅拌转速和通风量，如表 7-3 所示。种子罐的培养基装量为罐体积的 70%，种子罐的径高比为 1：2，搅拌器为二挡六弯叶涡轮型，叶径比为1：(0.3~0.35)。

表 7-3　种子罐通风量与搅拌转速

罐体积/L	通风量*	搅拌转速/（r/min）
50	1：0.5	350
250	1：(0.3~0.35)	300
500	1：0.25	230

注：*表示 1：0.5 的通风量为 1min 对 $1m^3$ 发酵液通入 $0.5m^3$ 空气。1：(0.3~0.35) 与 1：0.25 的表示方法与1：0.5相同，余同。

（2）二级种子的质量指标

①pH 在 7.2 左右。

②残糖含量在 1.5%以下。

③其他各项指标跟一级种子相同。

（3）影响种子质量的主要因素　种子培养基的氮源、生物素和磷盐的含量要适当高些，但葡萄糖的含量必须限制在 2.5%左右，才可得到活力强的种子，避免由于糖多而产酸，引起 pH 下降，从而引起种子老化。

①种子对温度变化敏感。因此，在培养过程中温度不宜太高或波动太大，以免种子老化。

②在种子培养过程中，通风和搅拌要恰当。溶氧水平过高，菌体生长受到抑制，糖的消耗十分缓慢，在一定的培养时间里，菌体数达不到所要求的数量；氧不足则菌体生长迟缓，为了达到发酵所需的菌体数，必须延长培养时间。

③处在对数期的细胞，活力最高，一般以此阶段的细胞作种子，因此需要注意掌握好种子的培养时间。种龄过短则种子稚嫩，对环境的适应力差；种龄过长，细胞的活力已下降，当接入发酵培养基后会出现适应期延长的现象。

任务三　谷氨酸发酵工艺及控制

谷氨酸发酵属细菌发酵。培养基的主要成分是葡萄糖、尿素和磷酸盐等，因此发酵液较稀薄，不黏稠。放罐时的发酵液温度在 34℃左右。发酵液内主要有菌体、细菌的代谢产物和培养基的残留成分，这些物质的量因菌株和发酵工艺条件不同而不同，通常发酵液中谷氨酸铵盐含量为 5%~8%，其他氨基酸（如天冬氨酸、丙氨酸等）的总量不超过 0.5%，残糖低于 1%，铵盐在 0.8%左右，Na^+、Mg^{2+}、K^+、Cl^-、SO_4^{2-} 和 PO_4^{3-} 等离子的含量很少，湿菌体占 2%以上，同时含有一定量的有机酸、色素以及残存的消泡剂。

一、　谷氨酸生产菌的生化特征

根据谷氨酸生物合成途径，谷氨酸生产菌应具备以下几个生化特征：①有催化固定二氧化碳的二羧酸合成酶——苹果酸酶和丙酮酸羧化酶的存在，使三羧酸循环的中间代谢物得到补充。同时，丙酮酸脱羧酶活力不能过强，以免丙酮酸被大量耗用而使草酰乙酸的生成受到影响。②α-酮戊二酸脱氢酶的活性很弱，才有利于α-酮戊二酸的蓄积。当有 NH_4^+ 存在时，在谷氨酸脱氢酶催化下，由α-酮戊二酸不断生成谷氨酸。③异柠檬酸脱氢酶活力强，而异柠檬酸裂解酶活力不能太强，从而有利于谷氨酸前体物 α-酮戊二酸的生成，满足合成谷氨酸的需要。由于 α-酮戊二酸脱氢酶的活性弱，琥珀酸的生成量少。在长菌期，菌体通过乙醛酸循环来弥补三羧酸循环中间代谢物的不足，但当细菌进入产酸期后，由于固定二氧化碳的二羧酸合成酶的活力已增强，三羧酸循环的中间代谢物完全能够依靠二氧化碳固定反应得到补充，为了有利于谷氨酸的蓄积，此时异柠檬酸裂解酶的活力应降到最小。④谷氨酸脱氢酶活力高，有利于谷氨酸的生成。⑤谷氨酸脱氢酶催化 α-酮戊二酸还原氨基化反应时，需要有 $NADPH_2$ 作为供氢体。如果 $NADPH_2$ 过多地经呼吸链氧化，使所带的氢跟氧结合成水，造成 $NADPH_2$ 的不足，将影响谷氨酸的生成。⑥菌体本身进一步分解转化和利用谷氨酸的能力低下，就有利于谷氨酸的蓄积。

二、 发酵条件的控制

谷氨酸发酵生产过程中要严格无菌操作，还需控制温度、通风量、pH 与泡沫等。

1. 温度对发酵的影响

发酵过程中，谷氨酸生产菌的生长繁殖与谷氨酸的合成都是在酶的催化下进行，不同的酶促反应所需的温度也不同。谷氨酸发酵前期（0~12h）是菌体大量繁殖阶段。此阶段微生物利用培养基中的营养物质合成核酸、蛋白质等供菌体繁殖用，而控制这些合成反应的最适温度在 30~32℃。在发酵中、后期是谷氨酸大量积累的阶段，而催化谷氨酸合成的谷氨酸脱氢酶的最适温度在 32~36℃，适当提高罐温对谷氨酸积累有利。不同菌种对温度敏感性也不一样，故温度的控制也应因菌而异。

2. pH 对发酵的影响

发酵过程中，发酵液 pH 的变化是微生物代谢情况的综合标志。发酵前期 pH 控制在 7.5~8.0。发酵中、后期将 pH 控制在 7.0~7.6，对提高谷氨酸产量有利。

3. 通风与搅拌对发酵的影响

谷氨酸生产菌（谷氨酸棒状杆菌）是兼性好气性微生物，供氧不同，菌体代谢产物不同。通风主要用于供氧，还能使菌体与培养基密切接触，保证代谢产物均匀扩散。微生物呼吸时只能利用溶解于培养基中的氧气，发酵罐中的空气氧分子不能全部被发酵液吸收，搅拌可提高通气效果，使空气变成小气泡，从而增加气-液接触面积，提高溶解氧水平。在实际生产中，用气体流量计来检查通气量，即用每分钟单位体积的通气量表示通气强度。发酵罐大小不同所需搅拌转速与通风量也不同，见表 7-4。

4. 溶氧对发酵的影响

谷氨酸发酵是典型好氧发酵，溶解氧对谷氨酸产生菌种子培养影响很大。溶解氧过低，菌体呼吸受到抑制，从而抑制生长，引起乳酸等副产物的积累，但是并非溶氧越高越好，当溶氧满足菌的需氧量后继续升高，不但会造成浪费还会由于高氧水平抑制菌体生长和谷氨酸的生成。

表 7-4 谷氨酸发酵通风量的控制

项目	发酵罐容积		
	$10m^3$	$20m^3$	$50m^3$
搅拌转速/(r/min)	160	140	110
通风比/[m^3/(m^3 · min)]	1∶(0. 16~0. 17)	1∶0. 15	1∶0. 12

5. 泡沫的影响

谷氨酸发酵过程中，由于强烈的通风与菌体代谢所产生的 CO_2，使培养液产生大量泡沫。泡沫的存在往往给发酵带来危害，泡沫过多会使培养液溶解氧减少，气体交换受阻，影响菌的呼吸和代谢，还影响装料系数，降低发酵设备利用率，造成发酵液外溢，增加污染机会。当泡沫多时一般采用机械消泡或化学消泡两种方法消除泡沫，以保证发酵正常进行。目前谷氨酸发酵常用的消泡剂有：花生油、豆油、菜油、玉米油、棉籽油、泡敌、硅酮 280P 等。天然油脂类的消泡剂用量一般为发酵液的 0. 1%~0. 2%（体积分数），泡敌的用量为 0. 02%~0. 03%（体积分数），硅酮 280P 的用量为 0. 02%~0. 03%（体积分数）。

6. 发酵时间

发酵时间不同的谷氨酸生产菌对糖的浓度要求也不一样，其发酵时间也有所差异。一般低糖（10%~12%）发酵，其发酵时间在 36~38h，中糖（14%）发酵时间为 45h。

三、 谷氨酸的代谢调节

目前工业上应用的谷氨酸生产菌有谷氨酸棒状杆菌、乳糖发酵短杆菌、散枝短杆菌、黄色短杆菌、噬氨短杆菌等。我国常用的菌种有北京棒状杆菌、钝齿棒状杆菌等。谷氨酸的生物合成包括糖酵解作用（EMP 途径）、磷酸戊糖途径（HMP 途径）、三羧酸循环（TCA 循环）、乙醛酸循环（DCA）和丙酮酸羧化支路；CO_2 固定反应；α-酮戊二酸 KGA 的还原氨基化等。生物合成谷氨酸的主要方式是 α-酮戊二酸的还原氨基化作用。谷氨酸的生物合成受细胞内复杂机制的调控。影响谷氨酸发酵过程的参数有很多，谷氨酸发酵过程主要受种子质量、培养基组成、温度、pH 以及供氧速率等因素影响。

由葡萄糖发酵生成谷氨酸的理想途径如图 7-1 所示。

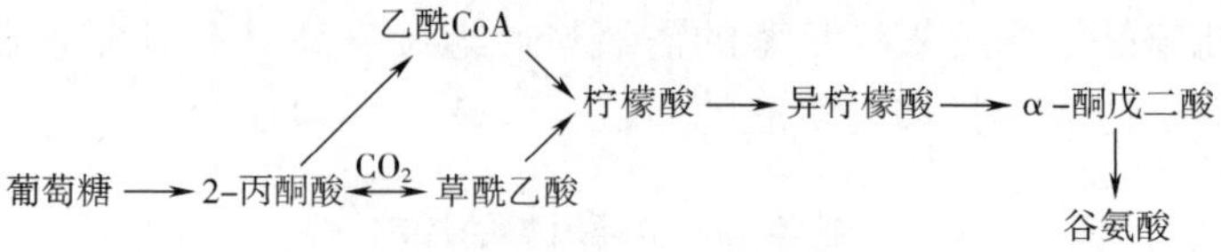

图 7-1　葡萄糖生成谷氨酸途径

在理想的发酵情况下，反应按下式进行：

$$C_6H_{12}O_6+NH_3+1.5O_2 \longrightarrow C_5H_9O_4N+CO_2+3H_2O$$

1mol 葡萄糖可以生成 1mol 的谷氨酸，理论收率为 81.7%。

上式在四碳二羧酸完全通过 CO_2 固定反应供给时成立。

倘若 CO_2 固定反应完全不起作用，丙酮酸在丙酮酸脱氢酶的催化作用下，脱氢脱羧全部氧化成乙酰 CoA，通过乙醛酸循环供给四碳二羧酸，该种情况下，由葡萄糖发酵生成谷氨酸的反应如以下两式所示：

$$3C_6H_{12}O_6 \longrightarrow 6C_3H_4O_3 \longrightarrow 6C_2H_4O_2+6CO_2$$

$$6C_2H_4O_2+2NH_3+3O_2 \longrightarrow 2C_5H_9O_4N+2CO_2+6H_2O$$

理论收率仅为 54.4%。

实际谷氨酸发酵时，因控制的好坏，加上形成菌体、微量副产物和生物合成所用的能量等，消耗了一部分糖，所以实际收率处于中间值。换言之，当以葡萄糖为碳源时，CO_2 固定反应与乙醛酸循环的比率，对谷氨酸产率有影响，乙醛酸循环活性越高，谷氨酸收率越低。

任务四　谷氨酸提取、纯化

从发酵液中提取、纯化谷氨酸的方法有：水解等电点法、低温等电点法、离子交换树脂法、锌盐法等，在生产中，常将两种方法结合使用。

一、 水解等电点法

1. 原理

谷氨酸发酵液经适当浓缩后加入盐酸进行加压水解，菌体蛋白质被水解。发酵液中残糖等有机杂质被破坏，可用过滤法除去。滤液再经脱色和浓缩后，用碱液中和至谷氨酸的等电点，在低温下放置，让谷氨酸结晶析出。该法优点在于菌体蛋白质中的谷氨酸得到了利用，并且发酵液中的谷氨酰胺和焦谷氨酸都变成了谷氨酸，所以谷氨酸的提取收率比较高；缺点是工艺较复杂，需要使用耐酸耐压设备。

2. 工艺流程

水解等电点法提取谷氨酸工艺流程如图 7-2 所示。

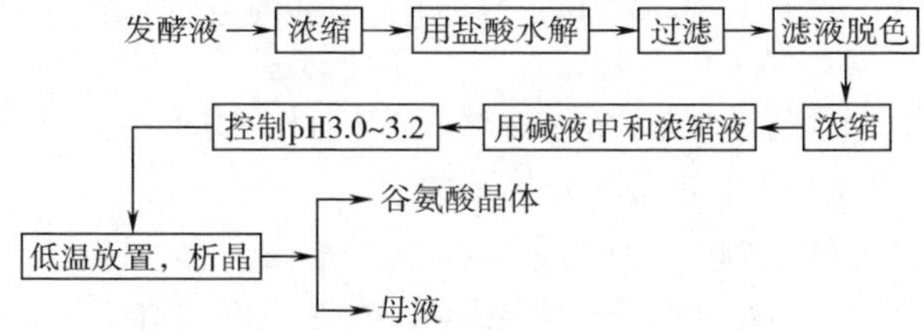

图 7-2 水解等电点法提取谷氨酸工艺流程

3. 操作要点

（1）浓缩是在 70℃、80kPa 真空度下进行，浓缩至相对密度为 1.27（70℃）。

（2）水解时，工业盐酸用量为浓缩液体积的 0.80～0.85，水解在 130℃下持续进行 4h。

（3）滤液的脱色，可使用活性炭，也可用弱酸性阳离子交换树脂 122#。

（4）为除尽氯化氢，可先浓缩至相对密度为 1.25，然后再用水调整至 1.23，再用碱液进行中和。

（5）浓缩液先用碱液中和至 pH 为 1.2 左右，然后加入 1.5%活性炭，搅拌 40min 后进行脱色。滤液再用碱液中和至 pH 为 3.2，搅拌 48h 后，低温放置，待谷氨酸结晶析出。

微课1 结晶法在味精生产中的应用——结晶技术

微课2 结晶法在味精生产中的应用

二、 低温等电点法

1. 原理

当溶液的 pH 等于谷氨酸等电点时，谷氨酸的溶解度最小。例如，30℃时溶解度为 1.06，5℃时溶解度小于 0.41，因此可以采用低温等电点法将谷氨酸从发酵液中结晶析出。一般在析出谷氨酸晶体后的母液中，还含有 1%～1.5%谷氨酸。

2. 工艺流程

低温等电点法提取谷氨酸的工艺流程如图 7-3 所示。

3. 影响谷氨酸结晶的因素

（1）菌体的影响　采用低温等电点法提取谷氨酸，操作时发酵液中的菌体

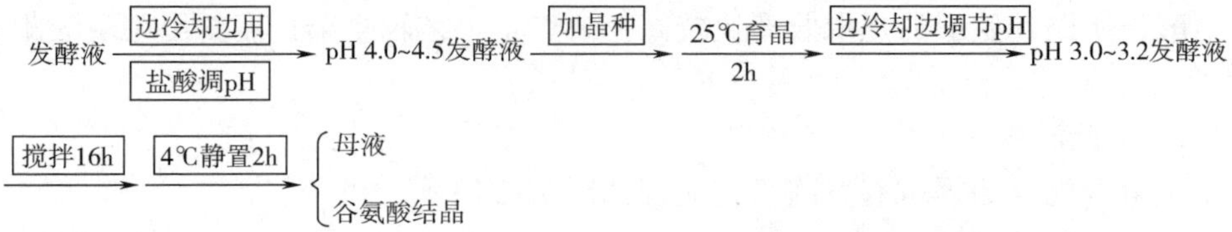

图 7-3 低温等电点法提取谷氨酸的工艺流程

一般都不预先除去。但菌体影响谷氨酸结晶，因此有条件的工厂，可用离心机先将菌体除去，然后再用等电点法进行提取操作。

（2）谷氨酸浓度的影响　发酵液中谷氨酸含量在 4%以上时，如将发酵液的 pH 调节至 3.2，谷氨酸很容易从发酵液中析出，收率可达 70%以上。如发酵液的谷氨酸含量低于 3.5%，即使在低温下，由于谷氨酸达不到过饱和状态，也很难用等电点法将谷氨酸从发酵液中结晶析出，遇到这种情况有以下几种解决方法。

①除去菌体后，在 70℃以下减压浓缩发酵液，以提高谷氨酸含量，然后再进行等电点操作。

②可用酸将上一次从离子交换柱上洗脱下来的含谷氨酸较多的洗脱液的 pH 调到 1.5，然后将它加入发酵液中，一则代替酸起到调节发酵液 pH 的作用，二则用来提高发酵液的谷氨酸含量，发酵液经如此处理后，谷氨酸析晶就容易了。

③先将发酵液上离子交换柱，收集谷氨酸含量较多的洗脱液（高流液），再用等电点法从高流液中提取谷氨酸。

（3）温度的影响　谷氨酸的溶解度与温度有关。温度越低，溶解度越小，有利于结晶，且析出的几乎全是 α-晶体。如果结晶温度高于 30℃，将得到大量 β-晶体。因此，在采用等电点法提取谷氨酸时，最好在低温下进行。在常温下用等电点法提取谷氨酸时，母液中谷氨酸含量在 1.8%左右，而在 4~5℃下提取时，母液中仅残留 1.0%~1.3%的谷氨酸。发酵液冷却的速度，也对谷氨酸晶型的形成有影响。如果发酵液冷却速度缓慢，容易得到大颗粒的 α-晶体；反之，则易生成细小的 β-晶体。

（4）加酸的影响　谷氨酸水溶液的 pH 等于谷氨酸的等电点 3.22 时，溶液中 84%以上是谷氨酸两性离子（$GA^{\pm}$），而 $GA^{\pm}$由于分子内部正负电荷相等，溶液中 GA^{+}的量与 GA^{-}的量又相等，因此溶液的总静电荷等于零，此时谷氨酸分子通过静电引力的作用，会结合成较大的聚合体而沉淀析出。因此，能否准确地将发酵液的 pH 调节至谷氨酸等电点，将显著影响等电点法的提取收率。进行等电点操作时，往发酵液中加酸，可将发酵液的 pH 调节到 3.2。加酸速度的快慢，对晶体的形成影响很大。缓慢加酸，控制 pH 逐步下降，使谷氨酸的溶解度逐渐降低，这样，晶核的形成不会太多，经育晶后晶体成长壮大，因而析出的晶体颗粒粗大、质重，易于沉淀分离。如加酸速度过快，就容易形成局部过饱和，这样，晶核的数量太多，以后形成的晶体颗粒就细小，难以沉淀分离，影响收率。一般来说，从开始加酸中和直至 pH 为 5 这段时间里，加酸速度可稍快些，在 pH 为 5 以下进一步调低 pH 时，加酸速度要慢，一旦发现有晶核出现，就立即停止加酸，之后育晶 2h，让晶体成长。之后，再缓慢地加酸将 pH 调节至 3. 1~3. 2。终点要准，发酵液 pH 偏离等电点会引起谷氨酸溶解度变大，尤其是偏向高的一侧（即 pH 大于 3. 2）时，就更显著，对提取收率的影响更大。另外，在调节 pH 时，尽量做到不回调，如果 pH 调节过头超过 3. 2，此时再用 HCl 回调，氯化钠生成量增多，影响谷氨酸结晶。

（5）晶种投入的影响　采用等电点法提取谷氨酸，适时投入一定量的晶种，将有利于提取收率的提高。投入晶种的时间一定要控制在发酵液正处于介稳区阶段，这是谷氨酸结晶常用的方法。晶种投入量一般为发酵液的 0. 2%~0. 3%。通常，谷氨酸含量为 5%左右的发酵液，在 pH 为 4. 0~4. 5 投晶种。谷氨酸含量为 3. 5%~4. 0%的发酵液，在 pH 为 3. 5~4. 0 投晶种。

（6）搅拌的影响　搅拌的作用是使液体不断翻动，从而使温度和 pH 均匀一致。这样做有利于晶体长大，并能防止晶簇形成。但搅拌不能过快，否则液体翻动剧烈，不利于晶体长大。如搅拌过慢，容易造成温度和 pH 不均匀，当局部 pH 偏低时就会产生许多细小晶核，以致形成的晶体质轻粒小。搅拌器的转速与贮液器大小和搅拌桨叶直径有关。通常采用桨式搅拌器，直径为等电点罐的 0. 4~0. 5 倍，二挡交叉安装，转速为 25r/min。

（7）残糖的影响　发酵液中残糖高，会增大谷氨酸的溶解度，还易使谷氨酸形成 β-晶体。发酵液中的残糖量低，谷氨酸容易结晶析出。

（8）钙、镁离子的影响　发酵液中钙和镁离子对谷氨酸结晶有影响。当发酵液中钙离子浓度达到 0. 34%时，谷氨酸就不容易结晶析出。用碳酸钙来调节发酵液的 pH 时，要特别注意钙离子对谷氨酸结晶的影响。

（9）某些氨基酸的影响　当发酵液中有 L-天冬氨酸、L-苯丙氨酸、L-酪氨酸、L-亮氨酸和 L-胱氨酸其中的一种或数种，与谷氨酸共存时，谷氨酸容易以 α-晶体析出。当采用等电点法结晶谷氨酸不理想时，可往发酵液中加含有多种氨基酸的蛋白酸水解液或结晶母液，也可加入离子交换柱洗脱液的后流分，以促进谷氨酸 α-晶体的析出。往发酵液中加入如 Fe^{3+}、α-酮戊二酸、柠檬酸、酒石酸、Al^{3+}、Cu^{2+}、RNA、DNA、果胶、海藻酸等物质，能促使谷氨酸以 α-晶体析出。例如，在发酵液中加入 0. 2%RNA，调节 pH 至 3. 2，在 15℃下静置数小时，能得到纯度为 96. 1%的 α-谷氨酸晶体。

（10）噬菌体的影响　感染噬菌体的谷氨酸发酵液，不仅色素和胶体物质含量高，而且黏度大、泡沫多、残糖高。这种谷氨酸发酵液容易析出 β-谷氨酸晶体，而且晶体中常夹杂胶体物质，要除去这些胶体物质十分困难。发酵液最好先加热杀菌，沉淀菌体，这样既能防止噬菌体的扩散，又可破坏影响谷氨酸结晶的因素。

三、 离子交换树脂法

1. 树脂性质

（1）阳离子树脂吸附顺序　用 732#提取谷氨酸时，其吸附顺序如下所述。

$$Fe^{3+}>Al^{3+}>Ca^{2+}>Mg^{2+}>K^{+}>NH_4^{+}>Na^{+}>H^{+}>\text{氨基酸}>\text{有机色素}$$

（2）氨基酸交换顺序　对于强酸性阳离子交换树脂进行交换时，所有氨基酸都能吸附，其吸附顺序如下所述。

精氨酸>赖氨酸>丙氨酸>亮氨酸>谷氨酸>天冬氨酸

（3）金属阳离子和氨基酸的交换顺序如下所示。

$$Ca^{2+}>Mg^{2+}>K^{+}>NH_4^{+}>Na^{+}>\text{腺嘌呤}>\text{丙氨酸}>\text{亮氨酸}>\text{谷氨酸}>\text{天冬氨酸}$$

2. 阳离子树脂柱提取谷氨酸工艺

（1）工艺流程　如图 7-4、图 7-5 所示。

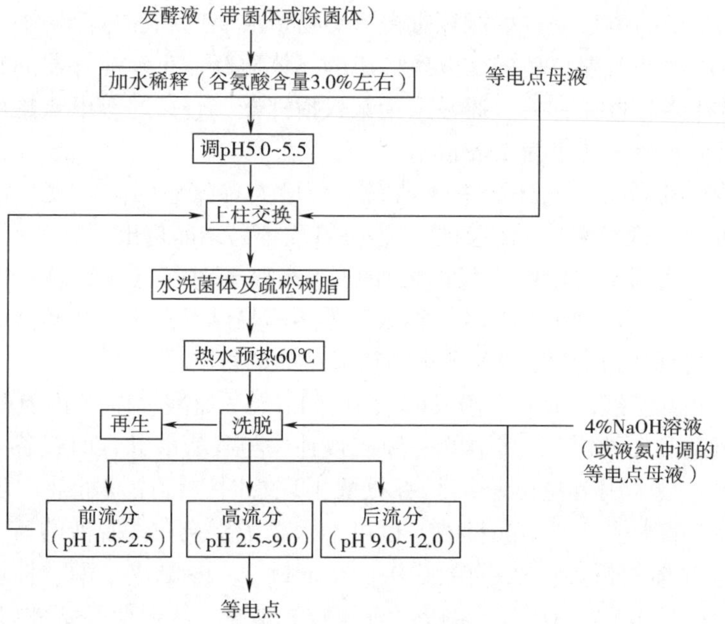

图 7-4　阳离子树脂柱提取谷氨酸工艺流程

（2）操作要点

①树脂预处理：新树脂常有某些未参与聚合反应的低分子和高分子成分的分解产物以及 Fe、Cu、Al 等金属以及其他杂物，会影响交换效果和产品质量，甚至会使树脂失效。因此，新树脂在使用之前必须进行预处理。新树脂装填入柱

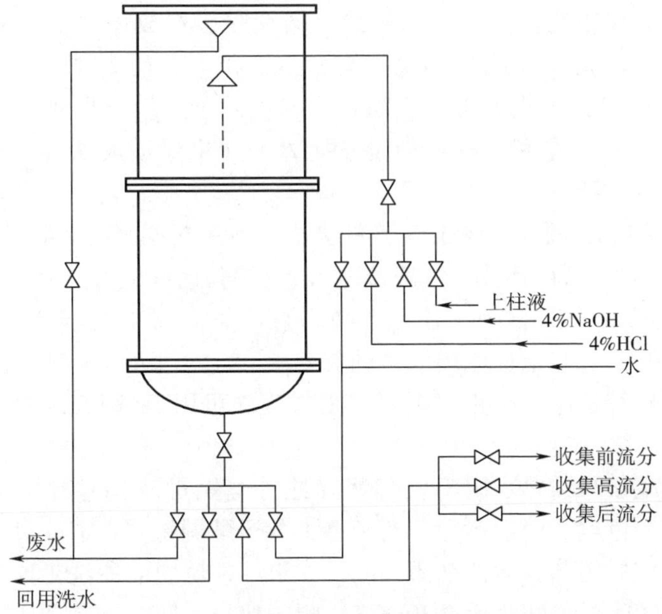

图 7-5　离子交换柱及其管道装置简单示意图

后，先用清水浸泡 12h 左右，再用 2~3 倍树脂体积的 10%食盐水浸泡 4h 以上，然后用清水洗净残留的 NaCl，最后根据树脂类型和所使用的型号分别用碱和酸处理。利用 732#树脂提取谷氨酸，一般先将树脂用 4% NaOH（用量一般为树脂体积 2 倍）浸泡 4h，水洗至 pH 8.0 以下，加入 4%盐酸（用量一般为树脂体积 2 倍）浸泡 4h，最后用少量自来水洗至 pH 2.0 左右，备用。

②上柱液 pH 的控制：pH 对树脂交换基团的解离与被吸附物质的解离都有影响，当 pH 大于谷氨酸等电点时，谷氨酸带负电荷而不能与阳离子树脂进行交换反应。实际生产上，要求上柱发酵液的 pH 为 5.0~5.5 即可，而不需低于 3.22，原因在于发酵液中含有一定量的 NH_4^+、K^+、Mg^{2+} 等阳离子，这些阳离子先与阳离子树脂进行交换，放出 H^+，使柱内溶液的 pH 降低在 3.22 以下，谷氨酸就会解离成为阳离子而被吸附。如果上柱发酵液 pH 高于 5.5，上柱液中阳离子（如 NH_4^+，K^+，Mg^{2+} 等）置换下来的 H^+ 不足以使 pH 降低至 3.22 以下，造成部分谷氨酸无法解离为阳离子，因此影响了谷氨酸的离子交换吸附效果，从而影响提取率。试验表明，上柱液 pH 低于 1.0 时，谷氨酸的离子交换效果也不理想。原因在于：在强酸条件下（如 pH 1.0），阳离子交换树脂本身交换能力差，例如，在 pH 1.0 时的 H^+ 浓度为 0.1mol/L，pH 2.0 时的 H^+ 浓度为 0.01mol/L，H^+ 浓度增大 10 倍，谷氨酸的离子交换就比较困难。

③上柱量的控制：上柱量是指一次通过离子交换树脂而达到交换处理的溶液

量。上柱量的多少是离子交换效果好坏的综合指标，它反映了树脂的交换能力。如果上柱量大于树脂交换能力，谷氨酸就会漏吸，造成损失。如果上柱量小于树脂的交换能力，离子树脂柱的生产能力不饱和，而且洗脱时，谷氨酸峰不集中。在实际生产上，树脂的工作交换量比树脂的全交换量要小得多。上柱量是根据树脂的工作交换量和上柱液中可交换离子（主要是谷氨酸和 NH_4^+）的浓度来决定。

④上柱液流速的控制：应根据交换柱大小、上柱方式（正交换还是反交换）等具体情况而定。根据实际操作，一般流速为 v（单位时间通过每立方米树脂液体体积），以 $m^3/(m^3 \cdot h)$ 表示。逆上柱 $v=2\sim3m^3/(m^3 \cdot h)$，顺上柱 $v=1.5\sim2m^3/(m^3 \cdot h)$。

⑤漏吸的判断：当上柱流出液中的谷氨酸含量大于0.2%时，视为“漏吸”。上柱后阶段，要特别注意防止“漏吸”的发生，可用5%茚三酮溶液的显色反应来检测。

⑥冲洗、疏松与预热：由于发酵液（或等电点母液）存在很多杂质，特别是菌体、蛋白、色素、消泡剂等非离子型大分子黏稠物质，上柱过程中会滞留在树脂缝隙中，使树脂部分活性基团封闭。如果不在洗脱前冲洗走这些杂质，就会严重影响洗脱的效果与洗脱后重新交换吸附的效果，同时这些杂质也会进入洗脱收集液，随洗脱收集液循环进入等电点罐，对等电点提取操作造成不良影响，严重时有可能致使等电点过程产生 β-结晶。因此，离子交换结束后必须进行冲洗操作。通常，先从树脂柱底部进水反洗，使菌体等较轻的杂质随水流经排污口排出，然后再顺洗，直至流出液清亮为止。在冲洗过程中可通入压缩空气疏松树脂，同时要防止树脂溢出。为了防止洗脱下来的谷氨酸在树脂柱内结晶析出，发生“结柱”现象，在洗脱前，要用50~60℃热水对树脂柱预热。

⑦洗脱：洗脱剂有很多种，生产上通常采用4%的NaOH溶液或用液氨调节pH为9.0以上的等电点母液。当选择NaOH溶液作为洗脱剂时，一般需要配制浓度为4%，温度为60℃的NaOH溶液。洗脱耗碱存在几方面原因：洗脱是一个可逆反应过程，碱不能全部发挥作用。树脂的未交换区消耗了部分碱液。谷氨酸与 NH_4^+ 等离子的交换势比较相近，洗脱时并不是谷氨酸与 NH_4^+ 完全分层，而是有部分其他离子一起被洗脱而消耗部分碱液。因此，NaOH的实际用量要比理论值多，根据生产经验NaOH的用量为被吸附时谷氨酸量的3~4倍。若上柱液中其他杂质阳离子含量较高，NaOH用量可低些。若上柱液中其他杂质阳离子含量较低，NaOH用量就较高。为了节省生产成本，减少废液排放量，目前更多地采用经液氨调节pH至9.0以上的等电点母液作为洗脱剂。先在等电点母液贮罐中用液氨调节pH至9.0以上，然后进行洗脱操作。为了防止菌体等杂质堵柱和“结柱”现象的发生，一般采用逆向进柱洗脱操作。一般来说，洗脱流速控制要比上柱流速慢，使谷氨酸高峰集中，拖尾少。但谷氨酸溶解度低，在谷氨酸浓度高时，流速过慢会发生“结柱”，此时应迅速加快

流速，使结晶溶解。

⑧洗脱液的收集：按洗脱过程中 pH 分段收集洗脱液。

⑨再生：谷氨酸洗脱后，树脂成为 NH_4^+ 型和 Na^+型，下次继续使用之前，必须进行再生，使树脂转变成为 H^+型。再生之前，先用热水冲洗（逆洗与顺洗结合）树脂，至流出液接近中性，然后再用再生剂进行再生。

生产上，一般再生剂（以 HCl 计）用量为树脂的全交换容量的 1.2~1.5 倍。再生时流速不能太快，否则用酸多。一般再生流速是上柱流速的 50%左右，再生前期可略快，中后期减慢，应尽可能用限量的盐酸达到再生目的。再生完毕，进行树脂水洗，使 pH 符合上柱液交换的要求，一般控制水洗后 pH 达到 1.5~2.0 即可上柱交换。

3. “结柱” 的原因分析

在上柱和洗脱过程中，容易出现“结柱”现象，即谷氨酸以结晶形式析出，把树脂黏结成团。“结柱”现象发生后，上柱液或洗脱液流速受影响，易走短路，出现洗脱峰拖长，洗脱不集中，甚至造成树脂破碎。产生“结柱”的原因，归纳起来有如下几方面。

（1）上柱液交换过程中，其他阳离子将树脂中 H^+置换下来，当柱内 pH 为 3.22 时，谷氨酸以结晶形式析出。

（2）菌体等杂质干扰，影响流速。

（3）树脂的严重破碎，菌体的堵塞，影响流速，容易“结柱”。

（4）洗脱之前，如果没有充分冲洗菌体、色素、消泡剂等非离子型大分子黏稠物质，或没有充分预热树脂。洗脱时，如果采用 NaOH 洗脱剂浓度太高、温度较低，都有可能造成“结柱”。

4. “漏吸” 的原因分析

（1）树脂再生不完全，吸附能力明显降低。

（2）上柱量过大或上柱流速太快。

（3）上柱液中金属阳离子含量过多。

（4）树脂厚度不适当，或树脂因破碎流失而未及时添加。

（5）上柱液杂质过多，或有杂菌感染。

（6）上柱液 pH 不当，部分谷氨酸未能解离为阳离子。

（7）树脂处理不当，导致“结柱”，造成上柱走短路。

（8）阀门有漏液现象。

四、 锌盐法

1. 原理

在一定 pH 下，谷氨酸与锌离子作用生成难溶于水的谷氨酸锌沉淀，然后在酸性条件下使谷氨酸锌溶解，再将 pH 调至 2.4，谷氨酸就结晶析出。用锌盐法提取谷氨酸，具有工艺简单、操作方便、对设备要求低、谷氨酸晶体颗粒大和锌盐母液中的谷氨酸含量低等优点，该法最大的缺点是排放的废液中含有 0.3%～0.4%的锌离子，严重污染环境。

2. 工艺流程

（1）发酵液→加入上次的锌盐母液→补加硫酸锌→调 pH 为 6.3 后搅拌 5h→静置 4～6h→谷氨酸锌。

（2）谷氨酸锌沉淀→洗涤→加水（体积为沉淀体积的 1.5 倍）→升温至 55℃→调 pH 为 3.2，搅拌→谷氨酸锌溶液。

（3）谷氨酸锌溶液→降温至 45℃，调 pH 至 2.8→育晶 2h→45℃→锌盐母液（加入下次发酵液中）调 pH 为 2.4→育晶 16h→静置 4h→湿谷氨酸。

3. 影响谷氨酸锌盐形成的因素

（1）pH　谷氨酸锌盐在不同 pH 的水溶液中的溶解度是不同的。因为在 pH 为 6.3 时谷氨酸锌的溶解度最小，所以用锌盐法提取谷氨酸时，应在此 pH 下制取谷氨酸锌。

（2）温度　谷氨酸锌的溶解度受温度影响甚微，0～100℃溶解度的变化不大。因此，用锌盐法提取谷氨酸，可以在常温下进行。

（3）酮酸　发酵液中丙酮酸和 α-酮戊二酸对谷氨酸锌的析出有显著影响。发酵液中酮酸含量高，不仅使谷氨酸锌生成量减少，而且生成的谷氨酸锌粒子细小，不易沉淀，很难与菌体分开。产生这种现象的原因是酮酸与 Zn^{2+} 结合生成了一种络合物，从而影响了谷氨酸锌的形成。

酮酸是谷氨酸生物合成途径中的中间代谢产物。在发酵正常时，酮酸的积累是很少的。若发酵异常，发酵液中有大量酮酸积累时，在投入 $ZnSO_4 \cdot 7H_2O$ 之前，可以采取以下措施，以降低酮酸的含量：①如果经测定证实发酵液有乳酸脱氢酶和谷氨酸脱氢酶活力，那么，可以将发酵液静置一段时间，使丙酮酸和 α-酮戊二酸在脱氢酶催化下，分别生成乳酸和谷氨酸，从而降低酮酸的浓度；②如果发酵液中酮酸含量在 0.1%左右，可用谷氨酸洗涤水来稀释发酵液，使酮酸浓度下降；③由于 α 位酮基羧酸容易被氧化，可向酮酸含量较高的发酵液中加入 0.2%～0.5%（体积分数），含量 29%以上的 H_2O_2，在 pH 3.0 下搅拌 1～2h，使酮酸完全氧化分解。

4. 操作要点

（1）用氢氧化钠溶液调 pH 至 6.3 时，要尽可能做到将 pH 一次调准。如果 pH 过大，再用盐酸回调时，会使 $Zn(OH)_2$ 胶状物的生成量增多，结果谷氨酸锌聚集受到影响，颗粒变得细小，造成分离困难。加碱时速度不宜过慢，要求在 10min 内将碱液加完，否则容易形成谷氨酸细小颗粒。

（2）硫酸锌质量的好坏直接关系到谷氨酸的提取收得率和谷氨酸的纯度，并且对后面的精制工序也有影响。

(3) 为防止局部碱过量而生成 Zn $(OH)_2$ 胶状物，在加碱液时，最好采用盘管式加碱器。

(4) 谷氨酸锌制备谷氨酸时，需要提高温度和调节 pH。先使谷氨酸锌全部溶解，此时的 pH 低于 3.2，若有未溶解的谷氨酸锌颗粒存在，容易在下一步谷氨酸结晶操作时混杂进谷氨酸晶体中，造成成品谷氨酸的 Zn^{2+} 含量升高。

(5) 由锌盐制备谷氨酸时，要求在谷氨酸锌全部溶解后，再缓慢地将 pH 调至（2.4±0.2），使谷氨酸晶体析出。pH 的调节可分两步进行：先将谷氨酸锌溶液的 pH 用酸缓慢地调节至 2.8 左右，出现晶核后，育晶 2h，然后再用酸将 pH 慢慢调节至（2.4±0.2），使晶核不断壮大成长为晶体。

(6) 谷氨酸的等电点为 3.22，但用锌盐制备谷氨酸时，谷氨酸结晶的 pH 是 2.4。在不同的 pH 下，溶液中残存的谷氨酸量是不同的，其中以 pH 为 2.4 时残存的谷氨酸量为最小。其原因是溶液中 Zn^{2+} 浓度很高，产生的同离子效应使谷氨酸的等电点下降。

(7) 硫酸锌中硫酸钠的含量要低，这样可以避免 Na^+ 产生的同离子效应引起谷氨酸锌溶解度增大，从而造成发酵液中谷氨酸沉淀不完全的现象，同时，减少提取时的损失。

(8) 用谷氨酸锌制取谷氨酸时，一般都在 45℃ 下进行，这样制得的谷氨酸晶体比较粗壮。育晶时，为防止晶体黏结，需要进行搅拌，搅拌转速为 25~30r/min。

任务五 谷氨酸制造味精

粗的谷氨酸溶于适量水中，加糖用活性炭脱色，然后加碳酸钠中和，使之形成谷氨酸一钠，即可获得味精粗制品。再经进一步精制（包括除铁、脱色和结晶等）便获得味精成品。

一、谷氨酸制味精的工艺流程

由谷氨酸制味精的工艺流程，如图 7-6 所示。

二、谷氨酸的中和

（一）原理

谷氨酸与碱作用生成谷氨酸一钠的过程，称为谷氨酸的中和。谷氨酸是二羧基氨基酸，与碱起中和反应时，随着 pH 的升高，会生成不具有鲜味的谷氨酸二钠。在进行谷氨酸中和操作时，必须防止谷氨酸二钠的生成，这是中和操作的关

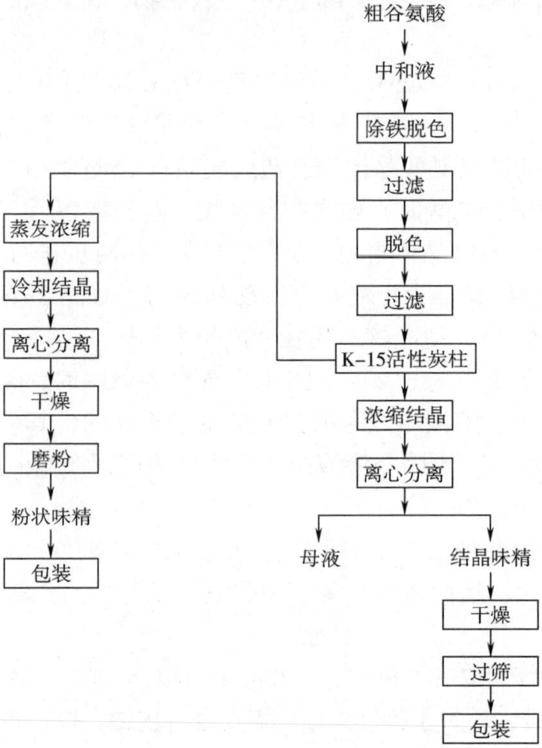

图 7-6　谷氨酸制味精的工艺流程

键。在用 Na_2CO_3 对谷氨酸进行中和时，应将中和反应的终点 pH 控制在 7.0。生产上，一般掌握在 6.7~7.0。

（二）中和脱色操作

1. 投料比（以质量计）

（1）湿谷氨酸：水（或洗涤水）=1：2。

（2）湿谷氨酸：纯碱=1：(0.3~0.34)。

（3）湿谷氨酸：活性炭=1：0.013。

2. 中和温度

中和温度在 60~65℃。

3. 中和 pH

中和液的终止 pH 控制在 6.7~7.0。

4. 中和液浓度

加碱中和结束，中和液浓度调整至 21~23°Bé。中和操作如下：按投料比在中和桶中加入清水或上一次用于脱色的活性炭洗涤水，加热至 60℃，开动搅拌器，接着先投入一部分湿谷氨酸晶体（俗称麸酸），然后将纯碱和谷氨酸交替投入，在这过程中始终将中和液保持在酸性。在纯碱全部投完前，先加入总投入量一半的活性炭，待中和结束后再投入剩余的一半，搅拌 30min。最后用水将中和液的浓度调整至 21~23°Bé。

（1）谷氨酸在常温下溶解度很小，在中和时一般先将水加热至 60℃ 左右，然后再投入谷氨酸。谷氨酸一经加碱中和，就变成溶解度极大的谷氨酸钠。将纯碱和湿谷氨酸晶体交替加入，既能加快谷氨酸的溶解，又能防止谷氨酸二钠的生成。

（2）中和时的温度不能过高，否则谷氨酸一钠就会变成无鲜味的焦谷氨酸钠，影响产品质量。

（3）中和液的终止 pH 应严格控制在 6.7~7.0，在第 2 次加入活性炭搅拌 0.5h 后，再对中和液的 pH 进行复测，如 pH 不符合要求，应及时加以调整。

（4）如果中和液的 pH 超过 7.0，不仅使谷氨酸一钠的生成量减少，而且还会使谷氨酸一钠由 L 型消旋变为 D 型。消旋反应除与 pH 有关外，还受温度的影响。

（5）湿谷氨酸晶体质量的好坏，对中和操作有直接影响。若湿谷氨酸晶体中夹杂菌体多或含锌量高，中和时泡沫就多，液体黏度就大。

（6）生产上，通常用含氯化钠较少的碳酸钠或固体氢氧化钠来进行中和。

（7）中和液浓度太高，黏度大，使活性炭脱色效果下降，给过滤带来困难。中和液浓度低，浓缩操作时间长，容易使谷氨酸钠变成焦谷氨酸钠。在中和操作最后，要对中和液浓度进行调整。

三、 中和液除锌和铁

1. 铁和锌的来源

中和液中的铁质，主要是由原辅材料及设备等带入的，其中以盐酸、液碱和纯碱的带入量最多。在用锌盐法提取谷氨酸时，谷氨酸中混有较多的锌，虽经水洗但锌量仍可达到 3000mg/L 以上，在进行中和操作时，这些锌离子也会进入中和液中。味精中含铁、锌过多，一方面不符合食品规定标准，另一方面铁离子过多，会使味精呈红色或黄色，影响产品色泽。在生产过程中，必须将铁和锌除去，通常都采用硫化钠法，使铁和锌生成沉淀，再通过过滤除去。

2. 硫化钠除铁、锌的原理

除铁是利用硫化钠使溶液中存在的少量铁质变成硫化亚铁沉淀，硫化亚铁的溶解度很小，在中性或微碱性溶液中，硫化亚铁可以完全沉淀，因此可用过滤法将其除去。同理，在 pH 6~7 的条件下，锌离子与硫化钠会反应生成溶解度极小的锌盐，用过滤法可将它除去。

3. 硫化钠除铁、锌操作

待中和液的温度降至 50℃ 以下，复测中和液 pH 在 6.4 左右（pH5.5~9 试纸测），加入硫化钠含量为10%~12%的硫化钠溶液，搅拌片刻让其自然沉淀8h以上。将上清液用真空抽入脱色桶，进行下道工序脱色。

4. 除铁、锌液的质量标准

（1）含硫量不得超过200mg/kg。

（2）脱色液透明，透光率为80%。

（3）35℃，脱色液浓度为21~23°Bé时，谷氨酸含量在40%左右。

5. 硫化钠除铁、锌操作要点

（1）中和液除铁、锌用的硫化钠量远比按中和液中游离态的Fe^{2+}量计算所得的硫化钠量多，因为有部分Fe^{2+}不是游离态的，而是与谷氨酸形成了环状络合物，为了除去这部分络合态的Fe^{2+}，就需要多消耗硫化钠。

（2）硫化钠的加入量不宜过多，否则沉淀反而难以生成，另外会使制成的味精显青色，不符合味精质量要求。硫化钠的量加入太少，铁、锌就除不尽。为了控制硫化钠的加入量，生产上常采用下述方法来加以判断：①取已加入硫化钠的上清液少许置于试管中，往试管中滴加几滴硫化钠溶液，假如没有黑色沉淀或白色沉淀生成，说明Fe^{2+}、Zn^{2+}已除尽；②取已加入硫化钠的上清液少许置于试管中，往试管中滴加几滴5%硫酸亚铁溶液，如果有黑色沉淀或白色沉淀生成，说明上清液中含有硫化钠，表示中和液中的铁已被除尽。

（3）从除铁角度考虑，中和液的pH越接近中性或微碱性，除铁效果就越好。由于除铁和脱色是同时进行的，除铁操作选择在偏酸性条件下进行。

（4）在向中和液中加硫化钠时，往往有硫化氢气体产生（见以下化学反应式），特别是当中和液的pH低于6.0、温度超过50℃时，产生的硫化氢气体更多。硫化氢气体对人体有害，所以在加硫化钠时，应注意环境的通风。

$$Na_2S+2H^+ \longrightarrow H_2S\uparrow +2Na^+$$

6. 树脂除铁法

用离子交换树脂除铁，具有以下几个优点：一是除铁完全。用硫化钠除铁，味精成品中还会有1~2mg/kg铁离子，母液中铁离子的量则更多，如改用离子交换树脂除铁，不但味精成品几乎不含铁离子，而且母液中铁离子含量也很低。二是不会产生对人体有害的硫化氢气体。三是味精成品色泽比较好。用硫化钠除铁，如果硫化钠过量，将影响到味精成品的色泽。

（1）树脂型号及装量　树脂采用通用1号（Na^+式）。树脂柱大小为ϕ380mm×1700mm，内装树脂90kg。

（2）中和液除铁　上柱流速为2L/min，当流出液中含铁离子5mg/L时，即停止上柱，此时树脂已饱和。如果在此之前收集到的流出液几乎不含铁离子，即可进行下一步的脱色处理。

（3）树脂上铁离子的洗脱和树脂再生　上柱结束后，用水洗树脂，直至水洗液的浓度为0°Bé，然后用0.5%HCl洗脱树脂上的铁离子。盐酸用量为树脂体积的10~12倍。盐酸洗脱速度控制在0.8~1L/min。洗脱结束后，用水将树脂洗到中性。树脂经HCl除铁后，变成H^+式，因此必须进行再生处理，使树脂变成Na^+式后，再用来与上柱液进行交换。树脂再生条件如下：再生剂为3°Bé氢氧化钠溶液，用量为树脂体积的18倍，再生剂流速是0.8~1.0L/min。

四、 除铁液的脱色

1. 色素来源

味精中的色素是生产过程中各组分发生化学变化而产生的有色物质。淀粉水解过程中，如果温度高、加热时间长，就会产生有色的焦糖。铁制设备因酸、碱的侵蚀而产生Fe^{2+}，与水解糖中的鞣酸结合，会生成蓝黑色的鞣酸铁。葡萄糖与氨基酸在受热情况下结合，会产生黑色素。

2. 除铁过程中由于操作不当而使中和液色素增加

用硫化钠除铁时，硫化钠的加入量不足或过多，都会导致中和液色素增加。

3. 除铁液进行脱色处理的必要性

中和操作时，活性炭分两次加入中和液中，以吸附色素及其他杂质，再加入硫化钠除铁，过滤中和液，将活性炭和硫化亚铁沉淀分离掉。如滤液仍含有一定量的色素和杂质则呈黄褐色，需进一步处理，避免色素和杂质进入味精成品中，影响产品质量。

4. 除铁液的脱色

经除铁处理过的滤液，需要先后经过粉末活性炭和活性炭K-15炭柱或离子交换树脂柱两次脱色处理，才能将色素和其他杂质基本除尽，之后即可进行浓缩结晶操作。

5. 粉末活性炭脱色

（1）活性炭的脱色原理　活性炭表面有无数微孔，这些小孔能够吸附气体、蒸气或溶液中的溶质。活性炭的吸附过程，同时有物理吸附和化学吸附两种作用发生。

（2）除铁液的脱色处理　生产上将除铁液的脱色处理称作“二道中和”。具体操作如下：将除铁液加热至60~65℃，开动搅拌器，用谷氨酸将除铁液pH调节至6.5~6.7。往除铁液中加入2%粉末活性炭，搅拌1h。搅拌结束后，静置1h，进行压滤，滤液再上K-15活性炭炭柱或离子交换树脂柱做进一步脱色处理。

操作要点如下。

①谷氨酸（钠）除铁液的脱色温度以60℃左右较适宜，一般脱色后滤液的透光率可达85%。

②除铁液的脱色pH控制在6.0以上，温度为60℃，滤液的透光率可达85%以上。

③脱色时间充分，则活性炭的脱色效果显著。为节约时间，加快吸附过程的进行，脱色过程中进行搅拌是十分必要的。

④活性炭用量应根据活性炭本身的吸附能力及除铁液含色素的多少来决定。活性炭应选用脱色力强、灰分少、含铁少的高质炭。活性炭用量一般为除铁液的1%~2%。

6. K-15 活性炭炭柱脱色法

经粉末活性炭脱色处理后的滤液，透光率还达不到要求，生产上需要再通过 K-15 活性炭炭柱做进一步脱色处理。

7. 离子交换树脂脱色法

（1）树脂选型　根据实际生产使用效果，对谷氨酸（钠）除铁液，以 717# （多孔苯乙烯强碱性阴离子交换树脂Ⅰ型）和 390# （多孔苯乙烯伯胺型弱碱性阴离子交换树脂）的脱色效果最好。

（2）树脂预处理及转型　用 4% NaOH 溶液将树脂浸泡 4h，接着放掉碱液，水洗树脂，直至流出液的 pH 为 8.0 左右，然后用 4% HCl 浸泡树脂 4h，使树脂转为 Cl^- 式。放掉酸水，用水洗树脂直至流出液的 pH 为 7.0 左右。最后以 5% NaOH 溶液洗树脂，直至流出液的 pH 为 8.0。

（3）上柱脱色　上柱液温度为 40~50℃。关于上柱量，如果是 717# 树脂，上柱量约为树脂体积的 60 倍。若是 390# 树脂，上柱量为树脂体积的 10 余倍。上柱速度以 1.0~1.5 m^3/（m^3·h）为宜。上柱结束后，以热水洗柱直至流出液的浓度为 0°Bé 为止。将收集到的上柱流出液与热水洗涤液合并后，进行浓缩结晶操作。

（4）树脂再生

①717# 树脂的再生：先用水洗树脂除去黏附在树脂上的杂质，然后以混合再生剂（10%NaOH 与 1%NaOH 等量混合配制而成）顺洗树脂，流速与上柱液流速相同，再生剂用量为树脂体积的 4 倍。再生结束，用水洗树脂直至流出液的 pH 为 8.0。最后用 5%氯化钠溶液洗树脂，直至流出液的 pH 与上柱液相同为止。

②390# 树脂的再生：先用水洗树脂，去除黏附在树脂上的杂质，用 5%盐酸溶液进行再生处理。再生剂的流速比上柱液流速稍快，以 2~3 m^3/（m^3·h）为宜，再生剂用量是树脂体积的 2 倍。再生结束，用水洗树脂，直至流出液的 pH 为 4.0 左右。

五、 除铁液的浓缩结晶

1. 除铁液的浓缩

（1）方法　通常采用减压浓缩法浓缩除铁液。浓缩时，pH 控制在6.7~7.0，温度 65~70℃，真空度在 80kPa 以上，边补料边浓缩，当浓缩液达到 30~32°Bé 时，投入晶种，进行结晶。

（2）谷氨酸钠受热失水情况　加热温度越高，加热时间越长，谷氨酸钠在水溶液中脱水环化越严重。谷氨酸钠的脱水环化，除与加热温度和时间有关外，还受 pH 的影响。当谷氨酸钠溶液的 pH 在 6.0 附近，温度为 100℃时，溶液中焦谷氨酸钠的量最少。当溶液 pH 偏离 6.0 时，焦谷氨酸钠的生成量显著增多。

2. 结晶的基本原理

溶质在溶液中形成晶体析出的过程，称为结晶。结晶过程具有高度选择性，只有同类分子或离子才能结合成晶体，晶体是化学成分均一的固体。由于水合作用，溶质从溶液中析出时，往往带有结晶水。味精是带有 1mol 结晶水的棱柱形八面晶体，一旦失去结晶水，味精就失去了光泽。

溶液在结晶时，最先析出的是称为“晶核”的细小颗粒。然后溶液中的溶质以晶核为中心，在晶核上堆积，晶核就逐渐长大为晶体。在溶解区和介稳区的溶液，其溶质不能自动结晶析出，但因为处于介稳区的溶液是稳定态的过饱和溶液，只要投入晶种，这种溶液里的溶质就会以晶体为中心堆积在晶种上，从而使晶种长大为晶体。而处在溶解区的溶液，因为是不饱和溶液，所以不可能有溶质结晶析出。即使投入晶种，晶种也会被溶解掉。至于处在不稳区的溶液，因为饱和程度高，所以会形成许多晶核。在进行谷氨酸钠结晶操作时，应该将谷氨酸钠溶液浓缩到一定程度，使它处在介稳区范围内，然后投入晶种，让晶种逐渐长大为晶体。

3. 影响谷氨酸钠结晶的因素

（1）溶液的浓度　溶液的过饱和程度高，结晶速度就快，但过饱和程度过高，形成的晶体既细小又不规则。这是因为溶质浓度过高的话，一方面会有晶核析出，使析出的晶核和投入的晶种这两者构成的“结晶中心”的总数，远远超过了低浓度溶质时单一由投入晶种为“结晶中心”的总数，导致晶体细小；另一方面，高浓度溶质不能像低浓度溶质那样按顺序扩散到晶核上，而是一下子都聚集到晶核上，导致形成的晶核不规则。因此，控制好溶液的浓度，是谷氨酸钠结晶操作的关键之一。

（2）搅拌　结晶操作时适当地加以搅拌，可以促进晶粒的相对运动，有利于提高晶粒周围液层的溶质浓度（静止状态的晶粒，其周围液层溶质的浓度比液层外母液的溶质浓度低，因此需要一个扩散过程），加快结晶速度。搅拌还可起到使溶液温度均匀一致和避免晶体黏结形成晶簇的作用。搅拌速度不能过快，否则不仅影响结晶，而且还会由于晶粒间相互摩擦而造成晶体损伤。

（3）温度　结晶温度高，蒸发量大，母液黏度低，结晶速度就快。在生产中，为了尽可能缩短浓缩结晶时间，防止谷氨酸钠发生脱水反应，可采取边浓缩边结晶的方法，通常温度控制在 65℃左右。

4. 加晶种结晶

（1）起晶方法　使溶液形成晶核的过程，称为起晶。起晶的方法有 3 种：自然起晶法、刺激起晶法和晶种起晶法。这 3 种起晶法的应用是不同的，在生产上，生产结晶味精时，应用晶种起晶法起晶；而生产粉末味精时，则应用刺激起晶法起晶。

①自然起晶法：先将溶液蒸发浓缩，使其进入不稳区而析出晶核，然后加入稀溶液以降低浓缩液的浓度，使其处在介稳区内，溶液中的溶质便堆积在晶核上，使晶核长成为晶体。因自然起晶法需要溶液的过饱和程度高，耗能耗时，故生产上不采用这种起晶法。

②刺激起晶法：先将溶液蒸发浓缩至介稳区，然后使溶液冷却，由于溶质溶解度的降低，此时浓缩液就处于不稳区，并有晶核析出。因此晶核的析出使溶液浓度降低而处于介稳区，介稳区的溶液，其溶质会在晶核上堆积，所以晶核逐渐长大成晶体。

③晶种起晶法：先将溶液蒸发浓缩至介稳区的较低浓度，然后往浓缩液中投入一定量的晶种，使溶液中的溶质堆积在晶种上，晶种长大为晶体。因为投入的晶种量有一定限制，晶种的形状和大小也有一定的要求，所以由晶种起晶法长成的晶体，其大小和形状较均匀整齐。

（2）晶种质量的要求　晶种质量好坏将直接影响味精晶体的质量。作为晶种，必须颗粒整齐、大小均匀、不夹杂碎粒和粉末。

工厂一般都将结晶味精进行过筛，按晶体大小分成几种不同规格，各有不同用途，其中 5 号和 6 号晶体可作为晶种使用。

粒度>10 目：磨碎后，挑出一部分用作晶种，余下的制作粉末味精。

10 目>成品>20 目：制作 99%味精用。

20 目>5 号晶体>30 目：制作晶种用。

30 目>6 号晶体>40 目：制作晶种用。

细晶<40 目：与第 1 次母液析出的晶体混合后，磨碎制成粉末味精。

（3）晶种投入数量　晶种投入的数量，与以后形成的晶体数量和大小有关。投入的晶种是作为晶核的，溶液中的溶质堆积在晶种上而使晶种长成为晶体。晶种用量是根据晶种颗粒大小来确定的。为了确保投入晶种的数量，晶种的晶体颗粒越大，其投入的总量就越大；反之，则越小。例如：5000L 结晶锅，30 目晶种需投入 400kg，若改用 40 目晶种，则只需要 200kg。

（4）料液浓度的控制　投晶种时，料液浓度的高低，将直接关系到晶体好坏。料液浓度太低，投入的晶种将被溶解；若料液浓度太高，溶质就会形成晶核，总的晶核数过多，会导致长成的晶体细小。一般，料液浓度控制在 30～32°Bé，此时溶液处在介稳区，当投入晶种时，晶种就能逐渐长大成晶体。

（5）结晶操作的方法

①结晶工艺条件：真空度 80kPa 以上；加热蒸汽压力：147～245kPa（表压）；结晶温度：65～70℃；投晶种量：30 目种，每升底料需晶种 130g；40 目种，每升底料需晶种 60g；20 目种，每升底料需晶种 160g；投种时料液浓度：

30～32°Bé，放罐浓度：29～30.5°Bé；搅拌转速：15r/min。

②结晶操作：整个结晶过程如下：浓缩→投入晶种→整晶→育晶→养晶→放罐。以5000L浓缩结晶锅为例，先加入3000L除铁液作为底料，接着用蒸汽加热，在80kPa真空度以上，65℃以下，边浓缩边补料，始终保持一定体积。当料液浓度达到30～32°Bé时，开始搅拌，并投入晶种。经过一段时间后，晶种长大，同时有小晶核出现，此时需将罐温提高到75℃，并加入45℃热水进行整晶，将小晶核溶解。之后，再将罐温调回到65℃，继续边补料边浓缩，其间晶体不断长大。对浓缩结晶过程中出现的小晶核，可再次采取整晶的方法，将小晶核溶解掉。在整个浓缩结晶过程中，共补料5000～6000L，整晶2～3次。待晶体大小符合要求而准备放罐时，需加入适量蒸馏水，一方面是为了溶解小晶体，另一方面是要调节罐液浓度到29.5°Bé。最后，将晶液放入助晶槽内，进一步将晶体溶液浓度调整至29.5°Bé。在70℃、搅拌转速8～10r/min的条件下，养晶4h。

（6）操作要点

①投入晶种时的料液浓度要严格控制在30～32°Bé。实际操作时，当料液浓度达到上述要求时，在结晶罐视孔玻璃上常有细小晶体黏附。

②结晶操作时，要随时检查晶体成长情况，并注意罐内温度、真空度、料液浓度、蒸汽压力等的变化，要做到适时适量投种和加水、加料。

③整晶时，温水用量不宜过多，以溶掉小晶核为度，防止用水量过多而使投入的晶种溶解。

④整晶时用水的硬度应低，否则钙、镁离子和氯化钠将影响晶体质量。

⑤放罐前必须将晶液浓度降低至29.5°Bé，可防止出料后晶液温度下降而出现小晶核。

⑥料液液面高度不能低于结晶罐夹套高度，否则罐壁上黏积着的味精晶体，就容易脱落入料液中而成为白片。不断用结晶罐顶部盘管喷洒蒸馏水，可防止味精晶体在罐壁上黏积。

（7）晶种的制备　投晶用的晶种，大小一般在20～40目。味精晶核悬浮的溶液，使用成核溶剂和晶形改良剂，并可结合超声波振荡技术，破坏味精与水形成的氢键缔合体，从而防止在较高过饱和度时不析出晶核，促使味精晶核迅速形成。

成核溶剂在溶液中能与水互溶，但不溶或仅微量溶解溶质，这种溶剂由于将溶质周围的水分子争夺过去，相对地提高了溶质的过饱和度，而加入的溶剂又起到稀释作用，使溶液的黏度降低，使晶核的形成和析出变得容易。超声波可起到辅助成核的作用。对溶液施加超声波后，成核溶剂分子能迅速均匀地渗透到溶质-水缔合体中，加速成核溶剂的夺水成核作用。成核溶剂和超声波两者的协同作用，能使溶液的表面张力减小，因而大大提高了成核速率和概率。在晶核出现后，高频率低功率的超声波振荡可协同晶形改良剂作用，使晶核的形状变得粗壮。

成核溶剂应具备无毒、安全、用量少、成核速率快、晶核数目稳定及晶核大小均匀等特点，并且与水有极大的亲和力和互溶性，不溶或仅微量溶解味精。可供选择的成核溶剂有：无水乙醇、甲醇、乙二醇、异丙醇、1，2-丙二醇等，而用在味精溶液中的成核剂，以无水乙醇的效果最好。

作为晶形改良剂，它必须无毒、安全、用量少、效果明显。在十几种改良剂中，L-赖氨酸对改良味精晶体形状的效果最显著，晶体由不加 L-赖氨酸时的针状变成细短棒状。

①味精晶核悬浮液的制备：取过饱和度 $\alpha=1.5$（30℃）的味精除铁脱色液，按该溶液体积的 0.5%加入浓度为 10%的 L-赖氨酸，搅匀，接着添加 30%（体积分数）的无水乙醇，之后，立即用超声波处理 30s，同时轻微地搅拌。超声波处理结束后，静置 3~5min，即形成晶核悬浮液（晶核 10^4~10^5 个/mL），晶形为短棒状。

②味精的结晶：在 32°Bé 的味精除铁脱色液中，按体积分数 0.5%加入浓度为 10%的 L-赖氨酸溶液和 2%的晶核悬浮液，于 65~70℃、真空度 80kPa 条件下育晶，每隔 1h 按体积分数 20%补料（料液为 18~20°Bé 味精除铁脱色液），边浓缩边补料，育晶 12h，得到的味精晶体均匀整齐，伪晶很少。

5. 粉末味精的结晶

（1）粉末味精的制作　将需要浓缩结晶的除铁液总量的 2/3 加入浓缩锅内（5500L 浓缩锅，加入料液 4000L），在 65℃、85kPa 真空度的条件下进行浓缩。剩下的 1/3 料液，分 2、3 次加入浓缩锅中，在 50℃下搅拌 4h，再自然降至室温。停止搅拌，等沉淀完全后，将上层母液分开，另外处理；下层味精细晶用离心机甩去水分后，供制作粉末味精用。

（2）操作要点

①放罐时浓缩液的浓度应严格控制在 29.5~30.5°Bé，不能浓缩过头，否则味精细晶易析出，造成晶体堵塞罐口，而使放罐困难。

②粉末味精结晶时，搅拌器转速一般控制在 30r/min 左右。

6. 母液的处理

晶体析出后的上层液体，称为母液。味精母液中还含有一定量的味精，所以必须对母液加以处理。母液的处理，一般采取分次收集、按次处理的方法。

具体操作如下：将收集到的同次母液（通常母液要经过前后 5 次回收处理，生产上将不同批数的同次母液合并后，集中一起进行处理）返回脱色工序，经调整浓度和 pH 后，对母液先进行除铁和脱色处理，然后将滤液浓缩结晶，得到谷氨酸钠晶体。随着结晶次数的增加，母液中色素和可溶性杂质的浓度增加，为了保证脱色除杂效果，在操作前可将母液适当稀释，活性炭用量也应随母液的增加而增大。随着母液处理次数的增加，母液中味精含量就逐渐减少。从有利于析晶方面考虑，母液的浓缩程度应该逐次提高。一般，一次母液浓缩至32°Bé，二次母液浓缩至33°Bé，三次、四次母液浓缩至34°Bé，五次母液浓缩至34.5°Bé，经过五次回收处理后的六次母液，通常用水将其浓度调整至17~18°Bé，接着再用盐酸调 pH 至 3.0~3.1，搅拌 18~20h，然后进行分离。由于分离到的谷氨酸晶体（俗称白谷氨酸）含杂质多，往往将它溶解后，重新进行精制。有的工厂，将经过二次回收处理后的母液掺入到谷氨酸发酵液中，不再另外单独处理。

六、 成品粉末味精的制取

1. 味精的分离和干燥

（1）味精的分离　是指去除黏附在味精晶体上的母液和水分。目前，分离的方法一般都采用三足式离心机，借助离心力的作用，将晶体上的液体甩去。离心机转速在 800~1000r/min，离心时间为 30min。经过离心分离后，结晶味精湿晶体的含水量在 1%左右，粉末味精湿晶体的含水量在 4%~6%。因为结晶味精的成品质量要求高，所以在进行晶体离心分离时，把母液除去后，还需要用适量50℃左右的温水淋洗晶体，以洗净晶体表面的母液和细晶，这样可以增加晶体的光泽。但淋洗水量不能太多，不然会溶解晶体使晶形受损。分离质量的好坏，对下一步干燥操作有直接影响。晶体含母液或水分高，在干燥过程中容易出现并晶、毛晶和色黄等情况，严重影响晶体质量。

（2）味精的干燥　经过离心分离后的味精晶体，含水量仍然较高，如不加以干燥，就容易黏结成块。结晶味精的含水量应低于 0.2%，粉末味精的含水量应低于 1%。味精晶体每个单元含有一分子结晶水，晶体在 120℃受热条件下，会失去结晶水，味精晶体会变得没有光泽。干燥温度应控制在 80℃为宜。生产上常用的干燥设备，主要有以下几种。

①箱式烘房：箱式烘房是用蛇形管或排管通过蒸汽加热烘房的。先将待干燥的味精晶体均匀地在匣盘中铺成薄薄的一层，然后把匣盘装进烘房的各层，在80℃下干燥 10h。箱式烘房造价低，但设备占地面积大，劳动强度高，干燥时间长，而且干燥不均匀，有时会出现中间潮湿，上下两层发黄、并晶的现象。目前国内一些小型味精厂还在使用箱式烘房。

②真空箱式烘房：真空箱式烘房类似于箱式烘房，所不同的是干燥过程中采取减压措施来强化干燥效果，以加快干燥速度。

③气流式干燥器：干燥是在干燥管中进行的，湿的味精晶体及热的干燥空气从干燥管的下部进入，晶体在热的干燥空气中悬浮，并随着热空气的流动而被迅速干燥，然后通过干燥管的上部被送出。

④振动干燥器：是在干燥器内装有振动床的装置。味精晶体在振动床上被通

入干燥器内的干热空气所干燥。这种干燥方法，晶体破碎少，光泽度好。

⑤传送带式干燥器：将味精晶体均匀地撒布在传送带上，厚度不超过5mm。传送带进入干燥器的罩壳内，味精晶体即被罩壳内的干热空气所干燥。晶体在罩壳内的滞留时间仅0.9s。

2. 粉末味精的混盐和磨粉

（1）混盐　为了调整粉末味精的含量规格，需在味精晶体中添加一定量的食盐。为保证味精的含量，混盐时，实际味精的用量要略高于包装袋上所标示的含量。混盐所用的食盐，必须经过精制处理，若直接将市售食盐混入味精中，味精就变得容易吸潮。混盐操作是在拌和机中进行的，按计算好的精盐和味精量，将两者倒入拌和机内，每次投入的物料总量不得超过7000kg，拌和时间每次不少于15min。

（2）磨粉　将拌和后的味精和精盐投入万能粉碎机中磨粉过筛，可制得成品粉末味精。粉碎机转速为3800r/min，筛网的目数为100目。

七、 味精中谷氨酸钠的测定

（一）高氯酸非水溶液滴定法

在乙酸存在下，用高氯酸标准溶液滴定样品中的谷氨酸钠，以电位突跃为依据判定滴定终点，或以α-萘酚苯基甲醇为指示剂，滴定样品溶液至绿色为其终点。

1. 试剂溶液

（1）α-萘酚苯基甲醇-乙酸指示液（2g/L）　称取0.1g α-萘酚苯基甲醇，用乙酸溶解并稀释至50mL。

（2）标准溶液配制　高氯酸标准滴定溶液［$c(HClO_4)$ = 0.1mol/L］。

2. 仪器和设备

（1）自动电位滴定仪（精度±0.2mV）　具备动态滴定模式或等量滴定模式，最小加液体积0.01mL，滴定管自带防扩散头。

（2）非水相pH电极　采用Ag/AgCl为内参比电极；内参比电解液为2mol/L氯化锂乙醇溶液或0.4mol/L四乙基溴化铵乙二醇溶液。

（3）分析天平　感量0.1mg。

（4）超声清洗器及磁力搅拌器。

3. 分析步骤

（1）试样制备　称取研磨成细小颗粒的试样0.15g（精确至0.0001g）至100mL烧杯中，加甲酸3mL，超声至完全溶解，再加乙酸40mL，摇匀。

（2）电位滴定法测定　样品测定参考条件如下。

①样品测定采用动态滴定模式或等量滴定模式。

②试剂空白测定：采用等量滴定模式，最小加液体积为0.01mL。

测定终点评估方法：将盛有试液的烧杯置于磁力搅拌器上，插入电极和滴定管，使电极隔膜完全浸没到被滴定的溶液中，打开电极上部的密封塞，在合适的速度下搅拌，启动滴定方法，用高氯酸标准滴定溶液进行滴定，以电位值（或pH）为纵坐标，以滴定时消耗高氯酸标准滴定溶液的体积为横坐标，仪器自动绘制电位值（或pH）-滴定体积实时变化曲线，反应终点时出现的明显突跃点为其滴定终点，记录该点所对应的消耗高氯酸标准滴定溶液的体积（V_1），同时做空白试验，记录消耗高氯酸标准滴定溶液的体积（V_0）。

（3）化学指示剂法测定　在盛有试液的烧杯中加入α-萘酚苯基甲醇-乙酸指示液10滴，开动磁力搅拌器，用高氯酸标准滴定溶液滴定试样液，当颜色变绿色即为滴定终点，记录消耗高氯酸标准滴定溶液的体积（V_1），同时做空白试验，记录消耗高氯酸标准滴定溶液的体积（V_0）。

4. 分析结果的表述

（1）高氯酸标准溶液浓度的校正　若滴定试样与标定高氯酸标准溶液时温度之差超过10℃，则应重新标定高氯酸标准溶液的浓度，若不超过10℃，则按式（7-1）加以校正。

$$c_1 = \frac{c_0}{(1 + 0.0011) \times (T_1 - T_0)} \tag{7-1}$$

式中　c_1——滴定试样时高氯酸溶液的浓度，mol/L；

c_0——标定时高氯酸溶液的浓度，mol/L；

0.0011——乙酸的膨胀系数；

T_1——滴定试样时高氯酸溶液的温度，℃；

T_0——标定时高氯酸溶液的温度，℃。

（2）计算　样品中谷氨酸钠含量按式（7-2）计算。

$$X_1 = \frac{0.09357 \times (V_1 - V_0) \times c}{m} \times 100 \tag{7-2}$$

式中　X_1——样品中谷氨酸钠含量（含1分子结晶水），g/100g；

V_1——试样消耗高氯酸标准滴定溶液的体积，mL；

V_0——空白消耗高氯酸标准滴定溶液的体积，mL；

c——高氯酸标准滴定溶液的浓度，mol/L；

0.09357——1.00mL高氯酸标准溶液［c（$HClO_4$）=1.000mol/L］相当于谷氨酸钠（$C_5H_8NNaO_4 \cdot H_2O$）的质量，g；

m——试样质量，g；

100——换算系数。

以重复性条件下获得的两次独立测定结果的算术平均值表示，结果保留三位有效数字。

5. 精密度

在重复性条件下获得的两次独立测定结果的绝对差值不超过0.5g/100g。

（二）旋光法

谷氨酸钠分子结构中含有一个不对称碳原子，具有光学活性，能使偏振光面旋转一定角度，因此可用旋光仪测定旋光度，根据旋光度换算谷氨酸钠的含量。

1. 试剂

盐酸（HCl）等。

2. 仪器和设备

（1）旋光仪（精度±0.010°）备有钠光灯（钠光谱 D 线 589.3nm）。

（2）分析天平　感量 0.1mg。

3. 分析步骤

（1）试样制备　称取试样 10g（精确至 0.0001g），加少量水溶解并转移至 100mL 容量瓶中，加盐酸 20mL，混匀并冷却至 20℃，定容并摇匀。

（2）试样溶液的测定　于 20℃，用标准旋光角校正仪器，将试液置于旋光管中（不得有气泡），观测其旋光度，同时记录旋光管中试样液的温度。

（3）分析结果的表述　样品中谷氨酸钠含量按式（7-3）计算。

$$X_2 = \frac{\frac{\alpha}{L \times c}}{25.16 + 0.047 \times (20 - T)} \times 100 \tag{7-3}$$

式中　X_2——样品中谷氨酸钠含量（含 1 分子结晶水），g/100g；

α——实测试样液的旋光度，°；

L——旋光管长度（液层厚度），dm；

c——1mL 试样液中含谷氨酸钠的质量，g；

25.16——谷氨酸钠 20℃时的比旋光度，°；

T——测定试液的温度，℃；

0.047——温度校正系数；

100——换算系数。

以重复性条件下获得的两次独立测定结果的算术平均值表示，结果保留三位有效数字。

（三）酸度计法

利用氨基酸的两性作用，加入甲醛以固定氨基的碱性，使羧基显示出酸性，用氢氧化钠标准溶液滴定后定量，以酸度计测定终点。

1. 试剂

甲醛（HCHO，36%）、氢氧化钠（NaOH）、氢氧化钠标准滴定液［c(NaOH) = 0.10mol/L］。

2. 仪器和设备

酸度计：pH0~14，精度±0.01；磁力搅拌器；25mL 微量滴定管；分析天平：感量 0.1mg。

3. 分析步骤

(1) 试样制备　称取 0.40g 试样（精确至 0.0001g），置于 200mL 烧杯中，加 60mL 水溶解。

(2) 试样溶液的测定　开动磁力搅拌器，使氢氧化钠标准溶液滴定至酸度计指示 pH8.2，记下消耗氢氧化钠标准滴定溶液的毫升数，可计算总酸含量。

加入 10.0mL 甲醛溶液，混匀，用氢氧化钠标准溶液滴定至 pH9.6，记下消耗氢氧化钠标准溶液的毫升数。

同时取 60mL 水，先用氢氧化钠标准溶液调节至 pH8.2，再加 10.0mL 甲醛溶液，用氢氧化钠标准溶液滴定至 pH9.6，做试剂空白试验。

4. 分析结果的表述

试样中谷氨酸钠的含量（含 1 分子结晶水）按式（7-4）计算。

$$X_3 = \frac{(V_1 - V_2) \times c \times 0.187}{m} \times 100 \tag{7-4}$$

式中 X_3——试样中谷氨酸钠的含量（含 1 分子结晶水），g/100g；

V_1——测定用试样加入甲醛后消耗氢氧化钠标准溶液的体积，mL；

V_2——试剂空白加入甲醛后消耗氢氧化钠标准溶液的体积，mL；

c——氢氧化钠标准滴定溶液的浓度，mol/L；

0.187——与 1.00mL 氢氧化钠标准滴定溶液 [c(NaOH) = 1.000mol/L] 相当的 1 分子结晶水谷氨酸钠的质量，g；

m——试样质量，g；

100——换算系数。

以重复性条件下获得的两次独立测定结果的算术平均值表示，结果保留三位有效数字。

拓展阅读

你知道过去谷氨酸是如何生产出来的吗？当时，生产味精的原料是小麦面筋（谷蛋白），制造方法是用盐酸浸渍面筋，水解后制取谷氨酸。先用 34% 的盐酸加压水解面筋，得到一种黑色的水解物，再经过活性炭脱色，真空浓缩，可得到白色结晶的谷氨酸。谷氨酸还可再进一步生产成味精。

水解法开启了人类生产谷氨酸的开端，然而该方法既不经济，又不环保。水解法花费 40t 的小麦才能生产出 1t 味精，生产味精要耗用很多粮食。盐酸易腐蚀机器设备，并且产生许多有害污水。工作人员劳动强度大，并且在危险条件下生产，无法保障职业安全……

科学家们开始了新的探索。1956 年，上海市轻工业研究所和中国化学化工学会联合举行“L-谷氨酸发酵报告会”，把它列为重点研究课题，并与上海天厨味精厂协作开展谷氨酸发酵研究。在当时科研设备简单、物资匮乏的背景下，各单位团结协作，大规模开展了谷氨酸产生菌筛选鉴定工作，不断优化培养基和发酵条件，终于，科研工作者们克服困难，不断改进工艺后取得成功。

1964 年 7 月，由国家科委主持，通过 2500L 发酵生产 L-谷氨酸的鉴定，不久 50000L 罐投入生产，开创了国内微生物发酵法生产谷氨酸的新局面，结束了日本“味之素”在中国的垄断。该技术的成功应用，为国家节约了大量粮食，满足了民众对谷氨酸的大量需求，是中华人民共和国成立后我国发酵工业的一个重大科研成果。

当前，我国早已成为氨基酸产品的“世界工厂”，谷氨酸产量位居世界第一。

习题

一、填空题

1. 一般，料液浓度控制在__________°Bé，此时溶液处在介稳区，当投入晶种时，晶种就能逐渐长大成晶体。

2. 谷氨酸生产企业一般都将结晶味精进行过筛，按晶体大小分成几种不同规格，各有不同用途，其中 5 号和 6 号晶体可作为晶种使用。粒度>__________目：磨碎后，挑出一部分用作晶种，余下的制作粉末味精。__________目<成品<__________目：制作 99%味精用。__________目<5 号晶体<__________目：制作晶种用。__________目<6 号晶体<__________目：制作晶种用。细晶<__________目：与第 1 次母液析出的晶体混合后，磨碎制成粉末味精。

3. 味精晶体含有一分子结晶水，晶体在 120℃ 受热条件下，会失去结晶水，味精晶体会变得没有光泽。干燥温度应控制在__________℃为宜。

二、选择题

1. 谷氨酸发酵生产所选用的菌种主要是（　　）。

A. 酵菌　　　　B. 细菌

C. 放线菌　　　　D. 霉菌

2. 发酵时间不同的谷氨酸生产菌对糖的浓度要求也不一样，其发酵时间也有所差异。一般低糖（10%~12%）发酵，其发酵时间为（　　）。

A. 36~38h　　　　B. 45h

C. 24~36h　　　　D. 12~24h

3. 发酵液中谷氨酸含量在 4%以上时，如将发酵液的 pH 调节至（　　），谷氨酸很容易从发酵液中析出，收率可达 70%以上。

A. 4. 8　　　　B. 7. 0

C. 5. 5　　　　D. 3. 2

4. 某企业采用结晶法生产谷氨酸钠。结晶操作中，整个结晶过程步骤依次为（　　）。

A. 浓缩—投入晶种—整晶—育晶—养晶—放罐

B. 浓缩—投入晶种—养晶—育晶—整晶—放罐

C. 浓缩—投入晶种—育晶—整晶—养晶—放罐

D. 浓缩—投入晶种—整晶—养晶—育晶—放罐

5. 影响谷氨酸钠结晶的主要因素不包含哪个？（　　）

A. 温度　　　　B. 搅拌

C. 溶液浓度　　　　D. 压力

三、简答题

1. 谷氨酸发酵生产过程中，要严格无菌操作，还需控制温度、通风量、pH与泡沫等。请简述控制这些因素需把握哪些要点。

2. 从发酵液中提取、纯化谷氨酸可采用水解等电点法。即谷氨酸发酵液经适当浓缩后加入盐酸进行加压水解，菌体蛋白质被水解。发酵液中残糖等有机杂质被破坏，可用过滤法除去。滤液再经脱色和浓缩后，用碱液中和至谷氨酸的等电点，在低温下放置，让谷氨酸结晶析出。请简述本法的操作要点。

3. 结晶法分离谷氨酸操作中，在上柱和洗脱过程中，容易出现“结柱”现象，即谷氨酸以结晶形式析出，把树脂黏结成团。“结柱”现象发生后，上柱液或洗脱液流速受影响，易走短路，出现洗脱峰拖长，洗脱不集中，甚至造成树脂破碎。请分析产生“结柱”主要的原因有哪些。

项目八 白酒发酵生产技术

【知识目标】

1. 掌握白酒生产原料的选择及处理方法。
2. 掌握酒曲的制备方法。
3. 掌握传统白酒的生产工艺及控制方法。
4. 掌握白酒常见质量问题的成因及质量标准。

【技能目标】

1. 能够制备合格的酒曲。
2. 掌握酿造浓香型或酱香型白酒。

【素质目标】

1. 了解白酒发展史，领略白酒文化的精髓与魅力，培养学生的民族自豪感。
2. 培养产品质量意识，增强对产品安全的认知，推广中华优秀饮食文化。
3. 引导学生价值取向，指导学生道德成长，助力弘扬“中国制造 2025”背景下工匠精神。

任务一 白酒生产原辅料及处理

一、 制曲原辅材料

1. 制曲和制酒母原料基本要求

根据白酒曲的作用和制作工艺特点，其原料应符合如下要求。

（1）要适于有用菌的生长和繁殖　大曲中的有用微生物为霉菌、细菌及酵母菌，麸曲中为霉菌等，小曲中为根霉及酵母菌等。这些菌类的生长和繁殖，必须有碳源、氮源、生长素、无机盐、水五大类营养并要有适宜的 pH、湿度、温度及必要的氧气等。故制曲原料应满足有用微生物生长的上述两方面的要求。例如制大曲和小曲的大麦及大米等原料，除富含淀粉、维生素及无机元素外，还应含有足以使微生物生长的蛋白质。制麸曲的原料麸皮，既是碳源，又是氮源。又如为了使曲坯具有一定的外形，并适应培曲过程中品温升降、散热、水分挥发、供氧的规律，则需考虑曲料的黏附性能及疏松度，并注意原料的合理配比。此外，对于多种菌的共生，应兼顾各自的生理特性。凡含有抑制有用菌生长成分的原料，不宜使用。

广义的酒母，包括由酿酒酵母、产酯酵母、细菌和霉菌等酿酒有益微生物培养而成的液态、半固态或固态发酵剂。不同的菌应在碳源及氮源等成分上予以区别对待。

(2) 适于产酶　白酒曲是糖化剂或糖化发酵剂，故除了要求成曲含有一定数量的酿酒有用微生物外，还须积累多种大量的胞内酶和胞外酶，其中最主要的是淀粉酶。而此类酶多为诱导酶，故要求制曲原料含有较多量的淀粉，以及促进淀粉酶类形成的无机盐。蛋白质也是产酶的必要成分，故制曲原料应含有适宜的蛋白质。

酒母中酵母菌所产的酶多为胞内酶，故菌体的数量和质量可反映酶的状况。但在制取其他菌的培养物时，应结合所产酶种的状况，考虑原料的成分。

(3) 有利于酒质　大曲及麸曲用量很大，实际上制曲原料和成品曲也是酿酒原料的一部分。大曲原料的成分及制曲过程中生成的许多成分，都直接或间接与酒质有关。另外，制曲原料不宜含有较多的脂肪，这也是对酿酒原料要求的相同之处。

通常，酒母培养基的成分基本上与发酵基质相同，只是前者为了培养较多的菌体和产较多的酶而营养更丰富些。酒母成熟时的成分，有很多是接近于发酵醪(醅)在主发酵期的成分。因此，广义上说，酒母也是发酵醪(醅)的组成部分。

2. 制曲原料的种类及性质

(1) 大曲原料的种类及性质　白酒大曲的原料，南方以小麦为主，用以生产酱香型及浓香型白酒；北方传统是生产清香型白酒，多以大麦和豌豆为原料。大曲主要原料的成分比例如表 8-1 所示。

表 8-1　大曲主要原料的成分比例　单位:%

名称	水分	粗淀粉	粗蛋白质	粗纤维	粗脂肪	灰分
小麦	12.8	61.0~65.0	7.2~9.8	2.5~2.9	1.2~1.6	1.7~2.9
大麦	11.5~12.0	60.0~62.5	11.2~12.5	1.9~2.8	7.2~7.9	3.4~4.2
豌豆	10.0~12.0	45.2~50.5	25.5~27.5	3.9~4.0	1.3~1.6	3.0~3.1

①小麦含淀粉量最高，富含面筋等营养成分，含 20 多种氨基酸，维生素含量也很丰富，黏着力也较强，是各类微生物繁殖、产酶的优良天然基质。若粉碎适度、加水适中，则制成的曲坯不易失水和松散，也不至于因黏着力过大而存水过多。小麦中的碳水化合物，除淀粉外，还有少量的蔗糖、葡萄糖、果糖等（含量为 2%~4%）以及 2%~3%的糊精。小麦蛋白质的组分以麦胶蛋白和麦谷蛋白为主，麦胶蛋白中以氨基酸为多。这些蛋白质可在发酵过程中形成香味成分。故五粮液、剑南春酒等，均使用一定量的小麦。但小麦的用量要得当，以免发酵时产生过多的热量。

②大麦黏结性能较差，皮壳较多。若用以单独制曲，则品温速升骤降。与豌豆共用，可使成曲具有良好的曲香味和清香味。青稞又名裸大麦，是大麦品种的变种。其耐寒性强，生长期短，可种植于海拔 3000m 以上的地区。大麦和青稞有 4 棱、6 棱之分。青稞与大麦不同之处是籽粒与颖壳能脱离，即不带谷壳。青稞的色泽和形状也多种多样，有黄、褐、紫蓝、黑色和椭圆、卵形、长形之分，青稞多为硬质，籽粒的透明玻璃质在 70%以上，蛋白质含量在 14%以上，淀粉含量在 60%左右，纤维素含量约 2%。

③豌豆黏性大，淀粉含量较大。若用以单独制曲，则升温慢，降温也慢。故一般与大麦混合使用，以弥补大麦的不足，但用量不宜过多。大麦与豌豆的比例通常以 3∶2 为宜。也不宜使用质地坚硬的小粒豌豆。若以绿豆、赤豆代替豌豆，则能产生特异的清香。但因其成本较高，故很少使用。其他含脂肪量较高的豆类，会给白酒带来邪味，不宜选用。

（2）麸曲原料的种类及性质　麸皮是制麸曲的主要原料，其在成分及性能上具有营养源种类全面、吸水性强、表面积及疏松度大等优点，它本身也具有一定的糖化能力，而且还是各种酶的良好载体。故质量较好的麸皮，其碳氮比适中，能充分满足曲霉等生长繁殖和产酶的需要。但因小麦加工时出粉率的不同，麸皮的质量也有很大的差异。对于质量较差的红麸皮，以及含氮量低而出粉率高达 95%以上的“全麦面麸皮”之类，在制麸曲时，应添加适量的硫酸铵等无机氮源或豆饼粉等有机氮源。但在白麸皮的淀粉含量已较高，而氮含量不足的情况下，采用添加玉米粉的方法则不可取，这会使碳源过剩而升温迅猛，导致烧曲现象的发生。

一般麸皮的成分及其含量如表 8-2 所示，红、白麸皮的成分及其含量比较，如表 8-3 所示。

表 8-2　一般麸皮的成分及其含量　单位:%

水分	碳水化合物	淀粉	粗蛋白质	粗脂肪	粗纤维	灰分	钙	磷
10~14	48~57	19~22	2~14	3~4	9~11	4~6	0.095	0.24

表 8-3　红、白麸皮的成分及其含量比较　单位：%

名称	水分	淀粉	总氮	灰分
白麸皮	8.98	20	13.39	5.35
红麸皮	9.13	20	2.20	5.02

（3）小曲原料的种类及性质　小曲的原料通常为精白度不高的籼米或米糠。因为大米的糊粉层中蛋白质及灰分含量较高，糠层中的灰分更高，有利于酿酒有用菌的生长和产酶。有的小曲还使用一些中草药，其中含有丰富的生长素，可以补充原料中生长素的不足，促进根霉和酵母菌的生长，还能起疏松和抑制杂菌繁殖的作用。小曲原料的成分及其含量如表 8-4 所示。

表 8-4　小曲原料的成分及其含量　单位：%

种类	水分	粗蛋白	粗脂肪	淀粉	纤维	灰分
脱脂糠	11.0	19.0	7.9	37.35	16.5	16.5
米粞	11.8	8.9	1.0	77.0	0.7	0.7

（4）制酒母的原料　以培养酵母菌为主要微生物的酒母原料，以玉米粉为好。霉烂的及含单宁或生物碱较多的高粱糠或橡子粉等，不宜用作酒母的原料。若用薯干粉作原料，最好补加少量的硫酸铵或尿素等无机或有机氮源。

3. 制曲及制酒母原料的择用及配比

（1）大曲原料的比例　有关酱香型、清香型、浓香型大曲酒大曲原料的配比如表 8-5 所示。

表 8-5　不同香型大曲酒大曲原料配比　单位：%

酒名	小麦	大麦	豌豆	高粱	曲母
茅台酒	100	—	—	—	3~8
汾酒	—	60	40	—	—
泸州老窖特曲酒	90~97	—	—	3~10	—
五粮液	100	—	—	—	2~8
剑南春酒	90	10	—	—	—
古井贡酒	70	20	10	—	—
洋河大曲酒	50	40	10	—	—
全兴大曲酒	95	—	—	4	1
口子酒	60	30	10	—	—
西凤酒	—	60	40	—	—

清香型青稞白酒大曲的原料配比为青稞：豌豆=7：3。四特酒大曲的原料及

其配比较为特殊，面粉占 35%~40%，麦麸为 40%~50%，酒糟（以干燥计）为 15%~20%。

各种大曲原料的拌水量因地区、季节、原料配比、培曲温度而异，水温也各不相同。

（2）小曲原料的比例　小曲的原料配比，因地区、传统工艺及原料种类而异。举例如下，以作比较。

①桂林曲丸配方以大米粉为原料，其中制坯米粉占 75%，裹粉用细米粉占 25%。香药草粉用量为制坯米粉的 13%。曲母用量为制坯米粉的 2%，为裹粉量的 4%。加水量为制坯米粉的 60%左右。

②四川无药糠曲丸配方统糠 87%~92%，米粉 5%~10%，曲母 3%，凉开水为原料的 64%~74%。

③厦门白曲配方以米糠为主，米粉为米糠量的 10%~15%，根霉种子为米糠量的 4%~5%，酵母种子液为米糠量的 0.22%~0.24%，冷开水为米糠量的 70%~75%。

④四川邛崃米曲饼配方以大米粉为主，中药材粉用量为大米粉的 2.86%，曲母为大米粉的 0.86%，加水量为大米粉的 45.7%~48.6%（包括浸米吸水量及拌料用水）。

⑤广东酒曲饼大米粉为 96.38%，中药粉占 3.31%，曲母占 0.31%。

⑥纯种根霉、酵母曲以麸皮为原料，加水量为麸皮的 60%~80%。根霉接种量为 0.3%~0.5%，酵母液接种量为 2%。根霉及酵母固态曲经分别培养后，按一定比例混合后备用。

（3）麸曲比例

①帘子麸曲比例为：麸皮加鲜酒糟 15%~20%，加水量为麸皮量的 75%~80%，接种量为 0.3%~0.5%。

②机械通风麸曲配方为：麸皮为 85%，鲜酒糟以风干量计占 15%，或用 15%稻壳代替鲜酒糟，加水后曲料含水量为 45%~48%。

（4）液态曲原料比例　液态曲的原料及其配比，因菌株而异。例如使用黑曲霉菌株，可使用如下的配方：玉米粉 6%，豆饼粉 2%，麸皮 1%。

（5）酒母比例　如一般的大缸酒母，其配方通常为：玉米粉 85%~90%，鲜酒糟 10%~15%，麸皮或稻壳 5%~10%。润料时将原料量的 0.6%~1%的硫酸加入水中，加水量为原料量的 50%~60%，加麸曲量为原料量的 10%~15%，接种卡氏罐酒母量为 1/15~1/12。

二、制酒原料

制白酒的原料有粮谷，以甘薯干为主的薯类以及代用原料三大类，目前后一类用者很少。

1. 制白酒原料的基本要求

白酒界有“高粱产酒香、玉米产酒甜、大麦产酒冲、大米产酒净、小麦产酒糖”的说法，概括了几种原料与酒质的关系。对制白酒原料总的基本要求，可归纳为以下 3 项。

（1）名优大曲酒原料　一般列为国家名优酒的大曲酒，必须以高粱为主要原料，或搭配适量的玉米、大米、糯米、小麦等。

（2）粮谷原料　粮谷原料以糯者为好，要求籽粒饱满，有较高的千粒重，原粮水分在 14%以下。

（3）对制白酒原料的一般要求　优质的白酒原料，要求其新鲜、无霉变和杂质，淀粉或糖分含量较高，含蛋白质适量，脂肪含量极少，单宁含量适当，并含有多种维生素及无机元素。果胶含量越少越好。不得含有过多的含氰化合物、番薯酮、龙葵苷及黄曲霉毒素等有害成分。

2. 白酒主要原料的成分及特性

制白酒的原料，按主要成分含量可分为淀粉质原料和糖质原料两大类，本书仅介绍淀粉质原料的状况。生产白酒的原料成分如表 8-6 所示。

表 8-6　白酒主要原料成分含量总的比较　　单位:%

名称	水分	淀粉	粗脂肪	粗纤维	粗蛋白质	灰分
高粱	11~13	56~64	1.6~4.3	1~8	7~12	1.4~1.8
小麦	9~14	60~74	1.7~4.0	1.2~2.7	8~12	0.4~2.6
大麦	11~12	61~62	1.9~2.8	6.0~7.0	11~12	3.4~4.2
玉米	11~17	62~70	2.7~5.3	1.5~3.5	10~12	1.5~2.6
大米	12~13	72~74	0.1~0.3	1.5~1.8	7~9	0.4~1.2
薯干	10~11	68~70	0.6~3.2	—	2.3~6	—

（1）高粱　又称红粮。高粱按黏度分为粳、糯两类，北方多产粳高粱，南方多产糯高粱。糯高粱所含淀粉几乎全为支链淀粉，结构较疏松，适于根霉生长，以小曲制高粱酒时，淀粉出酒率较高。粳高粱含有一定量的直链淀粉，结构较紧密，蛋白质含量高于糯高粱。高粱按色泽可分为白、青、黄、红、黑几种，颜色的深浅，反映了其单宁及色素含量的高低。不同品种的高粱其成分含量上有一定差别。

高粱的内容物多为淀粉颗粒，外包一层由蛋白质及脂肪等组成的胶粒层，易受热而分解。高粱的半纤维素含量约为 2.8%。高粱壳中的单宁含量在 2%以上，但籽粒仅含 0.2%~0.3%。微量的单宁及花青素等色素成分，经蒸煮和发酵后，其衍生物为香兰酸等酚类化合物，能赋予白酒特殊的芳香。但若单宁过多，则会抑制酵母发酵，并在开大汽蒸馏时会被带入酒中，使酒带苦涩味。高粱蒸煮后一般疏松适度，黏而不糊。

(2) 玉米　玉米也称苞谷、苞芦、玉茭、苞米、棒子、粟米、玉蜀黍、玉麦、芦黍。玉米有黄玉米、白玉米、糯玉米和粳玉米之分。

通常黄玉米的淀粉含量高于白玉米。玉米的胚芽中含有大量的脂肪，若利用带胚芽的玉米制白酒，则酒醅发酵时生酸快、升酸幅度大，且脂肪氧化而形成的异味成分带入酒中会影响酒质。故用以生产白酒的玉米必须脱去胚芽。玉米中含有较多的植酸，可发酵为环已六醇及磷酸，磷酸也能促进甘油（丙三醇）的生成。多元醇具有明显的甜味，故玉米酒较为醇甜。不同地方玉米的主要成分含量略有不同。玉米的半纤维素含量高于高粱，因而常规分析时虽淀粉含量与高粱相当，但出酒率不及高粱。玉米组织因淀粉颗粒形状不规则，且呈玻璃质的组织状态，结构紧密，质地坚硬，故难以蒸煮，但一般粳玉米蒸煮后不黏不糊。

(3) 大米　大米的淀粉含量较高，蛋白质及脂肪含量较少，故有利于低温缓慢发酵，成品酒也较纯净。

大米是稻谷的籽实。大米有粳米和糯米之分。一般粳米的蛋白质、纤维素及灰分含量较高，而糯米的淀粉和脂肪含量较高。各种大米又均有早熟和晚熟之分，一般晚熟稻谷的大米蒸煮后较软、较黏。粳米淀粉结构疏松，利于糊化，但如果蒸煮不当而太黏，则发酵温度难以控制。在混蒸混烧的白酒蒸馏中，大米可将饭的香味成分带至酒中，使酒质爽净。故五粮液、剑南春酒等名酒均配用一定量的粳米；三花酒、玉冰烧、长乐烧等小曲酒均以粳米为原料。糯米质软，蒸煮后黏度大，故须与其他原料配合使用，使酿成的酒具有甘甜味。如五粮液及剑南春酒等均使用一定量的糯米。

(4) 甘薯　甘薯又名山芋、白薯、地瓜、红苕、红薯等，按肉色分为红、黄、紫、灰 4 种。按成熟期分为早、中、晚熟 3 种。鲜甘薯及白薯干（以下简称薯干）分别含有 2%及 7%的可溶性糖，有利于酵母的利用。薯干的淀粉纯度高，含脂肪及蛋白质较少，发酵过程中升酸幅度较小，因而淀粉出酒率高于其他原料。但薯中含有 0.35%~0.4%（以绝干计）的甘薯树脂，对发酵稍有影响；薯干的果胶含量也较多，使成品酒中甲醇含量较高；染有黑斑病的薯干，可将番薯酮带入酒中，使成品酒呈“瓜干苦”味。若酒内含有番薯酮 100mg/L，则呈严重的苦味和邪杂味。黑斑病严重的薯干制酒所得的酒糟，对家畜也有毒害作用。

甘薯有黑斑病、烂心的软腐病、内腐病、经冻伤的坏死病，以及受水浸泡后的水腐病等，尤以黑斑病危害最大。黑斑病薯蒸煮时有霉坏味及有毒的苦味，这种苦味质能抑制黑曲霉、米曲霉、毛霉、根霉的生长，影响酵母的繁殖与发酵，但对醋酸菌、乳酸菌等的抑制作用则很弱。其成分是番薯酮，分子式为 $C_{15}H_{22}O_3$，是由黑斑病菌作用于甘薯树脂而产生的油状苦味物质。

在甘薯种植时用 55℃温水将薯种浸泡 1h，则可以预防黑斑病。对于病薯原料，应采用清蒸配醅的工艺，尽可能地将怪味挥发掉。但对黑斑病及霉烂严重的薯干，清蒸也难以解决问题，最好不使用。若为液态发酵法制白酒，可采用精馏或复馏的方法提高成品酒的质量。甘薯的软腐病和内腐病是由感染细菌及霉菌造成的，这些菌具有很强的淀粉酶及果胶酶活力，可使甘薯改变性状。使用这种薯并不影响出酒率，但在蒸煮时应适当多加填充料及配醅，采用大火清蒸，并缩短蒸煮时间以免糖分流失和生成大量焦糖而降低出酒率。用这种原料制成的白酒风味很差。

3. 制白酒原料的选择及配比

（1）大曲酒原料的选择及配比　大曲酒的原料多为高粱，而且通常是糯高粱。即使是大曲和小曲并用的董酒，也以糯高粱为原料。有的大曲酒除使用高粱外，还搭配其他原料。其中最典型的例子是五粮液和剑南春酒，具体配方如表 8-7 所示。

表 8-7　五粮液和剑南春酒的原料配比　单位：%

酒名	高粱	小麦	玉米	糯米	大米
五粮液	36	16	8	18	22
剑南春酒	40	15	5	20	20

（2）小曲酒的原料　小曲酒以大米、高粱、玉米为原料。如玉冰烧、三花酒、长乐烧等以大米为原料；四川的一些小曲酒，多以高粱或玉米为原料。

（3）麸曲酒的原料　麸曲固态发酵法白酒以高粱、高粱糠、玉米、薯干、大曲酒糟为原料。如金州曲酒及六曲香酒等以粳高粱为原料。目前以薯干为原料者甚少；多以脱胚玉米等为原料。

（4）液态发酵法白酒的原料　液态发酵法白酒以高粱搭配大麦、豌豆、玉米、酒糟等为原料。用薯干者甚少。

4. 注意事项

（1）注意原料的成分　对酿酒原料的成分应认真分析，弄清原料中的有用及有害成分的含量，并注意有用成分之间的比例。对有害成分，应在原料预处理、浸泡、蒸煮、蒸馏等工序中设法除去。要求原料无虫蛀，无霉变，颗粒饱满，淀粉含量高、水分少；同时要尽量保持原料的相对稳定，应根据不同原料的特性，采用相应的菌种和工艺条件。例如，原料由单粮（一般是高粱）改用多粮时，因原料淀粉含量有变化，因此入窖品温、水分应相应做出调整。原料要根据品种、数量、产地、等级分别存放，注意防雨、防潮、防鼠，注意通风，防霉变、防虫蛀，禁止与有害物质同存，防止高温烂粮，发现有问题的原料要及时处理。

（2）注意原料的外观质量

①对含土及杂物多的原料，应进行筛选，以免成品酒带有明显的辅料味及土腥味。

②原料的入库水分应在14%以下，以免发热霉变，使成品酒带霉、苦味及其他邪杂味。对于产生部分霉变和结块的原料，要加强清蒸，蒸酒时注意合理地“掐头去尾”，摘取酒精度较高的原酒，并适当地延长贮存期等。对于霉腐严重的原料，其成品酒的邪杂味难以被根除，可采用复馏的办法改善酒质。切勿使用不良原料生产名优白酒。

霉变的原料中含有霉菌毒素，已知的霉菌毒素有100多种，其中致癌性最强的是黄曲霉毒素。世界卫生组织和联合国粮农组织建议饲料中的黄曲霉毒素含量不得超过30μg/kg，日本规定其在食品中的限量为10μg/kg。如果使用含有黄曲霉毒素的原料酿制白酒，一部分黄曲霉毒素可能在蒸馏时由水蒸气带入酒中，而大部分则残留在酒糟中，用它作为饲料后，会造成循环污染。

（3）注意原料的农药残留问题　尽量不使用残留有六六六、滴滴涕等农药的原料，如果原料中含有则可采取蒸煮前浸泡等措施将其去除，尽量减少其转入酒和酒糟中的量。农药残留问题越来越受消费者重视。

三、酿酒辅料

1. 辅料的作用与要求

辅料在酿酒中起调整酒醅的淀粉浓度、冲淡酸度、吸收酒精、保持浆水的作用；使酒醅有一定的疏松度和含氧量，并增加界面作用，使蒸煮、糖化发酵和蒸馏能顺利进行；辅料还有利于酒醅的升温。生产中要求辅料杂质较少、新鲜、无霉变，具有一定的疏松度及吸水能力，含果胶、多缩戊糖等成分少。

2. 辅料的种类

辅料又称为填充料，常用辅料的理化性质，如表8-8所示。

表8-8　常用辅料的理化性质

名称	水分/%	淀粉含量/%		果胶含量/%	多缩戊糖含量/%	松紧度/(g/100mL)	吸水量/(g/100g)
		粗淀粉	纯淀粉				
高粱壳	12.7	29.8	1.3	—	15.8	13.8	135
玉米芯	12.4	31.4	2.3	1.68	23.5	16.7	360
谷糠	10.3	38.5	3.8	1.07	12.3	14.8	230
稻壳	12.7	—	—	0.46	16.9	12.9	120
花生皮	11.9	—	—	2.10	17.0	14.5	250
麸皮	12.8	44~54	20	—	—	—	—
鲜酒糟	63.0	8~10	0.2~1.5	1.83	6.0	—	—
玉米皮	12.2	40~48	8~28	—	—	15.6	—
高粱糠	12.4	38~62	20~35	—	—	13.2	320
甘薯蔓	12.7	—	—	5.81	11.9	25.7	335

（1）稻壳　稻壳又名稻皮、砻糠、谷壳，是稻米颗粒的外壳。一般使用2~4瓣的粗壳，不用细壳，因细壳中含大米的皮较多，故脂肪含量高，疏松度也较低。稻壳因质地坚硬、吸水性差，故使用效果及酒糟质量不及谷糠。但经适度粉碎的稻壳的吸水能力增强，可避免淋浆现象。又因价廉易得，被广泛用作酒醅发酵和蒸馏的填充料。但稻壳含有大量的多缩戊糖及果胶，在生产过程中会生成糠醛和甲醇，故需在使用前清蒸30min。

（2）谷糠　谷糠是小米或黍米的外壳，不是稻壳碾米后的细糠。酿制白酒所用的是粗谷糠。其用量较少但可使发酵界面较大。故在小米产区多以它为优质白酒的辅料，也可与稻壳混用。使用经清蒸的粗谷糠制大曲酒，可赋予成品酒特有的醇香和糟香，若用作麸曲白酒的辅料，可使成品酒较纯净。细谷糠为小米的糠皮，因其脂肪含量较高，疏松度也较低，故不宜用作辅料。

（3）高粱壳　高粱壳是指高粱籽粒的外壳，其吸水性能较差。故使用高粱壳或稻壳作辅料时，醅的入窖水分稍低于使用其他辅料的酒醅。高粱壳虽含单宁量较高，但对酒质无明显的不良影响。故西凤酒及六曲香酒等均以新鲜的高粱壳为辅料。

（4）玉米芯　玉米芯是指玉米穗轴的粉碎物，粉碎度越大，吸水量越大。但多缩戊糖含量较多，故对酒质不利。

（5）其他辅料　高粱糠及玉米皮，既可制曲，又可作为酿酒的辅料。花生壳、禾谷类秸秆的粉碎物、干酒糟等，在用作酿酒辅料时，须进行清蒸排杂处理。使用甘薯蔓作辅料的成品酒质量较差，麦秆能导致酒醅的发酵升温快，升酸高。以花生壳作辅料时，成品酒中甲醇含量较高。

3. 注意事项

（1）辅料的使用原则　辅料的用量与出酒率及成品酒的质量密切相关，因季节、原辅料的粉碎度和淀粉含量、酒醅酸度和黏度等不同而异。通常，优质粮谷及薯干原料的辅料用量为20%~28%。在一定的范围内，辅料用量大，加水量也相应增加，产酒较多，但若辅料用量过多，则相对地降低了设备利用率，还会增加成品酒的辅料味，故辅料用量须严格控制。通常以辅料与投粮的比例表示辅料用量，习惯上称为粮糠比，实际应为糠粮比。辅料的用量范围：优质大曲酒一般为25%以下，酱香型的茅台酒生产时辅料用量极少，清香型及浓香型大曲酒辅料用量分别为22.5%以下和25%以下，一般手工操作的麸曲白酒的辅料用量为25%~30%，发酵期较短的麸曲白酒，辅料用量为25%以下，优质麸曲白酒的辅料用量不超过20%。合理调整辅料用量的原则如下所述。

①按季节调整辅料用量：随气温变化酌情增减，冬季应适当多用些，以利于酒醅升温并提高出酒率。有的厂在夏季为降低酒醅的入池酸度，不加控制地加大辅料用量，其结果使酒醅升温迅猛，品温顶点很高，这种方式是不可取的。

②按底醅升温情况调整辅料用量：因辅料有助于酒醅的升温，故发酵升温顶

火温度高的底醅可适当少用辅料。每次增减辅料用量时，应相应地补足或减少用水量，以保持原来的入池水分标准。增减辅料时忌大起大落。

③按上排的底醅酸度及淀粉浓度调整辅料用量：只有在上排底醅升温慢而酸度低且淀粉含量高的情况下，才可适当加大辅料用量。当上排底醅酸度高且淀粉浓度大时，应适量减少底醅，并坚持低温入池的原则，待下一排时补足原有的底醅量，仍以低温入池。当出池底醅酸度较低，淀粉浓度也较低时，应适量退出底醅，或适当提高入池温度。

④尽可能少用辅料：在出酒率正常时，不允许擅自增加辅料用量。作为酿酒技师，应真正懂得调整底醅用量的理由和具体方法。例如，在班组加大投粮量时，可相应地扩大底醅用量，以保持原来的粮糟比。在班组减少投料量时，应缩减底醅量，或稍扩大粮糟比。在压排或相应延长发酵时，也不要增加辅料用量，而应相应地增加底醅用量，扩大粮糟比，或采取降低入窖品温的措施。

（2）相应的工艺　为了防止辅料的邪杂味带入酒内，一般多在使用之前，清蒸30min，以减少辅料中的多缩戊糖并排除异杂味。辅料应随蒸随用。这在白酒生产中十分重要，尤其对于清香型白酒。对混蒸续粒的出池酒醅，应先拌入辅料，不能将粮粉和辅料同时拌入，或把粮粉和辅料先行拌和。清蒸清粒或清蒸续粒的出池酒醅，可直接与辅料拌和。

为使辅料纯净、无杂物，常用竹筛、竹耙等除去辅料中的泥土、石块、长草残秆、铁钉、虫类、鼠粪等。辅料应干燥、新鲜、无霉、无虫蛀、无异味。在辅料的选择上，在非水稻产区生产白酒，使用大量稻壳有困难，且成本较高，一些厂家使用少量玉米芯、麦秸、豆秸等代用品，但因这些辅料本身含有大量的戊糖（五碳糖），可能会在发酵等过程中形成较多的甲醇，应引起足够重视。

四、水

白酒生产用水是指白酒生产过程中各种用水的总称，包括酿造用水、冷却用水、洗涤用水、锅炉用水等。

制曲时的拌料用水，微生物培养用水，制酒原料的浸泡、糊化、稀释用水，设备及工具的清洗用水，成品酒的加浆用水，因均与原料、半成品、成品直接接触，统称为酿造用水或称工艺用水。

冷却用水是指白酒蒸馏时冷凝所需要的水，它不与物料直接接触，只要温度低、硬度适当即可。为节约用水，冷却水应尽可能地予以回收利用。

洗涤用水是包装洗瓶用水，要求清洁、卫生，符合饮用水标准。

锅炉用水通常要求无固形物、总硬度低，含油量及溶解物等越少越好。

1. 水源

（1）水源的种类如表8-9所示。

表 8-9 水源种类

水源							
自来水	天然水						
	地表水					地下水	
	雨水 雪水	江水 河水 湖水 溪水	水库水	浅井水	海水	深井水	泉水

（2）天然水的特性

①天然水的组分特性

a. 含有氧气、二氧化碳、硫化氢及氮气等气体。

b. 含有细菌等各类微生物，以及藻类、原生动物等生物。

c. 含有腐殖质及氨等有机物。

d. 含有泥沙等不溶于水的杂质。

e. 含有各种盐类。

②天然水的感官特性

a. 色度：水的色泽主要由胶质悬浮物和溶解性物质形成，不包括可沉淀的悬浮物。纯净的水应为无色、透明、无沉淀。

b. 浑浊度：水的浑浊度由悬浮物质和胶体物质造成。水质标准规定不超过3NTU，即 1L 水中悬浮物含量相当于白陶土±3mg。

c. 气味：水质标准规定，清洁的水冷却或煮沸后，均应无异常气味。

d. 肉眼可见物：水生物及令人厌恶的物质，通常是致病菌及病毒载体，更不允许存在。

（3）水源的选择

①地表水：地表水通常为软水，但因受到不同程度的污染，含有较多的杂质，浑浊度较高，其水质随季节和气温变化较大，一般不宜选用。对于水质较好的河川水，应在早上取用河川底部有沙处且流动的水，并经充分过滤后使用。另外，应注意其水质变化情况，慎重选用。

②地下水：地下水具有以下几个特点：一年间水温变化较小，通常比年平均气温高 1~2℃。较为清洁，含有机物、悬浮物及胶体物质少，含微生物也较少，不含水生动物和植物。水的硬度高于河川水，可溶解盐类较高。深井水是酿制白酒的较好水源，但其硬度因地而异，应在适当改良后使用。溪水和泉水是首选的水源，其硬度较低，含杂质及有害成分少，微生物含量也较少，且含有适量的无机离子。

③自来水：自来水中通常残留游离氯 0. 1mg/L 时，有氯臭感，但用作制曲的

投料用水，氯臭会在生产过程中自行消失。若用于成品酒勾兑，应在使用前一天用活性炭除氯臭。

2. 酿造用水的要求

白酒酿造用水，无论是称为“量水”或“浆水”的生产高度白酒的配料用水、调整酒精度用水，还是生产低度白酒的降度用水，都要达到生活饮用水标准，这就要求对原水进行净化处理，之后再用于生产。而降度用水的要求应更高，很多原水包括自来水在内，似乎清澈透明，但实际上含有不符合降度用水要求的杂质，这些水都应在处理后再用于白酒降度。

（1）水质常规指标及限值如表 8-10 所示。

表 8-10　　水质常规指标及限值

指标	限值
1. 微生物指标①	
总大肠菌群/（MPN/100mL 或 CFU/100mL）	不得检出
耐热大肠菌群/（MPN/100mL 或 CFU/100mL）	不得检出
大肠埃希菌/（MPN/100mL 或 CFU/100mL）	不得检出
菌落总数/（CFU/mL）	100
2. 毒理指标	
砷/（mg/L）	0.01
镉/（mg/L）	0.005
铬（六价）/（mg/L）	0.05
铅/（mg/L）	0.01
汞/（mg/L）	0.001
硒/（mg/L）	0.01
氰化物/（mg/L）	0.05
氟化物/（mg/L）	1.0
硝酸盐（以 N 计）/（mg/L）	10，地下水源限制时为 20
三氯甲烷/（mg/L）	0.06
四氯化碳/（mg/L）	0.002
溴酸盐（使用臭氧时）/（mg/L）	0.01
甲醛（使用臭氧时）/（mg/L）	0.9
亚氯酸盐（使用二氧化氯消毒时）/（mg/L）	0.7
氯酸盐（使用复合二氧化氯消毒时）/（mg/L）	0.7

续表

指标	限值
3. 感官性状和一般化学指标	
色度（铂钴色度单位）	15
浑浊度（散射浑浊度单位）/NTU	1，水源与净水技术条件限制时为3
臭和味	无异臭、异味
肉眼可见物	无
pH	不小于6.5且不大于8.5
铝/（mg/L）	0.2
铁/（mg/L）	0.3
锰/（mg/L）	0.1
铜/（mg/L）	1.0
锌/（mg/L）	1.0
氯化物/（mg/L）	250
硫酸盐/（mg/L）	250
溶解性总固体/（mg/L）	1000
总硬度（以 $CaCO_3$ 计）/（mg/L）	450
耗氧量（COD法，以 O_2 计）/（mg/L）	3，水源限制、原水耗氧量>6mg/L时为5
挥发酚类（以苯酚计）/（mg/L）	0.002
阴离子合成洗涤剂/（mg/L）	0.3
4. 放射性指标②	指导值
总α放射性/（Bq/L）	0.5
总β放射性/（Bq/L）	1

注：①MPN表示最可能数；CFU表示菌落形成单位。当水样检出总大肠菌群时，应进一步检验大肠埃希菌或耐热大肠菌群；水样未检出总大肠菌群，不必检验大肠埃希菌或耐热大肠菌群。

②放射性指标超过指导值，应进行核素分析和评价，判定能否饮用。

（2）白酒酿造用水（加浆用水除外）应达到的标准　除达到生活饮用水标准外，还要在以下几个方面高于生活饮用水的标准。

①pH为6.8~7.2。

②总硬度250~428mg/L。

③硝酸态氮0.2~0.5mg/L。

④无大肠菌群等细菌。

⑤游离余氯量在0.1mg/L以下。

（3）降度用水应达到的标准　降度用水是白酒酿造用水中的一个特殊组成

部分，有比一般酿造用水更为严格的要求。

①总硬度应小于178mg/L，低矿化度，总盐量少于100mg/L。因微量无机离子也是白酒的组成成分，故不宜用蒸馏水作为降度用水。

②NH_3 含量低于0.5mg/L。

③铁含量低于0.1mg/L。

④铅含量低于0.1mg/L。

⑤不应有腐殖质的分解产物。将10mg高锰酸钾溶解在1L水中，若20min内完全褪色，则这种水不能作为降度用水。

⑥应用活性炭吸附自来水中的氯离子，经过滤后使用。

3. 原水处理方法

原水处理方法包括砂滤炭滤曝气法、凝集法、煮沸法、砂滤棒过滤法、活性炭吸附法、离子交换法等。

（1）砂滤炭滤曝气法　该法适用于处理浑浊及有机物含量较高的原水，作为进一步处理水的前处理。该法采用容量为400~1000L的长高形木桶，在桶底出水口上方装有假底，上垫竹席并铺一层棕垫。再顺次放上小石、细沙、棕垫、木炭、粗沙、棕垫及小石。其中细沙及木炭层要厚一些。小石、粗沙及细沙的主要作用是除去水中的混杂物，使水变清。木炭具有脱色、脱臭的吸附功能，但时间长了会达到饱和状态，小石及沙粒间的污物积聚多了会使过滤速度下降。因此，使用10~14d后，要将桶内物料取出冲洗一下再用。一般应准备几个木桶轮换使用。

正常使用时，原水通过桶上方的布水器将水喷成细雾，使水缓慢地通过过滤层。由于水接触大量空气，水溶性的二价铁会氧化成难溶性的三价铁析出。

（2）凝集法　往原水中加入氯化铝或硫酸铝，可使水中的胶质及细微物质被吸着成凝聚体。该法一般与过滤器合用。

（3）煮沸法　将暂时硬度较高的原水常压煮沸几十分钟后，使水中的碳酸钙即水垢析出并自然沉淀，再采用倾析法得到处理水。如果在煮沸过程中能不断搅拌或通入压缩空气搅拌，效果更好。

原水中含有碳酸镁较多时，由于煮沸时生成的碳酸镁沉淀速度会很慢，且溶解度会随水温下降而增高，因此必须在煮沸后立即过滤，或加凝聚剂一并过滤。

（4）砂滤棒过滤法　砂滤棒过滤法是利用砂滤棒过滤器进行过滤的。

①砂滤棒过滤器的原理：原水用力压入过滤器，使水中的有机物及微生物或水中的析出物等被砂滤棒的微孔截留在砂滤棒表面，水进入棒芯内由出口排出。

②砂滤棒过滤器的结构：外壳为合金的密闭容器，内有固定于筛板上的几根至几十根砂滤棒，砂滤棒是用硅藻土或玻璃融制烧结成的一端开口的棒芯。

（5）活性炭吸附法　活性炭表面及内部布满平均孔径为（10~50）$\times 10^{-10}$m的微孔，能将水中的细微胶体粒子等杂质吸附出来。再采用过滤的方法将活性炭与水分离。活性炭的质量占酒精体积的数值通常为 0.1%~0.2%。先将粉末活性炭与水拌匀，静置 8~12h 后，吸取上清液，经石英砂层或上有硅藻土滤层的石英砂层过滤，即可得清亮的滤液。也可装置活性炭过滤器，即在过滤器底部填装厚 0.2~0.3m 的石英砂，作为支柱层。再在其上面装厚 0.75~1.5m 的活性炭。原水从顶部进入，从过滤器底部流出。

（6）离子交换法 离子交换法采用离子交换树脂与水中的阴阳离子进行交换反应。使用后离子交换树脂可用酸、碱液冲洗等再生法，将其上的钙镁等离子除去后继续使用。

离子交换器由离子交换树脂及其交换柱组成。阳离子交换树脂分为强酸性和弱酸性；阴离子交换树脂分为强碱性、弱碱性及中碱性等种类。离子交换树脂柱有一个内装一种树脂或两种树脂的单元装置，也可由几个柱串联起来使用，按水处理量而定。通常柱体的直径相当于柱体高度的 1/5，材料为有机玻璃，在柱内的筛板填装离子交换树脂，树脂高度可为 1.2~1.8m。

除了上述六种方法外，还有很多水处理法。例如，可用电渗析法代替离子交换法，还有超滤、反渗透法等多种过滤法。但这些方法投资过大，耗电量也较高，一般白酒厂难以使用。

任务二 酒曲的制备

曲子是酿酒发酵过程中微生物的重要来源，同时，也是发酵过程中糖化、发酵的主要动力。不同香型的酒所采用的曲子是不同的。通过简单了解大曲和麸曲的制作工艺，可掌握制曲工艺的一般原理，见图 8-1。

图 8-1 酒曲

一、大曲

1. 原料处理

（1）除杂 原料在使用前，需经除杂程序，尽量把铁钉、石块、布屑等杂质去除，这样做有利于正常发酵，降低成本，维护设备等。白酒厂通常采用振动筛去除原料中的杂物，用外吸式去石机除石，用永磁滚筒除铁。

（2）润麦 润麦需掌握水量、水温和时间三项条件。一般应遵守“水少温高时间短，水大温低时间长”的原则。

润麦时，要注意翻造堆积，翻造旨在使每粒粮食都均匀地吸收水分，要求是“水洒均，翻造匀”。

润麦后的标准是表面收汗（即小麦吸收水分后，表面无明显水分，不湿手），内芯带硬，口咬不黏牙，有干脆响声。如不收汗，说明水温低，如咬之无声，则说明用水过多或时间过长。

（3）粉碎 为了破坏植物组织以及使淀粉释放而采用的机械加工的方法叫粉碎。粉碎的目的十分明确：释放淀粉，吸收水分，增大黏性。

由于原料的不同，各自的粉碎标准也不同，但对主料小麦的要求却是一致的。大多数厂家以感官判定小麦的粉碎度，小麦的感官标准是“烂心不烂皮”。小麦的粉碎度对大曲的发酵和大曲的质量有很大的影响。

若粉碎过细，则曲粉吸水强，透气性差，由于曲粉黏得紧，发酵时水分不易挥发，顶点品温难以达到，曲坯升酸多，霉菌和酵母菌在透气不足、水分大的环境中极不易代谢，因此让细菌占绝对优势，且在顶点品温达不到时水分难以挥发，容易造成“窝水曲”。

另一种情况是“粉细水大坯变形”，即曲坯变形影响入房后的摆放和堆积，引起曲坯倒伏，造成“水毛”大量滋生，所以粉碎度不可太细。

粉碎过粗时，曲料吸水差，黏着力不强，曲坯易掉边缺角，表面粗糙，“穿衣”（即上霉）不好，发酵时水分挥发快，热曲时间短，中挺不足，后火无力。此种曲粗糙无衣，曲熟皮厚，香单、色黄，属二级以下曲。

2. 踩曲

过去多为人工踩制成型，现在多为机械压制成型。机械成型又分一次成型和多次成型。另按曲坯成型的形式分有“平板曲”和“包包曲”。

（1）人工踩制 拌和好的曲料，立即堆在踩曲场上，再细致迅速地拌和一次，以彻底消灭灰包、疙瘩，随即装入曲箱，曲箱尺寸以（30~33）cm×（18~21）cm×（6~7）cm 为宜。装好后，先用脚掌从中心踩一遍，再用脚后跟沿四边踩两遍，要踩紧、踩平、踩光，特别是四角更要踩紧，中间可略微踩松点。上面踩好后，翻转过来再踩。踩好的曲排列摆置在踩曲场的一边，此时曲坯温度以25~30℃为宜，待表面收汗，曲坯由微黄色变为微乳白色时可立即入房。

（2）机械成型　最初的机制曲是没有间断的连续长条曲坯，需人工将其切断。之后进一步发展到单独成型且机型较多，而后又发展到多次成型。

机械制曲适合大生产，速度快、成型好、产量高、不费力。但缺点也很明显，提浆不起就是其突出的弱点。另一点是拌料时间短，麦粉吃水时间不长，曲料不滋润。

两种成型的曲坯要求是一致的：表面光滑，不掉边缺角，四周紧，中心稍松。

二、麸曲

1. 麸曲菌种

麸曲菌种有几十种，从类别上可分为曲霉、根霉、纤维素分解霉及其他霉菌等。

（1）曲霉菌

①黑曲霉 AS3.4309 菌种：该菌酶系较纯，主要有糖化酶、α-淀粉酶、转苷酶，酸性蛋白酶含量很少。该菌含的糖化酶，适合的 pH 为 3~5.5，最适 pH 为 4.5 左右，最适温度为 60℃。采用该菌制曲酿酒，具有出酒率高，用曲量少的优点，又由于该菌酶系纯，酶活力强，被广泛将其进行液体培养后制成酶制剂。

②河内白曲霉：该菌为黑曲霉变异菌种，分泌 α-淀粉酶、葡萄糖淀粉酶、酸性蛋白酶及羟基肽酶等多种酶系。其突出的特点是酸性蛋白酶分泌较多，该酶能分解蛋白质为氨基酸，供微生物直接利用。该菌还有产酸高，耐酸性强的优点。它的适应 pH 在 2.5~6.5。该菌制曲时在 35℃ 培养 48h，曲子酸度最高达 7.0。该菌还可以耐高温，有一定分解生淀粉的能力。

（2）根霉麸曲菌种　有两种根霉麸曲菌种应用较广，一种是 AS3.868，生长速度较快，生孢子多，对各种原料适应性都很强，在过去是应用最多的菌种。另一种是 Q303，糖化发酵率最高，而且产酸低，性能稳定，能产类似蜂蜜香味的物质，是目前全国应用最多的菌种。

根霉具有边繁殖边糖化的作用，所以用曲量很小。它适宜多菌混合培养环境，能与其他菌“和平共处”。根据根霉产酸种类可分为三类，第一类是产延胡索酸为主，第二类是产乳酸为主，第三类是延胡索酸、乳酸都产。根霉能糖化生淀粉，在生料培养基上生长旺盛。

（3）纤维素分解霉　龙轻 52 号纤维素酶菌株，属木霉菌科，含有纤维素分解酶，能部分分解纤维素生成可发酵性糖类。但分解纤维素的能力还不够强，单独用于发酵工业还未成熟。

2. 麸曲的生产工艺

麸曲的制曲过程，就是将曲霉进一步扩大培养，生成淀粉酶的过程，具体的生产工艺流程如图 8-2 所示。麸曲制作好坏，很大程度上取决于种曲质量的高低。种曲的制作分纯种培养和种曲制备两个过程。

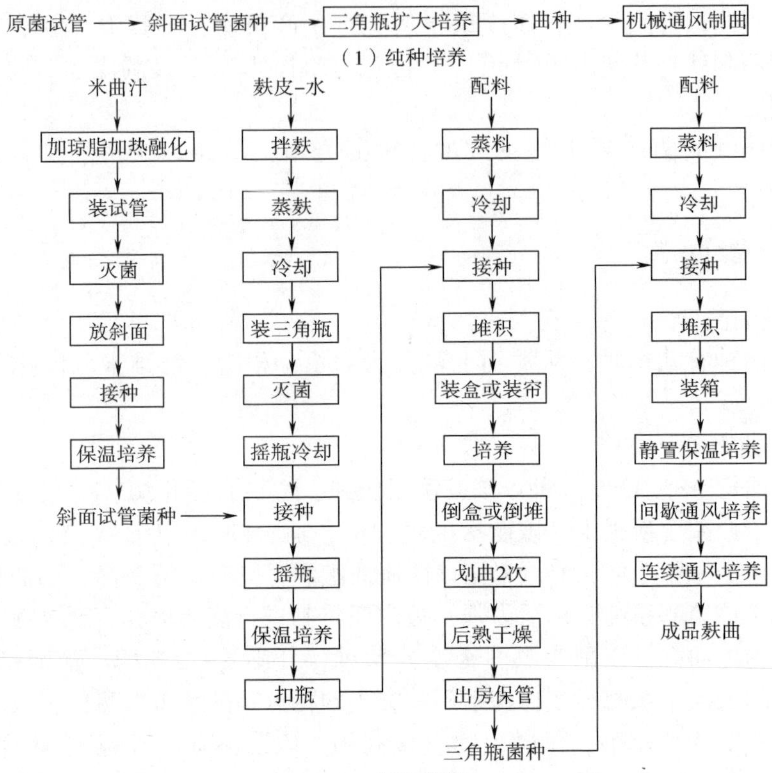

图 8-2　麸曲生产工艺流程

（1）灭菌、接种

①试管菌种的培养

a. 米曲的培养：将洗净的大米在常温下浸泡 18h，中间换水 2 次。将水滤去后，蒸米 40min，取出加 25%的冷水，并将米粒搓散，再蒸 40min，散冷后接种黄曲霉或米曲霉的三角瓶原菌，接种量为 0.25%，在 28～30℃保温箱中，培养 30h，待米粒变黄未生出孢子时，取出干燥备用。

b. 米曲汁制备：称取大米洗净，加 10 倍水，在 4.9×10^4Pa 压力下蒸煮 1h，冷却至 60℃，加入米曲，于 60℃糖化 3～4h。用碘液试之不呈蓝色反应后，继续加热到 90℃，用白细布过滤，调糖度为 12°Bx，pH 为 6 左右，备用。

c. 试管培养基的制备：取米曲汁 100～200mL，加琼脂 1.5%，加热溶解后，分装在 10～20 支试管中。加棉塞，于 9.8×10^4Pa 压力下灭菌 20min，取出放成斜面，待其凝固后，在 32℃保温箱中培养干燥 7d，待试管壁上无凝结水，培养基上无杂菌后即可使用。

d. 试管培养：在无菌条件下，向试管斜面培养基上接曲霉菌孢子少许，在32℃保温箱中培养6d，等孢子成熟后，检查无杂菌，取出放冰箱中备用。

②扩大培养：麸皮加水70%~80%，润料1h，包在纱布中，9.8×10^4Pa压力下蒸料30min，取出冷却使料疏松，装入三角瓶中，9.8×10^4Pa压力下灭菌40min。冷却后接种，31~32℃培养16~18h，麸皮已经结成饼，进行扣瓶，继续培养3~4d即成熟。要求成熟种曲孢子稠密，壮大整齐。出室后的曲种宜置于冷暗处干燥保存。

（2）麸曲的制作流程

常用的制麸曲的方法有曲盘法、帘子法及通风法3种，前两种方法适合规模小的企业，后一种方法适合生产量大的企业。

①曲盘法制曲

a. 曲盘制作：曲盘一般采用厚0.5cm的椴木板制作，规格为45cm×25cm×6cm，每个曲盘能生产成品曲0.8kg左右。

b. 曲室要求：曲室面积以$100m^2$左右为宜，每$1m^2$投料量为6~8kg，培养两种曲霉时，最好用两个培养室。曲室四壁要平滑，天棚呈拱形，以免凝结水滴入曲内，每次作业前，曲室要彻底灭菌消毒。

c. 制曲配料：麸皮75%~85%，鲜酒糟以风干量计15%~25%，加水80%~85%。

d. 蒸料、散冷、接种：曲料在专用锅内圆汽后蒸1h，然后出锅扬冷至38℃时进行接种，接种量为0.25%~0.4%，拌匀降温到32~34℃时可入室堆积。

e. 堆积、装盒：品温保持在32℃，堆积6~8h，中间可翻拌1次。装盒前应将曲料翻拌均匀。每盒装料厚度2cm，将装料的曲盒上摞，每摞不超过10盒为宜。最上曲盒用空盒或草帘盖上，然后放在木架上培养。

f. 倒盒、拉盒、划盒：装盒后品温为30~31℃，室温控制在28~30℃，经3~4h后，品温升至34~35℃，应倒盒1次。再经3~4h，品温升至37℃时，将盒拉开，摆成品字形，控制品温在36℃左右。拉盒后，品温升得较快，过3~4h后，应再倒盒1次，再经过3~4h，待曲料连成片时，进行1次划盒。划盒后，品温猛升，此时应降低室温，控制品温不超过39℃，以后每隔3~4h倒盒1次，使品温保持在39~40℃。直至从堆积算起30~40h，曲的糖化力最高时，即可进行干燥或出曲。

②帘子法制曲

a. 配料：麸皮加5%稻壳，根据原料吸水情况和气候条件来确定，每百千克麸皮加水110~150kg。堆积1h左右，使麸皮充分吸收水分。拌料后要求水分为56%~58%，有些季节可用硫酸调酸度至0.8~1.0，防止污染杂菌。

b. 蒸料：曲料拌匀过一遍筛或扬楂机，使曲料均散后装锅蒸料，圆汽后蒸40~60min，时间不宜过短，否则蒸料不透对曲质量有影响，但是时间过长麸皮易发黏。

c. 接种：蒸料过筛疏松，冷却至 40℃，接种三角瓶菌种 0.15%~0.25%，掺拌均匀。继续冷却至 31℃，放于培养室内的床上进行堆积。帘子装料不宜多，曲料厚度 1~2cm 即可。装帘后品温应在 30~31℃，室温保持在 30℃左右。

d. 前期培养管理：这时期是孢子膨胀发芽时期，并不发热，需要用室温来维持品温。后阶段温度上升，要控制使其缓慢上升。装帘 6h 左右，孢子已发芽，开始蔓延到菌丝，这时应将料堆推平。这时期用划帘来控制品温为 32~35℃，若温度过高，则水分蒸发过快，影响以后菌丝的生长。

e. 中期培养管理：此时期菌丝生长旺盛，呼吸作用较强，放出热量大，品温上升迅速。此时应控制室温在 28~30℃，品温不超过 35~37℃。可采用划帘和倒换上下帘位置来控制品温，必要时可用深井水喷雾降温。不允许迅速升温和超过 37℃，以防污染与水分蒸发过多。

f. 保潮期培养管理：这时期菌丝生长缓慢，放出热量少，品温开始下降，出现分生孢子柄和孢子。这时应控制室温在 30~34℃，品温 37~38℃，可利用直接蒸汽增加室温和湿度。为使品温均匀，可进行上下倒架，还要注意保湿和提湿。

g. 后期干燥：曲外观已结成孢子，曲料变色即可停止直接蒸汽保潮，改用间接蒸汽加热并开窗通风进行干燥，室温保持在 34~35℃，品温保持在 36~38℃。至种曲颜色完全变好，开窗放潮，干燥 4h 左右，检查质量，合乎标准即可出房保藏。

h. 出房管理：整个制曲过程 48~50h，成熟出房后，放置在阴凉空气流通处备用，勿使受潮。

③通风法制曲

a. 通风池：一般的容积为 10m×12m×0.5m，装干曲料 800kg，曲层厚度不超过 30cm。

b. 配料、蒸料、接种：通风法制曲的配料为麸皮 80%，鲜糟 15%，稻壳 5%。加水占麸皮量的 70%~80%。将各种原料与水拌匀，用扬楂机打 1 遍后装锅，常压蒸 1h，出锅扬冷到 33~34℃，接入曲种 0.3%~0.5%，然后入房堆积。

c. 堆积、装池、培养：堆积的开始温度不低于 28℃，超过 30℃，每隔 4h 倒堆 1 次，总堆积时间 8~12h。终了时品温在 32~33℃。将堆积后的曲料降温至 28~30℃。

开始入池，曲料厚度 25~30cm。曲料入池后应提高室温，待品温升至 32℃时开始通风，以后就通过给风次数及风的温度来控制前期品温保持在 32℃。入池后 10~17h，进入中期，此时应控制品温在 33~34℃，加强通风，掌握好风温。入池后 20h 左右，进入后期，此时应提高室温，利用室内循环风，保持品温在 30~35℃，提高风压，排出曲料中的水分。整个培养时间为 33~35h，即可出曲。

三、 培菌技术

培菌是大曲质量的关键环节，有什么样的管理就有什么样的产品质量，不管哪种香型曲，均把这个阶段放在首位。大曲的制作技术也在于此。大曲的培养管理就是给不同微生物提供不同的环境，从而达到将各种物质贮备于大曲之中的目的。

1. 低温培菌期（前缓）

其目的是让霉菌、酵母菌等大量生长繁殖。时间为 3~5d，品温 30~40℃，相对湿度>90%；控制方法：关闭门窗或取走遮盖物、翻曲。

由于低温高湿特别适宜微生物生长，所以入房后 24h 微生物便开始发育。24~48h 是大曲“穿衣”的关键时刻。所谓“穿衣”（上霉）就是大曲表面生长针头大小的白色圆点的现象。“穿衣”的菌类对大曲并不十分重要，甚至无用或有弊，但它们却是微生物生长繁殖旺盛与否的反映，且“穿衣”后这些菌的菌丝布满曲表，可形成一张有力的保护网，能充分保证曲坯皮张的厚薄程度。若“穿衣”好，则皮张薄，反之则厚。

因霉菌的生长温度较低，所以低温期间霉菌和酵母菌均大量生长。培菌就是培养以霉菌为主的有益菌，并生成大量的酶，最终给大曲的多种功能打下基础。

低温培菌要求曲坯品温的上升要缓慢，即“前缓”。在夏天最热阶段，品温难以控制。如气温在 30℃ 以上时，曲坯入房也就达到了培养的温度，此时要“缓”，采取加大曲坯水分，降低室内温度，将曲坯上覆盖的谷草（帘）加厚，并加大洒水量等措施，以控制或延长“前缓”过程。又如冬天“前缓”太慢时，可按加热的方式操作，以加速反应进程，不至于影响下一轮的培养。

在低温阶段翻曲有两种情形：一是按工艺规定的时间，如 48h 原地翻一遍，或 72h 翻一次。二是以曲坯的培养过程为依据进行翻曲，具体是：曲坯品温是否达标（含湿度），前缓时间是否够，曲坯的干硬度。用一句话可概括翻曲的上述原则：定温定时看表里。

一般来说，曲不宜勤翻，因每翻一次曲都是对曲坯堆的一次降温过程。曲坯培养讲究“多热少凉”和“不闪火”。如霉菌之类的微生物，当温度超过 40℃ 时则生长停滞，降低温度则又可继续生长繁殖。但复活时间较长（在 10h 以上），因而一旦曲坯“闪火”，会直接影响主要菌的生长，其产品质量会下降。

翻曲的方法：取开谷草（帘），将曲垒堆，将底翻面，硬度大的放在下面，四周翻中间，每层之间以竹竿相隔，楞放，上块曲对准下层空隙，形成“品”字形，视不同情况留出适宜的曲间距离。重新盖上谷草之类的覆盖物，关闭门窗，进入第二阶段的发酵。

2. 高温转化期（中挺）

其目的是让已大量生成的菌代谢，生成香味物质。品温 50~65℃，相对湿度大于 90%，时间 5~7d，操作方法为开门窗排潮。

经过低温阶段，以霉菌为主的微生物生长繁殖已达到了顶峰，各种功能已基本形成，特别是能够分解蛋白质之类的功能菌、酶在进入高温后，利用原料中的养料形成酒体香味的前体物质的能力已经具备。前面我们讲到的大曲中氨基酸的形成就是借助高温，由菌、酶作用而生成的。因此，高温阶段要求顶点温度要够，且时间要长，特别是热曲时间绝不能闪火，期间须注重排潮。

由低温（40℃）进入高温时，曲堆温度每天以 5~10℃的速度上升，一般在曲坯堆积后（5~6d），即可达到顶点温度。在这期间曲坯会散发出大量水分和 CO_2，绝大多数微生物停止生长，以孢子的形式休眠，在曲坯内部，还进行着物质的交换过程。

试验表明，曲室中 CO_2 含量超过 1%时，除对菌的增殖有碍外，酶的活力也会下降。为了保证菌、酶的功能不损失，必须排出水分和 CO_2，送进 O_2 以供菌呼吸，故以开启门窗为手段的排潮可以达到此效果。由于各种菌对 O_2 的吸收程度不同，故可根据工艺上的实际所需来决定通风排潮的时间和次数。如曲霉在通风条件好时，吸氧量较大易产生柠檬酸和草酸；厌氧时，则生成大量的乳酸，其中根霉产乳酸较多。所以，排潮送氧应作为大曲生产的必不可少的操作环节。排潮时间应在每天的 9：00、12：00、15：00 几个时间点，每次排潮时间不能超过 40min。随着水分的挥发，曲中物质的形成，此时曲堆品温开始下降，当曲块含水量在 20%以内时，就开始进入后火生香期。

3. 后火生香期（后缓落）

后火生香期目的是以后火促进曲心少量多余的水分挥发和香味物质的呈现。品温不低于 45℃，相对湿度为<80%，时间为 9~12d，继续保温、垒堆。

后火生香也是根据不同香型大曲来管理的。但不管怎样，后火不可过小，否则曲心水分挥发不出来，会导致“软心”，严重的会存窝水，直接影响质量。

当高温转化后，品温仍在 40℃以上时，可按翻曲程序翻 3 次曲而进入后火生香期。除垒堆曲块层数多 2 层（7~9 层）外，其余要求和操作同其他各次翻曲。视具体情况，曲间距离稍拢一些，目的在于保温。因为此时曲块尚有 5%~8%的水分需要排出，所以保温很重要。一般讲“后火不足，曲无香”。

所谓后火生香并非指此时大曲才生成香味物质，而是高温转化以后的香味物质在此阶段呈现而已。这也要看保温是否得当，若保温不得当反而会影响曲质。如果曲心少量的水分在无保温措施下挥发不出来，则细菌会借机繁殖，争夺已成熟的营养物质，使曲质变差或蛋白质变性，呈现在我们面前的大曲则曲软霉酸，色黑起层，无香无力。若后火期间品温能保持 5d 不降，即可达到要求。即使是降温，也要注意不可太快，应控制温度缓慢下降，所以此阶段叫“后缓落”。当时间达到要求和品温降至常温（30℃）左右时，可进入下轮的“打拢”养曲阶段。此时，应进行第 4 次翻曲。

4. 打拢

打拢即将曲块翻转过来集中且不留距离，并保持常温，只需注意曲堆不受外界气温干扰即可。其方法同前，但层数增加为 9~11 层。经 15~30d 后，曲即可入库储存。

四、 大曲贮存与虫害的防治

1. 大曲贮存中的变化

大曲作为酿造大曲酒的糖化、发酵剂，在培养过程中依赖于自然界众多的野生微生物，在生淀粉质原料上进行繁殖生长，从而使成熟的曲块既蕴藏着各种酿酒微生物，同时还含有多种酶系。因此，大曲质量的优劣直接关系到大曲酒的产量和质量。

以往经验认为培养成熟的大曲，必须经过一定的贮存期后方可应用于酿酒发酵，甚至有人认为贮存期越长越好。根据近年来对大曲在贮存过程中微生物及酶系消长变化的初步测定，得出的结论是大曲不仅要培养好，还要确立合理的贮存期，并且要合理地搭配使用。

大曲在贮存过程中大体上有以下变化。

贮存期 1 个月内，微生物及酶仍有变化。霉菌稍有增长，细菌增长较大，酵母菌维持平衡或略有下降。这说明在此期间微生物仍有活动，酶活力也在消长。

一般贮存 3 个月后，细菌数下降；贮存半年以后，绝大部分生化指标都明显下降，酵母菌更为突出；贮存 1 年的大曲应用于酿酒发酵，出酒率显著降低。根据各厂实际情况及测定结果，大曲贮存期在 2~6 个月为宜。个别的大曲，其贮存期最长也不应超过 9 个月。贮存期长的陈曲，其发酵力及酵母菌的数量严重下降，使用时应采取相应的补救措施。

2. 大曲虫害及防治

（1）曲虫在大曲贮存中的危害　在曲库的日常管理中要注意防鼠、防虫。危害大曲的昆虫俗称曲虫，直接危害大曲的害虫有 10 余种，其中发生量大的主要是土耳其扁谷盗、咖啡豆象、药材甲、黄斑露尾甲 4 种。黄斑露尾甲仅发生在曲房潮湿的条件下，只造成局部危害，前三种是危害大曲的主要昆虫。曲虫历来就有发生，以前不了解大曲合理贮存期时，有人误认为大曲贮存期越长越好，并且被曲虫蛀成千疮百孔为好。在 20 世纪 80 年代前，白酒厂大部分生产规模较小，用曲量也少，因此曲虫害并未引起生产厂家的注意。随着生产规模的扩大，大中型白酒厂不断出现，制曲量大幅度上升，同时曲的贮存缺乏科学管理，形成了有利于曲虫大量繁殖的环境条件，致使各厂的曲虫发生和危害日益严重，造成曲块在贮存期大量消耗。某酒厂曾对两个小曲库进行了测定，据推算，每间贮存量为 125t 的小曲库，曲块经贮存 3 个月后，损失 6. 9t，贮存 6 个月后，损失达 11. 4t。

虫害还影响大曲的质量。据宋河酒厂酿酒试验，综合防治后的大曲，其出酒率提高3.8%，优质酒率提高1.1%。虫害严重污染了生产及生活环境，尤其在每年7~9月种群发生高峰期，成虫在厂区内外到处飞，对曲库附近的生产或生活区造成严重影响。有的进入包装酒瓶内酿成质量事故；有的干扰办公及休息环境。

（2）大曲虫害的防治

①加强大曲的生产计划性：根据各厂大曲所需的合理贮存期及酿酒生产班组数，基本做到产需平衡，减少不必要的库存曲。

②曲库建设应以单元小库为宜，一个年产1万吨大曲的酒厂，一般一个曲库储曲125t左右为宜。凡大库房的，必须改建成小曲库，加强曲库管理，用完一库大曲再开启另一库使用，并立即清扫干净，用药喷洒地面和墙角，然后用纱窗、纱门把曲库封闭，防止曲虫传播。

以上两点是防治曲虫的根本性措施。若酒厂已经出现大量曲虫乱飞时，应采用药膜触杀方法，效果十分明显。由于大曲本身是存有多种微生物及酶系的酿酒糖化、发酵剂，故忌用化学杀虫剂直接在实仓中处理曲块，也不宜采用毒剂熏蒸措施，以免杀灭微生物群落，影响酒的产量与质量。可采用“灭曲虫灵”药液喷施在曲库及曲房的窗台、窗纱、门帘、门框的四周，使曲虫在进出曲库时触药而死，每隔1~2d喷药一次，效果较好。

白酒酿造——蒸馏

任务三 传统浓香型白酒的生产工艺

大曲酒生产的操作通常可分为清楂法、续楂法和两者兼有的清楂加续楂三种方法。在白酒生产中一般是将原料蒸煮称为“蒸”，将酒醅的蒸馏称为“烧”。粉碎后的生原料一般称为“楂”，茅台酒生产中称为“沙”，汾酒生产中称为“糁”。浓香大曲酒的生产采用续楂法，续楂法的特点是在JP+1蒸馏的同时对新料也进行一定的蒸煮。常见的操作方法就是混蒸混烧工艺，其工艺特点是双边发酵，甑桶蒸馏，大曲作为糖化发酵剂，泥窖发酵。浓香型白酒的生产工艺流程如图8-3所示。

一、配料

酿制浓香型大曲酒，大多数以单一的高粱为原料，只有部分名优酒厂采用多种原料配合使用。浓香型大曲酒的配料，采用的是续楂配料法，即在发酵好的糟醅中投入原料、辅料进行混合蒸煮，出甑后摊晾下曲入窖发酵。因连续循环使用，故工艺上称之为续楂配料。每甑投入多少原料，要视甑桶的容积而定，要按

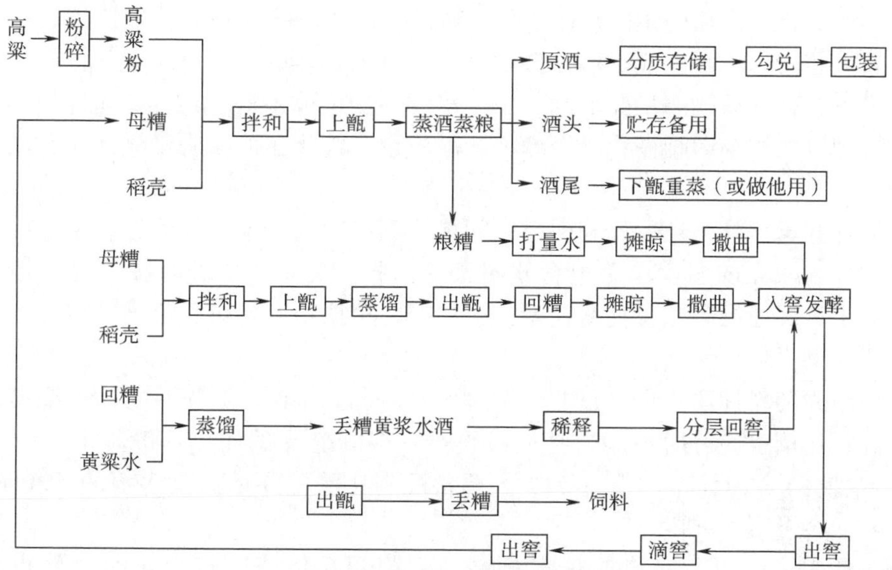

图 8-3 浓香型白酒生产工艺流程

一定粮、醅比例，投入的原料中含淀粉不宜太多，也不宜太少。比较科学的粮醅比例，一般以 1∶4.5 为宜。如果蒸馏甑桶容积在 1.25～1.4m^3，则可装入糟醅 1200～1300kg，可投入原料 260kg 左右。辅料的用量，也应以原料量来确定，正常的辅料糠壳量为原料的 18%～24%。

1. 配料的作用

（1）可以调节糟醅酸度，使入窖粮糟的酸度降到适宜范围。

（2）可以调节入窖粮糟的淀粉含量，也可调节窖内温度，使酵母菌在一定的酒精浓度和适宜的温度条件下生长繁殖。为了更好地达到上述目的，可以根据不同的季节，在规定的范围内调节配料比例。

（3）降低了粮糟水分，再添入新鲜水分，以增强糟醅的活力。

（4）原料中吸收一定量的酸，有利于淀粉的糊化与糖化。

2. 拌和

在蒸馏之前，要将发酵糟醅、原料、糠壳三者进行充分拌和，拌和步骤如下所述。

首先，依据甑桶容积量切开一定数量的发酵糟，按比例加入原料高粱粉充分拌和，工艺上称第一次拌和为润粮。润粮的目的是使淀粉能充分吸收糟醅中的水分和有机酸，以利于淀粉糊化。其工艺操作要求：润粮在上甑前进行，润粮拌和时要均匀、疏松，无灰包及疙瘩，要求拌和两遍以上。润粮完毕，要收拢成锥形，四周收紧，表面拍紧，操作场地清扫干净，并在堆上撒相应量的糠壳，严密覆盖。

其次，在离出甑前10~15min进行第二次拌和。拌和时要低翻快拌，糠壳拌和后要分布均匀，不能起疙瘩。拌和操作要迅速，尽量减少酒精挥发。

最后，拌和后糟醅量要准确，上下浮动不能超过25kg，这样才能保证配料准确。过多过少均会影响糊化、发酵、产品质量。因此在拌和前要求操作者能准确挖糟。

除拌和母糟外，还要拌和回糟，回糟经蒸馏转入下排成为丢糟。丢糟的拌和过程中投入糠壳的多少视丢糟含水量而定。拌和完毕，立即收拢拍光，清扫场地。为了更好地控制入窖淀粉含量，一般都是根据冬寒夏热的不同季节，适当调整配料比例。

由于原辅料性质不同，酒糟（或酒醅）所含残余淀粉量不同，气温高低不同，配料比例也应有所不同。原粮与酒糟（或酒醅）的比例一般是1∶4.5，填充料（糠壳）占原粮的18%~24%。调整配料比的主要依据是入窖的淀粉浓度、水分和入窖温度、酸度。

一般来说，如果原料淀粉含量高，酒糟和其他填充料配入的比例也要增加。如果酒糟所含的残余淀粉量多，则要减少酒糟的配比而增加填充料用量。冬季气温低，酒糟和填充料用量多一些，夏季气温高，酒糟和填充料用量少一些。配料比适当有利于蒸料糊化，有利于微生物的生长繁殖和糖化发酵，有利于形成成品酒的独特风格。因此要求配料比要准，且相对稳定，不要忽大忽小，拌料时要混合均匀，保持疏松，混蒸混烧时，拌醅要尽量减少酒精及香味成分的挥发损失。

二、蒸馏

1. 蒸馏方式及蒸馏设备

白酒的蒸馏有直火蒸馏、液态水蒸气蒸馏和固态水蒸气蒸馏三种方式。一般固态水蒸气蒸馏制得的白酒质量较好，所以大曲酒厂多采用固态水蒸气蒸馏。液态水蒸气蒸馏多用于串香或浸香蒸馏。

白酒的固态甑桶蒸馏是我国劳动人民独创的一种蒸馏形式。其蒸馏设备主要有甑桶、冷凝器和过汽管，如图8-4所示。它通过甑桶内较矮的固体发酵酒醅料层进行水蒸气蒸馏，边加热，边装甑，使水蒸气和酒汽与酒醅相接触，层层浓缩。

传统使用的甑桶，由桶身、甑盖及底锅三部分组成。桶身高1m左右，上口直径1.7m，下口直径1.6m，上下口径之比为1∶1，呈花盆状为好，甑桶容积一般为1.2~1.5m^3。桶身有木质的，也有不锈钢材质的。

2. 甑桶蒸馏操作

（1）装甑前的准备　检查底锅水是否洁净。若用煤灶直接烧火加热，则要

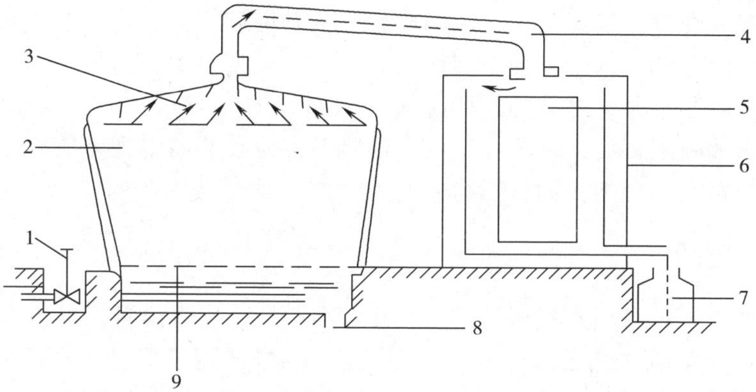

1—蒸汽 2—甑桶 3—甑盖 4—导流管 5—冷凝器 6—水桶 7—接滴桶 8—排污口 9—蒸箅

图 8-4 甑桶蒸馏

及时更换底锅水，清除悬浮物，水位应和甑底保持 50~60cm 的距离。若距离太近或底锅水中溶解有较多酒醅中的成分，则蒸馏时容易产生泡沫而导致“淤锅”事故。目前，酒厂虽大多采用蒸汽加热，但最好还是在甑锅底放一定量的水，利用进入底锅的蒸汽加热而沸腾，这样可避免因蒸汽不纯带来的杂味，并且蒸汽上升也比较均匀，然后铺好甑箅准备装甑。

将出窖发酵酒醅运送至甑的附近，根据不同酿酒工艺、楂别进行混合配料。如老五甑混烧法则在大、二、三楂中分别按配料要求，将新投粮食、辅料用铁锨充分拌匀成堆，每堆面上薄撒一层辅料覆盖，堆放在场地上，然后分甑蒸馏。若采用清蒸混入或清蒸清烧法，则原料可另行蒸煮糊化，将出窖发酵酒醅和辅料混匀堆放于场地上，再分甑蒸馏。拌料操作除了要求醅料混匀外，还要随时用铁锨和扫帚消除疙瘩。混合醅料松散，无结块现象，利于装甑。

（2）装甑操作 装甑前应将粮楂、酒醅、填充料拌和均匀，使材料疏松。在底锅箅子上撒一薄层辅料，打开蒸汽阀门。然后用簸箕、木锨或铁锨等装甑工具将上述混合料逐层铺撒入甑，装甑操作要做到“轻、松、均、薄、平、准”六个字。也就是说，装甑动作要轻快，撒料要轻，装甑材料要疏松，醅料不宜太厚，上汽要均匀，甑内材料要平整，盖料要准确。甑内的料醅要干湿配合，做到“两干一湿”，即甑底和甑面醅料宜干，可多用辅料，中间的醅料宜湿，这样可以减少酒精损失。装甑方法有两种：一是湿盖料，即蒸汽上升，上层物料表面发湿时盖上一层物料，以免跑汽而损失有效成分；另一种是见汽盖料，即待物料表面呈现很少雾状酒汽时，迅速而准确地盖上一薄层物料，使酒汽上得齐，不压汽、不跑汽。装甑时可以保持甑边稍高于中间部分。甑内醅料由下而上直至装平甑口，立即将甑盖盖好，安装上过汽管，并连接冷凝器，打开冷却水，放置接酒容器。

量水必须清洁卫生，水温要达到80℃以上，这样能减少杂菌，同时也能使糟醅中的淀粉充分、迅速吸水，以保持淀粉中有足够的含水量，增加其溶胀的水分。如果水温过低，水分只附于淀粉粒的表面，吸收不到淀粉的内部，仅是表面水分而不是溶胀水分，这就是行话说的“水鼓鼓的”“不收汗”。若使用了这样的量水，则糟醅入窖后，水分会很快渗透溶于窖池底部而出现上层糟醅干燥，下层糟醅水分过大的现象，如行话描述的“上层干，下层淹”的状况。

三、摊晾

摊晾就是将经高温蒸煮后的糟醅，冷却至符合一定温度要求的过程。固态法生产白酒十分强调“低温缓慢发酵”，出甑后的糟醅温度高达100℃左右，如此高温的糟醅，显然不能直接入窖进行糖化发酵的。因此，必须经过摊晾冷却处理，通过通风冷却，直到符合入窖温度时为止，这就是摊晾的目的。

摊晾操作的具体方法是：在打完量水后，将糟醅堆闷几分钟后，再将糟醅摊开，要求薄厚一致，将糟醅在摊晾场地上铺平铺齐，甩散后糟子不起堆、不起疙瘩。边鼓风边翻拌，直到达到要求的温度。操作过程中不断用感官判断温度的变化，特别是在冬季要掌握好鼓风的时间及翻拌的次数。

四、加曲入窖

当糟醅温度降至40℃以下时，便开始加曲的操作。加曲操作采用拖曲的方式，操作方法是：一人双手拉住曲袋的两底角，在晾床中间的糟醅上从一头拖向另一头，均匀一线，然后操作人员用锨向两边轻轻扒开，整个糟醅表面曲粉铺撒均匀，防止曲面飞扬，造成浪费。曲粉铺满糟醅表面后，先用粮糟覆盖曲面，再进行翻拌，曲粉翻拌均匀后，便可收堆，收堆时灭净疙瘩，做到水分、曲粉、温度均匀一致，收堆后的堆形尖而圆，至此，晾床操作结束，整个晾床操作时间控制在30min以内。摊晾下曲后的糟醅盛装在斗内，用行车吊起倒入窖池。窖池内的糟醅要挖平整，要根据糟醅的情况适当踩窖，踩窖要遵循“夏紧冬松，边紧中松”的原则。糟醅在入窖前要准确量一次温度（若是第一甑入窖糟，则应量一下窖体温度，包括窖池的底部和四周的温度），入窖后在平整的糟面上，在不同的部位上插上温度计，在下一甑摊晾前取出，并将看准的温度记录在原始记录本上。

五、出窖、封窖

1. 出窖

（1）剥窖皮泥　将盖窖的塑料薄膜及四周的泥揭去，把泥倒入预先准备好的泥斗中（用于和泥的槽形器具）。若窖池是用全泥封窖的，可用刀具将封窖泥划成边长约20cm的小方块，用手一块一块揭起，擦掉泥上黏住的糟子，然后将其迅速倒入泥斗中，和匀后封窖待用。

（2）起丢糟　将丢糟起运到靠近甑桶附近的堆糟坝堆放，尽量堆高一点，要拍紧拍光，用一层糠壳覆盖，减少酒精的挥发。在起丢糟时应与发酵母糟严格分开，丢糟与母糟之间用竹篾隔开，操作时不要伤及母糟。丢糟起完后，应迅速清扫丢糟残渣，使窖四周及路面洁净，最后用塑料薄膜将全窖覆盖严密。

（3）起上层母糟　在起母糟之前，堆糟场地要彻底清扫干净，以免母糟受到污染。揭去塑料薄膜，可依据该窖红糟甑口量，将窖帽部分的母糟堆至堆糟坝一角，尽量堆高一点，踩紧、拍光，撒上糠壳，并作记号便于分辨。紧接着起窖内母糟，进行分层堆放，待起到黄水时，即停止起窖，要将窖池周围掉有糟子的地面及堆糟的卫生工作做好。上半层的糟子分层堆放，要求踩紧拍光，撒上糠壳覆盖。

（4）打黄水坑、滴窖　在窖内母糟的一端或一角打挖一个黄水坑，用于滴窖。打在一角的坑子长度不少于1m，打在一端的宽度不少于0.5m，深度直至窖底。至于每个窖池内的黄水坑该打多大合适，还得视窖池的体积大小而定。打黄水坑时，坑内的糟醅要先远后近，含水量极大的湿糟醅尽量近一点，要注意不要过多踩压和翻动窖内的糟醅。整个黄水坑打完后，下层糟子也要用塑料薄膜覆盖。黄水滴出来后，要勤舀，有一桶舀一桶，节假日也不间断。滴窖时间不能少于10h，使母糟含水量保持在60%左右。滴窖时间过长或过短，均会影响母糟含水量。

（5）起下层母糟　滴窖10h左右后，即可起下层母糟。起糟要注意不触伤窖池，不使窖壁、窖底的老窖泥脱落。下层母糟起到堆糟坝后，要注意分层堆放。这样全窖的水分、酸度、淀粉的含量就较为均衡，母糟起完后，窖内窖外操作场地要清扫干净，堆糟坝的糟子要拍紧、拍光，清洁干净，覆盖严密。

2. 封窖

每个窖的最后一甑粮糟入窖后，要随即理好、踩紧、拍光，入窖的红糟也要理好、踩紧、拍光。糟醅高出地面的部分，称为窖帽。窖帽不宜太高。这些工作完毕后，应将窖池周围清扫干净，方能进行封窖。用泥封窖，用泥抹子（工具）刮平、抹光滑。

封窖的目的在于隔绝空气，防止空气中的杂菌侵入，同时抑制窖内好气性细菌的生长繁殖，也避免了酵母菌在空气充足时大量消耗可发酵性糖，影响正常的酒精发酵。酵母菌只能在空气缺乏，整个窖池呈无氧状态时才能进行正常的酒精发酵，将可发酵性糖转化生成酒精。因此，严密封窖、隔绝空气是一项重要的工艺操作。

窖池封闭完以后，管窖人员就要担负起该窖的发酵管理工作。窖池管理工作大致有如下四项。

（1）清窖　封窖后，从第2天开始每天清窖一次。先在窖泥上洒上一点水，管窖人员用泥掌（一种用于抹泥使泥平整的工具）上下、左右将封窖泥抹平，使其严密、光滑，这样泥就不易裂缝，空气也就不会进入。

（2）看“吹口”　所谓“吹口”，就是在封窖后的数天内，窖内产生二氧化碳的一种现象。观察吹口，如果是全泥封窖，则用一铁钎子插入窖内1~2cm，二氧化碳则从内向外排出，用燃烧的火柴接触，火焰立刻灭掉，用耳贴近，可听见“呼呼”的声音。通过了解二氧化碳量产生的多少以及缓慢或迅猛的情况，可判断窖内糖化发酵的基本情况。

（3）观察温度　温度是影响糖化发酵的主要因素之一。温度在窖内变化是否符合“前缓、中挺、后缓落”的规律，这是在封窖以后应十分关注的问题。尤其是在封窖后的十几天内，温度是否上升，升温是急是缓，只有通过对窖内温度进行详细观察方可得出结论。

在封窖前，在窖端部分插入一根直径为3~4cm的竹竿，插入窖内深度约70cm，封窖时抽掉竹竿，在此放入一支计量为50℃的温度计，用细绳系好，绳的另一端置于窖外，然后封窖，当管窖人员要观察温度时，可轻轻将系有温度计的绳子拉上，迅速观察，否则温度会发生变化，数值就不准确了。

（4）看“跌头”　“跌头”也称“走窖”，是行话，即指糟醅在入窖发酵中，由于微生物的作用，其体积缩小，糟醅慢慢地向下跌落，窖帽向下沉的现象，说明了酿酒微生物在正常地进行代谢活动，也同时说明窖内在进行正常的糖化发酵。

清窖，看“吹口”，观察温度，看“跌头”，这些管理工作都要持续约15d，应将观察的结果真实地记录在窖池的原始记录本上。

任务四　传统酱香型白酒的生产工艺

酱香型白酒的风味特殊，最大原因是酿制方法特殊，为我国独特的酿酒法。按照传统习惯，每年农历五月端午开始踩曲，农历九月重阳投料（下沙）酿酒，结合了我国南方农业生产季节。此段时期小麦和高粱等新原料上市，更有适合制曲酿酒的气温，有利于微生物生长繁殖。所谓“重阳酿酒满缸香”是历史经验的总结。

酱香型白酒的生产工艺特点，除原料粉碎粗，用曲量大，酿酒温度高，1年1个生产周期外，最重要的特点：一是高温制曲，这是产生酱香的重要原因；二是采用堆积发酵法，以便网罗和培养微生物；三是高温发酵、高温流酒和长期陈酿，这是形成酱香风格的关键。茅台酒是典型的酱香型白酒。

一、酿酒工艺流程

茅台酒的酿造工艺流程如图8-5所示。

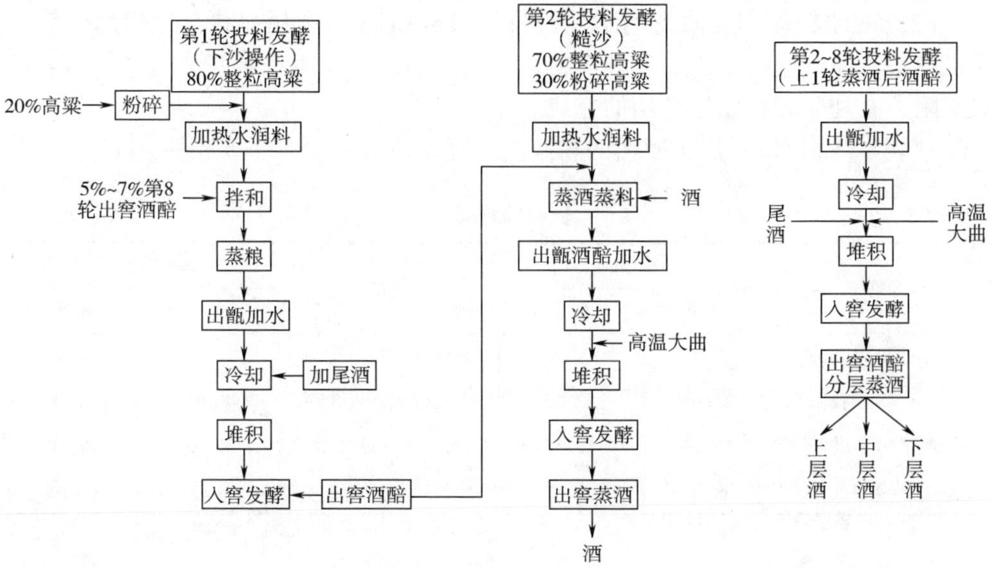

图 8-5　茅台酒的酿造工艺流程

二、 酿酒工艺操作

1. 原料、大曲及其粉碎

（1）原料粉碎　高粱在投料前处理备用。高粱经粉碎后称为“沙”，开始投料为“生沙”，其中碎粒占 20%，整粒占 80%，即粉碎度为二八成。第二次投料为“糙沙”，其粉碎度为三七成，即碎粒占 30%，整粒占 70%。但每粒高粱要经粉碎机压过较好，不让有“跑籽”，这样有利于蒸料糊化。不同季节的“生沙”和“糙沙”的粉碎度如表 8-11 所示。

表 8-11　高粱原料的粉碎度　单位:%

品名	类别					
	生沙原料			糙沙原料		
	夏季	冬季	平均	夏季	冬季	平均
碎粒	20. 40	16. 20	18. 30	34. 90	32. 88	33. 89
整粒	75. 40	75. 40	75. 40	59. 12	61. 12	60. 12
种壳	3. 40	8. 00	5. 70	5. 38	5. 52	5. 45
杂粮	0. 80	0. 40	0. 60	0. 60	0. 52	0. 56

从表 8-11 可以看出，高粱的粉碎度符合酿酒工艺要求。茅台酒用带壳高粱

为原料，其中种壳为5%左右，在操作中起到疏松作用。

（2）麦曲粉碎　麦曲先用木槌或排牙滚碎机打碎成颗粒状，然后用滚筒磨粉机磨细，连续进行2次，使其成粉末。麦曲的细度是越细越好，这样熟沙容易被黏附，有利于糖化发酵作用的完成。

从表8-12可以看出，麦曲的粉碎度，夏季应较细，冬季要粗些。

表8-12　　麦曲的粉碎度　　单位:%

铜筛规格	季节		铜筛规格	季节	
	夏季	冬季		夏季	冬季
未通过20目孔筛	3.20	18.20	未通过100目孔筛	6.25	4.50
未通过40目孔筛	23.55	27.62	未通过120目孔筛	4.40	3.53
未通过60目孔筛	17.85	12.55	通过120目孔筛	37.95	29.20
未通过80目孔筛	6.80	4.40			

2. 生沙操作

（1）润粮（发水）　每甑称取粉碎高粱（生沙）后，放于甑边的晾堂上，用90℃以上热水润粮，此步骤称为发水。发水量视原料干湿和季节气候而定，水温要高，淀粉粒吸收水分快，表皮易"收汗"。发水时用木锨边泼边糙（拌），使其吸水均匀，堆积2~2.5h，再进行第2次发水，发水方法与第1次相同，共计发水量占粮食质量的42%~48%，堆积7~9h。发水时应避免淋浆流失，要求均匀一致。每次生沙发水，开始润粮两甑，使用1甑。

（2）配料（糙母糟）　生沙上甑以前，必须添加母糟，又称"发酵糟"，即未经蒸酒的酒醅。每甑加母糟约为原粮质量的8%。母糟是第六、七轮的发酵糟，添加时，用木锨翻糙2~3次，使拌和均匀，不结团块。

（3）蒸粮（蒸生沙）　每次上甑前，先在甑箅上撒稻壳约1kg，待上汽后用簸箕装甑，见汽就装。将生沙均匀地装入甑内，一定要保持疏松，使上汽均匀，并使甑内生沙四周高，中心低，呈锅底形，装甑约1h，圆汽后加盖以大火进行蒸粮。

（4）蒸粮时间　视高粱品种、干湿程度和火力大小而定，一般蒸2~3h，粮食约有七成熟，其余2~3成为硬心或白心，不宜过熟，此时即可出甑。出甑熟沙要带香气，"收汗"利落。

（5）泼量水　将蒸好的熟沙从甑内取出，堆于晾堂，用天锅或冷却器的热水（称为"量水"）泼入熟沙堆上，边泼边翻糙，翻糙共计3次，使其均匀。量水的作用是使熟沙保持一定的水分，促进糖化发酵的正常进行。量水用量为原粮的10%~12%，水质要清洁，水温要高，达90℃左右，以便杀灭水中的杂菌，也有利于淀粉粒更快吸水，达到适当的含水量。

（6）摊晾　熟沙泼量水后，摊于晾堂上，翻铲成行，使其降低温度。必要时用电风扇吹凉，可缩短摊晾时间。但电风扇的位置应经常移动，不可直接吹摊晾的熟沙，避免降温不均匀。

（7）洒酒尾　当熟沙摊晾到适宜温度，收拢成堆，用喷壶洒入次品酒，主要是丢糟酒中，又称酒尾（酒精体积分数为30%），边洒酒尾边翻糙，使其拌和均匀。

洒酒尾的目的是，由于熟沙撒曲后暴露在空气中进行堆积，洒酒尾可抑制有害微生物的繁殖，促进淀粉酶和酒化酶的活力，以利糖化发酵和产生香味物质。

（8）撒曲　熟沙品温降至30～35℃时，开始撒麦曲粉，占原粮的10%～12%。撒曲量要根据麦曲质量和季节气温而定，冬季多用，夏季少用。撒曲时不要高扬，以防麦曲粉飞扬损失，应翻拌均匀，使熟沙都沾有麦曲粉。

（9）堆积　堆积是酱香型酒特殊而重要的工艺步骤，主要是网罗筛选微生物，起到培菌增香的作用。堆积前先测品温，然后收堆，收堆温度约30℃。第1次收堆前，先在堆积地面上撒麦曲粉2. 5kg，从中心向外堆积。因堆积可使“熟沙”暴露在空气中，使麦曲中微生物繁殖，因此堆积起了培菌作用，有利于糖化发酵产生酱香味。堆积时间必须结合季节、气候和收堆温度来掌握。要求堆成圆形，冬季堆高，夏季堆矮，堆积时间为2～4d。熟糟堆积时间要长，待顶部堆积品温达45～50℃，用手插入堆积糟内感到热手，即可下窖发酵。堆积糟过嫩或过老都不好，如堆积糟过嫩，则产酒的香味不好；若堆积糟过老，则产酒风味不甜、燥辣、冲鼻或带酸苦等气味。

（10）烧窖　酱香型白酒的发酵窖为紫红泥底砂条石窖，大小不一，老的酒窖长2. 7m，宽2. 0m，深2. 6m，容积为$14m^3$。窖用方块石和黏土砌成，外面再涂以黏土，窖底有排水沟，上面以红土筑成，每窖可投高粱850. 0kg。新建大窖长3. 8m，宽2. 2m，深3. 0m，容积为$25.3m^3$，用砂条石砌成，窖底同样有排水沟，以红土筑成，每窖可投高粱1100. 0～1200. 0kg。

堆积糟下窖前要用木柴烧窖，烧窖目的是消灭窖内杂菌，提高窖内温度，并通过烧窖除去窖内在1年最后1轮发酵时产生的枯糟气味。烧窖木柴多少，应根据窖池大小，新旧程度，闲置时间和干湿情况等来决定，一般每个酒窖用木柴50～100kg，烧窖时间为1～2. 5h。若系新建窖或长期停用窖，可用木柴1000kg左右，烧窖在24h以上。烧完后的窖池待窖内温度稍降，就要扫净窖内灰烬，再用少量丢糟撒入窖底，随即扫除丢糟，将堆积糟下窖。

（11）下窖、发酵　堆积糟下窖前，用喷壶盛酒精体积分数为30%的酒尾15kg，喷洒于窖底和窖壁四周，再撒麦曲粉15～20kg（称为底曲）。下窖时将堆积糟从一头用扒锨拌和，使其上、中、下各部稍加混合，再用簸箕或手推车倒入窖内。每下2～3甑堆积糟后，用喷壶洒酒尾1次，边下边洒，窖底宜少，逐渐由下而上加大酒尾用量，一般生沙操作的酒尾用量占原粮 3%左右。下窖操作时间宜短，防止杂菌感染，避免酒尾挥发，保持发酵温度正常。

堆积糟下窖完毕，将表面扒平，用木板轻轻压紧，撒薄薄的一层稻壳。再加两甑盖糟，用稀泥封窖，稀泥厚度在 4cm 以上。封窖用泥，每轮开始常需用新泥，整个大周期中途可加换 1 次。若原来的窖泥不臭，仍可继续使用或掺入新泥使用，要拌得柔和。泼盖糟和封泥的水，以清洁的冷水为佳。

堆积糟下窖后，在隔绝空气条件下进行发酵。要有专人负责管理，每天用泥板抹光窖的封泥，不得开口或裂缝，否则空气进入窖内，发酵糟易生霉结成团块，这种现象称为“烧包”“烧好”，对产品质量有很大影响。

发酵时间最短为 30d，称为 1 个小生产周期，发酵温度在 35~43℃。

3. 糙沙操作

（1）润粮　待第 1 轮下窖发酵 1 个月后，立即进行第 2 次投料，称为“糙沙”。

（2）取粉　粉碎度为三七成的高粱，按处理生沙的比例计算用水，进行润粮，其操作与生沙操作相同。糙沙与生沙原料各占一半。

（3）开窖　将封窖泥挖除，运至泥坑池内，再挖盖糟，运往丢糟处。扫净发酵糟上面的盖糟和泥块，每次在窖内起半甑发酵糟，与润好的新料拌和，共翻拌 3 次，使其混合均匀，再上甑蒸酒、蒸粮。

（4）蒸酒、蒸粮　糙沙上甑与生沙方法相同，上甑时间为 55~62min，装满甑后盖甑盖，接通冷却器蒸酒，开始火力不宜过大，蒸出的酒不多，有生涩味，称为“生沙酒”，可作次品酒回窖发酵用。蒸完酒后即进行蒸粮，蒸粮时间可长达 4~5h，蒸过的粮食，其质量要求达到柔熟为好。

（5）堆积和发酵　蒸粮结束后，即可进行出甑、泼量水、摊晾、撒曲和堆积等工序。其工艺条件与生沙操作相同，然后下窖发酵。糙沙操作是将生沙的发酵糟，1 窖分成 2 窖蒸酒、蒸粮。下窖若下到原用酒窖，就不用再烧窖了。唯开窖起糟时，待起到窖底最末一甑发酵糟时，要同时准备好下窖的堆积糟，避免窖底暴露于空气中过久，影响产品质量。

4. 熟糟操作

茅台酒的生产，每年每窖只投 2 次新料，即生沙 1 次，糙沙 1 次。随后 6 个轮次不再投新料，只是将发酵糟（酒醅）反复蒸酒、出甑摊晾、撒曲堆积和下窖发酵称为熟糟操作。其具体操作如下所述。

（1）开窖蒸酒　开窖起糟与糙沙操作相同，唯起糟不可过多。采取随起随蒸、1 窖多甑的方法蒸酒。待起至窖底时留下 1 甑，并准备好上轮的堆积糟，出糟后立即将堆积糟下窖。一般从第 4 轮开始，蒸酒要加入少许清蒸稻壳，称为熟稻壳，随后的轮次逐渐增加稻壳用量，但每甑不得超过粮质量的 1.5%~1.8%，即每甑用量为 7.5~9kg。流酒温度一般较高，量质摘酒，边摘边尝，凡带色，有生糠、酸涩、苦辣或其他不正常气味的酒，一律作酒尾回窖发酵用并截头去尾。蒸酒时间为16~36min，追酒尾时间8~16min，出甑糟尚含有酒精但其含量不足2%。

（2）摊晾撒曲　蒸酒出甑后，迅速将酒糟摊晾。为避免杂菌污染，应尽量缩短摊晾时间，待品温降至35℃，开始撒曲。根据不同轮次，每甑撒麦曲粉25~45kg，翻拌均匀，收拢进行堆积。撒曲用量占粮的质量比为：生沙11%，糙沙18%，3、4轮13%，5轮11%，6轮7%，7轮6%，8轮5%，总用曲量为粮质量的84%~87%。根据各厂的具体情况，其用量稍有不同。

（3）堆积　起堆时，前两甑品温为34~36℃，其余收堆温度28~32℃。堆积操作与生沙、糙沙基本相同，但堆积时间较长，一般为78~96h。堆积时必须注意堆积位置、高矮和温度等，要求堆积糟疏松而含有较多空气，均匀一致。待堆积糟品温达40~50℃时，手摸表层应有热的感觉。堆积时要求品温不出面，面上有土层硬壳，可闻到带甜的酒香气味，此时即可下窖发酵。

（4）下窖发酵　发酵酒窖一般使用原窖，下窖前每次用酒尾泼窖。根据不同轮次，酒尾从15kg减少至5kg。底曲用量约为15kg。熟糟操作与前述相同。堆积糟下窖时洒酒尾的用量多少不一，视上轮产酒好坏、堆积糟干湿而定，常用酒尾调节。除最后一轮丢糟酒不洒或少洒酒尾外，其他轮次由多到少，从205kg减少至15kg。下窖时用稀泥密封，严禁踩窖。防止封窖泥有裂缝现象，每轮发酵时间为30~33d。

（5）上甑蒸酒　上甑操作与产酒质量关系相当密切。操作必须细致，做到疏松均匀，不压汽，不跑汽，缓慢蒸酒，流酒温度高，高时可达40℃以上。摘酒是根据流酒的香味和酒精含量相结合的，一般入库酒的酒精体积分数为54%~57%。从蒸出酒的质量看，第2轮的糙沙酒稍带生涩味；第3、4、5轮酒称为“大回酒”，质量较好；第6轮酒又称“小回酒”；第7、8轮分别为“枯糟酒”和“丢糟酒”，稍带枯糟和焦苦味；丢糟酒也作酒尾回窖发酵用。

酒窖中发酵糟因所处部位不同，所产酒的质量和风味常有差异，可分酱香、醇甜和窖底香3种单型酒。酱香酒是决定香型的关键。酱香酒在窖池中部和窖顶发酵糟产生较多；窖底香酒由窖底靠近窖泥的发酵糟所产生；位于窖池中部的发酵糟一般不产生酱香或窖底香的酒，为醇甜型酒，此种单型酒产量较多。现将窖内不同层次发酵糟蒸馏酒的口感列于表8-13中。

表8-13　　不同层次发酵糟蒸馏酒的口感

酒样名称	酒质口感评语
上层糟的酒	酱香突出，微带曲香，稍杂，风格好
中层糟的酒	具有浓厚香气，略带酱香，入口绵甜
下层糟的酒	窖香浓郁，并带有明显的酱香

蒸酒时可根据窖内不同层次的发酵糟，分别进行上甑蒸酒、按质摘酒、分开装坛。经感官鉴定后，按香型入库，于传统陶坛中贮存，一般需要贮存 3 年以上，称为陈酿。

任务五 其他香型白酒的生产工艺

白酒生产中的巴斯德效应

一、清香型大曲酒生产工艺

清香型大曲酒以高粱为原料，大麦、豌豆制成的大曲为糖化发酵剂，经地缸固态发酵、固态蒸馏、陈酿、勾调而成，不直接或间接添加食用酒精及非自身发酵产生的呈色、呈香、呈味物质，具有独特清香风味的大曲白酒。汾酒是清香型白酒的典型代表，它以产地山西省汾阳市而得名，距今已有1400余年历史。

1. 酿制的特点、流程及要诀

（1）酿制特点

①采用传统的“清蒸二次清”法：所谓清蒸即一次性投料的碎高粱单独进行蒸煮。二次清是指原料蒸煮、冷却后加曲 2 次，发酵 2 次，蒸馏 2 次即扔糟作饲料。也可将糟添加麸曲另行发酵，蒸馏得到质量优于普通白酒的成品作为一般白酒出售。

②采用地缸固态发酵：陶缸口与地平齐，用石板作盖。

③小米糠作辅料：经清蒸的小米糠加于第 1 次发酵好的酒醅中，进行蒸馏。

（2）工艺流程　工艺流程见图 8-6。

（3）技术要诀

①人必得其精：操作者不仅要有熟练的技能，而且要懂得为什么这样做。并能在保证和提高产品质量，提高经济效益的前提下通过必要的试验，合理地改进工艺和设备。

②水必得其甘：这里的“甘”字可作“甜水”解释，以区别于咸水。也可理解为“好水”，以区别于水质不良的水。

③曲必得其时：使用“伏曲”，最宜于 7~8 月间制曲。

④粮必得其实：指采用粒大而坚实的“一把抓”高粱。

⑤器必得其洁：以免污染有害杂菌。

⑥缸必得其湿：即材料入缸时上部水分可稍大些，温度可稍低些。因为发酵过程中水分会下沉，而热气则自下往上升，这样可使缸内酒醅发酵一致。酒醅中水分的多寡与品温升降及出酒率有关。也可理解为缸中的湿度已饱和，不再吸收

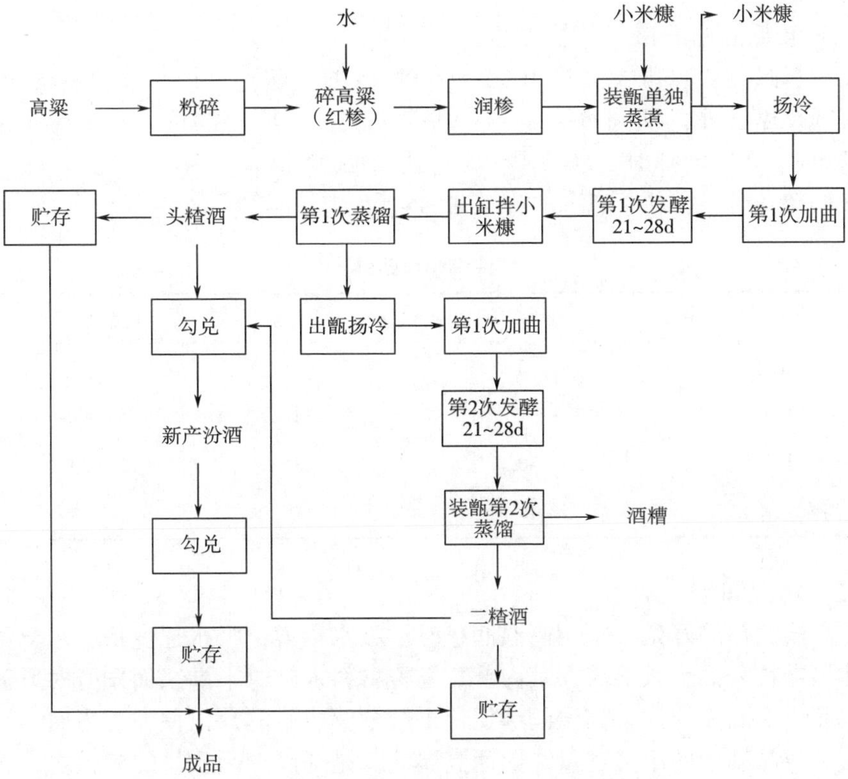

图 8-6　清香型白酒生产工艺流程

酒而使酒损失了。另外，缸湿也易于保温，并促进香味生成。因此，在汾酒发酵室内，每年夏季都要在缸旁的土地上扎孔灌水。

⑦火必得其缓：即蒸粮宜大火，蒸酒宜小火。这样可使原料充分糊化，以利于糖化和发酵。采用小火蒸出的酒质量较好，高沸点的杂质随酒精等带出的量相对少些。所得的酒温度也低些，减少了挥发损失。

“缓”字还可理解为发酵或蒸馏的温度波动不宜过急过大，要缓慢升降，这样对微生物生长，发酵及蒸馏均有利，可避免串甑、跑汽等现象发生。

⑧其他四诀：工必得其细，拌必得其准，管必得其严，勾贮必得其适。

2. 高粱和曲的粉碎

（1）高粱粉碎　高粱要碾碎成 4~8 瓣，细粉不超过 20%。

（2）曲的粉碎　用于头楂的曲稍粗；要求粉碎至大者如豌豆，小者如绿豆。能通过 1.2mm 筛孔的细粉不超过 55%。二楂用曲稍细，要求大者如绿豆，小者如小米粒。能通过 1.2mm 筛孔的细粉为 70%~75%。

高粱与曲的粉碎度要按季节恰当地掌握好，夏季应稍粗，冬季可适当细些。

3. 润糁

（1）较低温的润糁（传统工艺）

①润糁过程：每班投红糁 1000～1100kg，堆成碗形，加水拌匀后堆积润料，用麻袋或芦席盖住。期间每隔 3～4h 翻拌 1 次，使原料润透，并可防止浆水流失。若第 1、2 次翻拌时发现糁皮干，可适当加点温水。

②润糁条件：传统润糁条件见表 8-14。

表 8-14 传统润糁条件

名称	春季	夏季	秋季	冬季
加水量/%	60～65	60～65	60～65	60～65
水温/℃	—	28～32	—	60
堆积温度/℃	20～30	25～28	25～30	27～32
润糁时间/h	14～18	14～18	14～18	14～18

（2）高温润糁

①高温润糁的好处：采用高温润糁时，吸水量大，吸水速度快，水分不仅附着于淀粉颗粒表面，且能渗入其内部。发酵材料入缸时不淋浆而发酵时升温较缓慢，因而成品酒较绵甜。高温润糁促使果胶分解成甲醇，以便在蒸煮时排除，相对降低了成品酒中的甲醇含量。因而高温润糁是提高产品质量的措施之一。

②高温润糁的操作：润糁用水的温度，夏季为 75～80℃，冬季为 80～90℃。加水量为原料量的 55%～62%。原料加水拌匀后堆积润料，堆上应加覆盖物。堆积时间为 18～20h，在冬季品温能升至 42～45℃，夏季达 47～52℃。中间应翻动 2～3 次。若发现翻拌时糁皮干燥，可补加原料量 2%～3%的水。

在堆积过程中，一些侵入原料中的野生菌进行繁殖和发酵，生成某些芳香和风味成分，对增进成品酒的回甜有一定的作用。

（3）润糁指标　润糁的好坏与糊化等有密切关系，如用拇指与食指能搓开，成粉无硬心，说明已润透，否则还需适当延长堆积时间，直至完全润透。

4. 蒸糁（糊化）

原料与辅料清蒸可避免其不良气味进入成品酒中。

（1）蒸煮过程　润好的糁分 2 甑进行蒸煮。蒸煮容器为能移动的活甑桶。先将底锅水煮沸后，再用簸箕将糁撒入甑内，要求料层匀而平，冒汽均匀。约需 40min 装完料。

待蒸汽上匀（圆汽）后，再用 60℃以上热水 15kg 泼在料层表面，称为加焖头量，再在糁上面覆盖辅料一起清蒸。这时要保证火力旺盛，维持 5～10min，使原、辅料中的不良气味逸散出去。然后用芦席加盖，用大火蒸 60～80min。初蒸时的品温为 98～99℃，最终可达 105℃。清蒸的辅料用于蒸馏，要当天用完。

(2) 蒸煮指标　糁要糊化透彻，熟而不黏，内无生心，有糁的香味，无异味。

5. 加水、扬冷

(1) 加水　将糊化后的糁取出堆成长方形，立即泼入原料量30%～40%、温度为18～21℃的井水，也可用同量的开水代替冷水。加水量因季节而异，如表8-15所示。

表8-15　糊化后的泼水量　单位：%

春季	夏季	秋季	冬季
35～38	35～40	30～35	30～35

(2) 扬冷　加水后立即打碎团块，翻拌均匀，停放5～10min，使水渗入。然后用人工翻拌高扬几遍，或用扬糁机通风扬晾，使糁吸收部分氧气。若在冬季，品温应降至20～30℃，夏季应尽可能降至室温。

6. 下曲、入缸

(1) 下曲　撒冷后的糁立即堆成长方形。由入缸温度决定下曲温度，将一定量的曲粉撒于糁表面，翻匀。翻拌操作必须在品温降至入缸温度前完成。

(2) 入缸

①缸的准备：缸的间距为10～24cm，1100kg原料占大缸8个或小缸16个。缸在使用前，应用清水洗净。对于新使用的缸和盖，用清水洗净后，还需以7.5kg开水加60g花椒制成的花椒水洗净备用。

②入缸温度：与黄酒等其他酒类酿造一样，入缸品温是决定发酵成败，提高产品质量的关键之一。但入缸品温不能孤立地确定，应按季节、加水量、下曲温度、加曲量以及缸温等加以调节。若气温较高或加曲量较大，加水量较多，则不宜采用较高的入缸温度，反之亦然。入缸温度以10～16℃为宜，但实际上由于气温的影响难以掌握得很准。通常要求夏季品温越低越好，应比气温低1～2℃。加曲量及加水量也不宜变化太大。汾酒酒醅的含水量比一般白酒酒醅低，但若过低则糖化和发酵不完全。水分过高，则成品酒口味寡淡。入缸条件见表8-16。

表8-16　入缸条件

名称	春季	夏季	秋季	冬季
糁加水量/%	35～38	35～40	30～35	30～35
曲粮比例/%	9～11	9～11	9～11	9～11
下曲温度/℃	20～22	20～25	23～25	25～30
入缸温度/℃	13～17	17～26	17～20	13～17

在一般情况下，刚空出的缸，当天就进新料。若空缸放置几天，由于缸温下降，应根据实际情况，将入缸温度适当提高一些。

③盖料与加盖：入缸后，缸顶用石板盖严，再用清蒸后的小米糠封口，盖上后还可用稻壳保温。

④头糌成分：新入缸的物料，称为头糌，其成分如表 8-17 所示，汾酒头糌的成分不同于一般白酒，因为汾酒酿造没有采用“糠大、水大、短期发酵”的工艺。

表 8-17　　头糌成分

成分	含量	成分	含量
水分/%	52.8~56.0	淀粉含量/%	31.58~37.06
酸度	0.13~0.2058	糖分/%	0.91~1.1

7. 发酵

传统工艺的发酵期为 21d，为增进成品酒的芳香醇和感，可延长到 28d。整个发酵过程分前期、中期和后期 3 个阶段。

发酵温度及管理如下所示。

(1) 温度变化及异常发酵的处理　对酒醅的发酵温度，应掌握所谓“前缓升、中挺足、后缓落”的规律，即前期温度缓慢上升，中期保持相当天数的较高品温，后期品温则渐渐下降。

①发酵前期：第 1~7 天，品温平稳地升至 28℃ 左右。若入缸时品温高，曲子粉碎过细，用曲量过大，或不注意卫生，则品温会很快上升至 30℃ 左右，称为“前火猛”或“早上火”，会导致酵母过早衰老而发酵过早停滞，产酒少，酒性烈。对这种情况，应压紧酒醅，严封缸口，以减缓发酵速度，并在下次操作中调整工艺条件。

②发酵中期：即主发酵阶段，共 10d 左右，温度控制在 27~30℃。通常最高品温为 29~32℃，有时最高达 35℃。即这阶段的品温升至最高点后，又慢慢下降 2~3℃。若发酵品温过早过快下降，则发酵不完全，出酒率低且酒质较差。有时品温稍降后又回升，形成“反火”，这是由于好气性细菌作用所致，应封严缸口予以挽救。

③发酵后期：工人称此为副发酵期，为 11~12d。由于霉菌逐渐减少，酵母菌渐渐死亡，发酵几乎停止，因此，最后品温降至 24℃ 后基本上不再变化。若该阶段品温下降过快，酵母发酵过早停止，则不利于酯化反应；若品温不下降，说明细菌等仍在繁殖和生酸，并产生其他有害物质。另外，在出缸时品温偏高，也会增加酒精挥发量。造成上述现象的原因是封缸不严和忽视卫生工作。尤其在夏天，发酸现象更易发生，其补救措施是严封缸口，压紧酒醅。

(2) 温度管理措施

①测温：第1~12天，每隔1天检查1次品温。根据这段时间的测温结果，基本上可判断发酵的正常与否。

②保温：在夏季，对未入新料的空缸，在其周围地面上扎眼灌入凉水，而冬天则在投料后的缸盖上铺25~27cm厚的麦秸保温。

8. 出缸，蒸馏

(1) 出缸拌糠　将成熟醪取出，拌入原料量22.5%的小米糠，或拌入稻壳：小米=3：1的混合辅料。若加糠量过大，成品酒呈糠味。而用糠量过小，装甑时易压汽，蒸酒时酒尾长。

(2) 装甑、蒸馏

①操作过程：蒸馏的甑与蒸粮相同。装甑时要做到“轻、松、薄、匀、缓”，材料要“二干一湿”，蒸汽要“二小一大”，并以缓汽蒸酒、大汽追尾为原则。

先将锅底水烧开，再在甑底铺上帘子，并撒上一薄层糠。接着装入3~6cm。加糠量较多而较干的酒醅，把上次的酒尾从甑边倒回锅中，这时蒸汽要小些。在打底的基础上，再装入加辅料较少而较湿的酒醅，这时蒸汽可大些。装至最上层时，材料要干些，蒸汽也要小些。装满1甑需50~60min。装完甑后，盖上盖盘，接上含锡量为96%~99%的纯锡冷凝器，进行缓汽蒸馏，流酒速度控制为3~4kg/min，流酒温度最好控制在25~30℃。最后用大汽蒸出酒尾，直至蒸尽酒精。流酒结束后，去盖、敞口排酸10min。

②三段取酒及其用途

酒头：每甑截取酒精含量为75%以上的酒头1~2.5kg，视成品酒的质量而定。截头过多，会使成品酒中芳香物质不足而酒味平淡，但若截头过少，则又会使醛类物质过多地混入成品酒中而使酒味暴辣。酒头可用于回缸发酵。

中段酒：称为头楂酒，即原酒部分，其酯含量高达0.549g/100mL，总酸为0.0413g/100mL，总醛0.00924g/100mL。

酒尾：酒尾中含有大量乳酸乙酯等香气成分，以及有机酸等呈味物质，所以酒尾不宜摘得过早。酒尾中含有高沸点的高级脂肪酸等成分。汾酒的质量与酒尾适当地截得高一些是分不开的。因此，酒尾的起点酒精含量至少不能低于30%。

酒尾的量可摘得多一些，其中酒精含量较高的部分在下甑蒸酒时回锅再蒸，酒精含量很低的那部分可代替水用于润料。传统的蒸馏摘酒实例如表8-18所示。

表8-18　传统蒸馏摘酒实例

蒸馏时间/min	15℃下的酒精含量/%	流酒温度/℃	三段摘酒
0~5	80.5	23	截酒头2.5kg
5	80.5	27	头楂原酒

续表

蒸馏时间/min	15℃下的酒精含量/%	流酒温度/℃	三段摘酒
10	78.6	30	头楂原酒
15	77.0	32	头楂原酒
20	73.0	35	头楂原酒
25	62.9	38	头楂原酒
30	48.5	38	截酒尾
35	34.1	40	同上
40	16.6	40	同上
45	13.3	40	还可多接酒尾

9. 两种清蒸续糙法

有的清香型白酒的生产，采用如下的两种清蒸续糙法配料：一种是将清蒸后的熟粮与蒸酒后的醅，以1：(4.5~5.0) 的比例混合。加曲量为投料量的15%~18%。若在夏季，可将曲粉以等量分别与熟粮及醅拌匀再混合，入池作为粮糙发酵。剩余的醅加5%~10%曲粉作为回醅发酵。池的回醅与上层的粮糙用熟糠和隔箅分开，也可将几个班组的回醅集中入池发酵。另一种是将未蒸的粮粉与蒸酒后的热醅混合，粮醅比为1：(4~4.5)，闷堆2~3h后，蒸粮1h。然后将加曲后的粮糙及回醅进行发酵。回醅中也可不加大曲粉而添加麸曲、酒母。回醅的入池水分可高至60%~62%。发酵容器为瓷砖或内壁打蜡的水泥池或地缸。掌握“前缓升、中挺足、后缓落”的发酵温度管理原则。粮糙酒与回醅酒单独蒸馏、贮存，粮糙酒为高档清香型白酒，回醅酒为普通白酒。

二、 兼香型大曲酒生产工艺

兼香型大曲酒以湖北白云边酒、黑龙江玉泉大曲等为代表，具有浓香和酱香两种香型兼而有之的风味特征。该香型酒在生产工艺上，或在酿酒发酵工艺中，或在贮存勾兑中都糅合了浓香型及酱香型的生产技术。下面以白云边酒的生产为例进行介绍。

白云边酒以高粱为原料，用小麦制高温曲。从投料开始至第7轮次大多采用大曲茅香型白酒的操作法，即投料分为第1次、第2次混蒸的2次投料法，进行高温堆积及高温多轮次发酵。到第8轮次时，改用仿泸香型大曲酒的工艺，即再将占总投料量9%的高粱粉与第7轮次的出窖酒醅混匀后混蒸，出甑后的酒醅加15%的水，20%的中温大曲，再低温入窖发酵1个月。除第1轮次的酒全部回入酒醅进行再次发酵外，其余各个轮次酒则分层、分型摘取、贮存，尾酒也单独贮存，具体工艺如下。

（1）高温大曲制备过程

①原料预处理：小麦粉碎至能通过 20 目筛孔者占 27%～30%，通过 40 目筛孔者为 15%～20%，通过 60 目筛孔者为 10%～15%。

②配料：每 100kg 小麦粉加 45～50kg 水，夏天加冷水，冬春两季加温水，并加 3%～4%的精选母曲拌匀。

③制坯：坯料装在曲盒内由人工踩制成坯，并在坯场放置 15～20min，使其表面水分挥发。

④坯块入曲室：先在曲室地面上垫 1 层 3～6cm 厚的稻壳。在第 1 层曲坯块之间塞进稻草。共叠 5 层，层与层之间放 1 层草，最上 1 层盖草袋，并泼 1 次清水后，关闭门窗。

⑤培曲过程：入室后 20～24h，品温升至 40～44℃，在 24～48h 时，工艺上称为排汗萌发期。此后，霉菌菌丝大量繁殖，在曲块表面长成 1 层白色茸毛，称为上霉，约历时 3d，品温升为 58～65℃，待曲室内能闻到黄花、豆豉般的香味时，可进行第 1 次翻曲。第 1 次翻曲后，约历时 8d，品温又达到 60～62℃，能闻到如豆豉香味时，可进行第 2 次翻曲。第 2 次翻曲后，约历时 7d，品温控制在 36～46℃。在此中火阶段，原来被高温所抑制的霉菌则成为繁殖的优势菌，这是淀粉酶的积累阶段，也是决定曲子质量的关键阶段。

以后，品温控制在 34～36℃，历时 10d，再开启窗户，进行通风降温，排潮，驱除 CO_2。这时可揭去稻草，将曲块堆存 10d，待品温与室温持平时即可将曲块出室。培曲周期共 40d。

⑥贮存：成曲转入曲库贮存 2～6 个月后，方可使用。为了防止曲块受潮和虫害，曲库地面应铺 3～6cm 厚的稻壳，再在上面搁置竹板，并将门窗关闭。

（2）酿酒过程　每年 8 月底至 9 月上旬开始投料，分 3 次投料。前后共蒸馏 9 次、发酵 8 次、7 次摘取原酒。每次发酵 1 个月，整个大的生产周期约 9 个月。

按不同轮次，合理地规定其用曲量。1～3 轮次用曲量为 12%，4～7 轮次为 8%～10%，第 8 轮次为 20%。

①第 1 次投料：将高粱粉碎至碎粮占 20%，取其占总投料量的 45.5%，用 90℃以上的热水焖粮，用水量为投料量的 45%。分 2 次加入，堆焖 7～8h 后，加 5% 的第 8 轮次发酵后再蒸馏的母糟，拌匀后即可进行第 1 次混蒸。

②第 1 次加曲发酵：物料出甑后，先加 90℃的水 15%并运至晾堂内，再加 2%的尾酒，翻拌冷却至 38℃左右时，加入 12%的曲料拌匀，然后堆积 4～5d。

发酵容器为长 3.5m、宽 3m、高 2m 的砖砌水泥池，池底有 6～9cm 厚的培养香泥。料醅入池前，先打扫干净，并泼 150kg 尾酒于池底，再撒入曲粉 20～30kg，然后将物料入池，最后用培养好的香泥封池，发酵 1 个月。

③第 2 次投料、蒸馏、发酵：将高粱粉碎至碎粮占 30%，其投料量为总投料量的 45.5%。如第 1 次投料加水焖粮、堆积，然后与第 1 次发酵好的酒醅混合均

匀。再入甑混蒸，蒸得的酒全部回至料醅。其后的加水、加曲等操作同第 1 次发酵。

④3~7 轮次发酵、蒸馏：这几个轮次添加新粮，其操作都相同。即先取全池 2/8 的酒醅进行蒸馏，掌握前汽稍小，中间汽足，大汽追尾的原则，适时摘除尾酒。所取原酒夹酱、浓香型白酒，分级入库贮存。再取全池 5/8 的酒醅蒸馏，所取原酒为中层酒醅的清香型白酒，也分级贮存。最后将池底酒醅蒸馏，所得即为浓、酱香型酒，同样分级贮存。

⑤第 8 次发酵：经 7 次发酵后，酒醅中的淀粉含量较低，但醅中的酱香、浓香、清香的香味成分较多。因此，在第 7 轮次出甑后的醅中，再如开头所述进行第 3 次投料、加水、加曲、发酵，使出酒率大为提高。

（3）成品勾调　来自池中上层酒醅的所谓上层酒，其乙酸乙酯香较浓，又微呈酱香，具有清、酱香的典型性，但酒质不细腻，较粗糙。中层酒醅的酒味正醇和，甜度大，清雅爽净。下层酒醅的酒己酸乙酯芳香突出，具有浓、酱香的典型性。味甘绵软，但后味苦涩。尾酒的特点是酱香突出，但酸味重，乳酸乙酯及糠醛的含量特别高，糠醛高达 56~72mg/100mL。

三、药香型曲酒生产工艺

药香型曲酒以董酒为代表。董酒因产于贵州省遵义市北郊的董公寺而得名，其风格独特，早被行家们归纳为“酒液清澈透明，香气幽雅舒适，入口醇和浓郁，饮后甘爽味长”。董酒既有大曲酒的浓郁芳香，甘洌爽口，又有小曲酒的柔绵醇和与回甘，并微带使人有舒适感的百草香及爽口的酸味，饮后不干、不燥、不烧心、不上头、余味绵绵。细品董酒风格独特之处，更能让人感到饮用董酒是一种高尚的享受。

（1）生产工艺及成品酒特点

①生产工艺特点

a. 特制窖泥：窖泥用石灰、白泥、洋桃藤泡汁拌和而成，偏碱性，适于细菌繁殖。

b. 工艺过程独特：以糯高粱为原料，先采用小曲酒酿制法取得小曲酒。再用该小曲酒串蒸香醅而得到董酒的原酒。近年来又对串蒸工艺做了改进，即在甑的下层装小曲酒醅，上层装香醅，可不必单蒸小曲酒。

②成品酒特点

a. 风味特点：兼有小曲酒和大曲酒的风格。使大曲酒的浓郁芬芳和小曲酒的醇和绵甜融为一体。大曲与小曲中均配有品种繁多的中药，使成品酒有令人愉悦的药香。除药香外，董酒的香气主要来自香醅，使董酒具有持久的窖底香，回味中略带爽口的微酸味。

b. 成分特点：近年来，有人将曲中所用药材的呈香分为浓郁、清雅、舒适及淡雅4种药香，并对董酒香气成分的含量做了研究，其结果可归纳为具有“四高两低”的特点。

四高：即一为高级醇含量较高，主要指正丙醇和仲丁醇；二是总酸含量高，为其他名白酒总酸含量的2~3倍，尤以丁酸含量高为其主要特征；三是丁酸乙酯含量高，为其他名白酒的3倍；四是醇（杂醇油）酯比大于1。

两低：一是乳酸乙酯含量低，为其他名白酒的1/2~1/3；二是酯酸比小于1，其他名白酒都大于1。

（2）制酒过程

①小曲酒醅的制作

a. 高粱蒸煮：取整粒高粱375kg，用90℃热水浸泡8h。基本沥干后，入甑蒸煮，待圆汽后干蒸40min。再用50℃左右的温水焖粮，继续加温至95℃左右，糯高粱焖5~10min，粳高粱焖30~60min。放水后用大汽蒸煮，待圆汽后再蒸2h。最后，打开甑盖冲阳水，蒸煮20min。

b. 培菌、糖化：先在培菌箱底铺1层2~3cm厚的配糟，再在上面撒1层稻壳，然后用扬糙机将预先摊晾的熟高粱打入箱内，并鼓风吹冷至加曲温度：夏天约为35℃，冬天为40℃左右。添加小曲量为高粱的0.4%~0.5%，分2次加入。每次加曲后用耙拌匀，不要翻动底层的配糟。然后把物料摊平，在周边用木锨插成1条宽约18cm的沟，在沟内填满热配糟以保温。培菌起始温度夏天为28℃左右，冬天约为34℃。糯高粱培菌时间为26h左右，粳高粱约需32h。出箱时，糯高粱品温以不超过40℃，粳高粱不超过42℃为宜。

c. 入窖发酵：将上述培养好的秕子加入900kg配糟，即高粱：配糟=1：2.4。加糟后迅速翻匀，夏天吹冷至品温越低越好，冬天为28~30℃，此时即可入窖。入窖后，每窖加热水120kg，夏天水温为45℃左右，冬天约为65℃。然后踩紧表面及周边。再用塑料薄膜或泥封窖后发酵6~7d即可，期间最高品温不超过40℃。

②香醅制备（下大窖）

a. 下窖：秕子下窖前，先将窖打扫干净，并铲除窖壁的青霉等杂菌，称为清窖。取隔天蒸酒后的小曲酒糟750kg、大曲酒糟350kg、大窖发酵好后未蒸酒的香醅350kg，加麦曲粉75kg拌匀后即可下窖。尚有小曲酒糟：大曲酒糟：香醅=4：4：2或5：3：2，加曲量可为上述各成分用量总和的50%。

b. 发酵：夏天下窖后当天将秕耙平、踩紧。冬天则先将秕在晾堂或窖内堆积培菌1d。第2天再将入窖后的秕耙平、踩紧。以后，每2~3d泼1次酒，每堂大约共泼60%（体积分数）小曲酒550kg。一个大窖需12~14d才能下满，下秕量为15000~20000kg。窖下满后，用拌有黄泥的稀煤封窖。发酵6~10个月结束。

c. 串香蒸酒：取上述小曲酒醅350kg，拌入5kg左右稻壳后装甑。再以稻壳相隔，将香醅装于上层。香醅也可视其干湿状况加入适量稻壳。蒸酒时要截头去尾，如酒头麻苦味重，应摘除1.5~2.5kg。取中流部分作为原酒。

d. 贮存：原酒经品尝分级后入库贮存，每罐酒均挂有卡片，贮存半年以上再勾兑，包装后出厂。

四、特型酒生产工艺

特香型大曲酒以江西省宜春市樟树市的四特酒为典型代表，以大米为酿酒原料，独特的大曲原料配比（面粉35%~40%，麦麸40%~50%，酒糟15%~20%），红褚条石窖固态发酵，采用老五甑（现已演变为混蒸续楂4甑操作法）混蒸混烧工艺，量质摘酒，截头去尾，贮存勾兑为成品。

（1）四特酒的风格及技术特点　四特酒在色、香、味、体方面的典型感官特征是：酒色清亮，酒香芬芳，酒味醇正，酒体柔和。它既清淡，又浓郁；既幽雅，又舒适；在口感上给人以醇和、绵甜、圆润、无邪杂味之感。

四特酒典型风格的形成是由原料、大曲、窖池等特定条件所决定的。它独特之处在于：整粒大米为原料，大曲面麸加酒糟，红褚条石垒酒窖，三型具备犹不靠（三型指酱香型、浓香型、清香型）。

（2）四特酒的生产工艺　四特酒具有“清、香、醇、纯”的风格，在制曲及发酵原料和发酵容器方面都有独到之处。

①制曲：四特酒所用的大曲其原料配比在所有白酒中是独一无二的，即面粉为35%~40%，麦麸为40%~50%，酒糟（以干燥计）为15%~20%。

②制酒：采用续楂混蒸四甑操作法，具体生产操作法如下。

a. 原辅料准备：由7人组成的班组，每班蒸4甑。使用高粱粉，为600kg，中碎米为630kg，其成品酒的质量比原来只使用大米时更好，稻皮用量为65%左右。

高粱的粉碎度要求均匀一致，不应有整粒。稻皮要求新鲜干燥，呈金黄色，不应发霉或水湿。每次使用前需清蒸30min。

b. 开窖起糟：先将封窖的泥土铲在旁边窖的表面，揭去塑料布，打扫干净，用铁铲依次起酒醅，俗称“打窖”。每窖酒醅为25~27车，每车约190kg。

c. 配料：每班使用原料及大曲粉等，应在上班前领取运至车间，上班后起糟和配料上甑分工配合进行。第1甑不加新原料，称为“头糟”。将6~7车发酵好的酒醅陆续运至甑旁，加入稻壳59kg拌匀。第2、3甑加入新原料，称为大楂、二楂。两甑共用酒醅12~13车，稻壳120~177kg。先将新原料置于甑旁，酒醅运至新原料一旁，把新原料铲入酒醅中拌和，表面盖上稻壳。待起糟操作结束后，再拌和1~2次。最后1甑酒醅称为“尾糟”，蒸馏后即丢糟。先在甑的后面撒1层稻壳，将酒醅倒在上面，再盖上稻壳。这1甑酒醅为6~7车，稻壳177kg左右。

d. 混蒸：将甑内打扫干净，用水冲洗，再用汽冲。有时可用铁铲将箅敲几下，以利于上汽均匀。在放走底锅水后，塞住放水孔。先在甑箅上撒少量稻皮，装上一薄层酒醅后再开汽。采用见汽上甑法，做到轻倒旋撒，穿汽一致。上甑时间约 30min。上甑时宜开大汽，流酒时蒸汽应小些，在蒸酒过程中必须防止塌甑、跑汽等现象发生。每甑蒸酒时约 20mim。蒸料时间为 40～50min，视原料品种、颗粒粗细及水分大小等而定。蒸料宜开大汽。摘酒时要量质截取酒头，每甑摘除酒头为 0.25～1kg，单独贮存或放入尾酒中，除一部分用于回窖再发酵外，其余回底锅重蒸。

e. 摊晾、撒曲、加浆：头糟出甑，用车运至晾场撒开，开动电扇降温。待全甑出完，用木锨将糟扬冷至 30℃左右，即可撒曲粉。撒曲量为 30 余千克。曲粉要低撒于糟的表面。撒曲后再开电扇，并翻扬 1～2 次。在室温为 18～20℃的冬季，品温达 24℃左右时，即可收拢成堆，下窖。大楂、二楂出甑时，必须无白色的生心。运至晾场，泼上 90℃以上的浆水 360kg，使物料入窖时的水分保持在 57%～60%，以二楂的水分多于大楂为宜。如果加浆水过少，则不能满足发酵的需要，但加浆水过量会使酒醅升温猛，升酸快而产生热潮现象，造成酒醅发黏，给发酵与蒸馏带来困难，最终致使成品酒香气不浓、口味平淡。泼浆水后，立即开电扇，将楂摊开，并扬楂 4～5 遍，达到撒曲品温时，撒入曲粉约 100kg。其余操作同头糟。最后一甑尾糟蒸酒后酒糟作为饲料。

f. 入窖发酵：发酵窖用当地的红褚条石砌成，仅在窖底及封窖时用泥。可选用质地细腻、绵软、无夹沙及黏土的黄土自制人工老窖。先将黄土晒干、砸细后，加大曲粉、尾酒、黄浆水拌匀。先将大曲粉加于黄土中，翻拌 2 次，再加尾酒和黄浆水，踩成泥状后，堆积发酵 1 个月，然后填于窖底，其厚度为 30～50cm。

下窖时应铺平踩紧，并以竹块作标记，将各甑的酒醅隔开。另外，应分次在大楂、二楂中泼入酒精度 25%～30%vol 的酒头和酒尾，回酒量也不宜过多，最好不超过 2%，以免妨碍正常发酵和影响出酒率。如果能将 5%～10%的成熟酒醅回入大楂、二楂中，进行回醅发酵，效果较好。下窖结束后，盖好塑料布，用泥土封好后进行发酵 1 个月，为提高酒质，发酵期还可适当延长。发酵温度以不超过 40℃为宜，温度曲线以“前缓、中挺、后慢落”为好。

五、 芝麻香型白酒生产工艺

芝麻香型白酒以山东景芝白干和江苏梅兰春为代表，因其风味香气具有类似烘烤芝麻香而得名。酒味醇厚，酒体爽净，后味有焦香感。酿酒工艺特点是合理配料，多种微生物高温发酵，缓慢蒸馏，贮存成型。现以特级景芝白干为例，阐述生产工艺。

特级景芝白干酒工艺是在总结景芝白干传统工艺和大量科研工作的基础上，不断补充完善而形成的。其工艺要点为：高粱原料加适量麸皮，混蒸混烧，高温曲、中温曲、强化菌混合使用，高温堆积，砖池发酵，缓汽蒸馏，量质摘酒，分级入库，长期贮存，精心勾兑。

（1）制曲工艺

①麦曲：采用纯小麦为原料，粉碎要求为芯烂皮不烂的梅花瓣，曲坯入房水分37%~39%，应用框架发酵新工艺。做两种曲，高温曲培菌最高温度60℃，中温曲50~55℃，培菌期30d。

②强化菌曲：包括白曲、生香酵母和细菌，扩大培养采用麸皮为原料。

③白曲：采用河内白曲菌种，固体三级培养。

④酵母：采用5株菌种，在三角瓶之前为单独培养，扩大为混合培养。

⑤细菌：采用本厂研究芝麻香微生物中获得的21株细菌，每3株为1组培养，扩大时混合培养。

（2）酿酒工艺

①原辅料处理：高粱粉碎成4~6瓣，无整粒，通过20目筛者不超过20%。配料前用原料量20%~30%的水润料、拌匀。麦曲粉碎通过20目筛者占60%以上。辅料为稻壳，使用前清蒸30min。

②出池配料：分层出池，分楂配料，料醅比为1∶（4~4.5），3甑楂、1甑酒醅不加新料，只加曲作为下排的回糟（也有部分池子采用双轮底工艺生产丰满醇厚的调味酒）。配料要求均匀一致。

③蒸馏糊化：缓汽装甑，时间不少于25min。缓汽蒸馏，流酒速度不大于4kg/min，流酒温度25~30℃，摘头去尾，量质摘酒，分级入库。流完酒在甑的上部蒸麸皮，数量为原料量的10%。料要蒸透，要求熟而不黏，内无生心。

④加浆出甑：加浆水温70~80℃边出甑边加浆，使加浆均匀。

⑤通风晾糟、补浆、降温、加曲：将糟摊平，补充所需水分，开动风机、打糟机，通风降温，达到温度后加曲，拌匀。用曲量：高、中温曲分别为10%、5%，白曲、酵母分别为10%、5%，细菌适量。

⑥堆积：要求方正平坦，高40~50cm，堆积始温20~25℃，堆积最高温度为50℃，中间翻堆1次，堆积时间24h。

⑦入池：堆积到一定温度，摊晾到25~30℃，入池发酵，时间1个月。

⑧贮存勾兑：分级贮存，贮存时间1~5年。勾兑选用贮存1~2年、酒体醇厚、香气谐调、后尾爽净的基础酒，调以贮存时间较长（3~5年）的陈酒及芝麻香典型性突出的调味酒，先勾小样，品评合格，再勾大样。口味要求：芝麻香醇正，绵柔醇和，甘爽谐调，余味舒畅，具芝麻香型白酒的特有风格。

六、凤香型白酒生产工艺

凤香型白酒以陕西省宝鸡市凤翔县的西凤酒为典型代表：这种香型的白酒，以高粱为原料，以大麦和豌豆制成的中温大曲或麸曲和酵母为糖化发酵剂，采用续糙配料，土窖发酵（窖龄不超过一年），酒海容器贮存等酿造工艺酿制而成。其主体香味成分以乙酸乙酯、己酸乙酯和异戊醇为主，酒质特点为无色，清澈透明，醇香秀雅，甘润挺爽，诸味谐调。尾净悠长。即清而不淡，浓而不艳，融清香、浓香优点于一体。

（一）西凤酒的原辅材料

1. 质量要求

西凤酒生产用原料高粱要求颗粒饱满，大小均匀，壳少，色亮，无霉变，无虫蛀，水分在14%，淀粉含量≥61%，夹杂物<1%。

西凤酒制曲用大麦要求颗粒饱满，色泽好，皮薄，新鲜，无霉变，无虫蛀，水分在13%，淀粉含量≥55%，蛋白质≥11%，杂物≤2%。

西凤酒制曲用豌豆要求原料颗粒饱满，无虫蛀，有光泽，无霉变，无杂味，水分≤13%，淀粉含量>45%，蛋白质≥25%。

西凤酒生产用辅料传统为高粱壳，现大多改为稻皮，起到调节酒醅疏松度、水分、含氧量以及调节酸度、温度、淀粉浓度等作用。要求稻皮色淡黄，新鲜干燥，无杂物，无异味，无霉变，水分<12%。

2. 原辅料的除杂和粉碎

入仓的合格原粮，经过气流输送传输到离心卸料器，经球加料器进入振动筛，一般设有两级以上振动筛，逐级筛选，然后进入永磁滚筒，除掉金属物，最后经排料斗进入粉磨机粉碎，粉碎后的原料通过风管，经离心卸料器进入粮粉仓，经过计量，用汽车运到车间。粮食筛选后的杂质通过管道输出到地面。可根据原料情况设计两台以上粉磨机。曲粮粉碎首先要经过配料器进行配料，然后进入粉碎工序。为了原料混合均匀，通常要设计较长的绞龙。根据需要，曲粮搭配前，要经过润粮程序，并要保证润料时间，以便于曲坯的成形。

酿酒原料的粉碎度要求和浓香型白酒生产相比，西凤酒生产所用高粱的粉碎度较细，要求粉碎为6~8瓣。或通过100目标准筛的细粉量占35%~45%。大曲粉碎要求粉碎为麦仁粒，即小麦颗粒大小或通过100目标准筛的细粉量占25%~30%。

3. 原辅料的清蒸

西凤酒工艺酿酒用高粱和稻壳都必须清蒸，清蒸时间不得少于1h。

高粱清蒸：每天在蒸馏生产结束后，将甑锅放在底锅上，在甑底撒上辅料，将甑底小孔堵住，然后将粉碎好的高粱缓慢装入锅内，盖上甑盖，开大蒸汽，圆汽后，蒸1h，然后用行车提起甑，将粮食倒在操作场，打散即可。

辅料清蒸：蒸完粮食后，将甑放在底锅上，将辅料小心装入甑内，敞开甑口，开大蒸汽，蒸1h以上，然后将蒸好的辅料倒在操作场一端。

（二）西凤酒生产工艺

1. 工艺流程

西凤酒生产工艺流程见图 8-7。

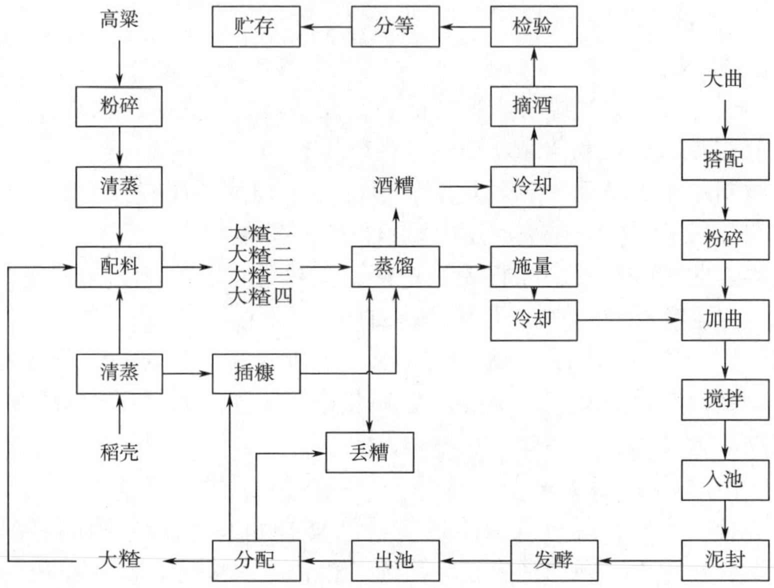

图 8-7　西凤酒生产工艺流程

2. 生产工艺过程分类

风型酒的生产工艺分立窖、破窖、顶窖、圆窖、插窖、挑窖六个阶段。

（1）立窖　即第一轮生产，窖池经过维修，糊上新泥，进行第一轮生产。特点是首轮发酵生产，只有三甑大茬，没有插糠（回茬）、酒糟，不出酒。

（2）破窖　第一次出酒的过程，特点是：只入池四甑大茬，没有插糠（回茬）、第二轮发酵，首次出酒，不出酒糟。立窖酒醅经过一轮发酵以后，淀粉被微生物充分利用，产生了乙醇，破窖就是将第一次发酵的酒醅挖出，再续粮生产的过程。

（3）顶窖　将入池四甑茬醅变为五甑的过程。特点是入池四甑大茬，一甑插糠（回茬），第三轮发酵，第二次出酒，没有丢糟。这是第三个发酵期，即第三排。破窖酒醅经过一轮发酵后，酒醅经过发酵已经不足四甑，挖出酒醅，取约 1/4 酒醅，放在一边，不加粮，只加辅料，留作回茬。剩余 3/4 酒醅续入新粮和辅料（稻壳），继续变成四甑茬醅，进行混蒸混烧，蒸馏完酒以后，将酒收集成 65%vol（酒精度），然后检验分等入库储存，顶窖酒比较特殊，要单独存放，作为重要调味酒。蒸完酒以后要继续大汽蒸馏约 1h，使粮粒蒸透。在晾床上操作同立窖操作，蒸馏时先蒸馏大茬，依次入池，逐层踩平，最后再蒸馏插糠（回茬)。在大茬最上面的一层表面，顺窖池方向放上两根木棍，与放在最上层的插糠（回茬）区分，最后封泥、盖窖板。此轮入池时，只有五甑茬醅，故没有丢糟。

（4）圆窖　指第四轮发酵过程。特点是：正常发酵阶段，入池四甑大茬，一甑插糠（回茬)，蒸馏后丢掉一甑酒糟。一个窖池操作，要蒸馏六甑工作量。第三轮发酵后，窖池内已经有五甑茬醅，四甑大茬和一甑插糠（回茬)，由于插糠（回茬）在最上面，先挖出，加辅料混合均匀蒸馏后将糟醅丢掉作为酒糟。剩余四甑酒醅先挖出约 1/4，加入辅料，堆在一边，准备作为插糠。剩余 3/4 大茬酒醅，加入新粮和辅料，变成四甑大茬酒醅，蒸馏、蒸煮糊化，蒸完酒以后，再蒸约 1h，将粮蒸透。第一甑，蒸发酵后的回茬，蒸完酒扔掉酒糟。第二至第五甑为大茬，将大茬在晾床上操作完成后，依次入池，踩平，第四甑大茬上面放上隔离木棍以示区分，最后，蒸插糠（本轮回茬)，蒸完后，在晾床上操作，加曲入池放在最上面，踩平，封泥，盖上窖板。晾床操作和馏酒办法同破窖。

（5）插窖　当气温等条件不适于酿酒或到了一个生产周期后，约在来年的 5 月份，开始考虑结束本年度生产。这是因为经过近一年的生产，窖底和窖壁的窖泥中己酸菌、乳酸菌大量繁殖，造成凤型新产酒中己酸乙酯和乳酸乙酯的含量大大增加，超过了凤型酒的限值，必须铲掉老窖泥，敷上新泥，以保持西凤酒的特点。插窖的特点是倒数第二排生产，不投入粮食，只蒸馏取酒，然后经过晾床操作，加上大曲，进行最后一轮发酵。

（6）挑窖　最后一轮生产。插窖酒醅经过一轮发酵后，挖出后和辅料混合均匀，装甑蒸馏完酒后，将糟醅全部扔掉，不再有入池操作。特点：最后一轮生产过程，只蒸馏酒，不加粮，不加曲，只加辅料，没有晾床操作。

3. 配料

配料是酿酒操作的关键环节，主要控制淀粉浓度、酸度，淀粉浓度最为重要。配料时，要确定好粮醅比，一般为 1∶（4.5～5），入池淀粉以 16%～18% 为宜。

4. 蒸馏

装甑要求：装饭操作要做到轻、松、薄、匀、缓，蒸汽“两小一大”，材料“两干一湿”。两干一湿是指装甑打底时，可适当多加稻壳，此后可少加稻壳，到收口时，可多加一些稻壳。蒸汽阀门在开始时要开小一些，中间酒醅在甑内有一定的厚度，这时要适当开大，到收口时，蒸汽已基本透过甑内酒醅，这时，关小蒸汽阀门，盖上甑盖后进行缓火蒸馏。

5. 入库

运酒车通常是在平板车上卧放体积为 450kg 的柱形不锈钢容器，在上侧面正中间设有直径 35～40cm 的圆形口，上有密封盖板。传统的凤型酒生产，拉酒车是一个平板车，上面放置的是卧式小酒海，一侧上面开有进酒口。小酒海的结构是荆条酒笼结构，做法和酒海制作法相同。

酒醅蒸馏结束后，立即去掉连接甑锅与冷凝器的天排，开大蒸汽蒸煮糊化约1h，到时间后用行车将甑锅整体提起，提升到晾床一端上方，打开甑底一边箅子，使一半酒醅掉在晾床一端，另一半在另外一边上方打开放下。然后将甑锅提升到配料场边上，卡好甑底篮子。

在晾床上提完开量（水）后，往底锅内注入自来水至规定量，轻微开启蒸汽阀门，将甑锅放置在底锅上，在锅内撒上稻壳，又一次开始装甑。

大汽排酸的重要性：俗话说“烧酒没法，蒸到细插”。酒醅经过一个多月的发酵，产生了许多副产品如酸、醛、醇、酯等，在蒸馏过程中好多东西因为甑锅压力和温度的原因不能被分离，这些物质有许多是阻碍大曲中微生物发酵的因子，通过大汽蒸煮，可以使一些对发酵不利的物质排出，从而有利于微生物生长，另外延长蒸煮糊化时间本身也可以促使微生物很快生长和繁殖，所以，有经验的酿酒技师都选择大汽排酸。通过排酸，使酒醅酸度适宜，促进微生物发酵。

6. 晾床操作

酒醅倒在晾床上以后，按照工艺要求用量桶提取底锅内的开量（水），倒在晾床上的酒醅堆上，然后，四名晾床操作工各站一角，用铁锨将酒醅散开，特别要将紧邻晾床箅子的结块酒醅翻起来，然后开启鼓风机鼓风冷却，搅拌机往复搅拌一遍，温度符合要求的25~35℃时，关闭搅拌机和鼓风机，用簸箕将备好的大曲粉按照用量要求加在散开的酒醅中，尽可能将大曲粉撒匀，然后再开启搅拌机搅拌一遍，搅匀后四个人各站一角，按照两堆和一堆的操作办法将酒醅收为两堆，然后再合收为一堆。车间化验员测试将入池的酒醅温度并取样后，用行车将酒醅移入窖池中，按层铲平踩实。

7. 封窖发酵

酒醅入池后，必须封窖。西凤酒生产要求必须用窖泥封窖。

（1）土为当地的黄黏土，土质细腻，颜色一致，白中带黄，不得含有沙子和杂质。

（2）窖泥含水量43%~45%。

（3）可以适当加一些铡过的麦草，长度不大于1.5cm。

（4）泥封厚度不小于31cm。

（5）上泥前，要在酒醅上面撒上1cm厚的稻壳，封好后，表面要抹光滑，不能有缝隙。

七、米香型白酒生产工艺

米香型白酒以广西三花酒为代表。其风味质量要求是蜜香清雅、入口绵柔、落口爽净、口味怡畅。香气成分乳酸乙酯和乙酸乙酯含量最多，前者又多于后者，并含有较多量的高级醇和β-苯乙醇。其酿酒工艺特点是以大米为原料，小曲固态堆积先行培菌糖化后，加水进行半固态发酵、蒸馏。

三花酒得名于通过摇动酒液观察起泡的多少及持泡时间长短来鉴定其质量的方法。“起泡多、香花（泡）细、堆花久”称为三花，或视起泡有大、中、小三层为三花。

三花酒采用漓江上游水为酿造用水，使用陶缸培菌糖化后，再发酵 5~7d，然后蒸酒。原酒贮存于象鼻山岩洞中。

（1）浸米、蒸煮

①浸米：大米浸泡 20min 后，用清水淋洗干净并沥干。

②蒸煮：大米入甑，待圆汽后在常压下初蒸 15~20min。然后第 1 次泼入为大米量约 60%的热水，并上下翻倒几次，上盖待圆汽后再蒸 15~20min。再进行第 2 次泼水，水量为大米的 40%左右。翻匀、加盖上汽后再蒸 20min。要求饭粒熟而不黏，出饭率应夏天低冬天高。粳质米要求扬冷后的出饭率为 215%~240%，饭粒含水量为 60%~63%。

（2）扬冷、拌曲　将米饭打散、扬冷后，即可拌曲。加曲条件如表 8-19 所示。

表 8-19　加曲条件

室温 /℃	加曲温度 /℃	原料用曲量 /%
10 以下	38~40	1.5
15~20	34~36	1.2
20~25	31~33	1.0
25 以上	28~31	0.8

（3）入缸固态培菌糖化　每缸投入米饭量折合大米为 15~20kg，饭层厚度为 10~13cm，须夏薄冬厚。在饭层中央挖一个呈喇叭形的穴，以利于通气及平衡品温。待品温下降至 32~34℃时，用簸箕加盖，并根据气温做好保温或降温工作。

通常在入缸后，夏天为 5~8h、冬天为 10~12h，品温开始上升。夏天经 16~20h，品温升至 38~42℃，冬天需 24~26h 才升至 34~37℃。这时可闻到香味，饭层高度下降，并有糖化液流入穴内。糖化率达 70%~80%，这时应立即加水。若过早加水，则由于酶系形成不充分，会影响出酒率。如果延长培菌糖化时间，则出酒率也较低，且成品酒酸度过高而风味差。

（4）半固态发酵　培菌糖化后，根据室温、品温及水温，加入为原料量 120%~125%的水，使品温为 34~37℃。在正常情况下，加水拌匀后的酒醅其糖分为 9%~10%，总酸不超过 0.7，酒精体积分数为 2%~3%。然后，每个饭缸转入 2 个醅缸，用塑料布封口，并做好保温或降温工作。发酵期为 5~7d。成熟醅的酒精含量为12%vol，总酸0.8~1.2g/L，残糖在0.5%以下。

（5）蒸馏　成熟酒醅转入蒸馏锅或蒸馏釜，再加入上一锅的酒头和酒尾。上盖，封好锅边，连接过汽筒及冷却器后，开始蒸馏。火力要均匀，以免焦醅或跑糟，影响品质。冷却器上面的水温不能超过55℃。先摘除酒头0.5~2.5kg。如果酒头呈黄色并有焦气和杂味等现象时，应将酒头接至合格为止。再接中酒，待混合酒精含量为58%时，接为酒尾。

（6）存储　合格原酒储存于缸内，封好缸口后，存一年以上，再化验，老酒勾兑后出厂。

任务六　蒸馏

蒸馏是利用组分挥发性的不同，分离液态混合物的单元操作。把液态混合物或固态发酵酒醅加热，使液体沸腾，生成的蒸汽中比原来混合物中含有更多的易挥发组分，在剩余混合物中含有较多的难挥发组分，因此可使原来混合物的组分得到部分或完全分离，生成的蒸汽经冷凝而成液体。蒸馏的方法很多，主要有简单蒸馏和精馏等。在白酒生产中将酒精和其伴生的香味成分从固态发酵酒醅或液态发酵醪中分离浓缩，得到白酒所需要的含有众多微量香味成分及酒精的单元操作，称为蒸馏，它属于简单蒸馏。白酒蒸馏方法分为固态发酵法蒸馏、液态发酵醪蒸馏法及固-液结合串香蒸馏法。

一、固态发酵法蒸馏

1. 甑桶蒸馏的特点及作用

在传统的固态发酵法白酒生产中，发酵成熟的酒醅采用甑桶蒸馏而得白酒。甑桶是一个上口直径约2m，底口直径约1.8m，高1m左右的锥台形蒸馏器。用多孔箅子相隔下部加热器，上部活动盖与冷却器相接。甑桶是一种不同于世界上其他酒蒸馏器的独特蒸馏设备，是根据固态发酵酒醅这一特性而设计发明的。自白酒问世以来，千百年来一直沿用着甑桶这一蒸馏设备。中华人民共和国成立后，随着生产量的大幅度增长及技术改造，甑桶由小变大，材质由木材改为钢筋水泥或不锈钢，冷却器由天锅改成直管式，这些改变提高了冷却效率。但间隙式人工装甑的基本操作要点仍然不变，连续进料及排料的机械化生产至今尚不成功。

酒精蒸馏的原理是，将含酒精的发酵醪连续向塔内加入，在恒定的蒸汽加热条件下，各层塔板的酒精浓度也是恒定的，各种杂质在一定酒精浓度和温度下，根据不同的挥发系数，在各层塔板上也有特定的含量。

甑桶蒸馏可以认为是一个特殊的填料塔。将含有60%水分以及酒精和数量众多的微量香味成分的固态发酵酒醅，通过人工装甑逐渐形成甑内的填料层。在蒸汽不断加热的情况下，甑内酒醅温度不断升高，下层醅料的可挥发组分浓度逐层变小，上层醅料的可挥发组分浓度逐层变高，这可使存在于酒醅中的酒精及香味成分经过汽化、冷凝、汽化，如此反复多次，而达到多组分浓缩、提取的目的。少量难挥发成分也同时带出并蒸入酒中。

甑桶蒸馏的作用主要有以下几点。

（1）将含酒精4%左右的发酵酒醅分离浓缩成含酒精55%~65%的高度白酒。在混蒸混烧工艺中，在蒸酒的同时，甑桶还担负着新投粮食的淀粉糊化作用。

（2）将发酵酒醅中存在的微生物代谢副产物，即数量众多的微量香气成分，有效地浓缩提取到成品酒中。

（3）存在于发酵酒醅中的某些微生物代谢产物，在蒸馏过程中会进一步进行化学反应，产生新的物质，即通常所说的蒸馏热变作用。

（4）对发酵酒醅进行消毒杀菌，用于下排入窖配料。

在名、优白酒生产中，蒸馏分级截酒是勾兑工作的起始基础，有人称之为“第一勾兑员”。

2. 甑桶蒸馏操作

（1）装甑前的准备　检查底锅水是否洁净。若用煤灶直接烧火加热，则要及时更换底锅水，清除悬浮物，水位应和甑箅子保持50~60cm的距离。若距离太近或底锅水溶解有较多的酒醅中的成分，则蒸馏时容易产生泡沫，导致“淤锅”事故。目前虽大多采用蒸汽加热，但最好还是在甑锅底放一定量的水，使进入底锅的蒸汽加热沸腾。经验证明，这样可避免因蒸汽不纯带入的杂味，并且蒸汽上升也比较均匀，然后铺好甑箅准备装甑。

将出窖发酵酒醅运送至甑的附近，根据不同酿酒工艺、楂别进行混合配料。如老五甑混烧法则在大、二、三楂中分别按配料要求，将新投粮食、辅料用铁锨充分拌匀成堆，每堆面上薄撒一层辅料覆盖，并堆放在场地上，然后分甑蒸馏。若采用清蒸混入或清蒸清烧法，则原料另行蒸煮糊化，将出窖发酵酒醅和辅料混匀堆放于场地上，再分甑蒸馏。拌料操作要求除了醅料混匀外，还要随时用铁锨和扫帚消除疙瘩。混合醅料应松散无结块现象，以利装甑。

（2）装甑　先在底锅箅子上撒一薄层辅料，打开蒸汽阀门。然后用簸箕、木锨或铁锨等装甑工具将上述混合醅料逐层铺撒入甑内，见汽盖料，即待甑内醅料表面呈现白色雾状酒汽时，迅速而准确地盖撒上一薄层醅料，要撒得准、轻、松、平，使酒汽上得齐、不压汽、不跑汽。可以使甑边醅料稍高于甑中间部分。甑内醅料由下而上直至装平甑口，放好醅墙后，立即将甑盖盖好，安装上过汽管，并连接冷凝器，打开冷却水，放置接酒容器。

（3）蒸酒　开始时有一股不凝结的气体排出，随后流酒。整个蒸酒过程的进汽量，必须以缓慢蒸馏的原则控制，使流酒速度均衡地保持在 2.5kg/min 左右。酒温要求在30℃以下。初馏部分 0.5～1kg 作为酒头，摘取后单独存放入库中作勾兑调香酒用。中馏酒也可按不同香型酒及各厂的实际情况分段摘取。在实际生产操作中，通过看酒花来掌握蒸酒过程中酒精浓度的变化。在“小清花”过后的一瞬间酒花消失，过花后所流的酒均为酒尾。这样所摘的中馏酒混合样的酒精浓度在65%左右。摘取的酒尾对不同香型酒有不同的要求。浓香型及清香型白酒摘酒的酒精浓度要高些，以减少乳酸乙酯进入酒中。酱香型及芝麻香型白酒的摘酒的酒精浓度则较低，以增加高沸点香气成分流入酒内。蒸酒时间依楂别等因素的不同而不同，一般在 20min 左右。当开始流酒尾时，可开大蒸汽量。追尽酒尾后，蒸馏结束。以老五甑混蒸法操作时，在去除甑盖后可继续敞盖蒸醅 10min，以保证粮食蒸透，达到熟而不黏、内无生心的要求。

3. 甑桶蒸馏的几个技术问题

（1）蒸馏条件对白酒生产的影响　甑桶间隙蒸馏这一特殊形式，是将发酵成熟的固态酒醅作为被蒸物料，同时它又是浓缩酒精以及香气成分的填料层。蒸馏时，加热水蒸气和酒醅不断进行冷热交换，使酒醅中的酒精及香气成分挥发。随着甑内醅料层逐渐加厚，酒汽自下而上缓缓上升，挥发性物质的浓度也逐层提高。最后酒汽经冷却可得到白酒。装甑技术、醅料松散程度、蒸汽量大小及均衡供汽、分楂量质摘酒等蒸馏条件是影响蒸馏得率及产品质量的关键因素。

①装甑技术的影响：人们在长期生产实践中，总结了装甑操作的技术要点是“松、轻、准、薄、匀、平”六字。即醅料要疏松，装甑动作要轻巧，撒料要准确，醅料每次撒得要薄、均匀，甑内酒汽上升要均匀，酒醅料层由下而上在甑内要保持平面。

由于装甑技术及蒸汽量不同，同样的酒醅却可使蒸馏效率相差 10%以上。蒸馏效率低的白酒不仅出酒率低，质量也不好，俗称丰产不丰收。装甑技术对出酒率和成品酒质量的影响如表 8-20 所示。

表 8-20　装甑技术对出酒率和成品酒质量的影响

操作者	酒醅质量/kg	酒精含量/%	成品酒质量/kg	尾酒		成品酒中各成分含量/（mg/100mL）			
				质量/kg	酒精含量/%	总酯	总酸	总醛	挥发酸
甲	1125	3.8	55	16	9.2	0.3978	0.1067	0.0419	0.0822
乙	1125	3.8	43.5	19	11.4	0.3731	0.1056	0.0444	0.0742

②缓火蒸馏与大汽蒸馏对浓香型白酒质量的影响：取同一个酒窖出窖的酒醅，对两甑楂子酒醅混拌均匀后，可将其分成两甑材料。第 1 甑按正常蒸汽压力蒸馏，流酒速度控制在 5.6～8.6kg/min，第 2 甑按缓火蒸馏，流酒速度控制在 2.5～3kg/min。每甑均接前馏分 30kg，结果如表 8-21 所示。

表 8-21　　大汽蒸馏与缓火蒸馏对比结果*　　单位：g/L

呈味物质	大汽蒸馏流速 5.6~8.6kg/min，每甑接酒 30kg（5 次平均值）	缓火蒸馏流速 2.5~3.0kg/min，每甑接酒 30kg（5 次平均值）
乙醛	0.575	0.685
甲醇	—	—
乙酸乙酯	3.271	3.089
正丙醇	0.542	0.482
仲丁醇	0.304	0.111
乙缩醛	2.163	1.902
异丁醇	0.367	0.544
正丁醇	0.720	0.586
丁酸乙酯	0.683	0.610
异戊醇	0.649	0.524
乳酸乙酯	3.107	2.138
正己醇	0.062	0.070
己酸乙酯	2.664	3.217

注：均折算为酒精含量 60%。

其中一次为第 1 甑大汽蒸馏，流酒速度 8.6kg/min，己酸乙酯为 2.664g/L，第 2 甑缓火蒸馏，流酒速度 2.9kg/min，己酸乙酯为 3.217g/L。从表 8-21 还可见，缓火蒸馏的较合适，乳酸乙酯与己酸乙酯的比例为 0.66：1，口感甘洌爽口，而大汽蒸馏的乳酸乙酯与己酸乙酯的比例为 1.17：1，口感发闷，放香不足。试验证实了缓火蒸馏的重要性。慢火与快火蒸馏对高级脂肪酸乙酯的影响如表 8-22 所示。从低度酒生产角度看，慢火比快火蒸馏更好。

表 8-22　　三种高级脂肪酸乙酯在不同蒸馏操作中的变化　　单位：mg/100mL

蒸馏方式	组分	时间/min							
		0	5	10	15	20	25	30	合计
快火蒸馏	棕榈酸乙酯	14.16	1.44	2.13	3.54	84.50	—	—	105.77
	油酸乙酯	6.53	0.38	0.63	1.35	38.50	—	—	47.39
	亚油酸乙酯	16.00	1.04	1.48	2.94	84.03	—	—	105.49
慢火蒸馏	棕榈酸乙酯	12.00	0.52	0.41	0.54	1.37	2.23	34.63	51.70
	油酸乙酯	6.13	—	—	—	0.41	0.67	12.76	19.97
	亚油酸乙酯	14.12	—	—	—	1.06	1.62	35.03	51.83

（2）酒花与酒精含量的关系　看花摘酒是老师傅掌握白酒蒸馏过程中酒精度高低的传统技艺，一直沿用至今。在盛酒容器中剧烈摇动白酒时，或当酒醅蒸馏过程中用锡制小杯盛接蒸馏液，冲于小杯中时，在酒液表面会形成一层泡沫，俗称酒花。根据酒花的形状、大小、持续时间，可判断酒液中酒精的高低。在蒸馏时，茅台酒分鱼眼花、堆花、满花、碎米花、圈花。其中满花相当于出厂酒的酒精度标准。广西壮族自治区桂林酒厂产的三花酒，以前以观花定酒质。首先要堆花细，堆起的大小酒花分为三个层次逐次消失，俗称“堆三花”，其次留花时间要长。历史上，该厂采用将酒三次回锅复蒸的办法制作该酒，三花酒名就此沿袭下来。

看花量度是基于各种浓度的酒精和水的混合溶液，在一定的压力和温度下，其表面张力不同的原理。因此，在摇动酒瓶或冲击酒液时，在溶液表面形成的泡沫大小、持留时间也不同。以此便可估计出酒液的酒精含量。在大部分酒厂蒸馏时，看花可分为下列 5 种，经实际测定，其相应的酒精浓度及酒汽冷却前的温度如下所述。

①大清花：花大如黄豆，整齐一致，清亮透明，消失极快。酒精浓度在 65%~82%，以 76.5%~82%时最为明显。酒汽温度为 80~83℃。

②小清花：酒花大如绿豆，清亮透明，消失速度慢于大清花。酒精浓度在 58%~63%，以 58%~59%最为明显。酒汽温度 90℃。小清花之后的馏分是酒尾部分。至小清花为止的摘酒方法称为过花摘酒。

③云花：花大如米粒，互相重叠（可重叠二、三层，厚近 1cm），布满液面，存留时间较久，约 2s。酒精浓度在 46%时最明显。酒汽温度约 93℃。

④二花：又称小花，形似云花，大小不一。大者如大米，小者如小米，存留液面时间与云花相似，酒精浓度为 10%~20%。

⑤油花：花大如 1/4 小米粒，布满液面，纯系油珠，酒精浓度为 4%~5%时最为明显。

酒花的变化也可反映装甑技术的优劣。若装甑好，则流酒时酒花利落，过花前大清花较大，大小一致，与小清花区别明显，过花后酒精浓度降低快、酒尾短。反之，装甑技术差，便会出现大清花与小清花相混不清，花大小不一，酒尾拖得很长的现象。

（3）分段摘酒　所谓摘酒，就是在流酒时，随着流酒温度不断升高，流酒时间逐渐增长，酒精浓度则由高浓度逐渐趋向低浓度变化，按照质量要求选择中高浓度的酒精，把中高浓度与低浓度酒精分离开的一种工艺操作过程。

①摘酒方法：在盖盘数分钟后，酒精蒸气经冷凝而流出酒来。流酒时，要调整好火力，做到“缓火流酒”，流酒速度以 3~5kg/min 为宜。刚流出来的酒，称为酒头。因酒头含有低沸点的物质多，如硫化氢、醛类等，故一般应除去酒头 0.25~0.5kg，贮存另作他用。流酒温度也要控制好，一般要求流酒温度在 30℃

左右，称为“中温流酒”。

传统工艺操作上是“断花”摘酒。“花”此处是指水，酒精由于表面张力的作用而溅起的泡沫，通常称为“水花”“酒花”等。

酒精产生的泡沫，由于张力小而容易消散，随着蒸馏温度的升高，酒精浓度逐渐降低，酒精产生泡沫（酒花）的消散速度不断减慢。这时，混溶于酒精中的水含量逐渐增多，因为水的相对密度大于酒精，张力大，水泡沫（水花）的消散速度慢。因此，在操作上，工人把酒花与水花消散速度的变化作为鉴别酒精浓度的依据来进行摘酒。上述摘酒方法，工艺上称为“断花摘酒”。

不同厂家对入库酒的酒精浓度有不同的要求，多数厂家要求酒精体积分数必须在63%以上方能入库。因此在生产上，摘酒时应把63%以上的酒精浓度作为摘酒的标准。不够入库标准的部分作为酒尾处理。

②量质分段摘酒：一甑糟醅在蒸馏过程中，大致分为四个不同的馏分段。

第一馏分段：流酒后，约5min，该段酒的酒精体积分数在70%以上。最初流出的0. 5kg作为酒头另装，其余部分的酒，其显著的特点是酒精浓度高、总酯含量高。口感尝评：香气浓郁，酒质好。

第二馏分段：在流酒以后15~20min流出的酒为第二馏分段的酒，其酒精体积分数在60%~70%，约占总量的2/3。其特点是酒精浓度高，总酯含量较高。口感尝评：香气浓而醇正，诸味谐调。

第三馏分段：第二段流酒后3~5min流出的部分，其酒精浓度在50%~60%。其特点是酒精浓度明显下降；口感有香气，但不浓、不香，味寡淡，酸含量上升。

第四馏分段：该段酒的酒精体积分数在50%以下。最后酒精浓度更低的部分则纯粹是酒尾了。

作为半成品的酒，要求酒精浓度高，酒质好。因此在流酒摘酒时，一般摘取第一馏分段与第二馏分段的酒，装坛。其余部分的酒，也用坛另装。酒尾部分倒入底锅再次蒸馏取酒。这种按不同馏分段取酒的方法，工艺上称为量质摘酒或分段摘酒。在浓香型大曲酒生产中，在蒸馏取酒时一定要把一甑糟醅中蒸馏出来的最优部分摘取出来单独存放，以便提高产品合格率。

（4）甑边效应及减少酒损的措施　固态发酵酒醅在装甑过程中，可以发现酒汽经常由甑边率先穿出醅料层，然后再向甑中心区扩展。见汽撒料的结果是甑边料层高于中心区，形成凹状的表面料层，有人将此现象称之为甑边效应或边界效应。这一物理现象不仅出现在白酒蒸馏的甑边固-固界面上，而且发生在固-液界面上。如液态发酵罐内产生的CO_2气体，沿罐壁或冷却管壁上升，较从醪液中溢出更为容易。固态发酵法白酒的甑边效应，意味着在甑内醅料层存在上汽的不均匀性。尤其当蒸馏甑的结构、连接不合理或设备不保温等因素存在时，更会影响蒸馏效率。某厂蒸馏设备为金属甑体，过汽筒及甑盖，可移动的甑体与甑盖，甑盖与冷凝器的连接均采用水封式。经测定，在甑体与甑盖的水封槽中的水液，蒸酒后含酒精最高可达2%，平均为0.5%。每蒸一甑，过汽筒酒损0.68kg，甑盖酒损2.08kg。为了减少这部分的酒损，采取下列措施，获得了较好的成效。

①甑箅汽孔采用不同的孔密度承托固态发酵酒醅和通蒸汽的钢板汽孔，孔密度由边缘区域向中心递减，以促使甑桶平面上各区域酒醅加热上汽趋向一致。

②对金属材料的甑体和甑盖采取保温措施。

③过汽筒连接甑口端应高于冷却器端，并向冷却器方向倾斜，以防止冷凝酒液倒流入甑内。

④曾经试验用双层甑桶，其间有5~10cm空隙。使一甑的料层厚度分为2层，以减轻酒醅自身压力，有利于上汽均匀流畅，减少窝汽短路现象，以提高蒸馏效率。

此外，还可设计加大甑边倾斜度，甑内壁可改成波纹状或锯齿状，甑可选凸形甑箅以及大直径矮甑桶等，以减轻甑边效应。

（5）蒸馏事故

①淤锅：即底锅水冲入甑内。若发生这种现象，就得停止蒸馏，将酒醅挖出，拌上辅料，再装甑蒸酒。发生淤锅事故损失很大。发生原因在于底锅水不净，未及时处理，漏入锅内糟醅，使水黏稠，产生泡沫上溢。

②坠甑：若在装甑时蒸汽骤降，造成酒醅逐渐下陷，称为坠甑。由于酒醅下坠，酒汽通路受阻，即使再恢复供汽，仍不免有局部压汽现象，导致酒精度低、酒尾很长的质量事故。

③打炮：即酒汽从甑盖与甑体连接处冲出。这是由于接口处用酒醅做的醅墙没打好，故甑内蒸汽压力大，从薄弱处吹开冲出。或在装甑时撒料不匀，上汽不匀，装成偏甑，酒汽从某一局部突然外冒。发生这种现象，除损失酒外，很可能直射到操作工人身上，造成工伤事故。

二、液态发酵醪蒸馏法

在我国南方广西、广东、湖南等地的传统白酒中，有一类以小曲为糖化发酵剂进行液体发酵与蒸馏的产品。其中以广西三花酒、广东米酒和玉冰烧酒为典型，风格质量独具一格。中华人民共和国成立初期此类酒产量小，一般都将发酵醪盛于锅中用直火蒸馏，掌握不当就会产生焦苦味并带入酒中。随着产量提高，生产技术的发展，至今已全部改用蒸汽加热。其蒸馏方法与日本产的烧酎颇相似。

1. 蒸馏操作

以三花酒为例，将发酵成熟醪用汽液输送方式压入待蒸的醪液池中，再用泵打入釜式蒸馏锅内，使用间接蒸汽加热，常压蒸馏。釜的大小可根据生产规模设置，材质以不锈钢为好。成熟发酵醪的要求为：酒精含量为 10%～12%（20℃计），总酸为 0.6～1.0g/100g，还原糖为 0.12g/100g 左右，总糖为 0.8g/100g 左右。

蒸馏操作要点如下所述。

（1）进醪前先检查蒸汽管路、水泵、阀门等是否正常。关闭排糟阀门，开启进醪阀门。

（2）用泵打入蒸馏锅中的成熟酒醪占锅体容积的 70%左右，以便于加热蒸馏时醪液对流，避免溢醪。

（3）开蒸汽进行蒸馏，初蒸时汽压不得超过 0.4MPa，流酒时保持 0.10～0.15MPa。在流酒期间，不能开直接蒸汽，只能开间接蒸汽加热蒸馏。

（4）初馏酒酒精浓度较高，香气浓，量摘酒头 5～7g，单独入库储存作勾兑调香酒。之后一直蒸馏至所需酒精浓度，在所需酒精浓度之后的酒尾，掺入下一锅发酵酒醪中再次蒸馏。

（5）蒸酒时汽压要保持均衡，切忌忽大忽小，流酒温度应在 35℃以下。

（6）在酒尾接至含酒精 2%后，即可出锅排糟。排糟前必须先开启锅上部的排汽阀门，然后缓慢地开启排糟阀，以避免急速排糟，使锅内外压力不平衡，导致锅内产生负压而出现吸扁过汽筒和冷却器的现象。

（7）根据水质硬度和使用情况，应定期对冷凝器进行酸洗，去除结垢，以提高冷凝效率和节约用水。

2. 蒸馏原理

（1）酒精水溶液的蒸馏　液体混合物的蒸馏过程，是根据混合物内所含的各种液体具有不同的挥发性，即处在同一温度下具有不同的蒸气压力的原理而进行的。例如，酒精水溶液在任何温度下，其酒精的蒸气压总是比水蒸气压要大得多。所以蒸气中的酒精含量要比被蒸发的酒精水溶液中的含量多。

酒精和水的混合物沸点取决于它们在混合物中的数量比。在标准压力下，水的沸点为 100℃，纯无水酒精的沸点则为 78.3℃。随着酒精含量逐渐增高，被蒸馏液体的沸点可以接近于纯酒精的沸点，当酒精含量降低时，混合物的沸点可一直升高到完全除去酒精时的 100℃。

酒精和水混合物的酒精含量、沸点以及沸腾时在蒸气中的酒精含量之间的关系，对白酒蒸馏具有现实意义。为了理解白酒发酵成熟醪的蒸馏原理，现以含水酒精溶液的间接加热法为例加以说明。当然在实际生产中，发酵醪内还存在有除酒精以外的挥发性成分和固体物质等不挥发性成分，同时在蒸汽直接加热时，水蒸气冷凝成水而使醪液稀释等情况较为复杂些。

含 13%酒精的醪液加热时，在 91.1℃沸腾，此时蒸气中的酒精含量为 60.7%。蒸气中的酒精含量随液体中酒精含量的增加而增加。但是这种增加不是成比例的。不同浓度酒精水溶液蒸馏时在蒸气中的酒精含量列于表 8-23 中。

表 8-23　　液体及蒸气中的无水酒精含量　　单位：%（质量分数）

液体中的酒精含量	蒸气中的酒精含量	浓缩系数	液体中的酒精含量	蒸气中的酒精含量	浓缩系数
1.0	10.5	10.50	20	65.5	3.27
2.0	18.5	9.25	30	71.2	2.37
3.0	26.3	8.76	40	74.0	1.85
4.0	31.2	7.80	50	76.7	1.53
5.0	36.0	7.20	60	78.9	1.32
6.0	39.8	6.63	70	81.7	1.16
7.0	43.3	6.18	80	85.5	1.07
8.0	46.3	5.78	90	91.2	1.01
9.0	40.2	4.47	95.57	95.57	1.0
10.0	51.6	5.16			

（2）分凝　分凝就是利用蒸气的冷却和部分凝聚作用，将蒸气分成浓度较低的液体部分（回流）和浓度较高的蒸气部分。前者在操作过程中又回到蒸馏罐内，而后者则导入冷凝器中。冷凝器将所有进入的蒸气全部冷凝，而分凝器根据温度的控制只冷凝进入其中的部分蒸气，并将它作为回流液而流回蒸馏罐。其余蒸气则进入冷凝器，冷却成含酒精的液体。

采用罐式蒸馏时，可以看到蒸馏开始时，由于发酵醪的酒精含量较高，蒸馏液的酒精含量也高。随着蒸馏时间的延长，蒸馏液的酒精含量也随着被蒸醪液的酒精含量降低而逐渐下降。为了取得含酒精 60%~65%的混合馏液，从分凝器流回罐内的回流量也必然越来越多。这不仅使蒸气耗量增大，蒸馏效率降低，而且也使一些水溶性强的物质，如乳酸及乳酸乙酯等香味成分不能被蒸入酒中，这是罐式蒸馏的一大缺陷。采用单塔蒸馏时，回流液流入塔的上部浓缩段，上述现象要比罐式蒸馏改善很多，但仍不能提高乳酸及乳酸乙酯的提取效率。适宜的回流比与成品酒的风味质量和蒸馏效率都有关系。

（3）高级醇等成分的蒸馏　白酒蒸馏时，初馏分（俗称酒头）中比酒精沸点高的高级醇类、乙酯类等香味成分含量甚多。了解这些成分在酒精水溶液中的挥发性能，对于理解这一现象是必要的。

酒精的挥发系数和其共存的香味成分的挥发系数是不同的。所谓挥发系数就是在达到平衡时，蒸气中酒精含量 Y_a（或香味成分 Y_n）与液体中酒精含量 X_a（或香味成分含量 X_n）之间的比例，如式（8-1）和式（8-2）所示。

酒精的挥发系数：　$K_a = Y_a : X_a$　（8-1）

香味成分的挥发系数：　$K_n = Y_n : X_n$　（8-2）

挥发系数说明了在一次蒸馏（罐式蒸馏）时，酒精或香味成分的浓缩率，因而也将其称为浓缩系数。表 8-24 所列浓缩系数的数值随沸腾的液体中酒精含量的增加而不断降低。各种香味成分又有其不同的挥发系数，同时随着沸腾液体中酒精含量的变化而变化。在酒精浓度低时，它们的挥发系数都大于 1，也就是说它们在蒸气中的含量比在沸腾混合物中的含量多。

表 8-24　　酒精含量及其香味成分的挥发系数

酒精含量/%	酒精的挥发系数（K_a）	香味成分的挥发系数（K_n）								
		异戊醇	异戊酸异戊酯	乙酸戊酯	异戊酸乙酯	异丁酸乙酯	乙酸乙酯	乙醛	乙酸甲酯	甲酸甲酯
10	5.10	—	—	—	—	—	29.0	—	—	—
15	4.10	—	—	—	—	—	21.5	—	—	—
20	3.31	5.63	—	—	—	—	18.0	—	—	—
25	2.68	5.55	—	—	—	—	15.2	—	—	—
30	2.31	3.00	—	—	—	—	12.6	—	—	—
35	2.02	2.45	—	—	—	—	10.5	—	12.5	—
40	1.80	1.92	—	—	—	—	8.6	—	10.5	—
45	1.63	1.50	—	3.5	—	—	7.1	4.5	9.0	—
50	1.50	1.20	—	2.8	—	—	5.8	4.3	7.9	—
55	1.39	0.98	1.80	2.2	—	—	4.9	4.15	7.0	12.0
60	1.30	0.80	1.30	1.7	2.3	4.2	4.3	4.0	6.4	10.4
65	1.23	0.65	1.05	1.4	1.9	2.9	3.9	3.9	5.6	9.4
70	1.17	0.54	1.82	1.1	1.7	2.3	3.6	3.8	5.4	8.5
75	1.12	0.44	1.65	0.9	1.5	1.8	3.2	3.7	5.0	7.8
80	1.08	0.34	1.50	0.8	1.3	1.4	2.9	3.6	4.6	7.2
85	1.05	0.32	1.40	0.7	1.1	1.2	2.7	3.5	4.3	6.5
90	1.02	0.30	1.35	0.6	0.9	1.1	2.4	3.4	4.1	5.8
95	1.004	0.23	1.30	0.55	0.8	0.95	2.1	3.3	3.8	5.1

引用比挥发度，可更为明显地表明香味成分的动态。比挥发度（K'）就是香味成分的挥发系数与酒精挥发系数之比，如式（8-3）所示。

$$K' = \frac{K_n}{K_a} = \frac{Y_n}{X_n} \div \frac{Y_a}{X_a} = \frac{Y_n \times X_a}{X_n \times Y_a} \tag{8-3}$$

当 $K'>1$，则蒸气中的香味成分便增多。因为在该情况下，香味成分比酒精更易挥发。当 $K'=1$，则蒸气中的香味成分既不增多又不减少。

当 $K'<1$，则香气成分在液体中积聚，蒸气中香气成分的含量比液体中的含量少。因为它们比酒精更难挥发。

某些高级醇成分的水溶液浓度和挥发性的关系如表 8-25 所示，这些成分在稀浓度时比酒精容易挥发。在含高级醇 0.05%及酯类 0.04%这样稀浓度的日本米制烧酒发酵醪中，蒸气中高级醇比酒精更易挥发。比酒精沸点高的酯类，在蒸馏时和高级醇具同一动向。因此，这些香味成分在初馏液中含量较多，沸点如表 8-26所示。

表 8-25　不同加水量时高级醇对酒精的比挥发度

高级醇	加水量/%（摩尔分数）	对酒精的比挥发度
异丙醇	96.5	1.64~1.54
	83.8	1.42~1.39
	60.6	1.09~1.03
正丙醇	95.2	1.31~1.22
	91.6	1.41~1.04
	77.0	0.83~0.68
异戊醇	95.6	2.17~1.89
	89.6	1.44~0.98
	75.6	0.78~0.60
正丁醇	96.2	1.64~1.37
	93.4	1.30~0.90
	86.2	0.75~0.57

表 8-26　白酒发酵醪液中的主要挥发性成分及其沸点

种类	沸点/℃	种类	沸点/℃	种类	沸点/℃
乙醛	21	异丁醇	107.9	乙缩醛	102
甲醇	64.7	苯乙醇	220	糠醛	162
乙醇	77.1	乙酸乙酯	77.1	乙酸	118.1
正丙醇	37.2	乳酸乙酯	154	乳酸	122
异戊醇	130	己酸乙酯	167	己酸	205

（4）水不溶性高沸点成分的蒸馏　白酒发酵醪蒸馏时，后馏分中有苯乙醇、糠醛等高沸点成分，初馏分中有棕榈酸乙酯、油酸乙酯及亚油酸乙酯等高沸点成分被蒸出。这些高沸点香味成分和水为不互溶液体。不互溶液体混合物在蒸馏时与互溶液体混合物所表现的情形不同，不互溶液体互相间的影响很小。

基于上述理由，与水难溶的高沸点成分的沸点下降了。发酵醪在直接或间接蒸汽加热的蒸馏情况下，它们能在比较低的温度下被蒸入酒中。

三、固-液结合的串香蒸馏法

董酒生产的传统工艺是采用固态长期发酵，然后将小曲酒放置于底锅加热，酒蒸气经固态发酵酒醅串蒸得白酒。20 世纪 60 年代中期，将其引用到酒精串蒸固态发酵香醅制成新工艺白酒，开创了固-液结合的生产工艺，解决了液态发酵法生产白酒的质量风味关键问题，发展至今已成为生产白酒的主要方法之一。串香工艺既能生产名酒又能生产普通级的白酒。串香酒的质量决定于酒精的提纯和固态发酵香醅的质量以及必要的蒸馏条件。对于串香过程中的酒损，王献炬、王敬新研究的 JBZ-A 型白酒薄层串蒸馏，采用了酒精直接汽化后与生产蒸气混合进行串蒸的方法，从而可以调整和控制串蒸酒精蒸气的浓度，实施恒压串蒸，以达到最佳的蒸馏效果，使酒损降低到 1%以下，并且可减少固态酒醅用量一半以上。串香蒸馏应当被视作一项在总结传统工艺基础上发展起来的先进技术，它体现了产酒和产香为主的分工发酵及蒸馏合一的特点。产酒采用了生产效率高的液态发酵法生产酒精，可取用多种原料排杂提纯，再经产香为主的固态发酵酒醅，两者经串蒸而得白酒。

串蒸酒由于有固态香醅作为填充层，因此在蒸馏过程中，在一段相当长的时间内酒精含量在 72%左右，酒汽温度为 88℃左右，在此期间蒸入酒中的酸、酯含量也较平稳。酯在酒头及酒尾中均多，结合柱层析的结果，酒头中主要是乙酸乙酯，酒尾中主要是乳酸乙酯。

对串蒸及浸蒸酒的柱层析定量结果，如表 8-27、表 8-28 所示。

表 8-27　　大曲香醅酒层析分离结果

样品名称	项目	常规总酸/(g/100mL)	层析结果							
			总酸		甲酸	乙酸	丙酸	丁酸	乳酸	合计
			以乙酸计/(g/100mL)	回收						
串蒸酒	游离酸	0.074	0.066	89%	微量	91.9% (0.06)	—	微量	7.17% (0.0063)	0.0663

续表

样品名称	项目	常规总酸/(g/100mL)	层析结果							
			总酸		甲酸	乙酸	丙酸	丁酸	乳酸	合计
			以乙酸计/(g/100mL)	回收						
加水串蒸样品	游离酸	0.118	—	—	1.22%	93.7%	—	无	5.81%	—
串蒸酒	结合酸	0.0785	0.0782	99.5%	微量	54.7% (0.043)	—	1.22% (0.0013)	42.5% (0.0447)	0.089
浸蒸酒	结合酸	0.0393	—	—	—	68.1%	—	3.5%	32.4%	—
串蒸酒尾	结合酸	0.174	0.152	87%	无	6.5% (0.0099)	—	无	93.15% (0.19)	0.2

注：①总酸回收是样品经处理、柱层析后测得的量与常规分析总酸相比的百分比，均以乙酸 g/100mL 计，结合酸则以乙酸乙酯 g/100mL 计。

②各酸项中%为毫克的百分比，括号内之数为实测量 g/100mL。

③合计表示实测的各种酸的总量，以 g/100mL 酒样计，余同。

④“—”表示未检测，“无”表示没有检测到数值。

从上述酸酯成分分析结果可知，大曲香醅与黄黑曲生香酵母香醅在酸酯成分组成上无区别，在蒸馏过程中能蒸出带入酒中的主要是乙酸和乳酸及其酯类，与汾酒类似，属清香型。游离酸中乙酸占总酸的 80%~90%，乳酸占 10%左右，乙酸酯在大曲新工艺酒中占 60%左右，乳酸酯占 40%左右。在黄黑曲生香酵母酒中，乙酸酯占 40%左右，乳酸酯占 50%~60%，两种酒中均含有 1%~3%的丁酸酯及甲酸酯，酒尾中 93%以上为乳酸酯，并有 6%的乙酸酯。

表 8-28　　黄黑曲生香酵母香醅酒层析分离结果

样品名称	项目	常规总酸/(g/100mL)	层析结果							
			总酸		甲酸	乙酸	丙酸	丁酸	乳酸	合计
			乙酸/(g/100mL)	回收						
串蒸酒	游离酸	0.0837	—	—	微量	82.3%	—	微量	17.8%	—
浸蒸酒	游离酸	0.0397	—	—	—	—	—	—	—	—
串蒸酒	结合酸	0.0828	0.0823	99.5%	微量	34.1% (0.0286)	—	1.62% (0.0018)	65% (0.073)	0.103

续表

样品名称	项目	常规总酸/(g/100mL)	总酸		层析结果					
			乙酸/(g/100mL)	回收	甲酸	乙酸	丙酸	丁酸	乳酸	合计
浸蒸酒	结合酸	0.0429	0.0387	90%	微量	39.6%(0.0153)	—	3.72%(0.0019)	52.5%(0.0273)	0.0445

上述试验所用大生产的固态发酵香醅是以麸曲二锅头酒的底醅加高粱后，分别采用大曲及黄曲、黑曲加生香酵母为糖化发酵剂两种类型，老五甑续料发酵14d出池酒醅。窖池为水泥池。

1994年，在某浓香型大曲优质酒厂对串香工艺又做了测定。众所周知，浓香型发酵酒醅在窖内上中下及边和中心的质量不一致、蒸甑底锅蒸汽管过高，以及固态发酵酒醅取样均匀性有困难等客观因素会影响到试验的准确性，但所测得的一些数据仍有较大的参考价值。在生产实际中可以看到串香工艺的实用性。试验采用了第1甑酒醅按正常操作采用水蒸气蒸馏，第2甑在底锅加10kg酒精(经加水10kg稀释)，第3甑则在酒醅中洒加上述稀释后的10kg酒精。分别蒸馏后结果如表8-29~表8-32所示。

表8-29　各种蒸馏方法的产酒量　单位：kg（酒精含量65%）

蒸馏方法	产酒总量	成品酒量	酒尾量
第1甑正常蒸馏	40.73	29.68	11.05
第2甑串蒸	56.51	41.63	14.88
第3甑洒酒后蒸馏	79.79	62.53	17.26

表8-30　部分主要酸、酯的提取率

蒸馏方法	项目	己酸乙酯		乳酸乙酯		乙酸		己酸	
		蒸出量/g	提取率/%	蒸出量/g	提取率/%	蒸出量/g	提取率/%	蒸出量/g	提取率/%
第1甑正常蒸馏	酒中	129.0	63.00	71.6	6.44	7.2	2.77	24.9	5.50
	酒尾中	43.0	21.03	216.0	19.64	26.5	10.13	106.4	23.44
	总计	172.0	84.03	287.6	26.08	33.7	12.90	131.3	28.94
第2甑串蒸	酒中	144.7	69.22	102.6	5.64	7.3	1.10	2.4	0.28
	酒尾中	29.3	14.40	294.9	16.16	35.0	5.52	120.8	14.11
	总计	174.0	83.62	397.5	21.80	42.3	6.62	123.2	14.39

续表

蒸馏方法	项目	己酸乙酯		乳酸乙酯		乙酸		己酸	
		蒸出量/g	提取率/%	蒸出量/g	提取率/%	蒸出量/g	提取率/%	蒸出量/g	提取率/%
第3甑洒酒后蒸馏	酒中	169.8	74.02	147.8	11.94	41.4	2.22	12.7	1.48
	酒尾中	18.4	8.04	321.9	25.99	41.5	6.41	75.8	8.86
	总计	188.2	82.06	469.7	37.93	82.9	8.63	88.5	10.34

表 8-31　试验酒醅中部分主要酸、酯的含量　单位：g

蒸馏方法	己酸乙酯	乳酸乙酯	乙酸	己酸
第1甑正常蒸馏	204.7	1102.7	261.4	453.7
第2甑串蒸	208.0	1818.0	639.7	856.7
第3甑洒酒后蒸馏	229.3	1238.3	648.7	854.1

注：上述数据根据色谱分析酒醅中含量和生产实际使用量计算而得。

表 8-32　蒸馏试验酒对比品尝结果

编号	酒样类别	评语
1	优曲酒	窖香浓郁，味醇甜，后味较长，稍欠爽
2	普曲酒	闻有窖香，味较醇和，后味稍有苦涩感
3	二曲酒	闻香有乙酸乙酯香，味尚醇和，后味短
4	串香中流酒前馏分	窖香浓郁，味绵甜醇和，较谐调，尾净
5	洒酒后蒸馏的中流酒	窖香较浓郁，味较醇甜，香味较谐调，尾较净
6	串香中流酒后馏分	闻有窖香，味较醇甜，尾较净
7	串香前馏分	窖香浓郁，味醇甜，尾净

注：各酒样的酒精含量均为（55±1）%。

以上试验是用少量食用酒精，通过采用浓香型大糙出窖酒醅串蒸或洒酒蒸馏的方法，提高香气成分的提取率，在保证原有质量的前提下，增加出酒率，提高经济效益。这和大量使用食用酒精串蒸香醅的新工艺白酒生产有所不同。不论串蒸或洒酒蒸馏的酒，经品评其风味质量均在该厂二级品普通曲酒标准之上。其中有的馏分还可达到优级曲酒水平，经济效益显著。

从部分主要酸、酯的提取率结果分析：己酸乙酯在浓香型白酒中，其总提取率恒定在83%左右，其蒸出的绝对量在串蒸及洒酒后蒸馏的两个类型中增长不多。但关键在于常规蒸馏时，酒尾中的部分己酸乙酯进入到了串蒸或洒酒蒸的酒中去，提高了成品酒中的提取率，提取率由原来的63%分别提高到69.22%和74.02%。这可能与酒醅中的己酸乙酯含量有关。在蒸馏初始，己酸乙酯大量蒸出后，醅中己酸乙酯含量较少时，其蒸出困难度增大。它与乳酸乙酯有别，乳酸乙酯在酒醅中的含量比己酸乙酯大5.4~8.7倍。因此，在串蒸或洒酒后蒸馏时，其蒸出绝对量都呈增加的趋势。但提取率在洒酒蒸时增加，串蒸时反而有所下降。乙酸及己酸的提取率与对照不加食用酒精相比都呈下降趋势。

根据蒸馏查定的初步结果可以看出，存在于酒醅中含6个碳以下的低级脂肪酸乙酯提取率可在80%~95%，高级醇（异戊醇、异丁醇、正丙醇）提取率可达95%以上。唯独乳酸乙酯和各种酸类提取率甚低，这些是白酒中存在的含量大的主成分。当然其他一些含量更小的高沸点香气成分提取率很低。根据发酵酒醅质量，适量添加食用酒精串蒸是提高成品酒中香气成分提取率的有效措施，值得生产厂重视。

四、 固态法与液态法蒸馏的差异

液态壶式蒸馏是传统的白兰地、威士忌的蒸馏方法，一直沿用至今。甑桶固态蒸馏则是传统的白酒蒸馏方法之一。两者都是间歇式简单蒸馏，但效果却完全不同，表现在酒精的浓缩效率及香气成分的提取率上差异较大。

固态发酵酒醅的颗粒形成了接触面很大的填充塔，因此能够使仅含酒精5%左右的酒醅装甑于低矮的甑桶中，一次蒸得酒精含量为65%~70%的白酒。但在壶式蒸馏器中，用酒精含量为10%的醪液，须经3次液态蒸馏才能达到70%的浓度。因此，甑桶的酒精浓缩效率比壶式优，如表8-33所示。

表8-33　壶式蒸馏前后液体中的酒精含量变化

编号	蒸馏溶液酒精含量/%	馏出液酒精含量/%
1	10	28
2	28	50
3	50	70
4	70	80

将薯干原料用黑曲霉为糖化剂，R12酵母为发酵剂，分别进行固态发酵5d和液态发酵4d的生产试验。固态酒醅装甑蒸馏得含酒精59.4%的馏液，为固态发酵的固态蒸馏法白酒。将液态发酵醪拌入一定量的稻壳（洗涤后清蒸晒干），再装甑蒸馏得40%酒精含量的馏液，为液态发酵的固态蒸馏法白酒。另将固体发酵酒醅加入一定量的水，装入间歇式蒸馏塔中蒸馏，接取51.5%酒

精含量的馏液，为固态发酵的液态蒸馏法白酒。液体发酵醪在泡罩式粗馏塔中蒸馏的馏出液含酒精 51.5%，为液态发酵的液态蒸馏法白酒。对上述 4 种酒分别进行常规分析、色谱分析及品尝，结果如表 8-34、表 8-35 和表 8-36 所示。

表 8-34　　4 种不同酒常规测定　　单位：g/100mL

项目	固态酒醅		液态醪液	
	固态蒸馏	液态蒸馏	固态蒸馏	液态蒸馏
酒精含量	59.4	51.5	40.0	51.5
总酸	0.0940	0.0092	0.0368	0.0027
总酯	0.0438	0.0482	0.0126	0.0187
杂醇油	0.113	0.190	0.216	0.195

注：总酸、总酯和杂醇油统一按 60%酒精折算含量。

表 8-35　　不同蒸馏方式馏液品尝结果

类别	项目	
	蒸馏方式	评语
固态酒醅	固态蒸馏	闻香及口味都具有传统白酒的典型性
	液态	闻有固态发酵法白酒味，品尝为极浓的液态发酵法白酒味
液态醪液	固态	闻及品尝都是液态发酵法酒味，但稍带传统白酒味
	液态	闻香及口味是典型的液态发酵法白酒味

表 8-36　　不同发酵与蒸馏方式的白酒气相色谱测定结果　　单位：mg/100mL

项目	固态酒醅		液态醪液	
	固态蒸馏	液态蒸馏	固态蒸馏	液态蒸馏
1. 酸总量	29.18	6.65	25.14	9.28
乙酸	23.09	6.65	22.32	4.73
丙酸	0.24	—	—	+
丁酸	2.96	—	0.90	1.11
戊酸	—	—	—	0.1
未知酸	2.89	—	—	—

续表

项目	固态酒醅		液态醪液	
	固态蒸馏	液态蒸馏	固态蒸馏	液态蒸馏
己酸	—	—	1. 92	3. 34
2. 酯总量	58. 50	24. 54	19. 38	17. 93
乙酸乙酯（主）	50. 26	19. 20	13. 82	14. 93
乳酸乙酯（主）	8. 24	5. 34	5. 56	3. 00
3. 醇总量	96. 09	110. 37	312. 22	292. 68
仲丁醇（主）	0	0	+	2. 16
正丙醇（主）	36. 82	32. 17	35. 15	33. 15
异丁醇（主）	26. 73	42. 48	80. 60	77. 37
异戊醇（主）	32. 54	35. 72	196. 47	180
4. A/B 值*	1. 22	0. 83	2. 40	2. 30
5. 酯/醇值	0. 609	0. 222	0. 062	0. 061

注："+"表示该物质存在，但具体数据未测得；*为异戊醇与异丁醇含量之比。

从表 8-36 色谱分析结果可见，固态蒸馏法比液态蒸馏法的白酒酸、酯的提取率要高。其中尤以乙酸、乙酸乙酯及乳酸乙酯为高。乳酸也是，只是本试验的色谱图上未反映出来。异戊醇、异丁醇、正丙醇基本上差不多，但酯醇比发生变化。

对于罐式蒸馏的液态发酵法白酒，过去有"六低两高"之说。即乙酸、乳酸含量低，乙酸乙酯、乳酸乙酯含量低，乙醛、乙缩醛含量低，异丁醇、异戊醇含量高，其含量范围如表 8-37 所示。这些成分含量的不同，主要因发酵方式不同造成的，但就蒸馏形式不同造成的差异尚不明确。现在根据以上分析结果对照，可以认为液体发酵酒酸含量低、酯含量低还与蒸馏方式有密切关系。从某种意义上，可以认为这是主要的影响因素。而高级醇含量高主要是发酵方式不同所致，与蒸馏关系较小。

表 8-37　不同发酵方法白酒某些成分的含量　单位：mg/100mL

类别	项目							
	乙酸	乳酸	乙酸乙酯	乳酸乙酯	乙醛	乙缩醛	异丁醇	异戊醇
液态发酵法	20~50	2~10	20~60	10~30	2~10	5~30	30~60	70~130
固态发酵法普通酒	40~80	5~20	30~80	20~70	8~30	20~70	15~30	30~60
固态发酵法优质酒	40~130	10~50	60~200	40~200	15~60	60~200	10~25	30~60

任务七 白酒常见的质量问题及质量标准

一、 白酒异常气味的形成机理

白酒中诸多不良气味的形成，与原辅料、用具及操作不当等因素有关。现摘要分析，如下所述。

1. 异常臭气的形成

（1）原辅料　各种优质原料本身以及经蒸煮后形成的特殊成分，能赋予白酒不同的香气，这属正常现象。但若原、辅料发霉，或辅料未经清蒸即使用，则会给成品酒带来霉气或辅料臭气。采用未经脱胚芽的玉米或小黄米糠等原辅料时，会带给成品酒因脂肪氧化而产生的哈喇味或脂肪本身的油腥气。使用蛋白质含量过高的原料，会生成大量的杂醇油及硫化物，使成品酒不仅不符合卫生指标，且产生特殊的臭气。

（2）用具　使用橡皮管输酒或瓶盖中用橡胶垫，或以新木甑蒸酒，均会产生不良臭气。

（3）工艺操作　因不重视卫生，配料或品温控制不当而污染大量的生酸菌、产硫化物等杂菌，则会产生丙烯醛、巴豆醛、硫醇、硫化氢等腐败臭气体。以大火大汽蒸酒，会使酒醅中的含硫氨基酸在其他有机酸的影响下产生硫化氢等含硫的挥发性气体并带入酒中，使酒出现类似臭鸡蛋味的臭气。大火大汽蒸酒，也会将部分高沸点的成分，如番薯酮等蒸入酒中而散发特殊臭气。流酒温度过低，会使具有强烈刺激性的低沸点挥发物逸散不充分。窖泥培养质量差、蛋白质含量高，或蒸酒时酒醅中夹有泥块等，也均会带给成品酒泥臭等异常臭气。

2. 异常酒味的形成

白酒要求甜、酸、苦、辣、涩等诸味谐调，不能显露其中之一，酒中不允许存在不良呈味成分。

（1）苦味及涩味突出　白酒中的苦、涩味往往同时呈现。其形成的原因较复杂，与原料、用曲、酵母菌、工艺条件、污染杂菌等多种因素有关。

①原料：如使用有黑斑病的薯干原料，则其含有极苦的番薯酮。使用单宁及其衍生物过多的原料，可生成某些呈苦涩味的酚类化合物。使用蛋白质含量过高的原料，则生成多大量的杂醇油。如亮氨酸生成异戊醇，缬氨酸生成异丁醇，异亮氨酸生成活性戊醇，苏氨酸生成正丙醇，以及仲丁醇、壬醇等。这些杂醇油在白酒中的含量达到一定值时，均会呈现苦味或苦涩味。其中正丙醇苦味较重，异

丁醇苦味极重。

②用曲：若麸曲等储存期过长（过老）且用量过大，则会因曲中孢子量太大，并使酪氨酸变为含量较多的酪醇而使酒带苦味。若曲受潮，滋长青霉菌或醅污染青霉菌，也会使白酒后味苦涩。

③酵母菌：若使用产杂醇油多的产酯酵母，则也会使酒显露苦味。酒中的这些苦味成分，大多是酵母菌的代谢产物。凡质量差的曲酒，通常正丙醇及异丁醇的含量均较高。

④工艺条件：若原料蒸煮或制曲温度过高，或发酵时生成的糠醛过多，则酒呈焦苦味。若发酵时污染杂菌而生成一定量的丙烯醛，则不但刺眼和有辣味，并有持久的苦味。白酒的苦涩味还与发酵温度及酒的贮存期有关。通常冬天因入池品温较低、升温缓慢，而使成品酒较甜；夏天则相反。大曲酒及多种人工菌株生产的麸曲酒，若保存时间太短，则也呈明显的苦涩味。

由于苦味成分的阈值很低，故味蕾对其特别敏感，且持续时间也较长，会给人难忘的不悦感。

（2）不良酸味的成因　曲或酒母用量过大、发酵期过长、品温过高、醅中水分或淀粉含量过多，以及生酸菌大量繁殖等，均可使酒醅的酸度较高。白酒中的有机酸分为挥发性的与非挥发性的，这些酸大多集中于后馏分中，且被蒸出的非挥发酸只是酒醅中总量的一部分。故只要在蒸馏时注意合理地掐酒尾，酸度较高的酒醅蒸出的酒未必显露酸味。但若使用变质的原料，或润料水温低、堆积时间长而使酒醅呈一股酸、馊味，则在蒸馏时会带入酒中。例如，在汾香型白酒生产中，若和糁、倒糁操作不当，则会制出酸、馊味酒，但经贮存，其酸、馊味会有所减弱。

（3）辣味突出的原因　呈辣味的成分有杂醇油、糠醛、乙醛、硫醇及丙烯醛等。若用糠量过大且不清蒸，则会使多缩戊糖在高温下生成较多的糠醛。酒醅发酵温度高，生长大量杂菌，如异型乳酸菌作用于甘油，会生成丙烯醛；酒醅入窖后品温猛升骤降，发酵期不适当地延长，致使酵母早衰，生成较多的乙醛。蒸馏时接酒温度过低及未经贮存的新酒，均呈燥辣味。

（4）油味　使用含脂肪较多的细谷糠等辅料，或以杂豆、黑豆等原料制大曲，以及摘取酒尾的时间太迟，均会使成品酒带油味。

（5）劣质大曲味　例如，生产酱香型白酒制高温大曲的操作不得法，会使酒呈明显的焦香味而欠酱香风格。在制作清香型白酒大曲时，因原料粉碎度达不到皮粗粉细的要求，而是皮细粉粗，加上压曲机的性能较差，可使成曲发生霉变等而成为劣质曲，带给酒霉苦味及生曲味。市售的清香型白酒大曲，曲料中掺有小麦，成曲外观虽好，但易使成品酒风味出格；有的曲料中掺入玉米粉、高粱粉，使成曲带有杂粮自身的气味而有损酒质。浓香型白酒的包包曲，若晾曲过久、赶火不紧，则曲块断面产生霉变并生孢子，使酒呈霉苦味。

（6）底锅水、窖底水邪味及窖泥味　底锅水中含有淋浆、酒尾、残糟等，若不每天清换，则会使酒呈异味及焦煳味。普通白酒生产用的砖窖及水泥窖，若缝隙不用水泥抹平，则会产生臭泥味。窖底水不排尽，会使底糟的臭味蒸入酒中。生产浓香型白酒的窖，若选用泥土不当，或含沙过多，或碱性较大，含腐殖质少，建成的人工老窖会使酒呈窖泥味或泥腥味。

（7）其他邪杂味　水质不良，例如加浆用水有咸味等均会使成品酒呈不良气味。原料中杂物多，会使酒呈特异味、土腥味。使用新的锡制冷凝器，会使酒色发黄且带有松香味，使用新木甑蒸的酒呈木味，使用新的酒篓、不同涂料的新贮酒池、新铁罐贮酒，会使酒呈特殊的邪杂味、铁锈味。故各种容器和设备在使用前应采用适当的办法进行处理。蒸馏时装甑不匀或摘酒不当，会使酒呈稍子味（又称尾子味，类似油哈味，入口酸涩）。

二、白色浑浊的成因

白酒应该无色透明、无悬浮物、无浑浊、无沉淀，但生产过程中的人为因素或非人为因素会给白酒带来悬浮物、沉淀或浑浊，主要有以下几点。

（1）蒸馏操作过程　在蒸馏操作和流酒过程中，因操作不慎易将酒醅、稻壳残粒落入接酒容器内，撒曲时，飞扬的曲粉，打扫场地时，酒醅残渣、尘土也会落入接酒器中。

（2）运输、贮存过程　车间生产的酒往酒库运输过程中，路上的尘土，输酒管道不洁，贮酒容器不净，酒库中有尘渣或酒库卫生差等。

（3）水质　加浆用水随着酒精含量的降低，用量也随之增大。有时水中金属盐类含量过高，硬度大，其中碳酸钙、碳酸镁、氧化钙及氧化镁是自然水中硬度的主要成分。硬水与酒中的酸作用，盐类逐渐析出，会造成浑浊和沉淀。

（4）酒中的高级脂肪酸乙酯和高级醇　蒸馏后的白酒大多酒精体积分数在65%以上（指原度酒），一般不会产生浑浊。但在-10℃以下，在容器中会出现成团的絮状物。低度白酒在酒精体积分数为40%以下时，酒中的棕榈酸乙酯、油酸乙酯、亚油酸乙酯及某些高级醇会因溶解度变化而析出，造成白酒浑浊。

三、白酒在运输及贮存中的变化

白酒在运输保管过程中，除继续进行缔合、氧化还原、酯化、缩合反应外，尚有如下一些变化。

1. 挥发

由于白酒中的酒精等挥发性成分的沸点比水要低得多，故在包装器封口不严时很易挥发。其挥发的速度与温度、风速及挥发面积成正比。空气中的酒精饱和蒸气量比水的饱和蒸汽量大得多。通常说，酒的酒精度“跑”后变成水，就是指酒精比水易挥发，挥发量也比水多。不同温度下，1m^3 空气中所能容纳的水和酒精的饱和蒸汽量，如表 8-38 所示。

表 8-38　不同温度下 1m³ 空气所能容纳的水蒸气和酒精蒸气的饱和含量

单位：g/m³

温度/℃	水蒸气饱和含量	酒精蒸气饱和含量	温度/℃	水蒸气饱和含量	酒精蒸气饱和含量
0	4.80	33.03	30	30.04	192.21
5	6.76	45.99	35	39.18	248.85
10	9.33	61.64	40	50.06	319.49
15	12.72	82.63	45	65.50	404.40
20	17.12	110.70	50	83.20	508.45
25	22.80	146.33	—	—	—

注：酒精蒸气饱和含量即酒精饱和蒸气量，是指空气中的酒精蒸气含量达到最大限度，即达饱和状态时的酒精蒸气量，以 g/m³ 表示。若超过这个限度，则酒精蒸气会凝成液珠下滴。

2. 渗漏

有的陶瓷容器，因有很小的砂眼，在存放过程中会出现渗漏。有人将 1 瓶名酒放在柜内，平时在室内总能闻到一股酒香气味，因此全家人都夸这酒真是好酒。几个月后，家有贵客来访，主人想取这瓶酒共享时，没有料到瓶中酒已所剩无几，但瓶底外壁却有一处呈湿润状态。

3. 分层

酒精与水是无限相溶的。但由于两者密度不同，故在酒精与水的缔合度有限的情况下，容器中上层的酒精含量略高，下层的酒精含量略低。因此，在零售普通白酒时，应适当搅拌。

4. 变色、变味、浑浊、沉淀

若用铅桶等金属容器装白酒，则会溶出铜、铁、锌等重金属离子，很易发生氧化等反应，使酒变色、变味或浑浊，不利于人体健康。故除了真正的不锈钢容器外，一般金属容器的内壁，应涂以食用的无毒涂料。若用涂血料（用动物血和石灰制成的一种具有可塑性的蛋白质胶质盐）的容器（竹篓、荆条篓、木箱）装白酒，则俗话“皮吃”（指容器内壁渗进的酒液）较大。如果盛装酒精含量低于 30%的白酒，则因含水量过大而可溶解血料蛋白，使血料逐渐发软而渗漏，以致酒带有血腥味。若用食用塑料桶装白酒，时间稍长会使酒略带塑料气味。白酒中侵入铁锈，遇酸而氧化成高价铁，会产生黄色浑浊和沉淀。白酒染上血料，会出现褐色浑浊和沉淀，白酒中侵入锌，与酸起作用可生成氧化锌，使酒液呈粉红色，加浆用水中含钙离子等无机离子较多，瓶中白酒会出现白色粉状沉淀物。

综上所述，在白酒生产中，自原辅料投料起，直到成品酒包装，乃至出售后和饮用前，白酒一直在发生各种各样的变化。不断地深化这方面的研究和认识，是广大白酒酿造工作者们长期而艰巨的任务。

四、 白酒质量标准

1.《浓香型白酒》（GB/T 10781. 1—2021）

GB/T 10781. 1—2021 的本部分规定了浓香型白酒的术语和定义、产品分类、要求、分析方法、检验规则和标志、包装、运输、贮存。本标准适用于浓香型白酒的生产、检验与销售。

（1）定义和分类

①定义：浓香型白酒以粮谷为原料，采用浓香大曲为糖化发酵剂，经窖泥固态发酵、固态蒸馏、陈酿、勾调而成的，不直接或间接添加食用酒精及非自身发酵产生的呈色、呈香、呈味物质的白酒。

②产品分类：按产品的酒精度分为以下两类。

高度酒：40 % vol<酒精度≤68 % vol。

低度酒：25 % vol≤酒精度≤40 % vol。

（2）感官要求　高度酒、低度酒的感官要求见表 8-39，表 8-40。

表 8-39　　高度酒感官要求

项目	优级	一级
色泽和外观	无色或微黄，清亮透明，无悬浮物，无沉淀*	
香气	具有以浓郁窖香为主体的、舒适的复合香气	具有以较浓郁窖香为主体的、舒适的复合香气
口味口感	绵甜醇厚，谐调爽净，余味悠长	绵甜醇厚，谐调爽净，余味悠长
风格	具有本品典型的风格	具有本品明显的风格

注：*当酒的温度低于 10℃时，允许出现白色絮状沉淀物质或失光。10℃以上时应逐渐恢复正常。

表 8-40　　低度酒感官要求

项目	优级	一级
色泽和外观	无色或微黄，清亮透明，无悬浮物，无沉淀*	
香气	具有较浓郁的窖香为主的复合香气	具有以窖香为主体的复合香气
口味口感	绵甜醇和，谐调爽净，余味悠长	较绵甜醇和，谐调爽净
风格	具有本品典型的风格	具有本品明显的风格

注：*当酒的温度低于 10℃时，允许出现白色絮状沉淀物质或失光。10℃以上时应逐渐恢复正常。

（3）理化要求　高度酒、低度酒的理化要求应分别符合表 8-41、表 8-42 的规定。

表 8-41　　高度酒理化要求

项目			优级	一级
酒精度/%vol			40[a]~68	
可溶性固形物/（g/L）		≤	0.40[b]	
总酸/（g/L）	产品自生产日期≤一年的执行的指标	≥	0.40	0.30
总酯/（g/L）		≥	2.00	1.50
己酸乙酯/（g/L）		≥	1.20	0.60
酸酯总量/（mmol/L）	产品自生产日期>一年的执行的指标	≥	35.0	30.0
己酸+己酸乙酯/（g/L）		≥	1.50	1.00

注：a不含 40 % vol；

b酒精度在 40%~49%vol 的酒，固形物可小于或等于 0.50g/L。

表 8-42　　低度酒理化要求

项目			优级	一级
酒精度/%vol			25~40	
可溶性固形物/（g/L）		≤	0.70	
总酸/（g/L）	产品自生产日期≤一年的执行的指标	≥	0.30	0.25
总酯/（g/L）		≥	1.50	1.00
己酸乙酯/（g/L）		≥	0.70	0.40
酸酯总量/（mmol/L）	产品自生产日期>一年的执行的指标	≥	25.0	20.0
己酸+己酸乙酯/（g/L）		≥	0.80	0.50

（4）净含量　按《定量包装商品计量监督管理办法》执行。

2.《清香型白酒》（GB/T 10781.2—2006）

本标准规定了清香型白酒的术语和定义、产品分类、要求、分析方法、检验规则和标志、包装、运输、贮存。本标准适用于清香型白酒的生产、检验与销售。

（1）定义和分类

①定义：清香型白酒是以粮谷为原料，经传统固态法发酵、蒸馏、陈酿、勾兑而成的，未添加食用酒精及非白酒发酵产生的呈香、呈味物质，具有以乙酸乙酯为主体复合香的白酒。

②产品分类：按产品的酒精度分为以下两种。

高度酒：酒精度41%~68%vol。

低度酒：酒精度25%~40%vol。

（2）感官要求　感官要求如表8-43、表8-44所示。

表8-43　清香型高度白酒感官要求

项目	优级	一级
色泽和外观	无色或微黄，清亮透明，无悬浮物，无沉淀*	
香气	清香醇正，具有乙酸乙酯为主体的清雅、谐调的复合香气	清香较醇正，具有乙酸乙酯为主体的复合香气
口味	酒体柔和谐调，绵甜爽净，余味悠长	酒体较柔和谐调，绵甜爽净，有余味
风格	具有本品典型的风格	具有本品明显的风格

注：*当酒的温度低于10℃时，允许出现白色絮状沉淀物质或失光，10℃以上时应逐渐恢复正常。

表8-44　清香型低度白酒感官要求

项目	优级	一级
色泽和外观	无色或微黄，清亮透明，无悬浮物，无沉淀*	
香气	清香醇正，具有乙酸乙酯为主体的清雅、谐调的复合香气	清香较醇正，具有乙酸乙酯为主体的香气
口味	酒体柔和谐调，绵甜爽净，余味悠长	酒体较柔和谐调，绵甜爽净，有余味
风格	具有本品典型的风格	具有本品明显的风格

注：*当酒的温度低于10℃时，允许出现白色絮状沉淀物质或失光。10℃以上时应逐渐恢复正常。

（3）理化要求　高度酒、低度酒的理化要求应分别符合表8-45、表8-46的规定。

表8-45　清香型高度白酒理化要求

项目	优级	一级
酒精度/%vol	41~68	
总酸（以乙酸计）/（g/L）≥	0.40	0.30
总酯（以乙酸乙酯计）/（g/L）≥	1.00	0.60
己酸乙酯/（g/L）	0.60~2.60	0.30~2.60
固形物/（g/L）≤	0.40*	

注：*酒精度41%~49%（体积分数）的酒，固形物可小于或等于0.50g/L。

表 8-46 清香型低度白酒理化要求

项目	优级	一级
酒精度/%vol	25~40	
总酸（以乙酸计）/（g/L）≥	0.25	0.20
总酯（以乙酸乙酯计）/（g/L）≥	0.70	0.40
己酸乙酯/（g/L）	0.40~2.20	0.20~2.20
固形物/（g/L）≤	0.70	

（4）卫生要求　应符合 GB 2757—2012 的规定。

3.《米香型白酒》（GB/T 10781.3—2006）

本标准规定了米香型白酒的术语和定义、产品分类、要求、分析方法、检验规则和标志、包装、运输、贮存。本标准适用于米香型白酒的生产、检验与销售。

（1）定义和分类：

①定义：米香型白酒是以大米为原料，经传统半固态法发酵、蒸馏、陈酿、勾兑而成的，未添加食用酒精及非白酒发酵产生的呈香、呈味物质，具有以乳酸乙酯、苯乙醇为主体复合香的白酒。

②产品分类：按产品的酒精度分为以下两种情况。

高度酒：酒精度 41%~68%vol。

低度酒：酒精度 25%~40%vol。

（2）感官要求　高度酒、低度酒的感官要求应分别符合表 8-47、表 8-48 的规定。

表 8-47 米香型高度白酒感官要求

项目	优级	一级
色泽和外观	无色或微黄，清亮透明，无悬浮物，无沉淀*	
香气	米香醇正，清雅	米香醇正
口味	酒体醇和，绵甜、爽洌，回味怡畅	酒体较醇和，绵甜、爽洌，回味较畅
风格	具有本品典型的风格	具有本品明显的风格

注：*当酒的温度低于 10℃时，允许出现白色絮状沉淀物质或失光。10℃以上时应逐渐恢复正常。

表 8-48 米香型低度白酒感官要求

项目	优级	一级
色泽和外观	无色，清亮透明，无悬浮物，无沉淀*	
香气	米香醇正，清雅	米香醇正

续表

项目	优级	一级
口味	酒体醇和，绵甜、爽洌，回味较怡畅	酒体较醇和，绵甜、爽洌，有回味
风格	具有本品典型的风格	具有本品明显的风格

注：* 当酒的温度低于10℃时，允许出现白色絮状沉淀物质或失光。10℃以上时应逐渐恢复正常。

（3）理化要求　高度酒、低度酒的理化要求应分别符合表8-49、表8-50的规定。

表8-49　　米香型高度白酒理化要求

项目	优级	一级
酒精度/%vol	41~68	
总酸（以乙酸计）/（g/L）≥	0.30	0.25
总酯（以乙酸乙酯计）/（g/L）≥	0.80	0.65
乳酸乙酯/（g/L）≥	0.50	0.40
β-苯乙醇/（mg/L）≥	30	20
固形物/（g/L）≤	0.40*	

注：* 酒精度41%~49%vol的酒，固形物可小于或等于0.50g/L。

表8-50　　米香型低度白酒理化要求

项目	优级	一级
酒精度/%vol	25~40	
总酸（以乙酸计）/（g/L）≥	0.25	0.20
总酯（以乙酸乙酯计）/（g/L）≥	0.45	0.35
乳酸乙酯/（g/L）≥	0.30	0.20
β-苯乙醇/（mg/L）≥	15	10
固形物/（g/L）≤	0.70	

（4）卫生要求　应符合GB 2757—2012的规定。

4.《凤香型白酒》（GB/T 14867—2007）

本标准规定了凤香型白酒的术语和定义、产品分类、要求、分析方法、检验规则和标志、包装、运输、贮存。本标准适用于凤香型白酒的生产、检验与销售。

（1）定义和分类

①定义：凤香型白酒是以粮谷为原料，经传统固态法发酵、蒸馏、酒海陈

酿、勾兑而成的，未添加食用酒精及非白酒发酵产生的呈香呈味物质，具有乙酸乙酯和己酸乙酯为主体复合香的白酒。

②酒海的定义：用藤条编制成容器，以鸡蛋清等物质配成黏合剂，用白棉布、麻纸裱糊，再以菜油、蜂蜡涂抹内壁，干燥后用于贮酒的容器。

③产品分类：按产品的酒精度分为以下两种。

高度酒：酒精度 41%~68%vol。

低度酒：酒精度 18%~40%vol。

（2）感官要求　高度酒、低度酒的感官要求应分别符合表 8-51、表 8-52 的规定。

表 8-51　　凤香型高度白酒感官要求

项目	优级	一级
色泽和外观	无色或微黄，清亮透明，无悬浮物，无沉淀*	
香气	醇香秀雅，具有乙酸乙酯和己酸乙酯为主的复合香气	醇香醇正，具有乙酸乙酯和己酸乙酯为主的复合香气
口味	醇厚丰满，甘润挺爽，诸味谐调，尾净悠长	醇厚甘润，谐调爽净，余味较长
风格	具有本品典型的风格	具有本品明显的风格

注：* 当酒的温度低于 10℃时，允许出现白色絮状沉淀物质或失光。10℃以上时应逐渐恢复正常。

表 8-52　　凤香型低度白酒感官要求

项目	优级	一级
色泽和外观	无色或微黄，清亮透明，无悬浮物，无沉淀*	
香气	醇香秀雅，具有乙酸乙酯和己酸乙酯为主的复合香气	醇香醇正，具有乙酸乙酯和己酸乙酯为主的复合香气
口味	酒体醇厚谐调，绵甜爽净，余味较长	醇和甘润，谐调，味爽净
风格	具有本品典型的风格	具有本品明显的风格

注：* 当酒的温度低于 10℃时，允许出现白色絮状沉淀物质或失光。10℃以上时应逐渐恢复正常。

（3）理化要求　高度酒、低度酒的理化要求应分别符合表 8-53、表 8-54 的规定。

表 8-53　　凤香型高度白酒理化要求

项目	优级	一级
酒精度/%vol	41~68	
总酸（以乙酸计）/（g/L）≥	0.35	0.25

续表

项目	优级	一级
总酯（以乙酸乙酯计）/（g/L）≥	1.60	1.40
乙酸乙酯/（g/L）≥	0.60	0.40
己酸乙酯/（g/L）	0.25~1.20	0.20~1.0
固形物/（g/L）≤	1.0	

表 8-54　凤香型低度白酒理化要求

项目	优级	一级
酒精度/%vol	18~40	
总酸（以乙酸计）/（g/L）≥	0.20	0.15
总酯（以乙酸乙酯计）/（g/L）≥	1.00	0.60
乙酸乙酯/（g/L）≥	0.40	0.30
己酸乙酯/（g/L）	0.20~1.0	0.15~0.80
固形物/（g/L）≤	0.90	

（4）卫生要求　应符合 GB 2757—2012 的规定。

5.《豉香型白酒》（GB/T 16289—2018）

本标准规定了豉香型白酒的术语和定义、产品分类、要求、分析方法、检验规则和标志、包装、运输、贮存。本标准适用于豉香型白酒的生产、检验与销售。

（1）定义和分类

①豉香型白酒：以大米为原料，经蒸煮，用大酒饼作为主要糖化发酵剂，采用边糖化边发酵的工艺，经蒸馏、陈肉酝浸、勾调而成的，不直接或间接添加食用酒精及非自身发酵产生的呈香、呈味物质，具有豉香特点的白酒。

②陈肉酝浸：基酒在存有经加热至熟、在酒中浸泡一定时间而成的肥猪肉的容器中进行储存陈酿的工艺过程。

③大酒饼：以大米和大豆为主要原料，接种曲种，经培养制成的块状酒曲。

④产品分类：按产品的酒精度分为如下两种。

高度酒：40%vol≤酒精度≤60%vol。

低度酒：18%vol≤酒精度<40%vol。

（2）感官要求　高度酒和低度酒的感官要求应符合表 8-55、表 8-56 的规定。

表 8-55 豉香型高度白酒感官要求

项目	优级	一级
色泽和外观	无色或微黄，清亮透明，无悬浮物，无沉淀*	
香气	豉香醇正，清雅	豉香醇正
口味口感	醇和甘洌，酒体丰满、谐调，余味爽净	入口较醇和，酒体较丰满、谐调，余味较爽净
风格	具有本品典型的风格	具有本品明显的风格

注：＊当酒的温度低于15℃时，允许出现白色絮状沉淀物质或失光。15℃以上时应逐渐恢复正常。

表 8-56 豉香型低度白酒感官要求

项目	优级	一级
色泽和外观	无色或微黄，清亮透明，无悬浮物，无沉淀*	
香气	豉香醇正，清雅	豉香醇正
口味口感	醇和甘洌，酒体丰满、谐调，余味爽净	入口较醇和，酒体较丰满、谐调，余味较爽净
风格	具有本品典型的风格	具有本品明显的风格

注：＊当酒的温度低于15℃时，允许出现白色絮状沉淀物质或失光。15℃以上时应逐渐恢复正常。

（3）理化要求　高度酒和低度酒的理化要求应符合表8-57、表8-58的要求。

表 8-57 豉香型高度白酒理化要求

项目	优级	一级
酒精度*/%vol	40~60	
酸酯总量/（g/L）　≥	14.0	12.0
β-苯乙醇/（g/L）　≥	25	15
二元酸（庚二酸、辛二酸、壬二酸）二乙酯总量/（mg/L）　≥	0.8	
固形物/（g/L）　≤	0.60	

注：＊酒精度41%~49%vol的酒，固形物可小于或等于0.50g/L。

表 8-58 豉香型低度白酒理化要求

项目	优级	一级
酒精度/%vol	18~40*	
酸酯总量/（g/L）　≥	12.0	8.0

续表

项目	优级	一级
β-苯乙醇/（g/L） ≥	40	30
二元酸（庚二酸、辛二酸、壬二酸）二乙酯总量/（mg/L） ≥	1.0	
固形物/（g/L） ≤	0.60	

注：* 酒精度不含 40% vol。

（4）净含量　按《定量包装商品计量监督管理办法》执行。

（5）食品安全要求　应符合 GB 2757—2012 等的规定。

6.《液态法白酒》（GB/T 20821—2007）

本标准规定了液态法白酒的术语和定义、产品分类、要求、分析方法、检验规则和标志、包装、运输、贮存。本标准适用于液态法白酒的生产、检验与销售。

（1）定义和分类

①定义：液态法白酒是以含淀粉质为原料，采用液态糖化、发酵、蒸馏所得的基酒（或食用酒精），可用香醅串香或用食品添加剂调味调香，勾调而成的白酒。

②产品分类：按产品的酒精度分为以下两种。

高度酒：酒精度 41%～60%vol。

低度酒：酒精度 18%～40%vol。

（2）感官、理化要求　液态法白酒的感官、理化要求应分别符合表 8-59、表 8-60 的规定。

表 8-59　液态法白酒感官要求

项目	要求
色泽和外观	无色或微黄，清亮透明，无悬浮物，无沉淀
香气	具有醇正、舒适、谐调的香气
口味	具有醇甜、柔和、爽净的口味

表 8-60　液态法白酒理化要求

项目	高度酒	低度酒
酒精度/%vol	41～60	18～40
总酸（以乙酸计）/（g/L） ≥	0.25	0.10
总酯（以乙酸乙酯计）/（g/L） ≥	0.40	0.20

（3）卫生要求　卫生要求如表 8-61 所示。

表 8-61　　液态法白酒卫生要求

项目	高度酒	低度酒
甲醇/（g/L）≤	0.30	
铅/（mg/L）≤	0.5	
食品添加剂	符合 GB 2760—2014 规定	

注：甲醇指标按酒精度 60%vol 折算。

7.《固液法白酒》（GB/T 20822—2007）

本标准规定了固液法白酒的术语和定义、产品分类、要求、分析方法、检验规则和标志、包装、运输、贮存。本标准适用于固液法白酒的生产、检验与销售。

（1）定义和分类

①固态法白酒：以粮谷为原料，采用固态（或半固态）糖化、发酵、蒸馏，经陈酿、勾兑而成的，未添加食用酒精及非白酒发酵产生的呈香、呈味物质，具有本品固有风格特征的白酒。

②液态法白酒：以含淀粉、糖类物质为原料，采用液态糖化、发酵、蒸馏所得的基酒（或食用酒精），可用香醅串香或用食品添加剂调味调香，勾调而成的白酒。

③固液法白酒：以固态法白酒（不低于 30%）、液态法白酒勾调而成的白酒。

④产品分类：按产品的酒精度分为以下两种。

高度酒：酒精度 41%~60%vol。

低度酒：酒精度 18%~40%vol。

（2）感官、理化要求　固液法白酒的感官、理化要求应分别符合表 8-62、表 8-63 的规定。

表 8-62　　固液法白酒的感官要求

项目	高度酒	低度酒
色泽和外观	无色或微黄，清亮透明，无悬浮物，无沉淀*	
香气	具有本品特有的香气	
口味	酒体柔顺、醇甜、爽净	酒体柔顺、醇甜、较爽净
风格	具有本品典型的风格	

注：*当酒的温度低于 10℃时，允许出现白色絮状沉淀物质或失光。10℃以上时应逐渐恢复正常。

表 8-63　固液法白酒的理化要求

项目	高度酒	低度酒
酒精度/%vol	41~60	18~40
总酸（以乙酸计）/（g/L）≥	0.30	0.20
总酯（以乙酸乙酯计）/（g/L）≥	0.60	0.35

（3）卫生要求　如表 8-64 所示。

表 8-64　固液法白酒的卫生要求

项目	高度酒	低度酒
甲醇/（g/L）≤	0.30	
铅/（mg/L）≤	0.5	

注：甲醇指标按酒精度 60%vol 折算。

8.《特香型白酒》（GB/T 20823—2017）

本标准规定了特香型白酒的术语和定义、产品分类、要求、分析方法、检验规则和标志、包装、运输、贮存。本标准适用于特香型白酒的生产、检验与销售。

（1）定义和分类

①定义：特香型白酒是以大米为主要原料，以面粉、麦麸和酒糟培制的大曲为糖化发酵剂，经红褚条石窖池固态发酵、固态蒸馏、陈酿、勾调而成的，不直接或间接添加食用酒精及非自身发酵产生的呈香、呈味物质的白酒。

②产品分类：按产品的酒精度分为以下两种。

高度酒：45%vol≤酒精度≤68%vol；

低度酒：25%vol≤酒精度<45%vol。

（2）感官要求　特香型高度白酒、低度白酒的感官要求应分别符合表 8-65、表 8-66 的规定。

表 8-65　特香型高度白酒感官要求

项目	优级	一级
色泽和外观	无色或微黄，清亮透明，无悬浮物，无沉淀*	
香气	幽雅舒适，诸香谐调，具有浓、清、酱三香，但均不露头的复合香气	诸香尚谐调，具有浓、清、酱三香，但均不露头的复合香气
口味	柔绵醇和，醇甜、香味谐调，余味悠长	味较醇和，醇香，香味谐调，有余味
风格	具有本品典型的风格	具有本品明显的风格

注：* 当酒的温度低于 10℃时，允许出现白色絮状沉淀物质或失光。10℃以上时应逐渐恢复正常。

表 8-66 特香型低度白酒感官要求

项目	优级	一级
色泽和外观	无色，清亮透明，无悬浮物，无沉淀 *	
香气	幽雅舒适，诸香较谐调，具有浓、清、酱三香，但均不露头的复合香气	诸香尚谐调，具有浓、清、酱三香，但均不露头的复合香气
口味	柔绵醇和，微甜、香味谐调，余味悠长	味较醇和，醇香，香味谐调，有余味
风格	具有本品典型的风格	具有本品明显的风格

注：* 当酒的温度低于 10℃时，允许出现白色絮状沉淀物质或失光。10℃以上时应逐渐恢复正常。

（3）理化要求　特香型高度白酒、低度白酒的理化要求应分别符合表 8-67、表 8-68 的规定。

表 8-67 特香型高度白酒理化要求

项目	优级	一级
酒精度/%vol	45~68	
酸酯总量/（mmol/L）≥	32.0	24.0
丙酸乙酯/（mg/L）≥	20.0	15.0
固形物/（g/L）≤	0.70	—

表 8-68 特香型低度白酒理化要求

项目	优级	一级
酒精度/%vol	25~45 *	
酸酯总量/（mmol/L）≥	24.0	15.0
丙酸乙酯/（mg/L）≥	15.0	10.0
固形物/（g/L）≤	0.90	—

注：* 不包括酒精度 45%vol。

（4）卫生要求　应符合 GB 2757—2012 的规定。

9.《白酒质量要求　第 9 部分：芝麻香型白酒》（GB/T 10781.9—2021）

GB/T 10781 的本部分规定了芝麻香型白酒的产品分类、要求、试验方法、检验规则和标志、包装、运输和贮存。本部分适用于芝麻香型白酒的生产、检验与销售。

（1）定义和分类

①芝麻香型白酒：以粮谷为主要原料，或配以麸皮，以大曲、麸曲等为糖化

发酵剂，经堆积、固态发酵、固态蒸馏、陈酿、勾调而成的，不直接或间接添加食用酒精及非自身发酵产生的呈色、呈香、呈味物质，具有芝麻香型风格的白酒。

②堆积：将入池发酵前的物料堆放一定时间的工艺过程。

③产品分类：按产品的酒精度分为以下两类。

高度酒：40%vol<酒精度≤68%vol。

低度酒：25%vol<酒精度≤40%vol。

（2）感官要求　高度酒、低度酒的感官要求应分别符合表8-69、表8-70的规定。

表8-69　　芝麻香型高度白酒感官要求

项目	优级	一级
色泽和外观	无色或微黄，清亮透明，无悬浮物，无沉淀*	
香气	芝麻香幽雅醇正	芝麻香醇正
口味、口感	醇和细腻，香味谐调，余味悠长	较醇和，余味较长
风格	具有本品典型的风格	具有本品明显的风格

注：*当酒的温度低于10℃时，允许出现白色絮状沉淀物质或失光。10℃以上时应逐渐恢复正常。

表8-70　　芝麻香型低度白酒感官要求

项目	优级	一级
色泽和外观	无色，清亮透明，无悬浮物，无沉淀*	
香气	芝麻香幽雅醇正	芝麻香醇正
口味、口感	醇和谐调，余味悠长	较醇和，余味较长
风格	具有本品典型的风格	具有本品明显的风格

注：*当酒的温度低于10℃时，允许出现白色絮状沉淀物质或失光。10℃以上时应逐渐恢复正常。

（3）理化要求　高度酒、低度酒的理化要求应分别符合表8-71、表8-72的规定。

表8-71　　芝麻香型高度白酒理化要求

项目	优级	一级
酒精度*/%vol	40**~68	
己酸乙酯/（g/L）	0.1~1.2	
乳酸乙酯/（g/L）　≥	0.6	
固形物/（g/L）　≤	0.7	

续表

项目		优级	一级
总酸/（g/L） ≥	产品自生产日期一年内（包括一年）执行的指标	0.5	0.3
总酯/（g/L） ≥		2.2	1.5
乙酸乙酯/（g/L） ≥		0.6	0.4
酸酯总量/（mmol/L） ≥	产品自生产日期大于一年内执行的指标	38.0	25.0
乙酸乙酯+乙酸/（g/L） ≥		1.2	1.0

注：*酒精度实测值与标签标示值允许差为±1.0%vol；

**不含酒精度40%vol。

表 8-72　芝麻香型低度白酒理化要求

项目		优级	一级
酒精度*/%vol		25~40	
己酸乙酯/（g/L）		0.1~0.8	
乳酸乙酯/（g/L） ≥		0.3	
固形物/（g/L） ≤		0.9	
总酸/（g/L） ≥	产品自生产日期一年内（包括一年）执行的指标	0.4	0.2
总酯/（g/L） ≥		1.8	1.2
乙酸乙酯/（g/L） ≥		0.5	0.3
酸酯总量/（mmol/L） ≥	产品自生产日期大于一年内执行的指标	28.0	20.0
乙酸乙酯+乙酸/（g/L） ≥		1.0	0.8

注：*酒精度实测值与标签标示值允许差为±1.0%vol。

（4）净含量　按《定量包装商品计量监督管理办法》执行。

10.《老白干香型白酒》（GB/T 20825—2007）

本标准规定了老白干香型白酒的术语和定义、产品分类、要求、分析方法、检验规则和标志、包装、运输、贮存。本标准适用于老白干香型白酒的生产、检验与销售。

（1）定义和分类

①定义：老白干香型白酒是以粮谷为原料，经传统固态法发酵、蒸馏、陈酿、勾兑而成的，未添加食用酒精及非白酒发酵产生的呈香呈味物质，具有以乳酸乙酯、乙酸乙酯为主体复合香的白酒。

②产品分类：按产品的酒精度分为以下两种。

高度酒：酒精度41%~68%vol。

低度酒：酒精度 18%~40%vol。

（2）感官要求　老白干型高度白酒、低度白酒的感官要求应分别符合表 8-73、表 8-74 的规定。

表 8-73　老白干型高度白酒感官要求

项目	优级	一级
色泽和外观	无色或微黄，清亮透明，无悬浮物，无沉淀*	
香气	醇香清雅，具有乳酸乙酯和乙酸乙酯为主体的自然谐调的复合香气	醇香清雅，具有乳酸乙酯和乙酸乙酯为主体的复合香气
口味	酒体谐调，醇厚甘洌，回味悠长	酒体谐调，醇厚甘洌，有回味
风格	具有本品典型的风格	具有本品明显的风格

注：* 当酒的温度低于 10℃时，允许出现白色絮状沉淀物质或失光。10℃以上时应逐渐恢复正常。

表 8-74　老白干型低度白酒感官要求

项目	优级	一级
色泽和外观	无色，清亮透明，无悬浮物，无沉淀*	
香气	醇香清雅，具有乳酸乙酯和乙酸乙酯为主体的自然谐调的复合香气	醇香清雅，具有乳酸乙酯和乙酸乙酯为主体的复合香气
口味	酒体谐调，醇厚甘润，回味较长	酒体谐调，醇厚甘润，有回味
风格	具有本品典型的风格	具有本品明显的风格

注：* 当酒的温度低于 10℃时，允许出现白色絮状沉淀物质或失光。10℃以上时应逐渐恢复正常。

（3）理化要求　老白干型高度白酒、低度白酒的理化要求应分别符合表 8-75、表 8-76 的规定。

表 8-75　老白干型高度白酒理化要求

项目	优级	一级
酒精度/%vol	41~68	
总酸（以乙酸计）/（g/L）≥	0.40	0.30
总酯（以乙酸乙酯计）/（g/L）≥	1.20	1.00
乳酸乙酯/乙酸乙酯≥	0.8	
乳酸乙酯/（g/L）≥	0.50	0.40
己酸乙酯/（g/L）≤	0.03	
固形物/（g/L）≤	0.5	

表 8-76 老白干型低度白酒理化要求

项目	优级	一级
酒精度/%vol	18~40	
总酸（以乙酸计）/（g/L）≥	0.30	0.25
总酯（以乙酸乙酯计）/（g/L）≥	1.00	0.80
乳酸乙酯/乙酸乙酯≥	0.80	
乳酸乙酯/（g/L）≥	0.40	0.30
己酸乙酯/（g/L）≤	0.03	
固形物/（g/L）≤	0.90	

（4）卫生要求　应符合 GB 2757—2012 的规定。

11.《白酒质量要求　第 8 部分：浓酱兼香型白酒》（GB/T 10781.8—2021）

GB/T 10781 的本部分规定了浓酱兼香型白酒的质量要求，包括术语和定义、要求、试验方法、检验规则和标志、包装、运输、贮存。本部分适用于浓酱兼香型白酒的生产、检验与销售。

（1）定义

浓酱兼香型白酒：以粮谷为原料，采用一种或多种曲为糖化发酵剂，经固态发酵（或分型固态发酵）、固态蒸馏、陈酿、勾调而成的，不直接或间接添加食用酒精及非自身发酵产生的呈色、呈香、呈味物质，具有浓香兼酱香风格的白酒。

（2）感官要求　浓酱兼香型白酒感官要求应符合表 8-77 的规定。

表 8-77 浓酱兼香型白酒感官要求

项目	优级	一级
色泽和外观	无色或微黄，清亮透明，无悬浮物，无沉淀*	
香气	浓酱香气谐调，幽雅，陈香突出	浓酱香气谐调，舒适
口味口感	丰满细腻，绵甜爽净，回味悠长	绵甜爽净，柔和，回味绵长
风格	具有本品典型的风格	具有本品明显的风格

注：* 当酒的温度低于 10℃时，允许出现白色絮状沉淀物质或失光。10℃以上时应逐渐恢复正常。

（3）理化要求　浓酱兼香型白酒理化要求应符合表 8-78 的规定。

表 8-78　浓酱兼香型白酒理化要求

项目			优级	一级
酒精度/%vol			25.0~68.0	
固形物/（g/L）		≤	0.60	
总酸*/（g/L）	产品自生产日期≤一年内执行的指标	≥	0.60	0.40
总酯*/（g/L）		≥	1.60	1.00
乙酸乙酯*/（g/L）			0.60~2.00	0.60~1.80
酸酯总量*/（mmol/L）	产品自生产日期≥一年内执行的指标	≥	35.0	30.0
乙酸乙酯+乙酸*/（g/L）		≥	1.20	0.80

注：*按酒精度 45.0%vol 折算。

（4）净含量　按《定量包装商品计量监督管理办法》执行。

12.《酱香型白酒》（GB/T 26760—2011）

本标准规定了酱香型白酒的术语和定义、产品分类、技术要求、试验方法、检验规则和标志、包装、运输和贮存。本标准适用于酱香型白酒的生产、检验与销售。

（1）定义、分类及分级

①酱香型白酒：以高粱、小麦、水等为原料，经传统固态发酵、蒸馏、贮存、勾兑而成的，未添加食用酒精及非白酒发酵产生的呈香、呈味、呈色物质，具有酱香风格的白酒。

②产品分类：按产品的酒精度分为以下两种。

高度酒：酒精度 45%~58%vol。

低度酒：酒精度 32%~44%vol。

③产品分级

a. 以大曲为糖化发酵剂生产的酱香型白酒可分为优级、一级、二级。

b. 不以大曲或不完全以大曲为糖化发酵剂生产的酱香型白酒可分为一级、二级。

（2）感官要求　酱香型高度白酒、低度白酒的感官要求应分别符合表 8-79、表 8-80 的规定。

表 8-79　酱香型高度白酒感官要求

项目	优级	一级	二级
色泽和外观	无色或微黄，清亮透明，无悬浮物，无沉淀*		
香气	酱香突出，香气幽雅，空杯留香持久	酱香较突出，香气舒适，空杯留香较长	酱香明显，有空杯香

续表

项目	优级	一级	二级
口味	酒体醇厚，丰满，诸味谐调，回味悠长	酒体醇和，谐调，回味长	酒体较醇和、谐调，回味较长
风格	具有本品典型风格	具有本品明显风格	具有本品风格

注：＊当酒的温度低于10℃时，允许出现白色絮状沉淀物质或失光。10℃以上时应逐渐恢复正常。

表8-80　　酱香型低度白酒感官要求

项目	优级	一级	二级
色泽和外观	无色或微黄，清亮透明，无悬浮物，无沉淀＊		
香气	酱香较突出，香气较幽雅，空杯留香久	酱香较醇正，空杯留香好	酱香较明显，有空杯香
口味	酒体醇和，谐调，味长	酒体柔和、谐调，味较长	酒体较柔和、谐调，回味悠长
风格	具有本品典型风格	具有本品明显风格	具有本品风格

注：＊当酒的温度低于10℃时，允许出现白色絮状沉淀物质或失光。10℃以上时应逐渐恢复正常。

（3）理化要求　酱香型高度白酒、低度白酒的理化要求应分别符合表8-81、表8-82的规定。

表8-81　　酱香型高度白酒理化要求

项目	优级	一级	二级
酒精度（20℃）/%vol		45~58＊	
总酸（以乙酸计）/（g/L）≥	1.40	1.40	1.20
总酯（以乙酸乙酯计）/（g/L）≥	2.20	2.00	1.80
己酸乙酯/（g/L）≤	0.30	0.40	0.40
固形物/（g/L）≤		0.70	

注：＊酒精度实测值与标签标示值允许差为±1.0%vol。

表8-82　　酱香型低度白酒理化要求

项目	优级	一级	二级
酒精度（20℃）/%vol		32~44＊	
总酸（以乙酸计）/（g/L）≥	0.80	0.80	0.80

续表

项目	优级	一级	二级
总酯（以乙酸乙酯计）/（g/L）≥	1.50	1.20	1.00
己酸乙酯/（g/L）≤	0.30	0.40	0.40
固形物/（g/L）≤		0.70	

注：*酒精度实测值与标签标示值允许差为±1.0%vol。

（4）卫生指标　应符合 GB 2757—2012 的规定。

拓展阅读

世界六大蒸馏酒

酒水，早已成为我们日常生活中不可或缺的重要元素。无论是那温馨而惬意的家庭聚会，还是朋友间欢声笑语的聚餐时光，抑或是恋人间烛光摇曳的浪漫晚宴，适量的小酌总能恰到好处地调和气氛，让我们在忙碌的生活中找到片刻的宁静与放松。在世界酒文化的瑰宝中，有六大蒸馏酒尤为引人瞩目，分别是：中国白酒（Spirit）、白兰地（Brandy）、威士忌（Whisky）、伏特加（Vodka）、金酒（Gin）、朗姆酒（Rum）。

1. 中国白酒

中国白酒是中国传统酿造工艺的杰出代表，具有悠久的历史和独特的文化内涵。其历史可以追溯到公元前 5000 年左右的新石器时代，经过数千年的发展和演变，逐渐形成了其独特的风格和味道。

中国白酒是以粮谷为主要原料，以大曲、小曲或麸曲及酒母等为糖化发酵剂，采用固态法、半固态法或液态法，经浸泡、初蒸、焖粮、复蒸、摊晾、加曲装箱培菌、配糟、装桶发酵、蒸馏等步骤而制成的蒸馏酒。从原料到酿造有高粱酿酒香、大米酿酒净、玉米酿酒甜、糯米酿酒柔、大麦酿酒冲等说法。其酒质无色（或微黄）透明，气味芳香纯正，入口绵甜爽净，酒精含量较高，经贮存老熟后，具有以酯类为主体的复合香味。

中国白酒根据曲种、制作工艺、香型和主要原料等多种分类方式，可以划分出多种类型。按照香型进行分类，是中国白酒分类方式中最为广泛采用的一种，包括酱香型、浓香型、清香型、米香型、兼香型、凤香型、药香型、芝麻香型、豉香型、特香型、馥郁香型、老白干香型等。

2. 白兰地

白兰地是英文 Brandy 的译音，是以水果为原料，经发酵、蒸馏制成的酒。通常，我们所称的白兰地专指以葡萄为原料，通过发酵再蒸馏制成的酒。若是以其他水果为原料，采用相同的酿造方法，则会在白兰地酒前面加上水果原料的名称，以明确其独特的品种，比如苹果白兰地、树莓白兰地等。

世界上生产白兰地的国家众多，但法国的白兰地无疑是最为著名的。这是因为法国拥有得天独厚的酿酒葡萄资源，其出品的白兰地酒品更是驰名世界。在法国，尤以干邑地区生产的白兰地最为出色，其口感细腻，香气独特，令人陶醉。此外，雅文邑（亚曼涅克）地区所产的白兰地也备受赞誉。当然，除了法国之外，像西班牙、意大利、葡萄牙、美国、秘鲁、德国、南非、希腊等葡萄酒生产大国，也都有各自风格独特的白兰地酒品。

白兰地的酒精度通常在40%~43%vol，虽然属于烈性酒，但由于长时间的陈酿，其口感变得柔和，香味纯正，饮用后让人感受到一种高雅而舒畅的体验。其美丽的琥珀色泽，充满了迷人的魅力，加上悠久的历史，更为其增添了一层神秘的色彩。

在国际上，通行的白兰地酒精体积分数约为40%，色泽金黄晶亮，散发出优雅细致的葡萄果香和浓郁的陈酿木香，口感甘冽，醇美无瑕，余香久久不散，令人回味无穷。

3. 威士忌

威士忌，是以大麦、黑麦、玉米等谷物为原料，经过发酵与蒸馏的精细工艺后，存入木桶中进行陈酿与调配而成。其色泽丰富多彩，从金黄色的明亮到红棕色的深沉，再到琥珀色的迷人，每一款威士忌都拥有独特的色泽魅力。口感上，威士忌呈现出干辣辛烈的特质，酒精度在40%vol以上，带给人强烈的感官冲击。在威士忌的制作过程中，陈酿是一个不可或缺的关键步骤。几乎所有的威士忌都需要在橡木桶中经过一段时间的陈酿，使其逐渐吸收橡木桶的香气与风味，进而达到最佳的品质。因此，陈酿不仅是威士忌制造的必要过程，更是其独特风味的来源。

4. 伏特加

伏特加语源于俄文的“生命之水”一词，当中“水”的发音为“вода”，约14世纪开始成为俄罗斯传统饮用的蒸馏酒。但在波兰，也有更早便饮用伏特加的记录。伏特加酒以谷物或马铃薯为原料，经过蒸馏制成高达95%vol的酒精，再用蒸馏水淡化至40%~60%vol，并经过活性炭等过滤装置过滤，使酒质更加晶莹澄澈，无色且清淡爽口，使人感到不甜、不苦、不涩，只有烈焰般的刺激，形成伏特加酒独具一格的特色。伏特加酒中所含杂质极少，口感纯净，并且可以以任何浓度与其他饮料混合饮用，所以经常用作鸡尾酒的基酒，酒精度一般在40%~50%vol。

5. 金酒

金酒，这款源自荷兰、在英国发扬光大的烈酒，堪称世界酒类的一大巨头。不同地域赋予它不同的名字，荷兰人亲切地称其为Gellever，英国人则称之为

Hollamds 或 Genova，德国人唤作 Wacholder，法国人则偏爱 Genevieve，比利时人则称为 Jenevers；而在中国香港和广东，它被称为毡酒，中国台北则亲切地称之为琴酒。因其特有的杜松子香气，人们又常称其为杜松子酒。

金酒的制作过程精细且复杂，以粮谷等为主要原料，经过糖化、发酵、蒸馏得到基酒，再融入包括杜松子在内的多种植物香源，通过浸提或串香复蒸馏的方式，精心酿制而成。起初，它作为预防热带疾病的药剂，但因其独特的香气和口感，很快便成为人们喜爱的正式酒精饮料。其香气主要来源于具有利尿作用的杜松子，清新怡人。酒液无色透明，散发出奇异而清新的香气，口感醇美爽适，既可以单独品味，也可以与其他酒类混合，是调制鸡尾酒的理想基酒，被誉为鸡尾酒的心脏。

金酒的酒精度通常在35%~55%vol，酒精度越高，其品质往往越上乘。在众多金酒中，荷式、英式、美式金酒尤其受到人们的喜爱和推崇。

6. 朗姆酒

看过加勒比海盗系列电影的朋友对海盗喝的酒可能念念不忘，没错这就是朗姆酒（Rum），也称为“海盗之酒”。

朗姆酒，这一源自古巴共和国的传统佳酿，是以甘蔗汁、甘蔗糖蜜等甘蔗加工产物为精髓，经过发酵、蒸馏、陈酿、调配等多重工艺精心酿制而成的蒸馏酒。其口感细致甜润，酒精香味芬芳馥郁，令人陶醉。风味朗姆酒，是以朗姆酒为基酒，巧妙融入食品用天然香料、香精，可加糖或不加糖，调配成别具一格的饮料酒，为酒客们提供了更多的选择。根据不同的原料和酿制方法，朗姆酒可分为朗姆白酒、朗姆老酒、淡朗姆酒、强香朗姆酒等多种品类，酒精度介于38%~50%vol，酒液色泽丰富多样，有琥珀色、棕色，也有无色透明，每一种都散发着独特的魅力。值得一提的是，朗姆酒的品质与陈酿时间息息相关。陈酿时间越长，朗姆酒的口感和香气就越加醇厚。市面上销售的朗姆酒，通常为三年和七年陈酿，酒精度分别为38%vol和40%vol，生产过程中精心去除了重质醇，将令人愉悦的酒香完美保存，让每一滴朗姆酒都充满了浓郁的香气和深厚的口感。

朗姆酒的产地遍布西半球的西印度群岛以及美国、墨西哥、古巴、牙买加、海地、多米尼加、特立尼达和多巴哥、圭亚那、巴西等国家，甚至非洲岛国马达加斯加也有朗姆酒的生产。在这些出产国和地区，人们大多喜欢品尝纯正的朗姆酒，享受其原汁原味的魅力。而在美国，朗姆酒则常被用来调制鸡尾酒，为鸡尾酒带来了独特的风味和口感。朗姆酒的用途还远不止于此。它可以用作甜点的调味品，增添食物的风味；在加工烟草时加入朗姆酒，可以增加烟草的香气和口感。无论是作为饮品还是调味品，朗姆酒都以其独特的魅力，成为了人们生活中不可或缺的一部分。

习题

一、填空题

1. 能够作为酿酒原料的物质必须含有__________________，否则就不能用来作为酿酒原料。

2. 固态法酿造白酒的最大特征是：固态发酵、____________，它的主要特点如下：①采用________，开放式生产，并用多菌种混合发酵；②________、低温糖化发酵；③采用________来调节酒醅淀粉浓度、________；④设备为________蒸馏。

3. 名优酒生产所用的填充辅料是____，但因为含有________和果胶质，所以在使用时必须经过高温清蒸。

4. 存在于自然界的酿酒微生物，基本上分为3类：一是细菌，二是霉菌，三是________。

5. 白酒蒸馏的作用：________作用，______作用，加热变质作用。

6. 酿酒生产非常注重原料的蒸煮，而蒸煮主要是使用原料充分______，否则淀粉很难转化生成糖。

7. 浓香型白酒生产采用“混蒸混烧”的工艺方法，即在同一甑桶内，先__________然后__________。

8. 白酒酿造所用的曲药，以温度高低划分，浓香型是______曲药，酱香型白酒酿造所用的曲药是______曲药。

9. 曲坯入室培菌过程中，应该控制好______和______，否则会影响曲药的质量。

10. 中国白酒与______、朗姆酒、______、______、金酒并称为世界六大蒸馏酒。

二、选择题

1. 谷物类酿酒原料是(　　)。

A. 大米、玉米、蔗糖　　B. 大米、玉米、高粱　　C. 小米、高粱、薯

2. 原料高粱贮存，要求入库水分要低于(　　)。

A. 15%　　B. 14%　　C. 13%

3. 高粱淀粉含量最低要达到(　　)。

A. 70%　　B. 65%　　C. 60%

4. 糠壳是优质辅料，它有优良的“三性”，具体是指(　　)。

A. 干燥性、吸水性、透气性

B. 干燥性、填充性、透气性

C. 吸水性、透气性、填充性

5. α-淀粉酶的主要功能是切开淀粉内部的(　　)。

A. α-1,4 糖苷键

B. α-1,6 糖苷键

C. α-1,4 糖苷键和 α-1,6 糖苷键

6. 在有氧条件下，霉菌的作用是（　　）。

A. 将葡萄糖转化生成乙醇

B. 将淀粉转化生成乙醇

C. 将淀粉转化生成葡萄糖

7. 浓香型白酒生产最主要的设备是（　　）。

A. 转运设备　　B. 发酵设备　　C. 摊晾设备

8. 较为合理的配料，原料与糠壳的比例应是（　　）。

A. 1∶7　　B. 1∶2　　C. 1∶5

9. 中国白酒的发酵技术为（　　）。

A. 单边发酵　　B. 双边发酵　　C. 多边发酵

10. 正确的尝评步骤应该是(　　)。

A. 先闻香后尝味再看色　B. 先尝味后看色再闻香　C. 先看色再闻香后尝味

三、简答题

1. 为什么要缓火蒸馏?

2. 新酒为什么要贮藏?

3. 简述固态法与液态法蒸馏的差异。

4. 提高麸曲白酒质量的技术措施有哪些?

5. 减少白酒中甲醇及杂醇油含量分别有哪些措施?

6. 简述白酒浑浊的原因及除浊方法。

项目九 啤酒发酵生产技术

【知识目标】

1. 掌握啤酒的历史和分类。
2. 掌握啤酒生产原料的选择及处理工艺和生产工艺。
3. 掌握啤酒生产设备的原理及功能。
4. 掌握啤酒的理化指标。

【技能目标】

1. 掌握根据原料和工艺的不同设计不同口味的啤酒生产工艺。
2. 掌握通过理化指标辨别啤酒的质量。

【素质目标】

1. 了解我国啤酒发展现状和趋势，并且对国内的市场有自己的判断。
2. 掌握品鉴不同种类的啤酒，培养正确的饮酒文化。

啤酒是以大麦和水为主要原料，以大米或谷物、酒花等为辅料，经制麦、糖化、发酵等工艺而制成的一种含有二氧化碳、低酒精度和营养丰富的饮料。但在德国禁止使用辅料，只利用大麦芽、啤酒花、酵母和水酿制而成。啤酒是一种非常古老的饮料，它的历史可以追溯到7000~9000年前。啤酒是世界上消耗最多的发酵饮料之一，2020年，全球啤酒销量为18769. 8万千升。其中，中国啤酒销量为4269. 4万千升，占全球啤酒销量为22. 7%，已连续17年成为世界最大啤酒消费国。随着啤酒工业迅猛发展，为了降低成本，提高产量和稳定品质，在酿造中逐渐采用提高辅料比例和外加酶制剂相结合的新工艺，受到各国啤酒行业的重视。

1990—2002年我国啤酒业迅速兴起。同时，以百威为代表的众多啤酒海外企业随着改革开放的浪潮涌入国内市场，本土品牌如青岛、华润、燕京、重庆啤酒也不断收购兼并、迅速发展。其中青岛啤酒是我国啤酒行业龙头，该公司成立于1903年，总部位于山东省青岛市，百年的发展使公司在市场中形成了强大的品牌影响力。目前，公司的产品远销美国、加拿大、英国等世界100多个国家和区域，是世界第五大啤酒厂商。在2021年世界品牌实验室发布的世界品牌500强中，青岛啤酒的品牌价值为1985.66亿元，连续18年位居中国内地啤酒行业首位。

国内啤酒质量日益同质化，质量是企业竞争力的基础，日趋个性化的品牌成为企业竞争力的核心部分。突出自己的品牌独特个性和丰富内涵，塑造优秀品牌，扩大品牌的差异性，是企业提高整体竞争力的前提。随着国内新一轮消费高潮的掀起，中高档啤酒市场、特色啤酒市场和女士啤酒市场得到发展。在农村，随着农村经济的快速发展，啤酒消费将出现稳步增长趋势。一方面普通消费者开始购买高端产品，另一方面高附加值啤酒呈现快速增长态势，居民收入、城镇化率提高，这些都在推动啤酒产业的消费结构变化。“企业-消费者”的直销模式也会得到快速发展，尤其是电子商务的发展使啤酒的网上营销得到快速发展。

啤酒生产技术分为麦芽制造和啤酒酿造两大阶段。啤酒生产的一般工艺流程如图9-1所示。

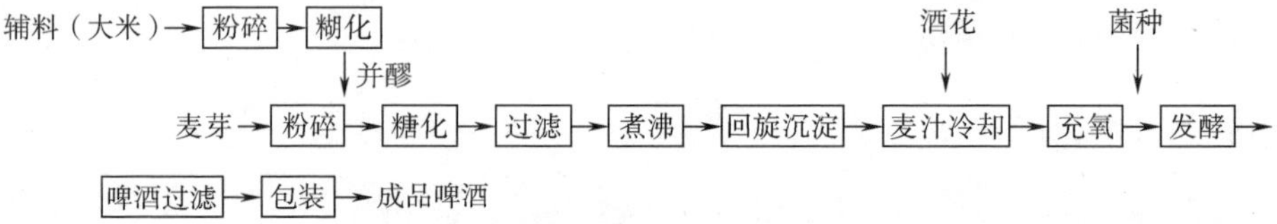

图9-1　啤酒生产的一般工艺流程

由于生产啤酒所用的酵母类型、生产方式、产品原麦汁浓度、色泽等的不同而形成很多品种，大体可分为以下几种类型。

1. 按生产方式分类

（1）鲜啤酒　不经巴氏杀菌或高温瞬时灭菌的新鲜啤酒称为鲜啤酒，也称为生啤酒。鲜啤酒多为桶装，保质期较短，对存放环境要求高。

（2）熟啤酒　经巴氏杀菌或高温瞬时灭菌的啤酒称为熟啤酒，也称杀菌啤酒。这类啤酒可瓶装或罐装，保质期较长。

（3）纯生啤酒　不经巴氏灭菌或高温瞬时灭菌，而采用物理过滤，达到一定稳定性的啤酒为纯生啤酒。

2. 按原麦汁浓度分类

（1）高浓度啤酒　生产啤酒的原麦汁浓度为16°P以上。

（2）中浓度啤酒　生产啤酒的原麦汁浓度为8~16°P。

（3）低浓度啤酒　生产啤酒的原麦汁浓度低于8°P。

3. 按啤酒的色泽分类

（1）淡色啤酒　淡色啤酒的色泽呈淡黄或金黄色，色度在3~14EBC。这类啤酒酒花香味突出，口味爽快醇和。

（2）浓色啤酒　浓色啤酒的色泽呈红褐色或红棕色，色度在15~40EBC。这类啤酒麦芽香味突出，回味醇厚，苦味较轻。

（3）黑啤酒　黑色啤酒的色泽多呈红褐色乃至黑褐色，色度在50~130EBC。

这类啤酒焦糖香味突出，回味醇厚，泡沫细腻，苦味较重。

（4）白啤酒　白啤酒是以小麦芽为主要原料的啤酒，酒液呈白色，清亮透明，麦香味突出，泡沫突出。

4. 按酵母性质分类

（1）上面发酵啤酒　上面发酵啤酒是以上面啤酒酵母进行发酵的啤酒。采用上面发酵法酿造啤酒的国家主要有英国、加拿大、比利时、澳大利亚等。其具代表性的啤酒主要有英国著名的淡色爱尔啤酒、世涛/司陶特黑啤酒、波特/波打黑啤酒、浓色爱尔啤酒等。

（2）下面发酵啤酒　下面发酵啤酒是以下面啤酒酵母进行发酵的啤酒。世界上大多数国家采用下面发酵法酿造啤酒。其典型代表有著名的捷克比尔森啤酒、德国的慕尼黑啤酒、维也纳啤酒、多特蒙德啤酒和博克啤酒，丹麦嘉士伯啤酒等。我国啤酒多属于此类型，如青岛淡色啤酒及波打黑啤酒、燕京啤酒等。

5. 新的啤酒品种

（1）干啤酒　是指酒的发酵度极高，酒中残糖极低，口味清淡爽口，后味干净，无杂味的一类啤酒。1987 年首先由日本推出，之后风靡世界。一般来说干啤酒的真正发酵度应达 72%以上，有的高达 80%以上，以区别普通的淡爽型啤酒，而酒精含量则与普通啤酒差别不大。

（2）无醇（低醇）啤酒　现在国际上命名的“无醇啤酒”，概念非常模糊。一般认为，酒精度为 0. 5%vol 以下者，可以称为无醇啤酒。酒精度在 2. 5%vol 以下者，可以称为低醇啤酒。目前此类啤酒还达不到正常啤酒所具有的风味特点，存在风味和质量问题。纯生啤酒常用生产方法主要有膜分离法、热处理法、终止发酵法。

（3）稀释啤酒　稀释啤酒是“高浓度麦汁酿造后稀释啤酒”的简称，即制备高浓度麦汁（15°P 以上），进行高浓度麦汁发酵，然后再稀释成传统的 8~12°P 的啤酒。

（4）冰啤酒　除符合淡色啤酒的技术要求外，在过滤前需经冰晶化工艺处理，口味纯净，保质期色度不大于 0. 8EBC。

（5）橡木桶陈贮啤酒　在啤酒酿造结束后，再将其倒入挑选好的橡木桶中继续发酵陈酿。此工艺最早由英国酒厂发明，该啤酒特点：木桶陈酿增味，口感丝滑，味道丰富，酒体陈酿感突出。

（6）酸啤酒　酸啤酒一般分两种：酵母菌和野生自然菌组合酿造、酵母菌和乳酸菌组合酿造两种。两种都是通过酵母菌以外的产酸菌参与发酵制得。酸啤酒一般会增加一些其他的香料或者水果汁来增味，达到平衡酒体、丰富口感的目的。自然菌发酵的方式以比利时的拉比克（Lambic，拉比克又分为原浆拉比克，水果拉比克和老贵兹三个风格）为代表；乳酸菌参与发酵的典型代表啤酒有柏林小麦和古斯啤酒。

（7）浑浊啤酒　通过特殊麦芽或者辅料提高酒液蛋白含量，使用沉降性更低的酵母，投入更多酒花等方式得到浑浊的酒体。给人一种果汁的感觉，近年来大受喜爱。

（8）增味啤酒　添加各种水果的果汁同时发酵或者后储后添加，达到丰富啤酒口感香气的目的，更加适口，备受女性顾客喜爱。

任务一　啤酒生产原辅料和生产用水

一、大麦与麦芽

1. 大麦品种

自古以来，大麦就是酿造啤酒的主要原料。大麦芽是大麦经过浸麦、发芽和烘干后制成的，选择大麦酿造啤酒的主要原因如下。

（1）大麦中含有合适的淀粉和蛋白质比例。

（2）大麦发芽后含有很多酶。

（3）大麦的皮在麦汁过滤中形成良好的过滤层，有利于提高麦汁的澄清度。

（4）麦芽在烘烤后能产生大量对啤酒颜色和香味有积极作用的物质。

（5）大麦生长遍布全球，因不是人类食用主粮而成本低廉。

大麦按大麦籽粒在麦穗上的断面形态，可分为二棱大麦和多棱大麦，如图9-2所示。

二棱大麦的籽粒均匀饱满且整齐，淀粉含量较高，蛋白质的含量相对较低，浸出物收得率高，所以一般都用二棱大麦来酿造啤酒。

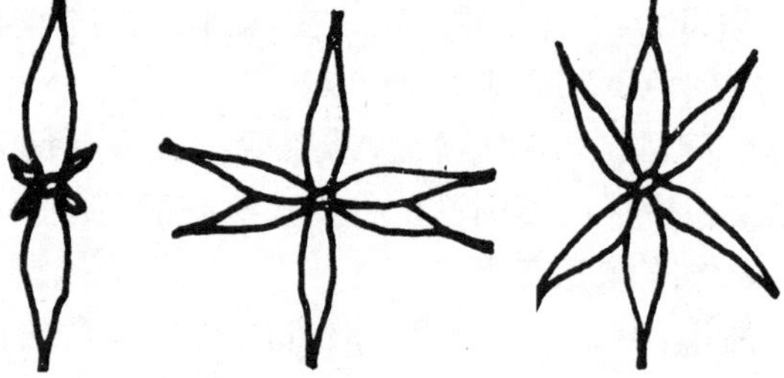

（1）二棱大麦　　（2）四棱大麦　　（3）六棱大麦

图9-2　大麦穗断面图

六棱大麦籽粒欠整齐，且籽粒较小。六棱大麦蛋白质含量稍高，淀粉含量相对较低，浸出物含量稍低，适合于制作高糖化力的麦芽。

2. 大麦的化学成分

大麦的化学组成随品种、种植条件等不同而波动，主要成分是淀粉，其次是纤维素、蛋白质、脂肪等，大麦中一般水分含 12%~20%。

大麦若水分过高，在储存过程中容易发芽、腐烂，其呼吸作用强，储存损失大，影响大麦的发芽力和大麦的质量。

（1）淀粉　淀粉是大麦中主要的化学成分，贮藏在胚乳细胞中。大麦的淀粉含量占其干物质的 58%~65%。大麦中蛋白质含量越高，小颗粒淀粉的数量越多。大麦淀粉中，直链淀粉一般占大麦淀粉含量的 17%~24%，支链淀粉占大麦淀粉含量的 76%~83%。

糖化时直链淀粉经水解几乎全部转化为葡萄糖和麦芽糖，支链淀粉被淀粉酶分解时，除了生成麦芽糖和葡萄糖外，还可产生相当数量的糊精和异麦芽糖，而糊精和异麦芽糖在发酵时较难被酵母利用。

（2）蛋白质　大麦中蛋白质含量的高低，对大麦发芽、糖化、发酵以及成品酒的泡沫、风味、稳定性都有很大影响。啤酒酿造用大麦一般要求蛋白质含量为 9% ~12%。大麦中的蛋白质可以为酵母提供营养，使啤酒口感醇厚，丰富泡沫，使啤酒早期浑浊。但若蛋白质含量高则淀粉含量低，浸出物下降，会引起啤酒浑浊，容易导致杂醇油含量高。过低会导致酵母缺乏营养引起发酵缓慢，啤酒泡持性差。

大麦中蛋白质主要可分成以下几种类型。

①清蛋白：溶于水、稀盐溶液和酸碱溶液，52℃开始凝固析出，等电点 pH 为 4.6~5.8，占大麦蛋白质的 3%~4%。

②球蛋白：溶于稀盐溶液和酸碱溶液，不溶于水，等电点 pH 为 4.9~5.7，约占大麦蛋白质的 31%，球蛋白在 90℃左右开始凝固，在麦汁制备过程中不能完全析出沉淀，是啤酒浑浊的主要原因之一。

③醇溶蛋白：不溶于水、盐溶液和无水酒精，溶于体积分数为 50%~90%的酒精溶液和酸碱溶液中，等电点 pH 为 6.5，约占大麦蛋白质的 36%，醇溶蛋白可分为 α、β、γ、δ、ε 五种，其中 δ、ε 型是造成啤酒冷浑浊和氧化浑浊的主要成分。

④谷蛋白：不溶于中性盐和纯水，溶于稀碱溶液，约占大麦蛋白质的 29%，谷蛋白和醇溶蛋白是麦糟蛋白质的主要成分。

（3）纤维素　纤维素在大麦中含量占大麦干物质质量的 3.5%~7%，主要存在于大麦的皮壳中，是构成谷皮细胞的主要物质。其对酶的作用有相当强的抵抗力，很难分解。纤维素不溶于水，因此不参与物质代谢，保留在大麦皮壳中，过滤时形成过滤层。

（4）半纤维素和麦胶物质　半纤维素和麦胶物质占麦粒干物质的 10%~11%，是胚乳细胞壁的构成物，也存在于谷皮中。

半纤维素不溶于水而溶于稀碱溶液。谷皮中的半纤维素主要是戊聚糖及少量的β-葡聚糖和糖醛酸。胚乳中的半纤维素主要含β-葡聚糖及少量戊聚糖。麦胶物质在成分组成上与胚乳中的半纤维素无甚差别，只是相对分子质量较半纤维素低，易溶于水。

半纤维素和麦胶物质中的β-葡聚糖的水溶液黏度极高。发芽过程中，溶解良好的麦芽，β-葡聚糖已大部分分解，溶解不良的麦芽，β-葡聚糖分解不完全，由此制出的麦汁黏度高，不利于麦汁过滤，还会造成啤酒口味不爽的感觉。β-葡聚糖也是引起啤酒浑浊的成分之一。

（5）大麦酚类物质　多酚类物质主要存在于皮壳中，其含量占大麦干物质的0.1%~0.3%。大麦中的酚类物质含量虽少，但对啤酒的色泽、泡沫、风味和稳定性影响很大。酚类物质包括小分子酚（如香草酸或香豆素等）和较大分子酚（如花色苷、儿茶酸等），较大分子酚经过缩合和氧化后，具有单宁性质，易和蛋白质起交联作用而沉淀出来。

（6）其他　大麦中其他成分含量如表9-1所示。

表 9-1　　大麦和麦芽化学成分　　单位:%

成分	含量	
	大麦	麦芽
淀粉	63~65	58~60
蔗糖	1~2	3~5
还原糖	0.1~0.2	3~4
其他糖	1	2
可溶性大麦胶	1~1.5	2~4
半纤维素	8~10	6~8
类脂	2~3	2~3
粗蛋白质（$N\times6.25$）	8~11	8~11
氨基酸和肽	0.5	1~2
核酸	0.2~0.3	0.2~0.3
无机盐	2	2.2
其他	5~6	6~7

把原料大麦制成麦芽，称为制麦。发芽后制得的新鲜麦芽称为绿麦芽，经干燥和焙焦后的麦芽称为干麦芽。

麦芽制造的主要目的是：使大麦生成各种酶，并使大麦胚乳中的淀粉在酶的作用下，达到适度的溶解。除去多余水分，去掉绿麦芽的生腥味，并在焙焦中使麦粒产生特有的色香味，对啤酒的风味产生重要影响。

制麦的主要步骤：

（1）浸麦　激活休眠的大麦，同时达到清洗的目的。

（2）发芽 产生糖化所需的酶，改变高分子胚乳物质。

（3）干燥 终止发芽和溶解，变为稳定麦芽，形成颜色风味。

3. 啤酒酿造对大麦芽的质量要求

（1）外观特征 麦芽感官特征及其评价如表 9-2 所示。

表 9-2 麦芽的感官特征及其评价

项目	特征与评价
夹杂物	麦芽应除根干净，不含杂草、谷粒、尘埃、枯草、半粒、霉粒和损伤粒等杂物
色泽	应具淡黄色，表面有光泽，与大麦相似。发霉的麦芽呈绿色、黑色或有红斑
香味	有特殊香味，不应有霉味、潮湿味、酸味、焦苦味和烟熏味等。浅色麦芽香味小一些，深色麦芽香味浓一些

（2）化学特性 麦芽化学特性及其评价如表 9-3 所示。

表 9-3 麦芽的化学特性及其评价

项目		特性与评价
一般检验（标准协定法糖化试验）	水分	出炉麦芽：浅色麦芽 3.5%~5%，深色麦芽 2%~3%，贮藏期中水分增长：0.5%~1.0%，使用时水分不超过 6%
	浸出率	优良的麦芽，无水浸出率应在 78%~82%，与大麦品种、气候和生长条件以及制麦方法有关
	糖化时间	优良的麦芽糖化时间：浅色麦芽 10~15min，深色麦芽 20~30min
	麦汁过滤速度与透明度	溶解良好的麦芽，麦汁的过滤速度快，麦汁清；溶解不良的麦芽，麦汁过滤速度慢，麦汁不清。麦汁的过滤速度和透明度还受大麦品种生长条件、发芽方法、干燥温度和麦芽贮藏期等的影响，不能仅以此作为衡量麦芽质量的标准
	色度	正常的麦芽，协定法糖化麦汁的色度应为：浅色麦芽 2.5~4.5EBC，中度深化色麦芽 5~8EBC，深色麦芽 9~13EBC
	香味和品味	协定法糖化麦汁的香味与口味应醇正，无酸涩味、焦味、霉味、铁腥味等不良杂味

啤酒种类繁多，许多产品有着特有的颜色、香气、口感。这意味着生产不同的啤酒，需要添加一些特别的麦芽，以突出特征，这些麦芽一般被称为“特种麦芽”。

特种麦芽能赋予啤酒特殊的性质，影响啤酒的生产过程、色香味及其稳定性等，举例如下。

①着色麦芽：着色麦芽又因加工方法不同，分为焦糖麦芽和烘烤麦芽。前者直接在麦芽烘床上制作，如结晶麦芽、类黑素麦芽等；后者则需要将干燥麦芽在

特制的金属转鼓炉内烘烤，才能达到要求的色度，如巧克力麦芽、黑麦芽等。

②非着色麦芽：色度不高，但酶活力较强，这类麦芽有乳酸麦芽和小麦麦芽等。

③乳酸麦芽：是将麦芽外部产生的乳酸吸附在麦芽中形成的。乳酸麦芽添加在糖化醪中，主要能增加缓冲作用，降低麦汁 pH，用于改进偏碱性的糖化用水。还可提高酶活性，增加浸出物收得率，改善啤酒口味，降低色度，提高泡持性。

二、 啤酒花及其制品

啤酒花简称酒花。酒花被誉为“啤酒的灵魂”，是啤酒酿造的重要原料之一，其学名为蛇麻花（*Humulus lupulus* Linn.）（图 9-3），酒花成熟后其花片下蛇麻腺的分泌物正是啤酒生产中所需要的重要成分（主要是树脂和酒花油）。酒花的主要作用是：赋予啤酒爽口的苦味和香味，增加啤酒的抑菌能力和泡持性，在麦汁煮沸时添加还可以促进蛋白质的凝聚，有利于麦汁澄清，提高啤酒的生物稳定性。

（1）局部　　（2）整株

图 9-3　蛇麻花

（一）酒花的主要有效成分及其在酿造上的作用

酿造上酒花的有效成分主要包括：酒花油、酒花苦味物质和酒花多酚类物质。

1. 酒花油

酒花中含有 0.5%～2.0% 的酒花油，其组成成分很复杂。酒花油溶解度极小，易于挥发，容易被氧化。酒花油的主要成分是萜烯类碳氢化合物、含氧化合物和微量的含硫化合物等。

酒花油不易溶于水和麦汁，大部分酒花油在麦汁煮沸或热、冷凝固物分离过程中被分离出去。尽管酒花油在啤酒中保存下来的量很少，但却是啤酒中酒花香味的主要来源。

2. 酒花苦味物质

啤酒的苦味和防腐能力主要是由酒花中的苦味物质 α-酸和 β-酸提供的。

α-酸是目前公认的在酒花树脂中最重要的成分，煮沸时加入酒花，α-酸在热环境下进行异构化变为水溶性苦味物质异 α-酸（异构化率可为 40%~60%）。α-酸本身具有苦味和防腐能力，异 α-酸在麦汁中的溶解度比 α-酸大得多，具有强烈的苦味，防腐能力也高于 α-酸，是啤酒苦味的主要来源。

β-酸又称蛇麻酮，溶解度小，苦味和防腐能力不如 α-酸，β-酸有一定的抑菌能力。

α-酸和 β-酸容易被氧化转变成软树脂和硬树脂，硬树脂在啤酒酿造中无任何价值。

3. 酒花多酚类物质

酒花中含有 4%~10%的多酚类物质，主要是花色苷、花青素和单宁等，其中花色苷占 80%。酒花中的多酚含量比大麦中多酚含量要高得多，是影响啤酒风味和引起啤酒浑浊的主要成分。酒花中的多酚在麦汁煮沸时有沉淀蛋白质的作用，但这种沉淀作用在麦汁冷却、发酵，甚至过滤装瓶后仍在继续进行，会使啤酒浑浊。因此酒花多酚对啤酒既有有利的一面，也有不利的一面，需要在生产中很好地控制。

（二）酒花制品的种类及其使用方法

将新鲜酒花干燥后制成的全酒花，具有不易保存、不便运输、有效成分利用率不高等缺陷，而酒花制品则普遍受到欢迎。常用酒花制品有颗粒酒花、酒花浸膏、酒花油等。

1. 颗粒酒花

颗粒酒花是把粉碎后的酒花压制成颗粒，密闭充惰性气体保藏的酒花制品。具有体积小，不易氧化，运输、使用和保管都比较方便的优点。

2. 酒花浸膏

酒花浸膏是利用萃取剂将酒花中 α-酸大量萃取出的树脂浸膏，是以 α-酸为主体成分的酒花制品。标准的酒花浸膏总树脂含量约 35%，α-酸含量为 12%~16%。酒花浸膏的主要优点是提高了 α-酸的利用率，可节约苦味物质 20%左右，可以比较准确地控制酒花使用量，保证成品苦味值的一致性。按萃取剂的不同可分为有机溶剂（乙醚、石油醚、乙醇等）萃取浸膏和 CO_2 萃取浸膏。

3. 异构化酒花浸膏

酒花先通过异构化，再进行 CO_2 萃取制成异 α-酸浸膏。异 α-酸浸膏应和颗粒酒花、酒花浸膏等配合使用，可以在发酵后或滤酒前添加，添加量可根据产品苦味要求确定。

二氧化碳萃取还可以制备多种其他浸膏，如还原异构化浸膏、四氢异构化浸膏等。

4. β-酸酒花油

在二氧化碳萃取制备 α-酸浸膏的废液中，存在大量的 β-酸和酒花油。在适当的条件下进行萃取，可获得一种含 20%左右的酒花油和 70% β-酸及其衍生物、α-酸、多酚物质含量极少的固体树脂浸膏，即 β-酸酒花油。β-酸酒花油替代麦汁煮沸中最后一次添加的酒花，可提供新鲜的酒花香气，添加的数量可通过试验确定。

5. 酒花精油

在真空条件下通过蒸馏法蒸出酒花中的酒花精油，低溶解度的碳氢化合物部分残留在酒花中未蒸出，因此精油的碳氢化合物含量较低，风味相比较好。

三、 酿造用水

水是啤酒酿造非常重要的原料，啤酒酿造用水被称为“啤酒的血液”。诸多著名啤酒的特色都由其各自的酿造用水所决定。酿造水不仅决定产品的质量和风味，还直接影响酿造的全过程。

酿造水可以使用地表水和地下水，其水质必须符合酿造用水质量要求。若酿造用水某些指标达不到要求，必须对酿造用水进行适当处理。水处理方法有机械过滤、活性炭过滤、砂滤、加酸法、煮沸法、添加石膏法、离子交换法、电渗析法、紫外线消毒等。

水还被用于清洗设备和管道、冷却水、产生蒸汽等。酿造 1000L 啤酒，通常需要 3000~6000L 水。我国工业界目前主要采用地表水及地下水为生产水源。

1. 酿造用水的要求

酿造用水大都直接参与工艺反应，又是啤酒的主要成分。在麦汁制备和发酵过程中，许多物理变化、酶反应、生化反应都直接与水质有关。因此，酿造用水的水质是决定啤酒质量的重要因素之一，其必须符合饮用水和表 9-4 中的要求。

表 9-4　　啤酒酿造用水的要求

水质项目	理想要求	最高限度	测试频率	影响
浑浊度	透明无沉淀	透明无沉淀	每日	影响麦汁浊度，啤酒容易浑浊，沉淀
色	无色	无色	每日	有色的水是污染的水，腐殖酸、铁、锰多
味	20℃无味 50℃无味	20℃异味 50℃无味	每日	污染啤酒，口味恶劣
残余碱度（RA）/°d	≤3	≤5（淡色啤酒）	每周	影响糖化醪 pH，使啤酒风味改变，总硬度 5~20°d，对深色啤酒 RA>5°d，黑色啤酒 RA>10°d
pH	6.8~7.2	6.5~7.8	每日	不利于控制糖化醪的最适 pH，造成糖化困难，啤酒口味不佳

续表

水质项目	理想要求	最高限度	测试频率	影响
溶解总固体/(mg/L)	150~200	<500	每月	含盐量过高，使啤酒口味苦涩，粗糙
硝酸根态氮（以N计）/(mg/L)	<0.2	0.5	每月	有阻碍发酵的危险，饮水中硝酸盐的含量规定<50mg/L
亚硝酸根态氮（以N计）/(mg/L)	0	0.05	每月	阻碍酵母发酵，并使酵母改变性状，致癌
铵态氮/(mg/L)	0	0.5	每月	表示水源受污染程度
氯化物/(mg/L)	20~60	<100	每月	适量，在糖化时促进酶作用，提高酵母活性，使啤酒口味柔和圆满。超过会引起酵母早衰，啤酒带咸味
硫酸盐/(mg/L)	<200	240	每月	过量会使啤酒涩味重
铁/(mg/L)	<0.05	<0.1	每月	水呈红或褐色，有铁腥味，麦汁色泽暗
锰/(mg/L)	<0.03	<0.1	每月	过量会使啤酒缺乏光泽，口味粗糙
饮用水中有害物质	—	—	每年	符合GB 5749—2006生活饮用水要求，每年送卫生部门检查，不得有大肠杆菌和八叠球菌存在
硅酸盐/(mg/L)	<20	<50	每年	麦汁不清，发酵时形成胶团，影响发酵和过滤，引起啤酒浑浊，口味粗糙
高锰酸钾消耗量/(mg/L)	<3	<3	每月	超过10mg/L时，有机物被严重污染

2. 水中无机离子对啤酒酿造的影响

水中无机离子对啤酒酿造的影响，如表9-5所示。

表9-5　水中无机离子对啤酒酿造的影响

无机离子	对啤酒酿造的影响
钙离子	其最大作用是调节糖化醪和麦汁的pH，保护α-淀粉酶的活力，沉淀蛋白质和草酸根离子，避免成品啤酒产生浑浊和喷涌现象，含量过高会带来粗糙的苦味
锌离子	是酵母生长的必需离子，含量在0.1~0.5mg/L时，能促进酵母生长代谢，增强泡持性
钠离子	钠的碳酸盐形式能使糖化醪和麦汁的pH大幅度升高，与氯离子并存能使啤酒带有咸味，含量过高常使啤酒变得粗糙、不柔和
镁离子	能使糖化醪和麦汁的pH升高，过多有苦涩味，会损害啤酒的风味和泡沫稳定性
铁离子	铁含量过高，会抑制糖化的进行，加深麦汁色度，影响酵母的生长和发酵，加速啤酒氧化，产生粗糙的苦味和铁腥味，导致啤酒浑浊和喷涌

续表

无机离子	对啤酒酿造的影响
锰离子	微量利于酵母生长，过量会使啤酒缺乏光泽，口味粗糙，引起啤酒浑浊并影响风味稳定性
硫酸根离子	有增酸作用，提高酒花香味，促进蛋白质絮凝，利于麦汁澄清。过量易使啤酒中挥发性硫化物增多，致使啤酒口味淡薄、发苦
硝酸根离子	可作为水源是否污染的指示性离子，能对酵母造成严重伤害，可抑制酵母生长，阻碍发酵
氯离子	含量适当，能促进 α-淀粉酶的作用，提高酵母活性，啤酒口味柔和、圆润、丰满。含量过高，易引起酵母早衰，使啤酒带有咸味，且容易腐蚀设备及管路
硅酸盐	含量过高，麦汁不清，影响酵母发酵和啤酒过滤，容易引起啤酒浑浊，使啤酒口味粗糙

四、 辅料

在啤酒麦汁制造的原料中，除了主要原料大麦麦芽以外，还有特种麦芽、小麦麦芽及辅助原料。辅助原料的选择可根据各地区的资源和价格，选用富含淀粉的谷类作物（如大麦、小麦、玉米、大米、高粱等）、糖类或糖浆等，但必须不含导致啤酒酿造过程困难的物质。而辅助原料的使用和配比也要根据不同国家的习惯和所酿造啤酒的种类、级别等因素来确定。如德国、挪威、希腊三个国家在酿造啤酒时不允许使用辅助原料。酿造著名的、高质量的啤酒必须保证其原料的原辅料品种和配比，以避免影响啤酒特性。一般啤酒的酿造过程中，辅助原料的量控制在 10%～50%。最后，添加的辅助原料在制麦汁时应产生正常的发酵产物，所制啤酒应能适应广大消费者的需求。

啤酒酿造中，常常添加一些富含淀粉的未发芽谷物、糖类或糖浆作为麦芽辅助原料。

使用辅料的目的是：①以价廉而富含淀粉的谷物为麦芽辅助原料，可降低原料成本和吨酒粮耗。②使用糖类或糖浆为辅料，可以节省糖化设备的容量，同时可以调节麦汁中糖的比例，提高啤酒发酵度。③使用辅助原料可以降低麦汁中蛋白质和多酚类物质的含量，降低啤酒色度，改善啤酒风味和非生物稳定性。④使用部分辅助原料可以调整麦汁组分，提高啤酒某些特性（如小麦可以增加啤酒中蛋白质的含量，改进啤酒的泡沫性能）。⑤节省设备和时间：如使用糖或者糖浆为辅助原料，可节省糖化设备的容量和糖化的时间。

原则上，凡富含淀粉的谷物都可以作为辅料，但添加辅料后不应造成过滤困难，不影响酵母的发酵和产品卫生指标，不能带入异味，不影响啤酒的风味。谷类辅助原料用量一般控制在 10%～50%，常用的比例为 30%～50%，糖类或糖浆辅助原料用量为10%左右。

不同国家使用辅助原料的情况极不一样。我国的啤酒生产使用的谷物辅料中，除个别厂用玉米外，多数厂用大米，使用量多数为原料的20%~30%，有的厂使用量高达40%~50%。在欧美，有很多厂家用玉米作辅料，使用前经过去胚。有些国家早已采用小麦作为某些特制啤酒的原料或辅助原料，如德国的小麦啤酒是以小麦芽作为主原料生产的，比利时的兰比克啤酒（lambic beer）则是以小麦作为麦芽辅助原料。国际上采用糖为辅助原料，一般用量不超过20%。麦汁中添加糖类，大多在产糖比较丰富的地区应用，添加的种类有蔗糖、葡萄糖、转化糖和糖浆，使用量一般为原料的10%左右。在我国，也有厂家使用部分蔗糖为辅助原料。

1. 大米

大米的种类很多，有粳米、籼米、糯米等，啤酒工业使用的大米要求严格，必须是精米。粳米含直链淀粉多，有96.1%的淀粉能被酶水解成可发酵性糖。糯米中支链淀粉含量较多，糊化时黏度大，可发酵性糖生成量较少。大米淀粉含量高于麦芽，可达75%~82%，蛋白质和脂肪含量较低。我国盛产大米，所以大米一直是我国啤酒生产最常用的辅料。用大米代替部分麦芽，具有可提高麦汁收得率，降低成本，改善啤酒的色泽和风味以及提高啤酒的非生物稳定性等特点。

但在大米的用量比例较高的情况下，糖化麦汁中的可溶性氮和矿物质含量较少，发酵不够强烈。如果采用较高温度进行发酵，就会产生较多的发酵副产物（如高级醇、酯类），对啤酒的香味和麦芽香不利。大米用量一般为25%~35%。

2. 小麦

小麦作辅料，由于小麦的可溶性高分子蛋白质含量高，泡沫性能好。

小麦花色苷含量低，有利于啤酒的非生物稳定性，风味也好，色度较大米深。

小麦辅料制作的麦汁中有较多的可溶性氮，麦汁总氮和氨基氮均比大米高，使得酒液发酵快，啤酒的最终pH较低。

小麦还含有较多的α-淀粉酶和β-淀粉酶，有利于快速糖化，但过滤和煮沸麦汁略浑浊，需作进一步处理，如加单宁酸沉淀等。

3. 玉米

玉米作为啤酒辅料之一，其脂肪含量高，会影响啤酒的风味和泡沫。因此，作为啤酒辅料的玉米，必须进行脱脂处理，脂肪含量大于5%的玉米加工品不得用于酿造啤酒。

4. 大麦

未发芽大麦含有较多的β-葡聚糖，故一般用量为15%~20%。如添加含淀粉酶、肽酶和β-葡聚糖酶的复合酶制剂，大麦用量可达30%~40%。大麦在糖化前，应先用碱溶液浸泡，以除去花色苷、色素和硅酸盐等有害物质，用清水洗至中性，再采用湿法粉碎。

5. 淀粉

采用淀粉的优点是：淀粉纯度高、杂质少、黏度低、无残渣，可以生产高浓度啤酒、高发酵度啤酒，且麦汁过滤容易，啤酒风味和非生物稳定性能满足实际要求。

6. 糖类或淀粉水解糖浆

为调节麦汁中糖的比例，提高发酵度，可以在煮沸锅中直接添加糖类（蔗糖、葡萄糖）或淀粉水解糖浆（大麦糖浆、玉米糖浆等）。但由于糖类缺乏含氮物质，为了保证酵母的营养，添加量一般为10%左右。糖浆的添加量可稍高，为30%左右。生产深色啤酒时也可添加部分焦糖，以调节啤酒色度。

7. 燕麦

燕麦是精酿啤酒最常用的一种辅料。燕麦本身味道很淡，一般使用量在5%~15%，深色啤酒配方中使用量往往会多一些。同时也考虑酒的残糖、苦度以及二氧化碳饱和度，避免产生过腻感。

8. 生物制剂

现如今为满足生产需求，更经济高效地达到所需目的，人工提取或制取一些生物酶和制剂，比如淀粉酶、蛋白酶等。

任务二 麦汁的制备

麦汁的制备是啤酒生产的开始，麦汁的制备决定其质量和麦汁的收得率，进而影响啤酒的质量和产量。麦汁制备俗称糖化，糖化是指利用麦芽本身所含有的各种水解酶类（或外加酶制剂），以及水和热力作用，将麦芽和辅助原料中的不溶性高分子物质（淀粉、蛋白质、半纤维素、植酸盐等）分解成可溶性的低分子物质（如糖类、糊精、氨基酸、肽类等）。溶解于水的各种干物质称为“浸出物”，制得的澄清溶液称为麦汁。麦汁中的浸出物含量与原料中所有干物质的比称为“无水浸出率”。啤酒的品种和质量直接受麦汁质量的影响，啤酒的成本也受糖化工艺和原料、水、电、汽消耗的影响，因此，糖化过程是啤酒生产中的重要环节。麦汁的制备过程包括：原料的粉碎，原料的糊化、糖化，麦汁的过滤，麦汁加酒花煮沸，麦汁处理（澄清、冷却、通氧）等过程。

一、原料粉碎

粉碎是一个纯物理加工过程，原料通过粉碎可以增大内容物与水的接触面积，使淀粉颗粒很快吸水软化、膨胀至溶解。粉碎可以使内含物与介质水和生物催化剂酶接触面积增大，加速物料内含物的溶解和分解，加快可溶性物质的浸出，促进难溶性物质的溶解。麦芽的粉碎原则是：皮壳破而不碎，胚乳适当细，并注意提高粗细粉粒的均匀性。

麦芽的皮壳在麦汁过滤时作为自然滤层，不能粉碎过细，应尽量保持完整。若粉碎过细，滤层压得太紧，会增加过滤阻力，使过滤困难。另外皮壳中的有害物质如多酚、苦味物质等容易溶出，会加深啤酒色度，使苦味粗糙。麦芽胚乳部分从理论上讲粉碎得越细越好，特别是对溶解不好的麦芽，采用机械破碎的方式可以使内含物在糖化过程中最大限度地溶出，提高糖化收得率。但过细也会增加耗电量，操作费用增加。辅助原料（如大米等未发芽谷物）的粉碎应尽可能细些，以增加浸出物的收得率。

1. 麦芽粉碎方法

麦芽粉碎一般分为四种：干法粉碎、湿法粉碎、回潮粉碎和连续浸渍湿式粉碎。

（1）干法粉碎　干法粉碎是传统的粉碎方法，设备简单，易于操作，中小型酒厂广泛采用这种方式。要求麦芽水分在6%~8%为宜，此时麦粒松脆，便于控制浸麦度，其缺点是粉尘较大，麦皮易碎，容易影响麦汁过滤和啤酒的口味和色泽。

（2）湿法粉碎　湿法粉碎的全部操作为：浸渍→磨碎→匀浆→泵出。

将麦芽在预浸槽斗中用20~50℃的温水浸泡10~20min，使麦芽含水量达25%~30%，再用湿式粉碎机带水粉碎，之后加入30~40℃的糖化水，匀浆，泵入糖化锅。

优点：①由于麦芽连续浸渍，麦皮含水均匀，麦皮比较完整，过滤时间缩短，减少不良物质的浸出，对溶解不良的麦芽，可提高浸出率（1%~2%）。糖化效果好，麦汁清亮。

②麦芽浸泡在水中，接触空气时间短，氧化程度降低，有利于啤酒口味的醇正。

③减少了原料的粉尘污染。

④粉碎机可安装于糖化室内，节省基建投资。

缺点：①生产力要求高，能耗高，每吨麦芽粉碎的电耗比干法高20%~30%。

②由于每次投料麦芽同时浸泡，而粉碎时间不一，使其溶解性产生差异，糖化也不均一。

③需要清洗彻底，不留死角，否则易污染杂菌。

（3）回潮粉碎　又叫增湿粉碎，具体操作是在很短时间里向麦芽通入蒸汽或一定温度的热水，使麦壳增湿，使麦皮具有弹性而不破碎，粉碎时保持相对完整，有利于过滤。而胚乳水分保持不变，利于粉碎。

（4）连续浸渍湿式粉碎　连续浸渍湿式粉碎是 20 世纪 80 年代德国 Steinecher 和 Happman 等公司推出的改进型湿式粉碎法。它改进了湿式粉碎的两个缺点，将湿法粉碎和回潮粉碎有机地结合起来。麦芽粉碎前是干的，然后在加料辊的作用下连续进入浸渍室，用温水浸渍 60s，使麦芽水分达到 23%～25%，麦皮变得富有弹性，随即进入粉碎机，边喷水边粉碎，粉碎后落入调浆槽，加水调浆后泵入糖化锅。

2. 辅料粉碎

由于辅料一般是未发芽的谷物，胚乳比较坚硬，比麦芽磨碎所需的电能大，对设备的损耗也较大。工艺上对粉碎的要求是有较高的粉碎度，粉碎得细一些，有利于辅料的糊化和糖化。辅料粉碎一般采用三辊或四辊的二级粉碎机，也可采用磨盘式粉碎机或锤式粉碎机。

3. 粉碎度的调节

麦芽粉碎后，皮壳、粗粒、细粒、粗粉和细粉所占料粉质量的质量分数称为粉碎度，粉碎度是衡量麦芽或辅助原料粉碎程度的数值。

麦芽粉碎度直接影响到麦汁的组成。通过细粉碎，胚乳中的物质溶解和酶的释出加快，从而在最佳温度具有更强的作用，它可以改善蛋白质和半纤维素的分解状况，增加可发酵糖的含量，缩短糖化时间。

现代湿粉碎方法对释放难溶的颗粒有良好的作用。只有当被水浸透的麦皮在很大程度上被粉碎时，才可以将封闭的在麦皮中的粗粒挤压出来，所以现代增湿粉碎机是更为理想的粉碎方法。

粉碎度的调节主要依据麦芽的溶解度、糖化方法和麦汁过滤设备等灵活控制。

（1）麦芽溶解度　对于溶解良好的麦芽，胚乳组织疏松，胚乳物质已得到较好的分解，又富含水解酶，糖化时十分方便，易于粉碎，粉碎后细粉和粉末较多，易于糖化，粉碎度对麦芽浸出率的影响不大，可以粉碎得粗一些。

（2）糖化方法　采用不同的糖化方法对粉碎度的要求也不同。一般浸出糖化法或快速糖化时，粉碎度应大一些。反之，采用长时间糖化或者二次、三次煮出糖化法，粉碎度可以小些。

（3）麦汁过滤设备　麦芽粉碎度还与过滤设备有极为密切的关系。采用过滤槽过滤，是以麦糟为滤层，以麦皮作为过滤介质的。要求麦皮尽可能完整，因此麦芽要进行粗粉碎。如果采用压滤机过滤，以聚丙烯滤布作为过滤介质，粉碎时无需对麦皮进行特殊保护，因此粉碎要细一些，又可提高糖化麦汁收得率。但过细也会导致啤酒质量下降和麦汁过滤困难。如采用快速过滤槽，粉碎度应介于前两者之间。

二、原料的糊化和糖化

糖化是麦汁制备中最重要的过程之一。过程中水与麦芽粉碎物充分混合，在麦芽各种酶系的作用下，可溶性物质彻底浸出。糖化工艺是影响麦汁组成的重要因素，最终影响到成品啤酒的口味稳定性，所以要严格控制各因素的变化。

糖化过程主要包括：淀粉分解，蛋白质分解，β-葡聚糖分解，酸的形成和多酚物质的变化。糖化的主要方法有：煮出糖化法、浸出糖化法、复式糖化法（双醪糖化法）等。

1. 糖化过程中酶的作用

糖化过程中的酶主要来自麦芽本身，有时也用外加酶制剂。这些酶以水解酶为主，包括淀粉分解酶（α-淀粉酶、β-淀粉酶、界限糊精酶、R-酶、α-葡萄糖苷酶、麦芽糖酶和蔗糖酶等），蛋白分解酶（内肽酶、羧肽酶、氨肽酶、二肽酶等），β-葡聚糖分解酶（内-β-1,4-葡聚糖酶、内-β-1,3-葡聚糖酶、β-葡聚糖溶解酶等）和磷酸酶等。糖化时主要酶作用的最适条件如表 9-6 所示。

表 9-6　糖化时主要酶作用的最适 pH、温度

酶	最适 pH	最适温度/℃	失活温度/℃
酸性磷酸酶	4.5~5.0	50~53	70
α-淀粉酶	5.6~5.8	70~75	80
β-淀粉酶	5.4~5.6	60~65	70
麦芽糖酶	6.0	35~40	>40
界限糊精酶	5.1	55~60	>65
R-酶	5.3	40	>70
内-β-葡聚糖酶	4.5~5.0	40~45	>55
外-β-葡聚糖酶	4.5~5.0	27~30	>40
β-葡聚糖溶解酶	6.6~7.0	60~65	72

（1）淀粉酶　淀粉酶是可以将淀粉水解为糊精、寡糖和单糖等产物的酶的总称。α-淀粉酶是液化型淀粉酶，对热较稳定。作用于直链淀粉时，可将直链淀粉或支链淀粉的长链分解成由 7~12 个葡萄糖单位组成的短链糊精，然后β-淀粉酶再从短链的末端每次切下两个葡萄糖，形成麦芽糖、葡萄糖和小分子糊精等，是一种耐热性较差，作用较缓慢的糖化型淀粉酶。

不同长度的淀粉链会糖化生成麦芽糖和其他糖类。由于α-淀粉酶和β-淀粉酶都不能分解 1,6-糖苷键，因此淀粉的分解在其前 2~3 个葡萄糖残基处停滞。所以在正常的麦汁中，总会有界限糊精。

（2）β-葡聚糖酶　β-葡聚糖酶可将黏度很高的β-葡聚糖降解，从而降低醪液的黏度。

（3）蛋白分解酶　蛋白分解酶作用于原料中的蛋白质，分解产物为胨、多肽、低肽和氨基酸。

2. 糖化过程中主要的物质变化

原料麦芽的无水浸出物，仅占17%左右，经过糖化，麦芽的无水浸出率提高到75%~80%，大米的无水浸出率提高到90%以上，原料和辅料都得到了较好的分解。糖化过程中的物质变化主要包括：淀粉分解，蛋白质分解，β-葡聚糖分解，酸的形成等。

（1）淀粉分解　麦芽的淀粉含量占其干物质的58%~60%，辅料大米的淀粉含量为干物质的80%~85%，玉米的淀粉含量为干物质的69%~72%。所以，淀粉是酿造啤酒原料中最主要的成分，可见它的分解效果将直接影响到啤酒的成本及啤酒的质量。

①辅料（非发芽谷物）的糊化和液化：大米、玉米等酿造辅料未经过发芽，其淀粉存在于胚乳中，以大小不等的颗粒存在于淀粉细胞的细胞壁中。在淀粉细胞之间还充满了蛋白质等物质。淀粉颗粒中的直链淀粉以螺旋状长链缠绕重叠，支链淀粉包裹在直链淀粉外部和直链淀粉之间，不溶于冷水也难被麦芽中的淀粉酶分解。当进行加热，温度升高至70℃左右时，淀粉颗粒开始裂解，淀粉进入水中，折叠缠绕的淀粉长链开始舒展，继续升高温度，淀粉颗粒吸水膨胀，可形成“凝胶状”。淀粉颗粒吸水膨胀，从细胞壁中释放并形成凝胶的过程称“糊化”。不同种类的淀粉其糊化温度是不同的，如表9-7所示。

表9-7　不同种类淀粉的糊化温度

淀粉种类	大麦淀粉	小麦淀粉	大米淀粉	玉米淀粉	麦芽淀粉
糊化温度/℃	70~80	60~85	80~85	65~87	70~80

淀粉糊化后，继续加热或者受到淀粉酶的水解，淀粉长链可断裂成短链状糊精，黏度迅速降低，此过程称为液化，为促进液化，常加入麦芽或者α-淀粉酶。在麦芽中酶存在的情况下，麦芽淀粉的糊化温度降到55℃。

辅料的糊化、液化常在100℃下保温30min。有的采用低压100kPa，105~110℃下保温30min。使淀粉充分糊化，提高浸出率，同时可提供混合糖化醪升温所需要的热量，达到阶段升温糖化的目的。糊化醪的检验，只凭经验和感官检查。良好的糊化醪不稠厚、稍黏，不发白，上层呈水样清液。

辅料糊化时应控制好料水比及α-淀粉酶的用量，并注意避免出现淀粉的老化现象，或称回生。所谓老化现象是指糊化后的淀粉糊，当温度降至50℃以下时，会产生凝胶脱水，其结构又趋紧密的现象。

②淀粉的糖化：啤酒酿造中糖化过程是指辅料的糊化醪和麦芽中的淀粉受到麦芽中的淀粉酶的分解，形成低聚糊精和以麦芽糖为主的可发酵性糖的全过程。糖化过程中醪液黏度迅速下降，与碘液反应，由蓝色、红色逐步变色至无颜色。

可发酵性糖是指麦汁中能被下面啤酒酵母发酵的糖类，如果糖、葡萄糖、蔗糖、麦芽糖、棉籽糖和麦芽三糖等。

非发酵性糖是指麦汁中不能被下面啤酒酵母发酵的糖类，如低聚糊精、异麦芽糖、戊糖等。非发酵性糖虽然不能被酵母发酵，但它们在啤酒的适口性、黏稠性、泡沫的持久性，以及营养等方面均起着良好的作用。如果啤酒中缺少低聚糊精，则口味淡薄，泡沫也不能持久。但含量过多，会造成啤酒发酵度偏低，黏稠不爽口和有甜味的缺点。

在成品麦汁中，决不允许有淀粉和高分子糊精存在，它们的存在对啤酒无益，容易引起啤酒的淀粉性浑浊（或糊精浑浊），同时淀粉与高级糊精的存在，也意味着浸出率的下降。因此淀粉糖化时需注意以下两点。

a. 淀粉必须分解到碘液不起呈色反应，麦汁中没有淀粉和高级糊精的存在。

b. 淀粉也不可全都分解为可发酵糖，应保持一部分不发酵和难发酵的低聚糊精，应根据啤酒的品种调节可发酵性糖与非发酵性糖的比例在一定范围内。

（2）蛋白质的水解　糖化时，蛋白质的水解主要是指麦芽中蛋白质的水解。蛋白质水解很重要，其分解产物影响着啤酒的泡沫、风味和非生物稳定性等。糖化时蛋白质的水解也称蛋白质休止。

麦汁中含氮物质可分为：高分子氮、中分子氮和低分子氮，它们对啤酒的影响是不同的。高分子氮含量过高，煮沸时凝固不彻底，极易引起啤酒早期沉淀。中分子氮含量过低，啤酒泡沫性能不良，过高也会引起啤酒浑浊沉淀。低分子氮含量过高，啤酒口味淡薄，过低则酵母的营养不足，影响酵母的繁殖。因此麦汁中高、中、低分子氮组分要保持一定的比例。据研究，以高分子氮比例为25%左右、中分子氮为15%左右、低分子氮为60%左右较为合适。

（3）β-葡聚糖的分解　β-葡聚糖的存在是构成啤酒酒体和泡沫性能的主要成分，但其含量不宜过高，否则导致麦汁和啤酒过滤困难。在制麦过程中，已有80%左右的β-葡聚糖被分解，但在麦芽中，特别是在溶解不良的麦芽中仍有相当数量的高分子β-葡聚糖未被分解，糖化中它们在35~50℃时溶出，会提高麦汁的黏度。因此，糖化时要创造条件，通过麦芽中β-葡聚糖分解酶的作用，促进β-葡聚糖降解为糊精和低分子葡聚糖。糖化过程中，控制醪液 pH 在 5.6 以下，在 37~45℃休止，都有利于促进β-葡聚糖的分解和降低麦汁的黏度。当然，β-葡聚糖不可能、也不需要完全被分解，适量的β-葡聚糖也是构成啤酒酒体和泡沫的主要成分。

（4）酸的形成　糖化时，由于麦芽所含的有机磷酸盐的分解和蛋白质分解形成的氨基酸等缓冲物质的溶解，使醪液的 pH 下降。

（5）多酚类物质的变化　溶解良好的麦芽，游离的多酚物质较多，在糖化时溶出的多酚也多。糖化中，多酚物质通过游离、沉淀、氧化和聚合等多种形式不断地变化。游离出的多酚，在较高温度（50℃以上）下，易与高分子蛋白质结合而形成沉淀。另外在某些氧化酶的作用下，多酚物质不断氧化和聚合，也容易与蛋白质形成不溶性的复合物而沉淀下来。因此，在糖化操作中，减少麦汁与氧的接触，适当调酸降低 pH，让麦汁适当煮沸，使多酚与蛋白质结合形成沉淀等，都有利于提高啤酒的非生物稳定性。

（6）脂类分解　脂类在脂酶的作用下分解，生成甘油酯和脂肪酸，82%～85%的脂肪酸是由棕榈酸和亚油酸组成的。糖化过程中脂类的变化分两个阶段：第一阶段是脂类的分解，即在脂酶两个最适温度段（30～35℃和 65～70℃）通过脂酶的作用生成甘油酯和脂肪酸。第二阶段是脂肪酸在脂氧合酶的作用下发生氧化，表现为亚油酸和亚麻酸的含量减少。滤过的麦汁浑浊，可能是有脂类进入到麦汁中，还会对啤酒的泡沫产生不利的影响。

（7）类黑色素的形成　类黑色素是由单糖和氨基酸在加热煮沸时形成的，它是一种黑色或褐色的胶体物质，具有愉快的芳香味，能增加啤酒的泡持性，能调节 pH，所以它是麦汁中有价值的物质，但其量必须适当，过量的类黑色素不仅使有价值的糖和氨基酸受到损失，还会加深啤酒的色度。

（8）无机盐的变化　麦芽中无机盐含量为 2%～3%，其中主要为磷酸盐，其次有 Ca、Mg、K、S、Si 等盐类，这些盐大部分会溶解在麦汁中，它们对糖化和发酵有很大的影响，例如：磷提供酵母发育必需的营养盐类，钙可以保护酶不受温度的破坏等。

3. 糖化方法

将麦芽和非发芽谷物原料的不溶性固形物降解转化成可溶性的、并有一定组成比例的浸出物，所采用的工艺方法和工艺条件称为糖化方法。

根据是否分出部分糖化醪，可将糖化方法分为煮出糖化法和浸出糖化法，原先啤酒酿造均是只用麦芽为原料，均采用以上两种方法。当采用不发芽谷物（如玉米、大米、玉米淀粉等）进行糖化时，需先对添加的辅料进行预处理——糊化、液化，此时应采用复式糖化法（双醪糖化法）。我国啤酒生产大多数使用非发芽谷物为辅助原料，所以复式糖化法运用较多。

（1）煮出糖化法　煮出糖化法是兼用酶的生化作用和热力的物理作用进行的糖化方法，特点是将糖化醪液的一部分，分批次加热到沸点，然后与其余未煮沸的醪液混合，使醪液温度分阶段地升高到不同酶分解底物所要求的温度，最后达到糖化终了温度。对溶解不良的麦芽非常有效，可提高浸出物收得率，缩短糖化时间。根据糖化过程是否添加辅料，分为一次煮出和双醪煮出糖化法。

一次煮出糖化法：只取出一部分浓醪进行蒸煮。溶解良好的麦芽，可采用较高温度（50～55）℃投料（蛋白质休止温度）。溶解不良的麦芽可以采用较低的温度（35～37）℃投料，然后加热至 50～55℃进行蛋白质休止。取出的部分浓醪快速加热至 70℃后停留一段时间，再升温煮沸，或者也可在 62～65℃进行糖化休止，然后加热至 70℃再停留一段时间，再升温煮沸。糖化曲线如图 9-4 所示。

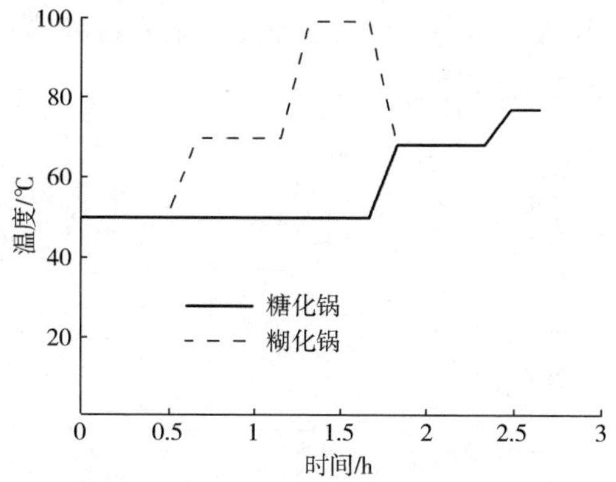

图 9-4 一次煮出糖化法糖化曲线

一次煮出糖化法操作过程如下。

投料：50~55℃。

蛋白质休止：50~55℃保温 30min。

取出部分浓醪（约三分之一）送至糊化锅，加热至 70℃，保温糖化至碘反应基本完全，升温至煮沸温度，煮沸 20min，剩余稀醪继续保温糖化。

并醪：并醪后温度 65~70℃，保温糖化至碘反应完全。

升温至 75~78℃，保温 10min，泵入过滤。

煮出糖化法的特点和注意事项：

①强调淀粉的糊化和液化，提高糖化的收得率。

②可以补救一些麦芽溶解不良的缺点。

③能源消耗比较大，多次煮沸需要大量的能源和时间。

④由于醪液温度高，合醪时必须搅拌，是将煮沸醪液并于剩余醪液中。

（2）浸出糖化法 浸出糖化法是纯粹利用麦芽中酶的生化作用，通过不断加热或者冷却调节醪的温度，浸出麦芽中可溶性物质的糖化方法。此法中麦芽醪未经煮沸，是最简单的糖化方法，适合于溶解良好，含酶丰富的麦芽。

糖化过程是把醪液从一定温度开始加热至几个温度休止阶段进行休止，最后达到糖化终止温度。投料温度为 35~37℃，如果麦芽溶解良好，也可直接采用 50℃投料。浸出糖化法糖化过程在带有加热装置的糖化锅中即能完成，无须糊化锅。浸出糖化法操作过程如下所述。

投料：温度 35~37℃，保温 20min。

蛋白质休止：升温至 50℃，保温 60min。

第一段糖化：升温至 62℃，保温至碘反应完全，蛋白质和 β-葡聚糖也较好地分解。

第二段糖化：升温至 72℃，保温 20min，糖化休止，α-淀粉酶作用，提高麦汁收率。

终止糖化：升温至76~78℃，保温10min，泵入过滤槽过滤。

浸出糖化法糖化曲线，如图9-5所示。

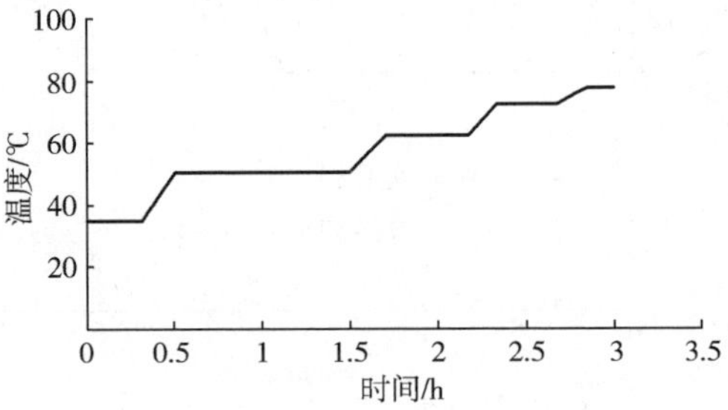

图9-5 浸出糖化法糖化曲线

（3）复式糖化法 我国目前生产的啤酒大多添加了辅料，加辅料的啤酒一般采用复式糖化法（又称双醪糖化法）进行糖化。我国一般采用大米作为辅助原料，配成的醪液为大米醪。大米醪在糊化锅里单独处理后与糖化锅中的麦芽醪混合。

①复式煮出糖化法：辅料在糊化锅中糊化、液化成糊化醪，麦芽在糖化锅中糖化成麦芽醪，然后将大米醪和麦芽醪于糖化锅中混合，在一定温度下糖化一段时间，取部分混合醪液煮沸，之后泵回糖化锅，升温至76~78℃终止糖化，此法在国内应用较广，适合于酿造浅色啤酒，也可酿造深色啤酒。糖化过程示例如下，糖化曲线如图9-6所示。

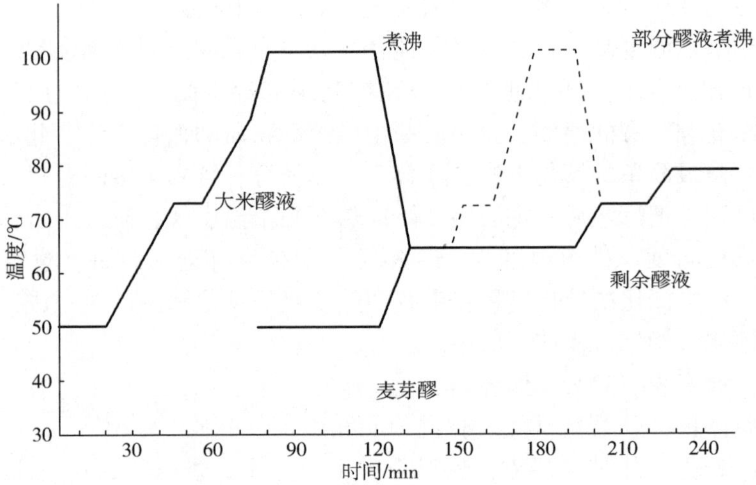

图9-6 复式煮出糖化法糖化曲线

操作过程如下所述。

a. 糊化锅。

大米投料：糊化锅内先放入 45～50℃ 的热水，料水比 1∶5 左右，保温 20min。

液化：升温至 70℃（若以 α-淀粉酶为液化剂则升温至 90℃），保温 10min 左右。

升温至煮沸，并煮沸 30min 或 40min。

b. 糖化锅。

麦芽投料：投料温度 50℃（蛋白质休止温度），或者采用麦芽浸渍温度 35～40℃，料水比 1∶3.5 左右。

蛋白质休止：温度 45～55℃，保温时间 30～60min，时间长短由麦芽质量决定。

并醪：煮沸的大米醪泵入糊化锅并醪，并醪后温度 65～68℃，保温糖化至碘反应基本完全。

煮醪：取出部分醪液（约三分之一）泵入糊化锅，煮沸，剩余醪液继续保温糖化。

第二次并醪，并醪后温度 76～78℃，静置 10min 后泵入过滤。

再次并醪，温度在 76～78℃，终止糖化，静置 10min，泵入过滤等待 10min 后进行过滤。

②复式浸出糖化法：经糊化的大米醪与麦芽醪混合后，不再取出部分混合醪液进行煮沸，而是经过 70℃ 升温至过滤温度，然后过滤，这种糖化方法称为复式浸出糖化法，此方法发酵度高，啤酒中残余可发酵性糖少，泡沫好。

复式浸出糖化法生产工艺过程较简单，糖化时间短，并醪后不再煮沸，耗能少。

操作过程如下所述。

a. 糊化锅。

投料：投料温度 45℃，料水比 1∶5，保温 10min 左右。

液化：升温至 90℃，保温 10min。

煮沸：煮沸 30min 左右，送至糖化锅并醪。

b. 糖化锅。

投料：温度 35～37℃，保温 15min 左右。

蛋白质休止：升温至 50～55℃，保温 30～60min。

并醪：并醪后温度 65℃ 左右，保温至碘反应基本完全。

升温至 76～78℃，终止糖化。

静置 10min 后过滤。

③外加酶糖化法：传统糖化利用麦芽中的酶类进行，现在一般在糖化中补充

使用外加酶。即在糖化锅和糊化锅内添加一定量的 α-淀粉酶、蛋白分解酶以及 β-葡聚糖酶等，尤其在糊化锅中添加 α-淀粉酶的较多。糖化过程中添加酶制剂，可加速淀粉糖化和蛋白质分解，并可节省麦芽，增加辅料用量，从而降低成本。在麦芽溶解不良以及酶活性低的情况下，可通过添加酶制品来补充酶源。

三、 麦汁过滤

糖化结束后，麦芽和辅料中高分子物质的分解、萃取已经基本完成，应尽快地把麦汁和麦糟分开，以得到清亮和较高收得率的麦汁，分离过程称为麦汁的过滤。在分离的过程中，要在不影响麦汁质量的前提下，尽最大可能获得浸出物，尽量缩短麦汁过滤时间，以提高糖化设备利用率。

麦汁过滤分两步进行：一是以麦糟为滤层，利用过滤的方法提取出麦汁，称为第一麦汁或过滤麦汁。二是利用热水冲洗出残留在麦糟中的麦汁，称洗糟。

麦汁过滤方法大致可分为三种：一是过滤槽法，二是快速渗出槽法，三是压滤机法，麦汁过滤最常用的是过滤槽法，简述如下。

过滤槽是最古老，也是至今应用最普遍的一种麦汁过滤方法。国内目前大多数啤酒生产厂家仍使用过滤槽作为麦汁过滤的设备。过滤槽的主体结构没有多大改变，主要变化是在装备水平、能力大小和自动控制等方面。

过滤槽的原理是通过重力过滤将糖化醪液中不溶组分沉降积聚在筛板上，形成自然过滤层，麦汁依靠重力作用通过麦糟层而得到麦汁。

新型过滤槽比传统过滤槽做了较大改进。确保糟层各部位麦汁均匀渗出，减少了压差，加快了过滤速度。新型过滤槽也可利用泵将麦汁抽出，加快了过滤速度。洗糟时，也可利用泵，控制各环管的流量，使从几个环管流出的麦汁浓度趋向一致，使麦层各部分麦糟洗涤得完全彻底。此种过滤方式，结构封闭性好，隔绝了空气，减少了麦汁的氧化。

麦汁过滤基本要求是迅速、彻底地分离糖化醪液中的可溶性浸出物，尽量减少多酚、色素、苦味物质以及麦芽中的高分子蛋白质、脂肪和 β-葡聚糖等物质进入。

麦汁过滤方法大致分为四类：静压过滤法，正压过滤法，抽吸式负压过滤法，压滤机过滤法。我国大多数啤酒厂均采用过滤槽静压法进行过滤。以筛板和麦糟构成过滤介质，利用醪液柱高度产生的静压力作为动力进行过滤。

影响麦汁过滤速度的因素有以下几点。

（1）麦汁的黏度越大，过滤速度越慢。

（2）过滤层厚度越大，过滤速度越低。

（3）过滤层的阻力大，过滤则慢。

过滤层的阻力大小取决于孔道直径的大小、孔道的长度和弯曲性、孔隙率。滤层阻力是由过滤层厚度和过滤层渗透性决定的。

四、 麦汁煮沸及酒花添加

1. 麦汁煮沸

麦汁过滤结束后，就要进行煮沸，并在过程中添加酒花，期间发生系列复杂的物理和化学变化。麦汁煮沸的目的是：蒸发多余水分，使麦汁浓缩到规定的浓度。破坏全部酶的活性，稳定麦汁组分。消灭麦汁中的各种微生物，以保证最终产品的质量。浸出酒花中的有效成分，赋予麦汁独特的苦味和香味，提高麦汁的生物和非生物稳定性。析出蛋白质，提高啤酒的非生物稳定性。麦汁色度和酸度增加，形成还原物质。

煮沸时，水中钙离子和麦芽中的磷酸盐起反应，使麦汁的 pH 降低，有利于 β-球蛋白的析出和成品啤酒 pH 的降低，有利于啤酒的生物和非生物稳定性的提高。

2. 麦汁煮沸的方法

间歇常压煮沸法是国内目前广泛使用的方法。它是让麦汁的容量盖过煮沸锅加热层后开始加热，使麦汁温度保持在 80℃左右，待麦糟洗涤结束后，即加大蒸汽量，使混合麦汁沸腾。

麦汁在煮沸过程中，必须始终保持强烈的对流状态，以使蛋白质凝固得更多些。尤其是在酒花加入后，蛋白质必须凝固良好，呈絮状凝固，麦汁清亮透明，达到要求后，即可停汽，并测量麦汁浓度。除传统法煮沸外，还有内加热煮沸法和外加热煮沸法等。

一般来讲煮沸时间短，不利于蛋白质的凝固以及啤酒的稳定性。合理地延长煮沸时间，对蛋白质凝固、α-酸的利用及还原物质的形成是有利的。但过分地延长煮沸时间，会使麦汁质量下降。常压煮沸时，淡色啤酒煮沸时间一般控制为 60~120min，浓色啤酒可适当延长一些，内加热或外加热煮沸为 60~80min。

煮沸强度是麦汁在煮沸时，每小时蒸发水分的百分率。按式（9-1）计算：

$$\text{煮沸强度}（\%/\text{h}）=\frac{\text{混合麦汁量（L）}-\text{最终麦汁量（L）}}{\text{混合麦汁量（L）}\times\text{煮沸时间（h）}}\times 100 \tag{9-1}$$

煮沸强度是影响蛋白质凝结的决定因素，对麦汁的透明度和可凝固性氮有显著影响。麦汁煮沸强度与可凝固性氮的关系，如表 9-8 所示。

表 9-8 麦汁煮沸强度与可凝固性氮的关系

煮沸强度/%	麦汁煮沸后外观情况	12°P 麦汁的凝固性氮含量/（mg/100mL）
4~6	麦汁不够清亮，蛋白质凝结差	2~4
6~8	麦汁清亮，蛋白质凝结物呈絮状沉淀	1.8~2.5
8~10	麦汁清亮透明，蛋白质凝结物呈絮状，颗粒大，沉淀快	1.2~1.7
10~12	麦汁清亮透明，蛋白质凝结物多，颗粒大，沉淀快	0.8~1.2

煮沸强度越大，翻腾越强烈，蛋白质凝结的机会就越多，越有利于蛋白质的变性而形成沉淀。煮沸强度一般控制在8%~10%/h，可凝固性氮的质量浓度达1.5~2.0mg/100mL，即可满足工艺要求。煮沸强度的高低与煮沸锅的加热方式，加热面积，导热系数和蒸汽压力等密切相关。要求最终麦汁清亮透明，蛋白质絮状凝结，颗粒大，沉淀快。

麦汁煮沸时的pH通常为5.2~5.6，最理想为5.2。此时有利于蛋白质及其与多酚物质的凝结，但会稍稍降低酒花的利用率。pH的调节可通过加酸或生物酸化进行处理。

3. 酒花添加

酒花可赋予啤酒特有的香味和爽快的苦味，增加啤酒的防腐能力，提高非生物稳定性，并且可防止煮沸时窜沫。

（1）酒花中的主要萃取成分

①多酚：多酚易溶于水，在酒花中含量为3%~5%，煮沸时能快速溶于麦汁，与麦汁中的清蛋白、球蛋白及高肽结合形成单宁-蛋白质复合物，沉淀蛋白质。

②苦味物质：酒花中的苦味物质主要是α-酸和β-酸，煮沸时，苦味物质进入麦汁，在受热的情况下发生变化，如α-酸发生异构化生成异α-酸，异α-酸比α-酸溶解性好，是啤酒真正苦味来源的主要部分。

③酒花精油：酒花精油是啤酒重要的香气物质，在煮沸时有85%~97%随水蒸气蒸发而挥发，另外如果在煮沸时接触氧过多，则酒花精油很容易氧化形成脂肪臭。

（2）酒花的添加量　酒花的添加量应根据酒花中的α-酸含量、消费者的嗜好习惯、啤酒发酵的方式以及啤酒的品种等来决定。

（3）酒花的添加方法　酒花的添加没有统一的方法，我国还是采用传统的3~4次，以三次添加法举例（煮沸90min）。

第一次：初沸5~10min后，加入总量的20%左右，使麦汁多酚和蛋白质充分作用。

第二次：煮沸40min左右，加入总量的50%~60%，萃取α-酸，并促进异构化。

第三次：煮沸80~85min，加入剩余量，萃取酒花油，提高酒花香。

添加酒花时需要注意，计算好添加量、次数和时间，应首先使用苦型酒花，香花应该最后添加。

五、麦汁后处理

麦汁煮沸后，还不能马上进入发酵，需要进行一系列处理，包括热凝固物分离，冷凝固物分离，麦汁的冷却与充氧等一系列处理。由于发酵技术以及成品啤酒质量要求不同，处理方法也有较大差异。

啤酒酿造中对麦汁处理的要求有以下几点。

（1）对可能引起啤酒非生物浑浊的冷、热凝固物要尽可能分离出去。

（2）麦汁温度较高时，要尽可能减少接触空气，防止其氧化。在麦汁冷却后，在发酵之前，必须补充适量氧气，以供发酵前期酵母呼吸。

（3）在麦汁处理的各工序中，要杜绝有害微生物的污染。

1. 热凝固物的分离

热凝固物是在较高的温度下凝固析出的凝固物。这种凝固物主要是在麦汁煮沸时，由于蛋白质变性和凝聚，以及与麦汁中多酚物质不断氧化和聚合而形成的。热凝固物对啤酒酿造没有任何价值，相反它的存在会损害啤酒质量，如不分离，会引起大量活性酵母的吸附，影响发酵，若带入啤酒中会影响啤酒中的非生物稳定性和风味，另外如果分离效果不好会给啤酒的过滤增加困难。

热凝固物的分离方法有沉淀槽分离、回旋沉淀槽分离、离心机分离、硅藻土过滤机分离等。目前，80%~90%的啤酒厂采用回旋沉淀槽法进行分离。

回旋沉淀槽是圆柱罐，槽底形状有平底、杯底、锥底等，应用最多的是平底。热麦汁沿槽壁以切线方向泵入槽内，在槽内形成回旋运动产生离心力，由于在槽内运动，在离心力的反作用力的合力作用下，热凝固物会迅速下沉至槽底中心，形成较密实的锥形沉淀物。分离结束后，麦汁从槽边麦汁出口排出，热凝固物则从罐底出口排出。回旋沉淀槽结构如图 9-7 所示。

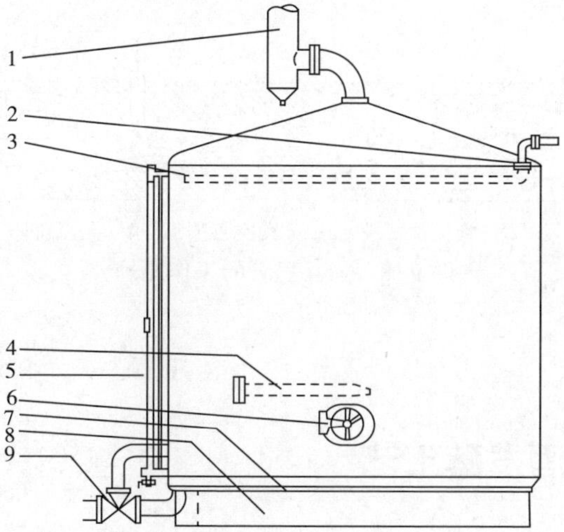

1—排汽筒　2—槽盖　3—冷凝水排出管　4—CIP 清洗　5—液位管　6—观察窗
7—槽壁夹套　8—隔热层　9—槽底

图 9-7　回旋沉淀槽

2. 麦汁冷却

麦汁热凝固物分离后，必须立即冷却处理，其目的有以下几点。

（1）降低麦汁温度，使之达到适合酵母发酵的温度。

（2）使麦汁吸收一定量的氧气，以利于酵母的生长增殖。

所以，煮沸定型的麦汁需进一步冷却至发酵温度（上发酵 6~9℃，下发酵 12~18℃），常用的冷却方法是一段冷却法，冷却设备是薄板冷却器。

一段冷却法是指利用一种冷却介质一次性将热麦汁（95~98℃）冷却至发酵温度（上发酵 6~9℃，下发酵 12~18℃）。冷却介质为冰水，与麦汁换热后被加热到 75~80℃。这部分水进入热水箱，直接用于糖化用水或洗糟。这种方法可节约 30%左右冷耗，冷却水可回收使用，可节约能源，稳定性强，便于控制。

3. 麦汁的充氧

酵母是兼性厌氧微生物，在有氧条件下进行生长繁殖，在无氧条件下进行酒精发酵。酵母需要繁殖到一定数量才能进入发酵阶段，因此需将麦汁通风充氧，适度的溶解氧有利于酵母的生长和繁殖。过高会使酵母繁殖过量，发酵副产物增加，过低则酵母繁殖数量不足，会降低发酵速度。通入的空气应先进行无菌处理，否则会污染发酵罐。供氧量应控制在 7~10mg/L，麦汁通风供氧有几种方法，大多数采用文丘里管进行充氧。

文丘里管中有一管径紧缩段，用来提高流速，空气通过喷嘴喷入，在管径增宽段形成涡流，使空气与麦汁充分混合，并以微小气泡形式均匀散布于高速流动的麦汁中。文丘里管的工作原理如图 9-8 所示。

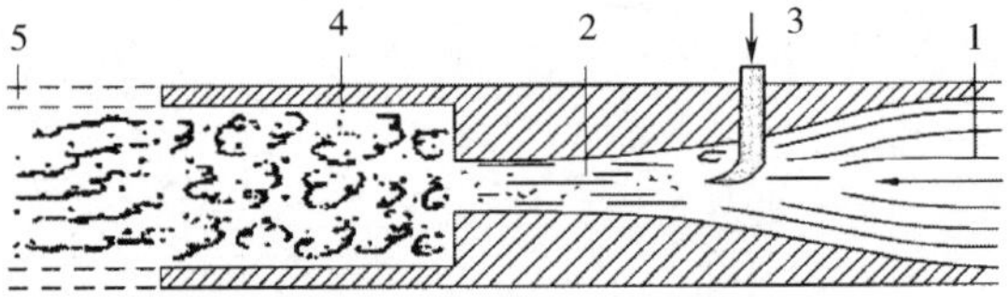

1—分层流动　2—管径紧缩段　3—无菌空气喷嘴　4—涡流流体　5—视镜

图 9-8　文丘里管的工作原理

任务三　啤酒发酵工艺

啤酒的生产是依靠啤酒酵母利用麦汁中的糖等物质产生乙醇、二氧化碳等物质，从而得到具有独特风味的低度饮料酒。冷麦汁接种啤酒酵母后，发酵就开始进行了，酵母通过新陈代谢产生高级醇类、连二酮类、醛类和含硫化合物等产物。这些物质可直接影响啤酒的风味、色泽、稳定性等理化指标。啤酒发酵分为主发酵和后熟两个阶段。

一、 啤酒酵母

啤酒酵母属于真菌门，啤酒酵母种。根据啤酒酵母的发酵类型和凝聚性的不同可分为上面酵母与下面酵母、凝聚性酵母与粉状酵母。

上面酵母与下面酵母的区别主要在各自具有不同的生化性能（表 9-9）。

表 9-9　　　上面酵母与下面酵母的区别

性能	上面酵母	下面酵母
发酵温度	15~25℃	5~12℃
真正发酵度	较高（65%~72%）	较低（55%~65%）
对棉籽糖发酵	发酵 1/3	全部发酵
细胞形态	圆形，多数细胞集结在一起	卵圆形，细胞分散
呼吸与发酵代谢	呼吸代谢占优势	发酵代谢占优势
发酵风味	酯香味较浓	酯香味较淡

啤酒生产上对啤酒酵母的要求是：发酵力高，凝聚力强，沉降缓慢而彻底，繁殖能力适当，有较高的生命活力，性能稳定，酿制出的啤酒风味好。啤酒酵母应具备的特性如下所述。

1. 细胞形态

优良健壮的酵母细胞，具有均匀的形状和大小，平滑而薄的细胞膜，细胞质透明均一。年幼少壮的酵母细胞内部充满细胞质。老熟的细胞出现空泡（液泡），内贮细胞液，呈灰色，旋光性强。衰老的细胞中空泡多，内容物多为颗粒，旋光性较强。

2. 菌落形态

在麦汁固体培养基上菌落呈乳白色至微黄褐色，表面光滑但无光泽，边缘呈整齐或波状。

3. 主要生理特性

（1）凝聚特性　由于凝聚性不同，酵母的沉降速度也不同，发酵度也有差异。

（2）发酵度　发酵度反映酵母对麦汁中各种糖的利用情况，正常的啤酒酵母能发酵葡萄糖、果糖、蔗糖、麦芽糖和麦芽三糖等。根据酵母对糖发酵程度的不同，可分为高、中、低发酵度三个类别。制造不同类型的啤酒需要选用不同的酵母菌种。一般啤酒酵母的真正发酵度在 50%~68%。

（3）抗热性能（死灭温度）　一般啤酒酵母的死灭温度在 52~53℃，若死灭温度提高说明酵母变异或污染野生酵母。

（4）其他生理生化特性　一般啤酒酵母都能发酵葡萄糖、半乳糖、蔗糖和麦芽糖，不能发酵乳糖，不能同化硝酸盐，在不含维生素的培养基上，有的生长，有的不能生长。下面酵母和上面酵母的主要区别在于前者能发酵蜜二糖，后者不能发酵。

（5）发酵性能　发酵性能主要表现在发酵速度上，不同菌种由于麦芽糖渗透酶和麦芽三糖渗透酶活性不同，发酵速度有快慢之分。双乙酰峰值和还原速度，高级醇的产生量，啤酒风味情况等也是选择酵母菌种的重要参考项目。

4. 啤酒酵母扩大培养

啤酒酵母纯正与否，对啤酒发酵和啤酒质量有很大影响。生产中使用的酵母来自保存的纯种酵母，在适当的条件下，经扩大培养，达到一定数量和质量后，可供生产现场使用。每个啤酒厂都应保存适合本厂使用的纯种酵母，以保证生产的稳定性和产品的风格质量。啤酒厂一般都用汉生罐、酵母罐等设备来进行生产现场扩大培养。

5. 啤酒活性干酵母的应用方法

（1）低温发酵　发酵起始温度为9℃或更低（7~8℃），主发酵最高温度控制在11~12℃。啤酒活性干酵母必须活化1.5~2h，用量为0.5‰。

复水活化材料要求：容器必须洁净、可密封，活化用水必须是无菌的凉开水，麦汁必须经煮沸后取用。

（2）中温发酵　发酵起始温度为11℃，主发酵最高温度为13~14℃。啤酒活性干酵母用量为0.4‰，复水活化方法同上述低温发酵。发酵48~72h可开始保压，糖度在4.5°Bx左右。

（3）高温发酵　发酵起始温度为17℃，主发酵最高温度控制在19~20℃。在此温度下，啤酒活性干酵母可不活化直接入罐，用量为0.3‰。发酵36~48h可开始保压，糖度在4.5°Bx左右。

6. 啤酒发酵过程的主要物质变化

（1）糖的变化　冷却的麦汁添加酵母后，便开始发酵。酵母在有氧条件下，同化麦汁中的可发酵性糖获得能量，进行生长繁殖，使菌体数量增加。在氧气逐渐消耗后，便进入无氧发酵阶段，酵母细胞把可发酵性糖转化为乙醇和CO_2等。

在啤酒发酵过程中，可发酵糖约有96%发酵为乙醇和CO_2，是代谢的主产物。发酵副产物主要有甘油、高级醇、羰基化合物、有机酸、酯类、硫化合物等。

麦汁中可发酵性糖主要是麦芽糖，单糖可直接被酵母吸收而转化为乙醇，寡糖则需要分解为单糖后才能被发酵。理论上，每100g葡萄糖发酵后可以生成51.14g乙醇和48.86g CO_2。实际只有96%的糖发酵为乙醇和CO_2，2.5%生成其他代谢副产物，1.5%用于合成菌体。发酵过程是糖的分解代谢过程，是放能反应，因此发酵过程中必须及时冷却，避免发酵温度过高。

高级醇是啤酒中较为重要且含量较多的副产物，对风味影响很大，其含量应低于 90mg/L。双乙酰认为是衡量啤酒成熟与否的标志，其味阈值为 0.1～0.15mg/L，超过后会出现馊饭味。

（2）含氮物质的变化　啤酒发酵中，酵母对麦汁中的蛋白质分解作用很弱，但对麦汁中的氨基酸、铵态氮、氨、短肽、嘌呤、嘧啶等可同化氮存在着复杂的同化作用。发酵初期，酵母吸收麦汁中可同化氮（氨基酸、二肽、三肽等）用于合成酵母细胞物质进行繁殖。发酵后期，酵母细胞特别是衰老的酵母细胞又向发酵液分泌多余的氨基酸。另外，由于 pH 和温度的降低，可引起一些凝固性蛋白质和多酚物质复合而产生沉淀。酵母细胞表面也吸附少量的蛋白质颗粒，这些都是麦汁中含氮量下降的原因。

啤酒中残存含氮物质对啤酒的风味有重要影响。含氮物质高（>450mg/L）的啤酒口感浓醇，含氮量为 300～400mg/L 的啤酒口感爽口，而含氮量小于 300mg/L 的啤酒口感寡淡。

二、 啤酒大型发酵罐发酵

传统啤酒发酵是在正方形或长方形的发酵槽（或池）中进行的，设备体积仅在5～30m^3，啤酒生产规模小，生产周期长。由于世界经济的快速发展，啤酒生产规模大幅度提高，传统的发酵设备已满足不了生产的需要了，大容量发酵设备受到了人们的重视。大容量发酵罐有圆柱锥形发酵罐、朝日罐、通用罐和球形罐。圆柱锥形发酵罐是目前世界通用的发酵罐，该罐主体呈圆柱形，罐顶为圆弧状，底部为圆锥形，具有一定的高度（高度大于直径），罐体设有冷却和保温装置，为全封闭发酵罐。圆柱锥底发酵罐由于其诸多方面的优点，经过不断改进和发展，逐步在全世界得到了推广和使用，目前国内啤酒生产全部采用此发酵罐。

1. 一罐法发酵工艺

一罐法发酵是指主、后发酵和贮酒成熟全部生产过程在一个罐内完成。现介绍其典型操作单元。

（1）酵母添加　锥形罐容量较大，麦汁一般需分几次陆续追加满罐。满罐时间一般为 12～24h，最好在 20h 以内。酵母的添加可采用在前一半批次的麦汁中添加酵母，以后批次的麦汁中不再加酵母的方法，也可以两批次麦汁融合后一次性添加酵母。酵母接种量要比传统发酵法大些，接种温度一般控制在满罐时比拟定的主发酵温度低 2～3℃。添加到发酵罐的酵母应很快与麦汁混合均匀，一般采用边加麦汁边加酵母的方法。

（2）通风供氧　冷麦汁溶解氧的控制可根据酵母添加量和酵母繁殖情况而定，一般要求混合冷麦汁溶解氧不低于 8mg/L。

（3）主发酵温度　各厂采用的主发酵温度是不一样的。多数厂采用低温

（6～7℃）接种，前低温（9～10℃）后升温（12～13℃）的发酵工艺，主要是为了既不形成过多的代谢产物，又有利于加速双乙酰的还原。为了加速发酵，缩短酒龄，国际上有提高发酵温度的倾向。

（4）双乙酰还原是啤酒成熟和缩短酒龄的关键　酵母在将要完成主发酵时，其代谢过程已接近尾声，此时提高发酵温度一段时间，不会影响啤酒正常风味物质的含量，而有利于双乙酰的还原。双乙酰还原温度一般控制在10～14℃，使连二酮浓度降至0.08mg/L以下时，即开始降温。

啤酒中双乙酰的测定

（5）冷却降温　当双乙酰还原到要求指标时，酒液开始冷却降温。降至5～6℃时，保持24～48h，最后再降温至-1～0℃，贮酒7～14d。

（6）罐压控制　发酵开始，采用无压发酵，二氧化碳回收时，采用微压（0.01～0.02MPa），至发酵后期，外观发酵度达70%以上时，封罐，逐渐升压至0.1～0.15MPa，减少由于升温所造成的代谢副产物过多的现象，有利于双乙酰的还原，并可使二氧化碳逐渐饱和。

2. 发酵的主要参数

（1）发酵周期　由产品类型、质量要求、酵母性能、接种量、发酵温度、季节等确定，一般为12～24d。通常，夏季普通啤酒发酵周期较短；优质啤酒发酵周期较长；淡季发酵周期适当延长。

（2）酵母接种量　一般根据酵母性能、代数、衰老情况、产品类型等决定。接种量大小由添加酵母后的酵母数确定。发酵开始时：（10～20）$\times10^6$ 个/mL；发酵旺盛时：（6～7）$\times10^7$ 个/mL；排酵母后：（6～8）$\times10^6$ 个/mL；0℃左右贮酒时：（1.5～3.5）$\times10^6$ 个/mL。

（3）发酵最高温度和双乙酰还原温度

①啤酒旺盛发酵时的温度称为发酵最高温度，一般啤酒发酵可分为三种类型。低温发酵：旺盛发酵温度8℃左右；中温发酵：旺盛发酵温度10～12℃；高温发酵：旺盛发酵温度15～18℃。国内一般为：9～12℃。

②双乙酰还原温度是指旺盛发酵结束后啤酒后熟阶段（主要是消除双乙酰）时的温度，一般双乙酰还原温度等于或高于发酵温度，这样既能保证啤酒质量又利于缩短发酵周期。发酵温度提高，发酵周期缩短，但代谢副产物量增加会影响啤酒风味且容易使啤酒染菌，不利于酵母沉淀和啤酒澄清。

（4）罐压　根据产品类型、麦汁浓度、发酵温度和酵母菌种等的不同来确定罐压。一般发酵时最高罐压控制在0.1～0.15MPa。一般最高罐压为发酵最高温度值除以100（单位MPa）。采用带压发酵，可以抑制酵母的增殖，减少由于升温所造成的代谢副产物过多的现象，防止产生过量的高级醇、酯类，同时有利于双乙酰的还原，并可以保证酒中二氧化碳的含量。

（5）满罐时间　从第一批麦汁进罐到最后一批麦汁进罐所需时间称为满罐

时间。满罐时间长，酵母增殖量大，产生代谢副产物 α-乙酰乳酸多，双乙酰峰值高，一般应控制在 12~24h，最好在 20h 以内。

（6）发酵度　可分为低发酵度、中发酵度、高发酵度和超高发酵度。对于淡色啤酒发酵度的划分为：低发酵度啤酒，其真正发酵度 48%~56%；中发酵度啤酒，其真正发酵度 59%~63%；高发酵度啤酒，其真正发酵度 65%以上；超高发酵度啤酒（干啤酒），其真正发酵度在 75%以上。目前国内比较流行发酵度较高的淡爽型啤酒。

3. 发酵期间注意事项

（1）应有效地控制原料质量和糖化效果，每批次麦汁组成应均匀，如果各批麦汁组成相差太大，将会影响到酵母的繁殖与发酵。糖化、发酵生产能力应配套一致；防止染菌，要加强清洁卫生工作；菌种不同，生产工艺不同，产品风味也不同；双乙酰含量是衡量啤酒是否成熟的重要指标，应避免出现双乙酰超标的现象。

（2）大罐的容量应与每次糖化的冷麦汁量以及每天的糖化次数相适应，要求在 16h 内装满一罐，最多不能超过 24h，进罐冷麦汁要尽量去除热凝固物。

（3）冷麦汁的温度控制要考虑每次麦汁进罐的时间间隔和满罐的次数，如果间隔时间长、次数多，可以考虑逐批提高麦汁的温度，也可以考虑前一、二批不加酵母，之后的几批将全量酵母按一定比例加入，添加比例应由小到大，但应注意避免麦汁染菌。

（4）冷麦汁溶解氧的控制可以根据酵母添加量和酵母繁殖情况而定，一般要求每批冷麦汁应按要求充氧，混合冷麦汁溶解氧不低于 8mg/L。

（5）控制发酵温度应保持相对稳定，避免忽高忽低。温度控制以采用自动控制为好。

（6）应尽量进行 CO_2 回收，以便于进行 CO_2 洗涤、补充酒中 CO_2 和以 CO_2 背压等。

三、　连续发酵

连续发酵与分批发酵相比，具有发酵效率高、操作方便、啤酒生产周期短、啤酒损失少、设备利用率高、酵母繁殖量少等优点。啤酒连续发酵的形式有：多罐式连续发酵、APV 塔式连续发酵和固定化酵母连续发酵。

固定化酵母连续发酵就是将高浓度的酵母细胞固定在载体上，放入生化反应器进行连续发酵。由于固定化载体具有很多微孔，表面积极大，通透性好，麦汁流过固定化后的酵母时，可发酵糖的成分迅速被酵母分解转化为乙醇等发酵产物，可使发酵周期缩短。因此，固定化酵母连续发酵具有酵母浓度高、活性强、酵母可以连续使用、设备利用率高、发酵条件易于控制等优点，此方法发酵速度快、发酵周期短、生产效率高，所以是今后啤酒工业发酵方向之一。

固定化酵母发酵工艺与普通发酵工艺相似，主要区别在于单位体积内酵母的数量比普通酵母添加法高出几十、几百甚至几千倍，使发酵速率大大提高，反应时间缩短。

固定化酵母发酵的形式有以下两种。

（1）间歇式　就是将已固定化的酵母载体安装在发酵罐内，先用少量麦汁活化，再将冷麦汁送入罐内。冷麦汁送入前应适当充氧，进行保温发酵，发酵温度可以与普通发酵相似，整个过程大约需要48h。发酵结束后，发酵液通过适当升温或不升温后，送入另一个容器内还原双乙酰。后一个容器内也放有固定化的酵母，但数量上比前一个罐少，且可以进行温度控制。当双乙酰含量达到规定要求后，可以降温进行低温贮存或后处理，全部生产过程需要7~9d。

（2）连续式　采用数个罐按一定要求连接起来，每个罐都是下进上出。将已固定酵母的载体安装在罐内，罐体需要安装冷却夹套进行温度控制。将含有一定溶解氧的冷麦汁以一定的速率送入第一个罐，使其以自流的形式依次流入之后的几个罐子。每个罐所起的作用，所提供的条件都可以根据要求灵活调整，只要最后一个罐排出的发酵液能够达到成熟啤酒的质量要求即可。

固定化酵母发酵时要注意以下四点。

①固定化所用酵母要经过认真筛选，要求菌种的发酵性能和风味良好，酵母繁殖能力和抗衰老能力强。

②冷麦汁中冷凝固物要彻底分离，否则会影响固定化床的使用寿命。

③固定后的酵母仍然会增殖和游离出来，发酵期间有大量新生细胞进行发酵作用，也有少量细胞游离出来进入发酵液。

④固定化载体使用一段时间会出现崩解现象，需要定期更换。

四、啤酒的高浓度酿造技术

高浓度麦汁发酵法是目前国际上广泛采用的啤酒生产技术，即在麦汁制备时先酿造高浓度麦汁，按要求的稀释比例均匀添加稀释用水，并充分混合制成稀释啤酒的技术。

该法的最大优点是在不增加设备的基础上大幅度提高产量、设备利用率、啤酒的风味和非生物稳定性，从而降低生产成本。此法的缺点是糖化的原料、酒花利用率低。稀释的方法有三种：高浓度糖化、稀释后再进行正常发酵；高浓度糖化、发酵，后发酵时稀释；啤酒发酵、贮酒结束后稀释。稀释越靠后，经济效益越高，但对稀释用水的要求越高。

啤酒高浓度稀释，除了需要制取高浓度的麦汁，还需要制备符合要求的稀释水和精确的混合加水比。高浓度啤酒稀释水处理系统是高浓度啤酒稀释中不可缺少的关键设备，其中最关键的是稀释水的脱氧问题。要求稀释水中含氧量应小于

0.3mg/L。水脱氧的方法有：热法真空脱氧、CO_2 置换法、冷却真空脱氧等。

高浓度啤酒稀释系统一般由脱氧机和混合器两部分组成。脱氧系统采用真空脱氧原理，可使脱氧水含氧量小于0.3mg/L，达到高档啤酒的标准要求。混合系统利用微机控制，可自动调节稀释水流量，从而获得混合均匀、符合品种要求的稀释啤酒。

任务四 产品的包装

啤酒发酵结束后，仍有少量物质悬浮于酒中，必须经过澄清处理才能进行包装。将贮酒罐内的成熟啤酒通过机械过滤或离心，除去啤酒中不能自然沉降的、对啤酒品质有不利影响的少量酵母、蛋白质（等大分子物质）以及细菌等，使啤酒澄清、有光泽、口味醇正，可改善啤酒的生物和非生物稳定性。

啤酒过滤的原理是通过过滤介质的筛分作用、深层效应和吸附作用等使啤酒中的悬浮微粒等大颗粒固形物被分离出来。常用过滤介质有硅藻土、滤纸板、微孔薄膜和陶瓷芯等。

啤酒过滤的技术要求是：除去成熟啤酒中的酵母、蛋白质与多酚络合物、酒花树脂及其氧化物等。减少导致成品啤酒产生轻微浑浊的物质，如蛋白质、多酚、β-葡聚糖等。防止 CO_2 损失和氧的吸收，控制过滤后啤酒的清亮程度，不同企业内控指标不同，一般浊度要求在0.2~0.5EBC以下。啤酒经过滤会发生以下变化：色度降低，苦味质减少，二氧化碳含量下降，含氧量增加，浓度也会有些变化，对啤酒的质量有一定负面影响。

一、啤酒的过滤

1. 滤棉过滤法

滤棉过滤是一种古老的过滤法，此方法现已不再使用，它是用脱脂的棉纤维或木纤维，再掺加1%~5%石棉制成棉饼，并以此作为过滤介质的过滤方法。要求棉饼水溶物含量不能过高，应洁白、无漂白粉味及其他杂味。

2. 硅藻土过滤法

硅藻土是在古老地质年代中沉积在湖底、海底的藻类——硅藻的化石，其化学成分是二氧化硅（SiO_2），经特殊加工而成轻质、松软的粉状矿物，其密度为100~250kg/m^3，表面积很大，为（1~2）×10^4m^2/kg，粒度为2~100μm。它具有极大的吸附和渗透能力，是一种惰性的助滤剂或清洁剂。硅藻土能滤除0.1~1.0μm以下的微粒，提高啤酒的清亮度，对啤酒风味无影响，能延长成品啤酒的保质期。缺点：设备一次性投资大，消耗硅藻土量大。

3. 微孔膜过滤法

微孔薄膜是用生物和化学稳定性很强的合成纤维和塑料制成的多孔膜。使用前需将薄膜用95℃热水杀菌20min。该方法多用于精滤生产无菌鲜啤酒，先经过离心机或硅藻土过滤机粗滤，再经过膜滤除菌。它可以直接滤出无菌鲜酒，有利于啤酒泡沫稳定性。成品酒无过滤介质污染，产品损失率降低。但是膜材料机械强度不好，稳定性差，不耐高温、酸碱等，清洗条件苛刻。

4. 离心机分离法

离心机分离法是利用不同的物质密度差异，在离心力场下离心力不同，将不同的物质分离的方法。离心分离的效率主要取决于贮酒罐酒的透明度，上层清酒分离快，下层接近罐底的浑浊物分离较慢。

优点是酒损失率可降至最低，风味物质无损失。无过滤介质的排污，运转费用低。不过高速转动与空气摩擦生热，可使分离的啤酒有明显的冷浑浊敏感性。设备易受泥浆阻塞，若出现阻塞须停机清洗。

5. 过滤中啤酒的变化

啤酒经过滤后，发生的主要变化有以下几点。

（1）色度　一般下降0.5~1.0EBC，原因是酒中部分色素、多酚物质被过滤介质吸附。

（2）苦味值　一般损失0.5~1.5EBU，损失数值因过滤介质的吸附能力而异。

（3）蛋白质　用硅藻土过滤时，蛋白质含量可下降4%左右，掺加的硅胶会吸附高分子氮，聚乙烯聚吡咯烷酮（PVPP）会吸附多酚。

（4）CO_2含量　一般下降0.02%，这是受压力、温度的变化以及管路和过滤介质的阻力影响造成的。低温过滤后，可用CO_2添加器再充CO_2。

（5）含氧量　贮酒罐和清酒罐用压缩空气背压，以及用泵和走水输送酒，会使啤酒中含氧量增加。采用CO_2背压，过滤过程中添加抗氧剂（如维生素C 10~20mg/L）可减少氧含量。

（6）pH　如用硬水洗涤滤棉或预涂硅藻土，开始过滤会使酒的pH稍升高，过滤一定时间后恢复正常。

（7）泡沫稳定性　首先是除去降低泡持性的物质，如浑浊微粒中的脂肪酸等，可改善啤酒的泡沫稳定性。其次是过滤介质过多吸附胶体物质，使黏度下降0.01~0.02mPa·s，CO_2损失，从而影响泡沫稳定性。

（8）浓度　由于顶水、走水以及并酒过滤会使啤酒浓度发生变化。

二、啤酒包装

啤酒包装是啤酒生产过程中最后一个环节，将过滤好的啤酒从清酒罐中分别灌装入洁净的瓶、罐或桶中，立即封盖，进行生物稳定处理，贴标、装箱为成品啤酒，投放市场的啤酒多以瓶装为主。

包装工艺及操作是否合理，对啤酒质量的稳定性和保质期有直接影响。如果控制不当，就会在极短的包装时间内使酿造好的啤酒变成次酒乃至不合格啤酒。严格认真的包装，能保证产品质量，降低酒损和瓶耗。

1. 瓶装熟啤酒灌装

瓶装熟啤酒灌装工艺流程如图 9-9 所示。

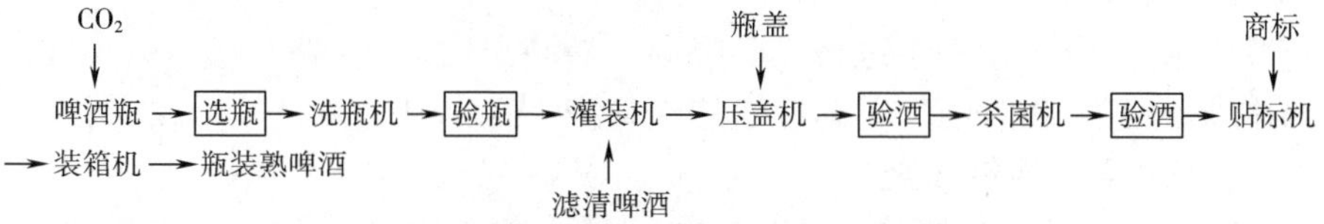

图 9-9　瓶装熟啤酒灌装工艺流程

啤酒瓶质量要求是，能承受一定压力，容易密封，耐酸碱，遮光性好。

（1）空瓶洗瓶工艺要求　瓶内外无残存物，瓶内无菌，瓶内滴出的残水不得呈碱性反应。洗涤剂要求无毒性。

（2）装瓶　装瓶要严格无菌操作，主要工艺要求为：啤酒中 CO_2 控制在 0. 45%~0. 55%，溶解氧含量小于 0. 3mg/L。

（3）压盖　灌装好的啤酒应尽快压盖，瓶盖要通过无菌空气除尘处理。

（4）杀菌　为保证啤酒有较长的保存期，常采用巴氏杀菌进行杀菌处理。

（5）贴标　使用的商标必须与产品一致，生产日期必须标示清楚，商标应整齐美观，不歪斜，不脱落，无缺陷。贴标后经人工或机械装箱即可销售。

2. 易拉罐灌装

一般用铝镁合金二片易拉罐包装，容量 500mL，其体轻，便于运输和携带。

易拉罐灌装工艺流程如图 9-10 所示。

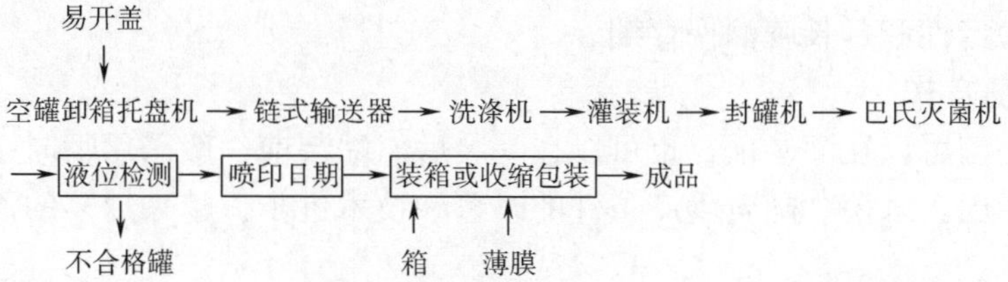

图 9-10　易拉罐灌装工艺流程

（1）空罐要经清洗、紫外线灭菌。

（2）灌装啤酒应清亮透明，浅满一致。封口后，易拉罐不变形，不允许泄漏，保持产品正常外观。

（3）杀菌装罐封口后，罐倒置进入巴氏杀菌机。杀菌温度一般为 61~62℃，时间10min以上。杀菌后，经鼓风机吹除罐底及罐身的残水。

（4）液位检查　当液位不符合要求时，自动剔除。

（5）打印日期　自动喷墨机在易拉罐底部喷上生产日期或批号。打印后，罐装啤酒倒正，然后装箱。

（6）注意事项

①要保证容器、设备、压缩空气或CO_2、环境等卫生。

②防止氧的进入。

③灌装前，用1~2℃水进行设备降温，灌装温度为2~4℃。

④控制好温度和时间，灭菌后快速冷却至35℃以下。

3. 木桶及金属桶等灌装

木桶作为容器用于储存和运输啤酒已有数百年的历史。传统的木质啤酒桶一般以橡木为原料。但是木桶质量较重，不利于批量运输而且清洗灌装无法实现自动化，容易染菌。目前木桶只用于宣传。

桶装啤酒是未经彻底灭菌的鲜啤酒，包装简便、成本低，且口味新鲜，清爽杀口，近年来受到企业的重视。桶装啤酒的包装容器一般采用不锈钢桶或不锈钢内胆、带保温层的保鲜桶，桶的规格有8L、25L、30L、50L等。包装前，啤酒要经瞬时杀菌处理或无菌过滤处理。

4. 塑料瓶灌装

啤酒采用塑料瓶灌装存在一些问题并让人反感，但在近几年已成为发展趋势。塑料瓶一般由PET制成，质地轻，没有爆瓶危险，并且经济实惠，成品运输成本低，新技术的出现也解决了塑料瓶的阻隔性差、时间一长压力会损失等问题，不过塑料容易老化，不能彻底清洗，重复使用率低。

三、灭菌

酿造出来的鲜啤酒，一般含有酵母菌和其他杂菌，需经杀菌处理，以提高产品的生物稳定性和延长啤酒保存期。

1. 杀菌方式

啤酒杀菌可以在灌装前，也可以在灌装后。灌装前一般采用瞬时杀菌，灌装后一般采用巴氏杀菌。随着生产条件的改善和技术进步，越来越多的酒厂趋向于瞬时灭菌。

2. 啤酒杀菌的工艺要求

（1）经杀菌的啤酒不得发生酵母浑浊，色、香、味不得与原酒有显著变化。

（2）在灭菌温度为65℃以下，CO_2含量为0.4%~0.5%条件下时，瓶装啤酒的瓶颈空间容积应为瓶容积的3%。杀菌温度超过65℃，应保持瓶颈空间容积为瓶容积的4%。

（3）喷淋水喷射均匀，达到最大处理量时，杀菌效果为15~30Pu，主杀菌区杀菌温度为 61~62℃。

3. 杀菌操作要点

（1）根据所使用的杀菌机，严格控制制备区的温度和时间。各区温差不得超过 35℃，瓶子升降温速度控制在 2~3℃/min 为宜，以防止温差太大引起瓶子破裂。

（2）定时（每隔 0.5~1h）检测各区温度，温度变化以±1℃为宜，每班要测 Pu 值 1~2 次。

（3）严格清洗机体、喷嘴、管路，喷淋水压应为 0.2~0.3MPa。

任务五 啤酒生产设备介绍

一、粉碎设备

啤酒厂粉碎麦芽和大米大都是用辊式粉碎机，其优点是结构简单，维修容易，调节方便，产品过度粉碎的情况较少。辊式粉碎机多采用铸铁辊筒，麦芽在挤压力和摩擦作用下被压碎，胚乳从麦皮中碾出。常用的有对辊式、四辊式、五辊式和六辊式等。

粉碎机操作及注意事项如下所示。

（1）打开闸柄，将流量调节板调节到适合的位置，保证物料能自动落入粉碎室。

（2）启动电机。

（3）经粉碎后的原料倒入料斗。

（4）慢慢调节流量调节板来控制原料流量，检查原料的破碎程度，原料达到粉碎要求时固定流量调节板。

（5）工作完毕后需空转 1~2min，待机器内的物料全部排出后，方能停机。

（6）清洁机内和周边残渣。

注意：①先开机后进料。②物料保证清洁，避免杂物混入。③严禁空转时对辊相互接触，以避免磨损。

1. 对辊式粉碎机

对辊式粉碎机主要工作机构为两个相对旋转的平行装置的圆柱形辊筒。对辊式粉碎机制造简便，结构紧凑，运行平稳，但传动机构本身较复杂，造价较高，故未能得到广泛应用。通常适用于中碎和细碎，如图 9-11 所示。

2. 四辊式粉碎机

四辊式粉碎机由两对辊筒和一组筛子所组成，如图 9-12 所示。原料经第一对辊筒粉碎后，由筛选装置分离排出皮壳，粉粒再进入第二对辊筒粉碎。

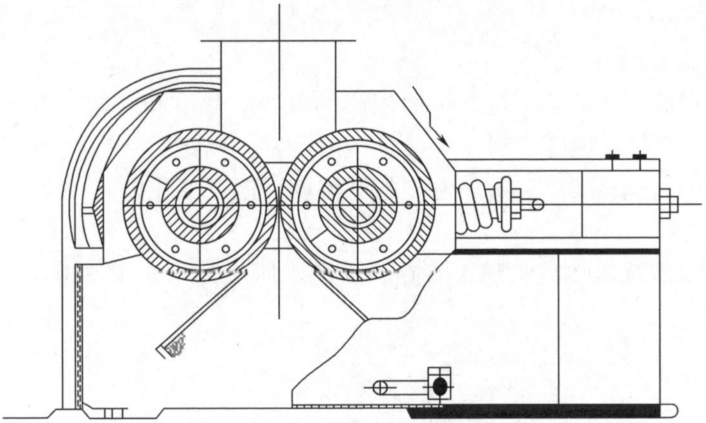

图 9-11　对辊式粉碎机

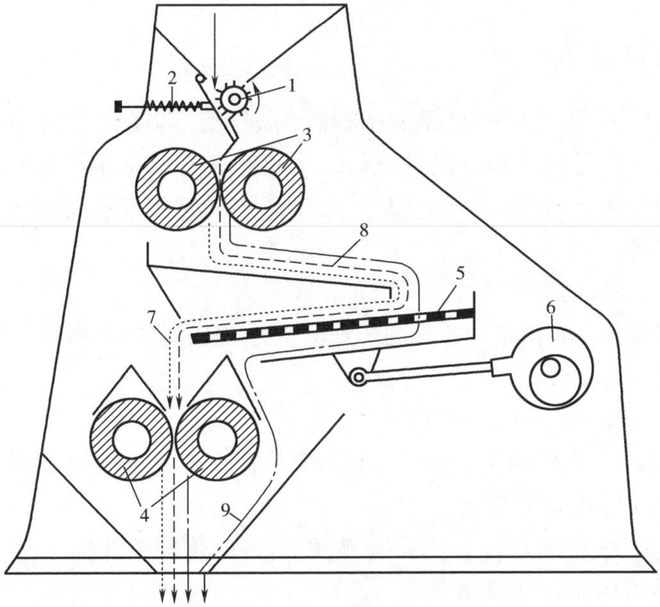

1—分配辊　2—进料调节　3—预磨辊　4—麦皮辊　5—振动筛　6—偏心驱动装置
7—带有粗粒的麦皮　8—预磨粉碎物　9—细粉

图 9-12　四辊式粉碎机

四辊粉碎的工艺优点是并非全部的粉碎物都要经过两次粉碎，而仅对其中的一部分进行后粉碎。预磨后的粉碎物借助安装在粉碎机内的振动筛要进行分离。需要注意的是进料不可太猛，倾斜度要合适。

3. 五辊式粉碎机

五辊式粉碎机前三个辊筒是光辊，组成两个磨碎单元，后两个辊筒是丝辊，单独成一磨碎单元。通过筛选装置的配合，可以分离出细粉、细粒和皮壳，如图 9-13所示。该机性能很好，通过调节可以应用于各种麦芽的粉碎。

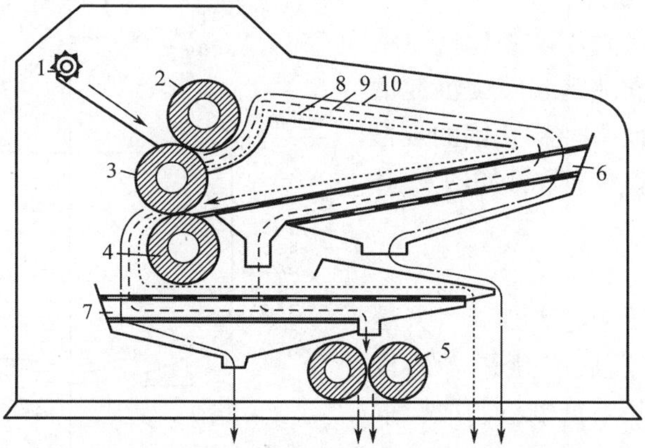

1—分配辊 2—预磨辊 3—预磨和麦皮辊 4—麦皮辊 5—粗粒辊 6—上振动筛组
7—下振动筛组 8—带有粗粒的麦皮 9—粗粒 10—细粉
图 9-13 五辊式粉碎机

4. 六辊式粉碎机

六辊式粉碎机性能与五辊式相同。它由三对辊筒组成，前两对用光辊，主要以挤压作用粉碎原料，可以使得麦芽的皮壳不致粉碎得太细而影响麦汁的过滤。第三对辊筒用丝辊，将筛出的粗粒粉碎成细粉和细粒，有助于糖化时充分浸出有用物质。该机的构造原理如图 9-14 所示。

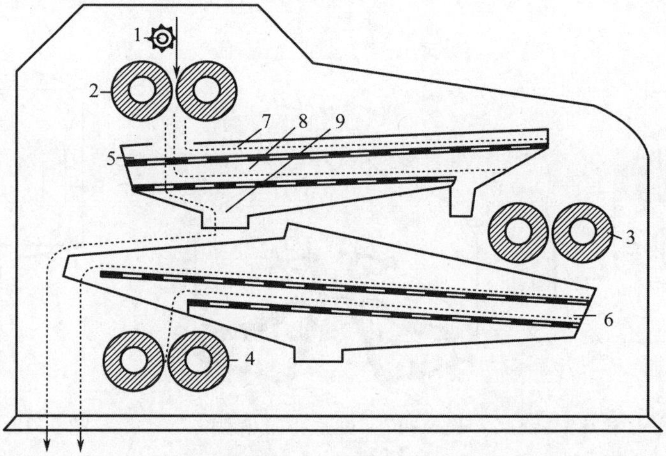

1—分配辊 2—预磨辊 3—麦皮辊 4—粗粒辊 5—上振动筛组 6—下振动筛组
7—含有粗粒的麦皮 8—粗粒 9—细粉
图 9-14 六辊式粉碎机

二、 糖化煮沸设备

1. 糖化设备简介

糖化设备现多采用由糊化锅、糖化锅、过滤槽、煮沸锅和回旋沉淀槽组合的复式糖化设备。糊化锅的规格和结构与糖化锅基本一致，如图 9-15 所示。

2. 煮沸设备

煮沸麦汁的设备称煮沸锅，煮沸锅是糖化设备中发展变化最多的设备。传统煮沸锅采用紫铜板制成，近代多采用不锈钢材料制作。

煮沸锅外形常为立式圆柱形容器，通常配有圆底形锅底，也有 W 底（凸底）或者杯底，如图 9-16、图9-17、图 9-18 所示。较典型的结构比例是高度（麦汁深度）与锅体直径之比约为1∶1。过去曾用过矩形煮沸设备，但它存在混合均匀较难、机械性损坏大等缺点。

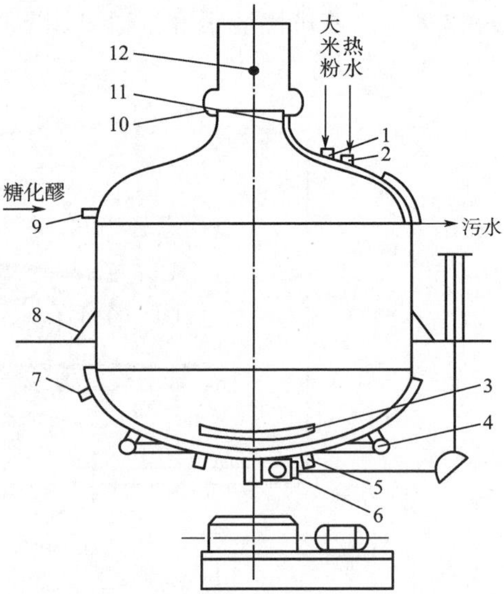

1—大米粉进口 2—热水进口 3—搅拌器 4—加热蒸汽管进口 5—蒸汽冷凝水出口 6—糊化醪出口 7—不凝性气体出口 8—耳架 9—麦芽粉液或糖化醪入口 10—环形槽 11—污水排出管 12—风门

图 9-15 糊化锅

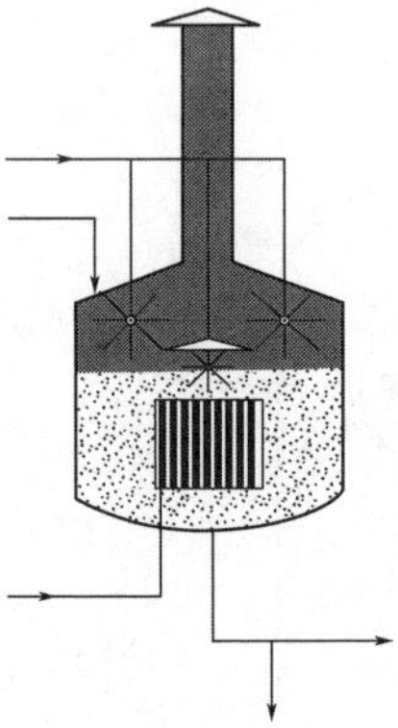

图 9-16 圆底形煮沸锅

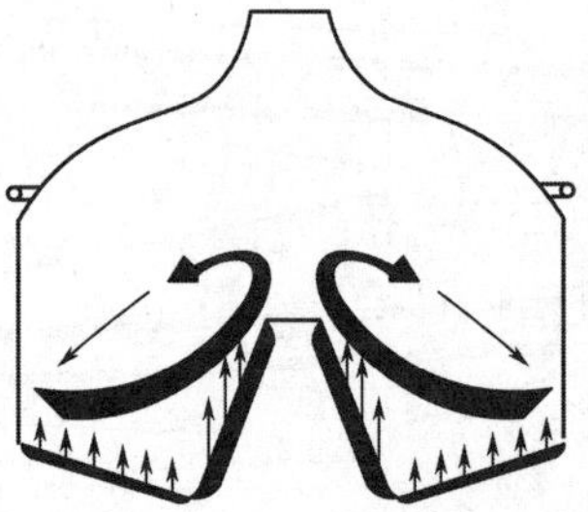

图 9-17 W 底形煮沸锅

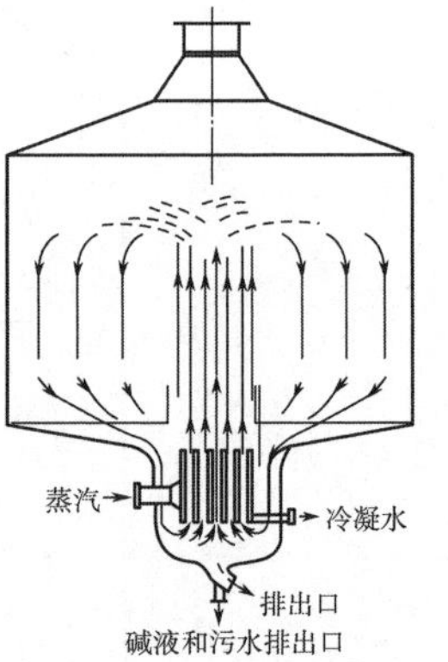

图 9-18 杯底形煮沸锅

按照加热方式来分，煮沸锅可分为内加热锅、外加热锅和组合型的煮沸-回旋两用锅等。内加热锅一般锅内装有立式列管加热器，煮沸时蒸汽在管内流动，麦汁在管间流动，可使部分麦汁先沸腾，在锅内形成滚动循环。外加热锅的加热器设在锅外，麦汁用泵从煮沸锅中打出，经过外加热器加热后流回至煮沸锅内。煮沸-回旋两用锅（图 9-19）既可作为煮沸锅，又可当沉淀槽。加热器设在锅外，当麦汁煮沸结束后，利用煮沸时的麦汁循环泵将热麦汁打入槽内，分离热凝固物。

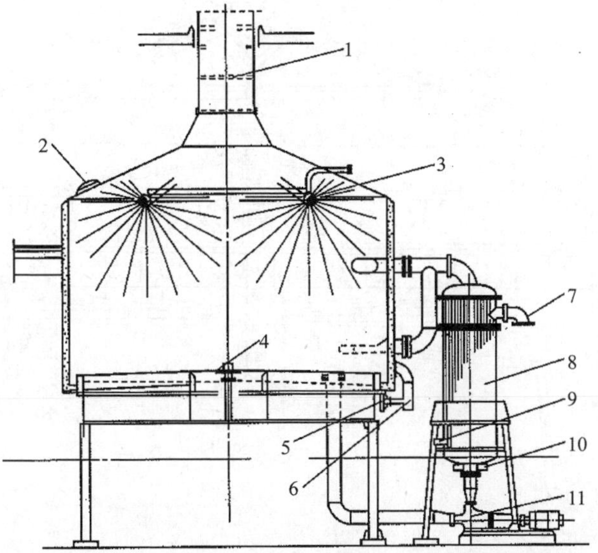

1—废汽挡板　2—人孔　3—喷头　4—热凝固物排出装置　5—热凝固物排出口　6—麦汁出口
7—蒸汽进口　8—外加热器　9—冷凝液出口　10—CIP 接口　11—麦汁循环泵

图 9-19　煮沸-回旋两用锅

三、 麦汁过滤设备

过滤槽是最古老也是至今应用最普遍的一种麦汁过滤设备。国内目前大多数啤酒生产厂家仍使用过滤槽作为麦汁过滤的设备，过滤槽的主体结构一直没有多大改变，主要变化是在装备水平、能力大小和自动控制等方面。

过滤槽一般是圆筒形，材质多为不锈钢，也有铜制作的。配有弧球形或锥形顶盖，顶盖上有可开关闸门的排汽筒，槽底大多为平底或浅锥形底，平底槽有三层，第一层是水平筛板，第二层是麦汁收集层，最外层是可通入热水保温的夹底。中心有一个能升降的中心轴，能带动 2~4 臂的耕糟机。

（1）过滤槽筛板　新式过滤槽的筛板为不锈钢板制作，开孔率可达 10%~20%，上孔宽宜采用 0.6mm，下孔宽可采用 2.5mm。当开孔率不足 15%时，提高开孔率可以增加过滤速度，当开孔率大于 15%时，提高开孔率不能明显提高过滤速度。

（2）麦汁收集管　新型过滤槽比传统过滤槽有较大改进，其结构如图 9-20 所示。直径可达 12mm 以上，筛板面积达 50~110m²。根据槽的直径，在槽底安装 1~4 根同心环管，麦汁滤管与就近的环管相连，可确保糟层各部位麦汁均匀渗出，渗出的麦汁进入高于筛板的平衡罐，再利用泵将麦汁抽出，减少了压差，加快了过滤速度。

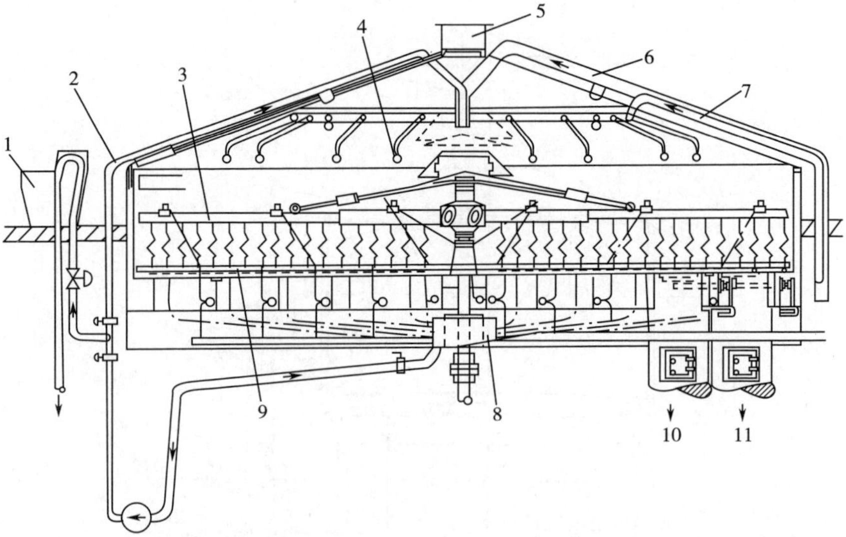

1—过滤操作控制台　2—浑浊麦汁回流　3—耕槽机　4—洗涤水喷嘴　5—二次蒸汽引出
6—糖化醪入口　7—水　8—滤清麦汁收集　9—排槽刮板　10—废水出口　11—麦槽

图 9-20　新型过滤槽的主要结构

新型过滤槽除采用平衡罐外，也可利用泵将麦汁抽出，加快过滤速度。洗槽时，也利用泵，控制各环管的流量，使从几个环管流出的麦汁浓度趋向一致，使麦层各部分麦槽洗涤得完全彻底。此种过滤方式，结构封闭性好，能隔绝空气，减少麦汁的氧化。

新型过滤槽废除了排出阀和鹅颈管，实现了隔绝空气的过滤，减少了麦汁的氧化，设备简单，操作方便，易于实现计算机控制。

四、 旋沉设备

1. 回旋沉淀槽的结构

回旋沉淀槽是圆柱罐，槽底形状有平底、杯底、锥底等，应用最多的是平底。

2. 回旋沉淀槽的分离原理

热麦汁沿槽壁以切线方向泵入槽内，在槽内形成回旋运动产生离心力，由于在槽内运动，在离心力的反作用力的合力作用下，热凝固物会迅速下沉至槽底中心，形成较密实的锥形沉淀物。分离结束后，麦汁从槽边麦汁出口排出，热凝固物则从罐底出口排出。

3. 回旋沉淀槽的操作

（1）进罐　时间 20~30min。热麦汁以不低于 10m/s 的速度以切线方向泵入回旋沉淀槽。为减少吸氧，先从底部喷嘴进料，当液位至侧面喷嘴时应改为侧面喷嘴进料。

（2）静置　时间 30~40min。静置后，检视浊度，测定麦汁浓度和容量。

（3）出罐　时间 30~40min。静置结束后，将麦汁从出口泵入冷却器。

（4）除渣　时间 20~30min。槽底中心热凝固物用水冲入凝固物回收罐。在过滤槽第二次洗槽时开耕刀，将回收罐中热凝固物全部送入过滤槽。

（5）清洗　CIP 系统清洗回旋沉淀槽。

五、 冷却设备

麦汁冷却常用薄板冷却器。

薄板冷却器由许多不锈钢薄板组成。薄板被冲压成沟纹板，四角各开一个圆孔，两个孔与薄板一侧的通道相通，另两个孔与另一侧的通道相通。每两块板为一组，板的四周有橡胶密封垫圈，以防止渗漏，板与板之间空隙（通道）用垫圈的厚度调节。麦汁和冷却水从薄板冷却器的两端进入，在同一块板的两侧逆向流动。薄板上的波纹使麦汁和冷媒在板上形成湍流，大大提高了传热效率。冷却板可并联、串联或组合使用，以调节麦汁和冷却水的流量。在薄板冷却器内，麦汁和冷媒在各自通道内流动交换后，从相反的方向流出。麦汁和冷却水在薄板两侧交替流动，可进行热交换，如图 9-21 所示。

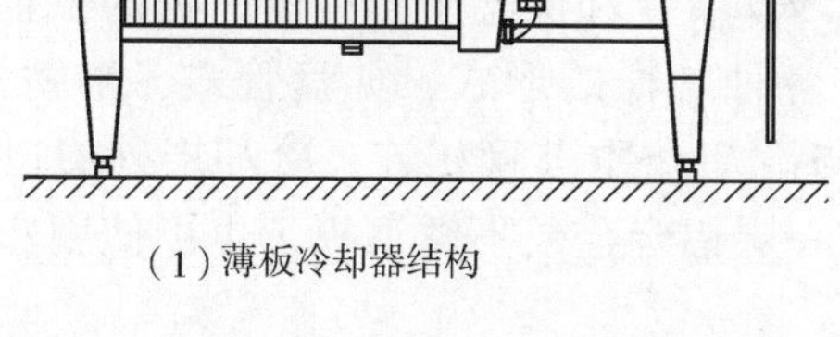

（1）薄板冷却器结构

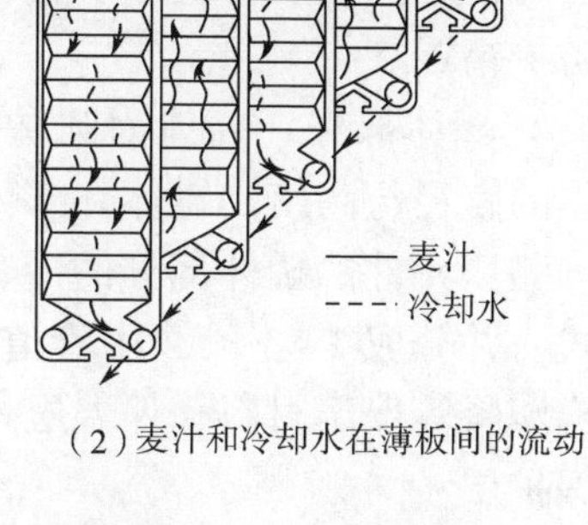

（2）麦汁和冷却水在薄板间的流动

1—后支架　2—前支架　3—横杠　4—压紧板　5—压紧螺杆　6—第一段冷却
7—第二段冷却　8—分界板　9—温度表

图 9-21　薄板冷却器

六、 发酵设备

1. 锥形发酵罐基本结构

圆柱锥底发酵罐如图 9-22 所示。

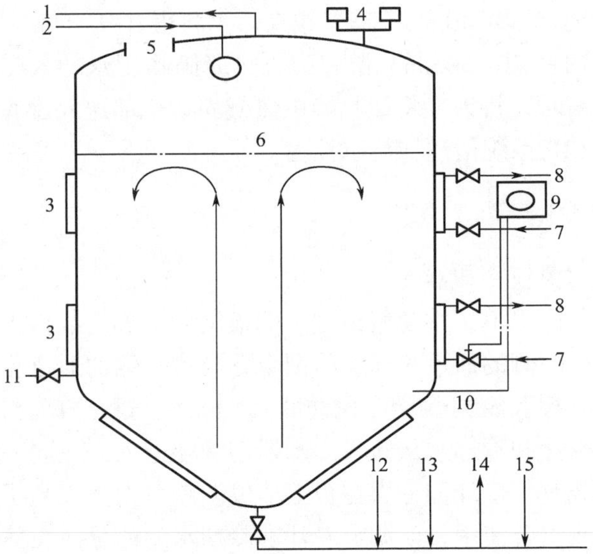

1—二氧化碳排出 2—洗涤器 3—冷却夹套 4—加压或真空装置 5—人孔 6—发酵液面 7—冷却剂进口 8—冷却剂出口 9—温度控制记录器 10—温度计 11—取样口 12—麦汁管路 13—嫩啤酒管路 14—酵母排出 15—洗涤剂管路

图 9-22 圆柱锥底发酵罐

（1）罐顶部分 罐顶为一圆拱形结构，中央开孔用于放置可拆卸的大直径法兰，以安装 CO_2 和 CIP 管道及其连接件，罐顶还安装防真空阀、过压阀和压力传感器等，罐内侧装有洗涤装置，也安装有供罐顶操作的平台和通道。罐顶还可安装防护帽罩。

（2）罐体部分 罐体为圆柱体，是罐的主体部分。发酵罐的高度应取决于圆柱体的直径与高度。罐体外部可安装冷却装置和保温层，并留一定的位置安装测温、测压元件。罐体部分的冷却层有各种各样的形式，如盘管式、米勒板式、夹套式，并分成 2~3 段，用管道引出与冷却介质进管相连，冷却层外覆以聚氨酯发泡塑料等保温材料，保温层外再包一层铝合金或不锈钢板，也可使用彩色钢板作保护层。

（3）圆锥底部分 圆锥底的夹角一般为 60°~80°，也有 90°~110°的，但这多用于大容量的发酵罐。发酵罐的圆锥底高度与夹角有关，夹角越小锥底部分越高。一般罐的锥底高度占总高度的 1/4 左右，不要超过 1/3。圆锥底的外壁应设冷却层，以冷却锥底沉淀的酵母。锥底还应安装进出管道、阀门、视镜及测温、测压的传感元件等。

此外，罐的直径与高度比通常为1：(2~4)，总高度最好不要超过16m，以免引起强烈对流，影响酵母和凝固物的沉降。发酵罐工作压力可根据罐的工作性质确定，一般发酵罐的工作压力控制在0.2~0.3MPa。

2. 锥形发酵罐主要尺寸的确定

(1) 径高比　锥形罐呈圆柱锥底形，圆筒体的直径与高度之比为1：(1~4)。一般径高比越大，发酵时自然对流越强烈，酵母发酵速度快，但酵母不容易沉降，啤酒澄清困难。

(2) 罐容量　一般锥形罐的容量取决于糖化能力，以半天到一天的麦汁产量作为罐容量设计依据。由于二氧化碳的释放和泡沫的产生，罐有效容积一般为罐总量的80%左右。

(3) 锥角　一般在60°~90°，常用60°~75°（不锈钢罐常用锥角60°，内有涂料的钢罐锥角为75°），有利于酵母的沉降与分离。

(4) 冷却夹套和冷却面积　锥形发酵罐冷却常采用间接冷却。由于啤酒冰点温度一般为-2.7~-2.0℃，为防止啤酒在罐内局部结冰，冷媒温度应在-3℃左右。国内常采用20%~30%的酒精水溶液，或20%丙二醇水溶液为二次冷媒，一次冷媒一般采用液氨。

(5) 罐体的耐压　发酵产生一定的二氧化碳形成罐顶压力（罐压），应设有二氧化碳调节阀，罐顶设有安全阀。

3. 圆柱锥底发酵罐的特点

(1) 底部为锥形，便于在生产过程中随时排放酵母，要求采用凝聚性酵母。

(2) 罐本身具有冷却装置，便于发酵温度的控制。生产容易控制，发酵周期缩短，染菌机会少，啤酒质量稳定。

(3) 罐体外设有保温装置，可将罐体置于室外，减少建筑投资，节省占地面积，便于扩建。

(4) 采用密闭罐，便于CO_2洗涤和CO_2回收，发酵也可在一定压力下进行。既可做发酵罐，也可做贮酒罐，也可将发酵和贮酒合二为一，称为一罐发酵法。

(5) 罐内发酵液由于液体高度而产生CO_2梯度（即形成密度梯度）。通过冷却控制，可使发酵液进行自然对流，罐体越高对流越强。由于强烈对流的存在，酵母发酵能力提高，发酵速度加快，发酵周期缩短。

(6) 发酵罐可采用仪表或微机控制，操作、管理方便。

(7) 锥形罐既适用于下面发酵，也适用于上面发酵。

(8) 可采用CIP自动清洗装置，清洗方便。

(9) 锥形罐加工方便（可在现场就地加工），实用性强。

(10) 设备容量可根据生产需要灵活调整，容量可从60~600m^3，最高可达 1500m^3。

七、 啤酒过滤设备

叶片式硅藻土过滤机可分为两种：垂直叶片式硅藻土过滤机和水平叶片式硅藻土过滤机。

（1）垂直叶片式硅藻土过滤机　主要包括以下几个部分：顶部为快开式顶盖，底部有一条水平的滤液汇集总管，两者之间垂直排列了许多扁平的滤叶。每片滤叶的下部有一根滤液导出管，其将内腔与滤液汇集总管连接，如图 9-23 所示。

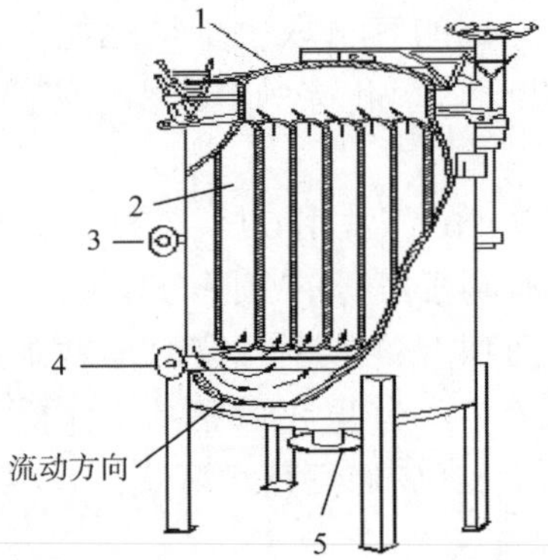

1—快开式顶盖　2—滤叶　3—滤液导出管　4—滤液汇集总管　5—出口

图 9-23　垂直叶片式硅藻土过滤机

过滤时顶盖紧闭，将啤酒与硅藻土的混合液泵送入过滤器，以制备硅藻土涂层。混合液中的硅藻土颗粒被截留在滤叶表面的细金属网上面，啤酒则穿过金属网，流进滤叶内腔，然后汇集总管而流出。浊液反流，直到流出的啤酒澄清为止。此时表明，预涂层制备完毕，下一步就可以过滤啤酒了。

优点：

①过滤面积大，过滤能力强。

②自动化程度高，可利用机内喷淋旋转装置直接洗涤排渣。

缺点：

①操作压力要求平稳，当压力波动时，出酒浊度变化较大。

②涂层不牢固，当压力突然回零时容易脱落，造成过滤中断。

③需增加微粒捕集器或 0. 4μm 微孔滤膜精滤，防止细土穿透。

④消耗硅藻土量大。

（2）水平叶式硅藻土过滤机　该过滤机的滤叶水平叠装在垂直空心轴上，滤叶内腔与空心轴内腔相通，滤液从滤叶内腔汇集到空心轴，然后从底部排出，如图 9-24 所示。

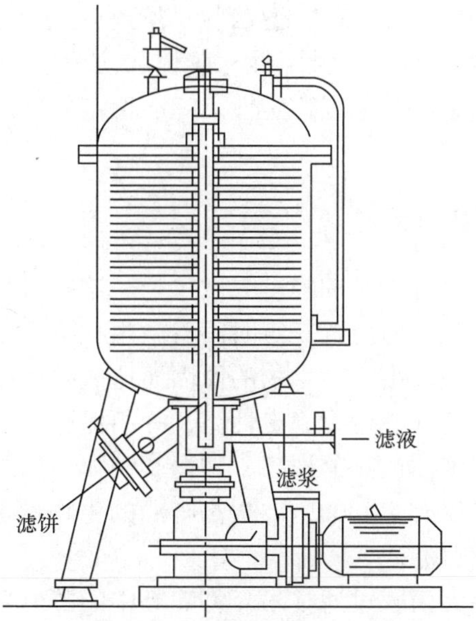

图 9-24　水平叶式硅藻土过滤机

滤叶片上表面是细金属丝网，作为硅藻土预涂层的支持介质，中间由一层大孔格粗金属丝网作为支撑网。滤叶下侧是金属薄板，用滤框紧固密封。叶片和中心轴一起可旋转。其操作方式与垂直叶片式硅藻土过滤机大致相同，只是在过滤结束后，它在反向压入清水后，还开动空心转轴，在惯性离心力作用下，卸除滤饼。

优点：

①滤叶呈水平状态，过滤压力波动对滤层影响较小。

②在清洗时，滤饼易于排除干净。

缺点：

①有效过滤面积小。

②对垂直圆柱罐上部的空间高度要求高。

③为保证滤叶平整均匀，对中心轴精度要求高。

任务六　啤酒常见的质量问题及质量标准

不同种类的啤酒具有不同的风味。一种啤酒能为众多消费者认可、喜欢和推崇，那一定是好啤酒。要保证啤酒质量上乘，必须在原材料、辅料、生产工艺、成品贮藏等各环节严格遵守国家标准规定，也可根据自身实际情况执行高于国家标准的规定。我们要有针对性、积极努力地找到解决问题的办法，确保啤酒质量。

啤酒的稳定性主要包括生物稳定性、胶体稳定性、口味稳定性、泡沫稳定性、喷涌稳定性、光稳定性和色度稳定性。啤酒稳定处理的最低标准是保证产品的保质期。

一、啤酒的生物稳定性

过滤后的啤酒中仍含有少量的酵母等微生物。这些微生物的数量很少，并不影响啤酒清亮透明的外观，但放置一定时间后微生物重新繁殖，会使啤酒出现浑浊沉淀，这就是生物浑浊。由于微生物的原因而造成啤酒稳定性变化的现象称为生物稳定性。经过杀菌的啤酒生物稳定性高，啤酒保存期长，便于长期贮存和运输，但杀菌后容易造成啤酒风味的损害，从而影响啤酒质量。未经过无菌处理的包装啤酒的生物稳定性仅有 7~30d。要提高啤酒的生物稳定性，可以采用两种方法：巴氏杀菌法或无菌过滤法。

无菌过滤法即采用无菌膜过滤技术，将啤酒中的酵母及细菌等滤除，经过无菌灌装得到生物稳定性很高的纯生啤酒，此技术是啤酒未来发展的一个重要方向。

在啤酒生产的全过程中，要对设备进行严格的清洗和杀菌，这对于保证啤酒的生物稳定性有着重要的作用，煮沸结束后要保持无菌状态，如果后续管理不好，细菌等微生物进入就会影响啤酒的生物稳定性，严重的会出现浑浊，风味变化导致无法饮用。

二、啤酒的非生物稳定性

啤酒在贮存过程中，由于化学成分的变化对啤酒稳定性产生的影响称为啤酒的非生物稳定性。啤酒是一种成分复杂、稳定性不强的胶体溶液，贮存过程中，易产生失光、浑浊、沉淀等现象。其原因是啤酒中的蛋白质、多酚物质、酒花树脂、糊精等高分子物质，受光线、氧化、振荡等因素的影响而凝聚析出，造成啤酒胶体稳定性的破坏。最常见的非生物浑浊是蛋白质浑浊，啤酒的蛋白质浑浊包括以下两种情况。

1. 冷浑浊（也称可逆性浑浊）

啤酒遇冷（0℃左右）时变浑，加热至 20℃左右又复溶，这是一种受温度影响的可逆性浑浊。

2. 氧化浑浊（也称不可逆浑浊）

啤酒浑浊后，加热也不能复溶，这是一种永久性浑浊。

一般认为，冷浑浊是氧化浑浊的前体物质。生产上一般采用减少高分子蛋白质含量的方法来提高啤酒的非生物稳定性，如大麦发芽时加强蛋白质的分解，麦汁煮沸时促进蛋白质的凝聚沉淀，啤酒发酵结束后低温贮存，加强啤酒过滤，在啤酒中添加蛋白酶、沉淀剂、吸附剂和抗氧化剂等。

多酚物质是造成啤酒非生物浑浊的另一种影响物质。在啤酒的浑浊沉淀中，主要成分是蛋白质和多酚物质的复合物。实验证明，尽量除去麦芽中的多酚物质，啤酒的非生物稳定性会有所提高，啤酒的保存期可大大延长。当然，多酚物质也是啤酒的风味物质之一，一般啤酒成品中总多酚物质的浓度宜控制在100mg/L以内，花色苷控制在30~50mg/L。

减少多酚类物质的方法有以下几种。

（1）强化蛋白质分解工艺，使用蛋白质溶解好的麦芽，适当增加辅料比例，严格控制蛋白质休止温度和pH。

（2）避免使用碱水，提高煮沸强度，在不影响品质的情况下尽量延迟添加酒花。选择多酚物质含量低的大麦品种，制麦时用碱水浸麦，增加多酚物质含量低的辅料用量，糖化时减少多酚物质的溶出和氧化。

三、 啤酒的风味稳定性

啤酒的风味稳定性是指啤酒灌装后，在规定的保质期内风味不变的可能性。啤酒的风味物质很复杂，有高级醇、醛类、酸类、酯类、含硫化合物及连二酮类、酒花溶出物等。啤酒的风味物质在氧、光线、加热等条件下易发生化学变化，从而会引起啤酒风味的改变。提高啤酒风味稳定性的措施有以下几种。

（1）生产过程中防止氧的摄入。

（2）进行低温发酵减少醇类物质的过量生成。

（3）控制糖化醪pH在5.5左右，麦汁pH在5.2左右，冷热凝固物彻底分离，麦汁煮沸强度8%~10%。

（4）啤酒杀菌的Pu值不宜过高，以控制在15~20Pu为宜。

（5）减少运输中的振荡、贮藏中的高温及日光照射。

（6）保证生产过程中容器、管道的卫生等。

（7）使用抗氧化剂，最常用的就是维生素C。

啤酒泡持性测定

四、 啤酒的泡沫稳定性

啤酒的泡沫是啤酒质量的一项重要指标，包括起泡性、泡持性、附着性能和泡沫的洁白细腻程度。泡沫稳定性越好，所持续的时间越长，附着力（俗称挂杯情况）越好，空酒杯残留泡沫越多。

影响啤酒泡沫的因素很多，与大麦品种、酵母菌种、制麦和酿造方法密切相关。主要与啤酒中高分子的α-氨基氮含量、脂肪酸的含量、异α-酸的含量、二氧化碳含量等有关。为了增加啤酒的泡沫性能，可采取如下措施。

（1）使用一些糖蛋白较高的谷类辅料，以小麦尤为显著。

（2）选择分泌较少蜜二糖酶和蛋白质分解酶的菌种。

（3）提高酒花使用量，保持适中的煮沸时间。

（4）成熟时间不宜过长，应防止酵母自溶，从而避免过多蛋白酶的释放。

（5）可在啤酒中添加泡沫稳定剂，已经使用的稳定剂有：蛋白质水解物、某些金属盐（如铁盐）、琼脂藻朊酸、阿拉伯胶等。

五、 啤酒的喷涌

啤酒在启盖减压后，有时会发生不正常的窜沫现象，一瓶啤酒会窜出多半瓶沫，这称为喷涌。用发霉的大麦发芽酿酒，啤酒中镍离子、铁离子与异 α-酸共同存在，草酸钙在啤酒中形成微细晶体离子等都会引起啤酒的喷涌。

六、 啤酒的胶体稳定性

在有氧存在的情况下，啤酒中的多酚与蛋白质形成蛋白多酚复合物。随着时间不断增加导致酒体浑浊。因此生产过程中都要采取抗氧措施，常用的稳定剂有硅胶、聚乙烯聚吡咯烷酮聚合物（PVPP），硅胶吸附酒体中的蛋白质，PVPP 可以选择性去除多酚物质但对氧气特别敏感，如果没有严格控制氧含量会导致啤酒口味变化更快、更差。

七、 成品啤酒质量指标

啤酒的国家标准为 GB/T 4927—2008《啤酒》。标准规定了啤酒的定义、分类、要求、检测方法规则、标志包装运输和储存要求等。

啤酒的卫生标准按 GB 2758—2012《食品安全国家标准　发酵酒及其配制酒》中的发酵酒卫生标准执行。

啤酒色度的测定

1. 感官要求

淡色啤酒的感官要求如表 9-10 所示。

表 9-10　淡色啤酒的感官要求

项目			优级	一级
外观	透明度		酒体有光泽，允许有肉眼可见的微细悬浮物和沉淀物（非外来异物）	
	色度/EBC	≤	0. 9	1. 2
泡沫	形态		泡沫洁白细腻，持久挂杯	泡沫较洁白细腻，较持久挂杯
	泡持性/s ≥	瓶装	180	130
		听装	150	110
香气和口味			有明显的酒花香气，口味醇正、爽口，酒体谐调、柔和、无异香、异味	有较明显的酒花香气，口味醇正，较爽口、谐调，无异香、异味

2. 淡色啤酒理化指标

淡色啤酒的理化指标如表 9-11 所示。

表 9-11　　淡色啤酒理化指标

项目		优级	一级
酒精度[a]/(%vol)	≥14.1°P	5.2	
	12.1~14.0°P	4.5	
	11.1~12.0°P	4.1	
	10.1~11.0°P	3.7	
	8.1~10.0°P	3.3	
	≤8.0°P	2.5	
原麦汁浓度[b]/°P		*X*	
总酸/(mL/100mL)	≥14.1°P	3.0	
	10.1~14.0°P	2.6	
	≤10.1°P	2.2	
二氧化碳[c]/%（质量分数）		0.35~0.65	
双乙酰/(mg/L)	≤	0.10	0.15
蔗糖转化酶活性[d]		呈阳性	

注：a 不包括低醇啤酒、无醇啤酒。

b "*X*" 为标签上标注的原麦汁浓度，≥10.0°P 允许的负偏差为 "-0.3"，<10.0°P 允许的负偏差为 "-0.2"。

c 桶装（鲜、生、熟）啤酒二氧化碳不得小于 0.25%（质量分数）。

d 仅对 "生啤酒" 和 "鲜啤酒" 有要求。

3. 浓色啤酒、黑色啤酒理化指标

浓色啤酒、黑色啤酒的理化指标如表 9-12 所示。

表 9-12　　浓色啤酒、黑色啤酒理化指标

项目		优级	一级
酒精度[a]/(%vol)	≥14.1°P	5.2	
	12.1~14.0°P	4.5	
	11.1~12.0°P	4.1	
	10.1~11.0°P	3.7	
	8.1~10.0°P	3.3	
	≤8.0°P	2.5	
原麦汁浓度[b]/°P		*X*	

续表

项目		优级	一级
总酸/(mL/100mL)	≤	4.0	
二氧化碳[c]/%（质量分数）		0.35~0.65	
蔗糖氧化酶活性[d]		呈阳性	

注：a 不包括低醇啤酒、脱醇啤酒。

b "*X*" 为标签上标注的原麦汁浓度，≥10.0°P 允许的负偏差为 "-0.3"，<10.0°P 允许的负偏差为 "-0.2"。

c 桶装（鲜、生、熟）啤酒二氧化碳不得小于 0.25%（质量分数）。

d 仅对生啤酒和鲜啤酒有要求。

4. 发酵酒卫生理化指标

卫生理化指标，按 GB 2758—2012 执行，如表 9-13 所示。

表 9-13　发酵酒卫生理化指标

项目	指标
二氧化硫残留量（游离 SO_2 计）/（g/kg）≤	0.05
黄曲霉毒素 B_1 含量/（μg/kg）≤	5
铅残留量（以 Pb 计）/（mg/L）≤	0.5
N-二甲基亚硝胺含量/（μg/L）≤	3

细菌指标如表 9-14 所示。

表 9-14　发酵酒的细菌指标

项目	指标	
	生啤酒	熟啤酒
细菌总数/（个/mL）≤	—	50
大肠菌群数/（个/100mL）≤	50	3

5. 保质期

熟啤酒达到优级、一级品质的保质期不少于 120d。瓶装鲜啤酒保质期不少于 7d。罐装、桶装鲜啤酒不少于 3d。

习题

一、填空题

1. 啤酒按照发酵方式分类，可分为______和______。

2. 啤酒按照其生产方式分类，可分为______、______和______。
3. 啤酒生产的主要原料有______、______、______和______。
4. 啤酒花制品有______、______、______和______四种。
5. 麦汁糖化方法主要有______、______、______。
6. 啤酒成熟后的过滤方法有______、______、______和______。

二、判断题

1. 圆柱锥底发酵罐满罐时间一般为12~24h，最好在20h内。(　　)
2. 麦芽皮壳应破而不碎，辅料和原料粉碎越细越好。(　　)
3. 浸出糖化法需要使用溶解度良好的麦芽。(　　)
4. 啤酒爽快的苦味主要来自异α-酸和β-酸氧化后的产物。(　　)
5. 糖化中，糖化料水比为1∶3，糊化料水比为1∶4。(　　)

三、简答题

1. 简述二次煮出糖化法操作过程。
2. 麦汁煮沸的目的和作用是什么?
3. 水中影响啤酒质量的因素有哪些?
4. 简述麦汁充氧的目的、方法和原理。
5. 糖化时麦芽中的酶是如何作用的?

项目十 葡萄酒发酵生产技术

【知识目标】

1. 掌握酿酒葡萄的品种。
2. 掌握葡萄酒发酵前的准备工作。
3. 掌握葡萄酒的发酵生产工艺。
4. 掌握葡萄酒的贮存条件。

【技能目标】

1. 掌握酿酒葡萄的分辨方法。
2. 掌握葡萄酒发酵前的工艺操作。
3. 掌握葡萄酒的发酵生产操作。
4. 掌握葡萄酒的贮存方法。

【素质目标】

1. 提高国民饮食生活质量的使命感与责任感。
2. 严格遵守安全操作规范，增强产品质量意识。

任务一 酿酒葡萄

随着国际化脚步的加快，葡萄酒的国际化已是大势所趋。现今人们也越来越追逐健康高雅的生活，对葡萄酒的需求越来越多。在葡萄酒酿造过程中讲究“七分原料，三分工艺”，可见对于优质葡萄酒来说，酿酒葡萄原料的选择十分重要。

一、葡萄品种的选择对酿酒质量的重要性

1. 葡萄品种简介

葡萄的质量直接决定着葡萄酒的质量。酿酒行业的很多人把葡萄园作为葡萄酒厂的“第一车间”，这个比喻充分说明了葡萄质量对葡萄酒质量的重要性。因

此，从这种意义来说，葡萄原产地的生态条件、葡萄的品种以及采用的栽培、采收、酿造工艺等决定着葡萄酒的质量，同时赋予了一种葡萄酒区别于其他品种葡萄酒的独有的特征与个性。即不同的葡萄品种所酿造的葡萄酒的质量与风格是相去甚远的。

葡萄可以分为鲜食葡萄与酿酒葡萄。虽说鲜食葡萄也可以用来酿酒，但是其酿造的葡萄酒远远不如酿酒葡萄的风味。下面是关于鲜食葡萄与酿酒葡萄的特点的比较。

（1）鲜食葡萄　果粒大，果汁少，果肉多，果皮较薄，糖度适中，酸度较低，产量高，欧亚种、美洲种、杂交种都有。如巨峰葡萄、玫瑰香葡萄、龙眼葡萄、马奶葡萄及仙人指葡萄都是良好的鲜食葡萄。

（2）酿酒葡萄　果粒小，果汁多，果肉少，果皮较厚，高糖高酸，产量适中或者较低，以欧亚种为主，如赤霞珠、黑品诺、嘉美、霞多丽、雷司令等。

2. 酿酒葡萄的主要质量指标（还原糖、总酚、单宁等）

在葡萄酒中，除了含我们都知道的酒精外，还含有很多其他的物质，如甘油、高级醇、芳香物质、多酚等，这些物质的含量多少及其比例直接决定了葡萄酒的质量与风味。这些物质中还原糖、总酚、单宁是酿酒葡萄的主要质量指标。通过对它们的分析便大致可知其酿造出来的葡萄酒的基本质量及风味特点了。

（1）还原糖　葡萄酒的含糖量因葡萄酒的种类不同而有所不同。一般干酒的含糖量较少，甜酒的含糖量较高，但是一般的葡萄酒中，还原糖的含量在15%~30%。水和糖是葡萄的最主要成分，这是葡萄能在酵母作用下发酵成葡萄酒的物质基础。酒精是葡萄果实中的糖发酵后的产物。在目前的发酵工艺下，约17g的糖，会使1L的葡萄汁发酵后升高1%的酒精含量。因此，葡萄果实中糖的多少，是制约发酵后葡萄酒的酒精度的要素。

（2）酒精　葡萄酒中含有一定量的酒精，但是不会很高，一般为7%~13%。葡萄酒中的酒精是直接由糖发酵而来的，葡萄中的含糖量越高，葡萄酒的酒精度越高。它与葡萄酒中的其他成分和谐地融在一起，刺激性小，人们不易察觉，也不会使人感到不舒服。适量的酒精可以使葡萄酒酒体完美、醇厚。

（3）单宁　它是葡萄酒中所含有的一种酚类化合物，尤其在红葡萄酒中含量较多，有益于心脏血管疾病的预防。葡萄酒中的单宁一般由葡萄籽、皮及梗浸泡发酵而来，或者是因为在橡木桶内陈酿时由橡木内的单宁而来。单宁的多少可以决定酒的风味、结构与质地。缺乏单宁的红酒质地轻薄，没有厚实的感觉，薄若莱新酒便是典型的代表。单宁丰富的红酒可以存放多年，并且能逐渐酝酿出香醇细致的陈年风味。单宁会使葡萄酒入口后口腔感觉干涩，口腔黏膜会有褶皱感。

（4）总酚　葡萄酒中总酚含量的高低直接影响到葡萄酒的口感和品质的优劣。酚类物质是葡萄中重要的次生代谢产物，与葡萄的抗病性、采后生理、贮存、保鲜以及与葡萄汁（酒）的色泽、风味等品质指标密切相关。葡萄与葡萄酒中常见的酚类物质按其化学结构可分为两大类：类黄酮和非类黄酮。不同葡萄品种之间酚类物质的含量及类别差异很大，相同品种葡萄及其酿制的葡萄酒中酚的构成及含量也会受地域、栽培条件、气候条件、成熟度、酿造工艺等多种因素的影响。酚类物质作为一大类复杂的具有抗氧化性的物质，主要参与形成葡萄酒的味道、骨架、结构和颜色等，尤其对红葡萄酒的特征和质量有重要影响。酚类物质及其相关化合物也可以显著影响葡萄酒的外观、滋味、口感、香气以及微生物稳定性。

二、 酿酒葡萄品种

酿酒葡萄按用途可分为三类，即酿造白葡萄酒品种、酿造红葡萄酒品种和调色调香品种。

酿造白葡萄酒的优良品种，有贵人香、霞多丽、白诗南、龙眼、赛美蓉等。其中我国主栽品种是贵人香和龙眼。龙眼，是我国古老的栽培品种，现在从黄土高原到山东均有广泛栽培，其中河北怀涿盆地栽培面积最大。产品屡次在国际上获奖，被誉为“东方美酒”的长城干白，就是用龙眼葡萄作为原料的，其成酒品质极佳，呈淡黄色，酒香醇正，具果香，酒体细致，柔和爽口，回味延绵。20世纪 80 年代大量从法国引进的赛美蓉，现在河北、山东、陕西和新疆均有栽培。

酿造红葡萄酒的优良品种，有赤霞珠、品丽珠、蛇龙珠、梅鹿辄、佳丽酿、黑品乐等。这些品种大都是 1892 年由欧洲传入我国的，有的品种在 20 世纪 80 年代后又经多次引入。其中，法国蓝适应性强，早熟高产，成酒呈宝石红色，味醇厚，是我国酿造红葡萄酒的主要良种之一。赤霞珠是法国波尔多地区酿造干红葡萄酒的传统名贵品种之一，具有解百纳的典型性，成酒酒质优。随着近几年“干红热”的流行，赤霞珠已成为我国红葡萄酒的重要原料品种。

酿制调（染）色葡萄酒的优良品种，有烟 73、晚红蜜、红汁露、巴柯等。其中，烟 73 原产于中国，于 1966 年，由张裕公司用紫北塞与玫瑰香杂交育成，现在胶东半岛栽培较多。烟 73 是目前最优良的葡萄酒调色品种，颜色深且鲜艳，长期陈酿后不易沉淀。红汁露也原产于中国，系用梅鹿辄和味儿多杂交育成的品种。成酒呈深宝石红色，味醇厚醇正，陈酿后色素不易沉淀，后味正，特别适于作调色品种。

1. 红葡萄品种

（1）赤霞珠（Cabernet Sauvignon） 别名：解百纳索维浓、解百难苏味浓。原产法国，是法国波尔多（Bordeaux）地区传统的酿制红葡萄酒的良种。世界上生产葡萄酒的国家均有较大面积的栽培。我国于 1892 年首先由烟台张裕公司引入。1961 年，我国又从苏联引入，1980 年以后，我国多次从法国、美国、澳大利亚引入。赤霞珠是我国目前栽培面积最大的红葡萄品种。

该品种由于适应性较强，酒质优，因而世界各葡萄酒生产国均将其作为干红葡萄酒的主栽品种，但它必须与其他品种调配（如梅鹿辄等）经橡木桶贮存后才能制得优质葡萄酒。它与品丽珠、蛇龙珠在我国并称“三珠”。早期引入的品种出粒小、产量低，不受栽培者欢迎，近年从法国新引入的优良株系在产量等方面均有很大提高。

特性：该品种结果枝占总芽眼数的36.9%，每果枝上结一二穗果，副枝不易形成花芽。果穗平均重175g，长15.5cm，宽10cm，呈圆锥形，果穗中等大。果粒小，紫黑色，平均粒重1.82g，果粉厚，皮厚，多汁，有青草味。含糖量为15%~19%，含酸量为0.57%，种子与果肉易分离，出汁率为75%。在烟台地区4月中下旬萌芽，5月下旬开花，10月上旬果实充分成熟，属晚熟酿酒品种。该品种单宁含量高，适宜在积温较高、无霜期长、生长期长、夏季温度较温凉、土壤富钙质的地区栽培。由于赤霞珠抗霜霉病、白腐病、炭疽病能力较强，易丰产，栽培上应注意严格控制产量，提高果实品质。

（2）品丽珠（Cabernet Franc） 别名：卡门耐特、原种解百纳。原产法国。品丽珠为法国古老的酿酒品种，世界各地均有栽培，是赤霞珠、蛇龙珠的姐妹品种。我国最早在1892年由西欧引入山东烟台，目前主要葡萄酒产区均有栽培。

该品种的酒质不如赤霞珠，适应性不如蛇龙珠，因此在推广上受到一定的限制。近年新引入的品丽珠营养系在栽培性状方面有很大提高，值得引起重视。

特性：品丽珠果穗中等，长约15cm，宽10cm，平均穗重约200g，果粒着生紧密，成熟不一致，有小青粒，果粒小，单粒重2.0g，紫黑色，果粉厚，果汁多，含糖量为19%，含酸量为0.78%，出汁率为70%，单宁含量低。该品种单株间一致性较差，抗寒性较差，产量偏低。山东烟台地区栽培的品丽珠于4月中旬萌芽，5月底到6月初开花，9月中旬成熟，从萌芽至果实成熟平均需150d，属中晚熟品种。品丽珠植株生长一般，喜肥沃土壤，宜篱架栽培，中、短梢混合修剪。该品种成熟期、果实色泽株间差异较大，栽培应选用一致性较好的优良营养系类型。因其对病毒较为敏感，易感染各种葡萄病毒，所以有条件的地区应采用无病毒苗木。

（3）蛇龙珠（Carbernet Gernischet） 欧亚种。据我国葡萄专家罗国光教授考证，蛇龙珠是我国山东从国外引种时，在品丽珠等品种混合群体中经过选育而成的一个酿酒葡萄品种，国外本无此品种，不是由国外直接引入的，该品种在山东胶东地区栽培较多。蛇龙珠为我国通过筛选育成的酿造葡萄品种，适应性强，抗逆性强，着色良好，成熟一致，是当前华东地区主要推广的优良酿酒品种之一。

特性：蛇龙珠生长健壮，萌芽率高，平均每个结果枝有1.6个果穗，果穗呈中等大小，圆锥形或圆柱形，有歧肩，平均果穗重195g，果粒着生紧密。果皮紫黑色，着色整齐，果皮厚，平均单粒重2.0g，果肉多汁，可溶性固形物含量为

17%，含酸量为0.46%，出汁率为76%左右。在山东胶东地区，蛇龙珠于4月中旬萌芽，5月下旬开花，9月下旬果实成熟，从萌芽到果实完全成熟需150d左右，属中晚熟品种。此品种丰产，但进入丰产期稍晚。蛇龙珠适宜在稍为干旱的沙壤地栽培。蛇龙珠适于篱架整形，中、长梢修剪。为提高果实品质，保证酿酒质量，进入丰产期后要适当控制负载量和氮肥的施用量。

（4）梅鹿辄（Merlot） 别名：美乐、梅洛。原产法国。在法国波尔多与其他名种（如赤霞珠等）配合，可生产出极佳干红葡萄酒。我国最早于1892年，将此品种由西欧引入山东烟台。20世纪70年代后，又多次从法国、美国、澳大利亚等引入此品种，目前各主要葡萄产区均有栽培。

该品种为法国古老的酿酒品种，作为调配品种可以提高酒的果香和色泽。近年来，因果香型的干红受欢迎，特别是美国自1978年首次以梅鹿辄酿成的干红获得成功后，其栽培面积迅速扩大，我国虽然早期引进有近百年历史，但一直未能推广。近年来受外界影响，此品种开始在各主要葡萄酒产区大力推广栽培。

特性：该品种长势较好，萌芽率为87%，果枝率为90%。果穗平均重180g，呈圆锥或圆柱形，果穗中等大，穗梗长。果粒小，紫黑色，平均粒重1.8g，着生中等紧密，果皮较厚，多汁。含糖量为18%，含酸量为0.7%，出汁率为74%。在华北地区此品种于4月中旬萌芽，5月末至6月初开花，9月中下旬果实成熟，从萌芽到成熟需145d左右，属中晚熟酿酒品种。梅鹿辄宜篱架整形，中梢修剪，因其根系较浅，且多为水平生长，对土壤和肥水管理要求较严，抗霜霉病、白腐病和炭疽病能力较强。

（5）佳丽酿（Carignane） 别名：佳里酿、法国红、康百耐、佳酿。原产西班牙，是西欧各国的古老酿酒优良品种之一，世界各地均有栽培。我国最早于1892年将此品种由西欧引入山东烟台。目前，山东、河北、河南等葡萄酒产区有较大栽培面积。

该品种是世界古老的酿红酒的品种之一，所酿红酒呈宝石红色、味正、香气好，宜与其他品种调配，去皮可酿成白葡萄酒或桃红葡萄酒。佳丽酿在我国虽然栽培有近百年的历史，曾一度作为主栽品种，但因其酒质较差，单独酿制优质干红有困难等原因近年来其栽培面积也有所减少，但它有易栽培、丰产等优点，颇受栽培者欢迎，所以生产上仍有一定使用，可用它作红葡萄酒调配酒或制作白兰地，因此生产上仍有一定的推广意义和发展前景。

（6）黑皮诺（Pinot Noir） 别名：黑品诺、黑比诺、黑品乐等。原产法国，是古老的酿酒名种。此品种在世界各产葡萄酒国家均有栽培。我国最早于1892年从西欧引入山东烟台，1936年从日本引入河北昌黎，20世纪80年代后多次再从法国引入，目前山东、河北、河南、陕西、山西、安徽等地均有栽培。

该品种是法国酿造香槟酒与桃红葡萄酒的主要品种，它对土壤与小气候要求比较严格。因其早熟，在我国华北一带种植可避开雨季，减轻病虫害，提早酒厂加工期，不带皮发酵可酿干白或香槟酒。

特性：该品种树势中等，结果枝占总芽眼数的62.5%，每果枝多结2穗果，也有3穗的，果穗小，带副穗，平均重170g，长11.1cm，宽10.7cm，果粒着生紧密，果粒小，平均单粒重1.7g，果皮紫黑色，果粉中等厚，果肉多汁，味酸甜。含糖量为19.5%，含酸量为0.7%~1.0%。黑品乐易感染霜霉病和灰霉病，生产上要及早进行防治。

（7）佳美（Gamay Noir） 别名：黑格美。原产法国。1957年我国从保加利亚引进，1985年再次引进栽培，目前在甘肃武威、河北沙城、山东青岛等地有栽培。特性：该品种树势中等，结果枝占芽眼总数的23%，果穗中等大，平均穗重250g。果粒中等大，平均粒重3.1g，着实紧密，紫黑色，果皮薄，果粉厚，果肉多汁，汁酸甜无香味，含糖量为17%，含酸量为0.9%，出汁率为71%。在华北地区，此品种于4月中旬萌芽，5月下旬开花，9月中旬果实完全成熟，从萌芽到成熟需生长150d左右，属中熟品种，较丰产，风土适应性较强。佳美适宜篱架栽培，果实易感染炭疽病、白腐病及灰霉病，生产上要注意及早防治。由于产量过高易导致树体衰弱，要合理控制产量。佳美在微酸性土壤上栽培，果实品质更为优良，酒质也更为香浓。

（8）西拉（Syrah） 别名：色拉。原产于伊朗的设拉子（Shiraz），后传到法国，我国在20世纪80年代引进此品种，现在山东、新疆、宁夏等地均有栽培。西拉是一个良好的干红葡萄酒品种，果实完全成熟所需积温量不高，适合在我国北方和西北温度不高的地区栽植。西拉脱病毒苗，不但果实含糖量高，而且有明显的早熟倾向，新发展的地区应尽量采用脱毒苗木。

特性：西拉生长势较强，结果枝率为60%，果穗中等大，平均穗重242.8g，带副穗，果粒小，着生紧密，单粒重1.9g，紫黑色，色素丰富，具有独特香气，含糖量为19.0%，含酸量为0.73%，出汁率为73%。在北京地区，此品种于4月中旬萌芽，5月下旬开花，8月下旬果实成熟，从萌芽到成熟135d左右，属中熟品种。由于该品种易丰产，为保证酿酒质量，生产上要注意控制产量。西拉对白腐病抗性较差，栽培上应注意及早防治。

（9）烟73 原产中国，烟台张裕公司于1966年用紫北塞为母本，玫瑰香为父本杂交育成。1981年通过正式鉴定，此品种属我国培育的葡萄调色品种。该品种树势生长旺，适应在各种土壤中栽培，较抗病。栽培中要重视基肥和有机肥的应用，适当增施微肥，以促进含糖量的提高和色素的充分形成。

特性：烟73树势强健，萌芽率为70.6%，结果枝率为42.4%，每个结果枝平均着生1.8个花序，幼树结果稍晚，副梢二次结果力差。在烟台地区，此品种于4月底萌芽，5月下旬开花，8月中旬成熟，从萌芽到成熟需生长128d左右，属中熟品种。

（10）宝石（Ruby Cabernet，Magaraten Ruby） 别名：马加拉什宝石、宝石

红。原产美国加利福尼亚州，系用赤霞珠和佳丽酿杂交培育而成，于1980年引入我国。宝石风土适应性强，抗逆性强，容易栽培，在丘陵坡地均可种植。宝石酿酒品质优良，酒色为深宝石红色，酒体饱满，适于我国华北、西北一带管理条件较好的地区栽培。

特性：宝石树势中旺，芽眼萌芽力中，结实力强，每个结果枝有1.9个花序，幼树易丰产。在烟台地区，此品种于4月上旬萌芽，5月下旬开花，9月下旬成熟，从萌芽至成熟需150d左右，属晚熟品种，抗病性较强，但易感染灰霉病。该品种宜采用篱架整形，中、短梢修剪。要合理调节负载量，防止产量过高引起果实质量降低，从而影响葡萄酒的风味和典型性。

（11）法国蓝（Blue French） 别名：蓝法兰西。原产奥地利，是一个古老的酿酒品种，我国各葡萄酒产区均有栽培。法国蓝对气候和土壤要求不严，抗寒、抗病性强，但易感染白粉病，适宜栽培地区较广。所酿制的葡萄酒呈宝石红色，香气完整，成熟较快，回味绵延，品质优良。

特性：法国蓝树势中等，结果枝占总芽眼数的49.8%，果实成熟一致。果穗中等大，平均穗重200g，长14.5cm，宽10.3cm，果粒着生中等紧密。果粒中等大，平均单粒重1.7g，果皮紫黑色，果粉中等厚或厚，果皮厚，肉质软，汁多，味甜。含糖量为17%~19%，含酸量为0.7%~0.9%，出汁率为76%。在华北地区，此品种于每年4月上旬萌芽，5月下旬开花，8月下旬至9月上旬果实成熟，属中熟品种。

（12）北醇 中国科学院植物研究所北京植物园用玫瑰香与山葡萄杂交培育而成，我国南北各地曾有较大面积的栽培，目前栽培已较少。北醇生长健壮，抗寒力强，对土壤要求不严，在北京及华北地区可不埋土防寒，可露地越冬，适合在东北、华北、西北地区栽培。用北醇酿制葡萄酒，色泽为宝石红色，酒香、果香一般。近年来，一些地区用北醇做砧木，其表现出根系发达，易扦插生根，抗逆性强，嫁接亲和性良好的优点。

特性：北醇树势强，结果力强，抗寒力极强，结果枝占新梢总数的90%，产量高。在北京地区，此品种于4月上旬萌芽，5月中旬开花，9月中旬果实成熟，从萌芽到成熟需156d左右，为中晚熟品种。北醇易感染霜霉病，生产上要及早进行防治。

2. 白葡萄品种

（1）霞多丽（Chardonnay） 别名：查当尼、莎当妮。原产法国，是酿造白葡萄酒的良种。此品种主要在法国、美国、澳大利亚等国家栽培。我国最早于1979年由法国引入河北沙城，以后又多次从法国、美国、澳大利亚引入。目前河北、山东、河南、陕西和新疆等地均有栽培。该品种为法国勃艮第（Burgundy）地区的干白葡萄酒与香槟酒的良种，我国青岛、沙城均以它为酿造高档干白葡萄酒原料。

特性：霞多丽风土适应性较强，喜富钙质的土壤和向阳坡地，是酿制高档葡萄酒的优良品种。植株生长势旺，芽眼萌发力中等，每结果枝平均有花序 1.8 个，结果力强，易丰产。果穗中小，平均重 150g，带副穗和歧肩，果穗极紧密。果粒小，单粒重 1.38g，呈黄绿色，果皮薄，果肉多汁，味清香，含糖量为 18%~20%，含酸量为 0.75%，出汁率为 72%左右。霞多丽在华北地区于 4 月上旬萌芽，5 月下旬开花，9 月下旬果实成熟，从萌芽到成熟需 155d 左右，为中熟品种。该品种抗病性较弱，易感染白粉病、灰霉病、炭疽病及黄金叶病，管理上应予以重视，防治病害是霞多丽栽培成败的关键。

（2）贵人香（Italian Riesling） 别名：意斯林、薏丝琳、威尔士雷司令。原产意大利、法国南部，是古老的酿酒良种，广泛分布于欧洲中部。我国最早于 1892 年由西欧将其引入山东烟台。20 世纪五六十年代，我国再次从欧洲引入此品种，目前以烟台市、青岛市和河南省故道地区栽培较多，其他地方也有小量栽培。

该品种为世界酿酒良种之一，酒质浓厚，浅黄色，果香怡人，酒体丰满柔和，回味延绵，是酿造高级白葡萄酒的良种。该品种也可作为甜酒、香槟与葡萄汁的原料，我国名牌干白葡萄酒均多以它为原料。

贵人香是适应性较强、抗病性较强的优良酿造品种，生长势中，易丰产。芽眼萌芽率高，结果枝占芽眼总数的 80%以上，每果枝平均 1.8 个果穗。果穗中等，果梗细长。平均穗重 135g，长 9.6cm，宽 6.6cm，果粒着生紧密。果粒小，平均粒重 1.28g，最大 1.45g，果面上有多而显著的褐色斑点，果脐明显，果粉中等厚，皮薄，果肉多汁。含糖量为 21.2%，含酸量为 0.7%，出汁率为 72%~76%。贵人香适宜在沙壤地和丘陵地栽培，但在雨水稍多的年份一定要加强对黑痘病、炭疽病的防治。

（3）长相思（Sauvignon Blanc） 别名：白索维浓、苏维浓、缩维浓。原产法国，是法国古老的酿酒品种。我国最早于 1892 年将此品种由西欧引入山东烟台，20 世纪 80 年代又多次从法国等国家引进，目前在山东烟台、陕西丹凤、北京等地均有栽培。

该品种是法国的古老酿酒品种之一，它常与赛美蓉、密斯卡岱（Muscadelle）酿造著名的索德尔纳（Cotepha）干白葡萄酒。适时早采也可作高质量的“香槟”（起泡酒）原料。我国虽然引进此品种历史较长，但因各种原因未能在生产上推广，目前各酒厂基地正在试栽中。

特性：长相思是酿制干白葡萄酒的世界性优良品种，其抗逆性强，较耐低温，适合在较冷凉的北方干旱、半干旱地区栽培。该品种树势强，结果枝占总芽眼数的 45.4%，每果枝结 2 穗果，果穗小，平均重 132g，长 11cm，宽 6.5cm，果粒着生紧密。果粒中等大，平均粒重 1.8g，黄绿色，果粉少，皮薄，汁多，味酸甜，有青草味。含糖量为 17.7%~18.9%，含酸量为 0.83%~0.94%，出汁率为69.5%，种子与果肉易分离。在山东烟台地区，此品种于4月中旬萌芽，6月上旬开花，9月中旬成熟，从萌芽到成熟需148d左右，属中晚熟品种。该品种易丰产，抗真菌性病害能力较差，尤其易感染灰霉病和白腐病，栽培中一定要注意防治。

（4）白诗南（Chenin Blanc） 别名：百诗难。原产法国，是法国卢瓦尔河中部地区的酿酒良种。1990年前后我国曾多次从法国引进，目前于河北沙城、昌黎，北京，山东青岛、蓬莱、龙口，新疆鄯善和陕西丹凤等地均有较多的栽培。

该品种为法国著名的酿制甜白、干白、起泡和雪莉酒的良种。成品酒质佳，色浅黄，有丰满的酸度和浓郁的蜂蜜果香，酒体完整。此品种是酿造白葡萄酒的良种之一。目前，该品种在我国不少葡萄酒厂均有栽培，但应控制产量，加强白腐病、灰霉病的防治。该品种将是一个很有发展前途的酿制白葡萄酒的品种。

特性：该品种植株生长势旺，进入结果期较晚，结果枝率62%，生产性强。果穗中等大，平均穗重315g，有歧肩、副穗。果粒小，着生紧密，单粒重1.26g，黄绿色，果皮较厚，果肉多汁，含糖量为17%，含酸量为0.9%，出汁率为72%。在华北地区，该品种于4月中旬萌芽，5月下旬开花，9月上中旬成熟，属中熟品种。

（5）龙眼 别名：秋紫、狮子眼、猫眼、老虎眼、紫葡萄等。欧亚种，原产中国，是我国古老的极晚熟良种。全国各地均有栽培，特别是甘肃兰州、山西清徐、山东平度、河北昌黎、河北张家口地区栽培最多，这些地区也是我国葡萄的著名产区。

该品种为我国古老的著名晚熟鲜食酿酒兼用品种，用它酿造的葡萄酒，酒质极佳。我国著名的长城干白葡萄酒即以它为原料酿制而成，另外此品种也是酿制起泡酒和甜葡萄酒的好原料。

（6）赛美蓉（Semillon） 欧亚种，原产法国。我国于20世纪80年代初引进种植，主要分布在河北、山东等地。

特性：果穗中等大，平均穗重310g，圆锥形，有副穗。果粒着生紧密，平均粒重2.08g，圆形，绿黄色，果皮薄，果肉多汁，具玫瑰香味，含糖量为19.8%，含酸量为0.6%，出汁率为75%。生长势中庸或稍强，芽眼萌发力中等，结果枝平均1.7个花序，植株进入结果期稍晚，较抗寒，但抗病性稍差。在山东烟台地区，该品种于4月中旬萌芽，5月下旬开花，9月上中旬成熟，属中熟品种。赛美蓉树势中庸，宜采用篱架栽培，中、短梢修剪。该品种在水肥管理良好的条件下产量容易上升，但产量过高时易降低质量，需注意合理控制负载。生长季节中果实易感染白腐病、灰霉病、黑腐病和遭受红蜘蛛为害，果实成熟时遇雨常发生裂果，生产上要重视，及早防治。

（7）白玉霓（Ugni Blanc） 别名：小白、白羽霓、脆比诺。欧亚种，原产法国。1957 年，由保加利亚引入我国，在北方葡萄产区和上海地区有栽培。此品种是酿造葡萄蒸馏酒白兰地的主要品种。

特性：果穗中等大，平均穗重 245g，长 20cm，宽 11.5cm，圆锥形，有时下部果穗分枝上翘。果粒着生中等紧密，果粒中等大，平均单粒重 2.2g，纵、横径 16mm，圆形，绿黄色，果粉薄，肉质软，多汁，味酸甜，含糖量为 16%~19%，含酸量为 0.8%，出汁率为 78%。种子中等大，每粒含种 1~2 粒，种子与果肉易分离。树势强，结果枝占总芽眼数 56.4%，结果系数为 1.5。副芽及副梢结实力均强，易早丰产。在辽宁兴城区，该品种于 4 月 23 日开始萌芽，6 月 10 日开始开花，8 月 29 日果实开始着色，9 月 24 日果实完全成熟，生长日数为 155d，为晚熟品种。此品种丰产，较抗果实病害，但易感染霜霉病及毛毡病。

（8）白雷司令（White Riesling） 别名：约翰堡雷司令、莱茵雷司令。欧亚种，原产德国莱茵地区，是一种古老的优良酿造品种。我国于 20 世纪 80 年代从德国引进栽培。目前主要分布于新疆、甘肃等地区。

特性：果穗小，平均穗重 177g，圆柱或圆锥形，带副穗，穗梗短，果粒着生紧密。单粒重 1.54g，呈圆形，黄绿色，整齐，果皮薄，脐点明显，果肉多汁，含糖量为 18%，含酸量为 0.78%，出汁率为 70%。植株生长势较强，芽眼萌发力中等，每结果枝平均有花序 1.8 个，结果早，但产量偏低。抗病性弱，尤其易感染霜霉病、白腐病、灰霉病。适宜在沙壤土栽培，喜肥水，适应温凉气候。白雷司令在气候温凉的新疆石河子地区和甘肃武威地区栽培表现良好，产量较高，酿酒品质极佳。白雷司令产量偏低，抗病性弱，管理稍有疏忽就易导致真菌性病害的发生，生产上应十分重视病虫害的早期防治。为减轻病害发生，栽培上宜选择气候较为干旱的地区栽植，并采用单干型整形，中、长梢修剪，改善果园通风透光状况，以增强树势。白雷司令是我国西部干旱、半干旱地区适宜栽植的优良酿造品种。

（9）小白玫瑰（Muscat Blanc） 别名：白布苏依奥卡、塔米扬卡。欧亚种，原产地中海东部沿岸，是麝香葡萄（Muscat）系统中最古老的品种之一。最早由日本引入我国，1955 年，我国又从罗马尼亚引入。现在东北、西北、华北和华东等地有少量栽培。

特性：果穗中等大，平均重 300g，长 17.3cm，宽 11.3cm，圆柱形带副穗，果粒着生极紧密。果粒中等大，平均粒重为 2.8~3.6g，近圆形，呈绿黄色，皮薄，果肉多汁，味甜，有浓郁的玫瑰香味。含糖量为 20%，含酸量为 0.5%~0.77%，出汁率为 78%。此品种喜高温干燥，对土壤要求不严，山地、平地均宜栽培，在富钙土壤上品质更为优良。结果枝占总芽眼数的 44.7%，每果枝多结两穗果，分别着生于第四、五节或第五、六节。副芽成花力强，副梢结实力中等，果实成熟一致。在山东济南地区，该品种于 4 月上旬萌芽，5 月中旬开花，8 月中下旬果实成熟，为中熟酿造品种。小白玫瑰为优良的酿造与鲜食兼用品种。适于酿制白甜酒，酒质优良，果香和酒香浓郁，酒体醇厚。树势中庸，适于篱架栽培，中、短梢混合修剪，小白玫瑰抗病力弱，易受黑痘病、白腐病、灰霉病危害，生产上要及早进行防治。该品种适宜在华北、西北积温较高的地区栽植。该品种果实成熟时易招引蜂和金龟子为害，生产上要重视和预防。

（10）白雅　别名：白扬-希烈依、巴雅-希里、白丰、苏 43 号。欧亚种，属东方品种群、里海亚群品种。原产苏联，1956 年引入我国，在我国北方各省均有栽培。

特性：果穗大，平均穗重 580g，长 21cm，宽 14cm，呈圆柱或圆锥形，有时具小副穗，果粒重 3.5g，近圆形，呈绿黄或白黄色，上有大而明显的稀疏黑褐色斑点，果粉中等厚，果皮薄，果肉多汁，味酸甜，含糖量为 13.4%，含酸量为 0.69%，出汁率为 76%~80%。树势强，每果枝着生 1~3 穗果，多数 2 穗，结果系数为 1.66~1.81。结实力强，耐瘠薄，抗干旱、抗寒、丰产。在华北地区，该品种于 4 月中旬萌芽，5 月下旬开花，9 月中下旬果实成熟。白雅是优良的酿造品种，适应性广，抗病性较强，对土壤要求不严，耐瘠薄土壤，对修剪反应不敏感，宜采用小棚架或篱架栽培，中、短梢混合修剪。白雅果实含糖量偏低是该品种突出不足之处，应注意控制产量，增施磷钾肥，促进果实糖分提高。白雅易受红蜘蛛为害，须及早防治。

（11）白羽（Rkatsiteli）　别名：尔卡齐杰里、白翼、苏 58 号。欧亚种，属黑海品种群格鲁吉亚子群。原产苏联，1956 年引入我国。在河北、河南及北京均有栽培。

特性：果穗中等大，平均穗重 250g，长 15.1cm，宽 9.8cm，圆锥或圆柱形，多数具副穗或歧肩，果粒着生紧密。果粒中等大，平均重 2.5g，绿黄色，果粉薄，果肉多汁。味酸甜，含糖量为 18.3%，含酸量为 0.88%，出汁率为 78%。种子中等大，每果含 2~3 粒。树势中等，枝条较细，生长直立而稠密，结果枝占总芽眼数的 80%左右，每果枝着生一、二穗果，结果系数为 1.39，副梢结实力弱。在北京地区，该品种于 4 月中旬萌芽，5 月下旬开花，9 月中旬果实完全成熟，为中晚熟品种。白羽为优良的酿造品种，树势中庸，宜篱架栽培，中、短梢修剪。该品种结果早，产量较高，抗病性较强，耐干旱，对风土适应性强，枝条直立易于管理。但目前各地栽培的白羽品种退化现象十分严重，应进行脱毒和品种提纯复壮。白羽易感染霜霉病和白粉病，生产中要注意及早防治。

任务二 葡萄酒发酵前的准备工作

制造葡萄酒似乎非常容易，不需人工操作，只要过熟的葡萄掉落在地上，葡萄上的酵母就能将葡萄变成葡萄酒。但是经过人们数千年制作葡萄酒的经验累积，现今葡萄酒的种类不仅繁多，且酿造过程复杂，有各种不同的繁琐工序。

一、筛选

采收后的葡萄有时挟带葡萄叶及未熟或腐烂的葡萄，特别是在不好的年份，酒厂会在酿造前做筛选工作。凡是出产极品酒的名庄，更会用人工一颗一颗地精心挑选最好的葡萄。

二、去梗

葡萄梗中的单宁收敛性较强，植株不完全成熟时常带刺鼻草味，必须全部或部分去除。

三、破皮

因葡萄皮含有单宁、红色素及香味物质等重要成分，所以在发酵之前，特别是制作红葡萄酒之前，必须破皮挤出葡萄果肉，让葡萄汁和葡萄皮接触，以便让这些物质溶解到酒中。破皮的程度必须适中，以避免释放出葡萄梗和葡萄籽中的油脂和劣质单宁，影响葡萄酒的品质。

四、榨汁

所有的白葡萄酒都在发酵前进行榨汁（红酒的榨汁则在发酵后），有时不需要经过破皮去梗的过程而直接压榨。榨汁的过程必须特别注意压力不能太大，以避免释放出苦味和葡萄梗味。传统上采用垂直式的压榨机。气囊式压榨机压力和缓，效果更好。

五、去泥沙

压榨后的白葡萄汁通常还混杂有葡萄碎屑、泥沙等异物，容易引发白葡萄酒的变质，发酵前需用沉淀的方式去除。因葡萄汁中的酵母随时会开始酒精发酵，所以沉淀的过程需在低温下进行。红酒因浸皮与发酵同时进行，所以并不需要这个程序。

六、发酵前低温浸皮

这个程序是新近发明的还未被普遍采用。其功能可增进白葡萄酒的水果香并使味道较浓郁，已有出产红酒的酒厂开始采用这种方法酿造葡萄酒，此法需在发酵前低温进行。

七、葡萄汁改良

由于各种条件的变化，有时葡萄浆果没有完全达到其成熟度，有时由于浆果受病虫害危害等，使酿酒原料的各种成分不符合要求。在这些情况下，可以通过多种方法提高原料的含糖量（即潜在酒精度），降低或提高含酸量等，对原料进行改良。

原料的改良并不能完全抵消浆果本身的缺陷所带来的后果。因此，要获得优质葡萄酒，必须首先保证浆果达到最佳成熟度，并在采收过程中保证浆果完好无损、无污染。

葡萄汁改良的目的：使酿制的酒成分接近，便于管理，防止发酵不正常，使酿成的酒质量较好。原料改良的原因：浆果成熟度不够，浆果含酸量过低，原料易变质。

1. 浆果成熟度不够

特点：糖偏低，酸偏高。改良方法：提高含糖量，降低含酸量。

（1）提高含糖量　有延迟采收或让果实采收后自然风干的方法。

（2）加糖　加糖 17~18g/L 可产生 1%（体积分数，余同）酒精，但加糖产生的酒精度应≤2%vol。

①计算公式：添加量（g）=（要求酒精度-潜在酒精度）×17.0g/L×待加汁总量（L）。

②加糖时间：发酵刚刚启动时。

③原因：酵母繁殖的营养充足。

④加糖方法：用少量葡萄汁溶解糖，然后与整罐葡萄汁混匀。

注意：在酵母活动还较强时应校正加糖量。

（3）加浓缩汁

①加量：加浓缩葡萄汁的计算应首先对浓缩汁的含糖量进行分析，然后用交叉法求出浓缩汁的添加量。

例如，已知葡萄浓缩汁的潜在酒精度为 40%vol，200L 发酵用葡萄汁潜在酒精度为 10%vol，要求酿造出的葡萄酒的酒精度为 11.5%vol，问需要添加多少浓缩汁？

浓缩汁	40		1.5
要求酒精度		11.5	
葡萄汁	10		28.5

浓缩汁用量=200×1.5/28.5=10.5L。

②时间：同加糖。

③方法：直接添加到罐中，混匀。

2. 降低含酸量

（1）化学降酸

①降酸剂：碳酸钙、碳酸氢钾、酒石酸钾。

②降酸时间：根据酸的高低，是否陈酿，陈酿条件决定。

③方法：用部分葡萄汁溶解降酸剂，加入罐中混匀。

④注意化学降酸剂用量的限制，降酸后酒中酒石酸应大于1g/L。

⑤用量：要降低1g酸（用硫酸表示），需添加1g碳酸钙或2g碳酸氢钾或2.5~3g酒石酸钾。

⑥使用方法：化学降酸最好在酒精发酵结束时进行。

（2）生物降酸

①生物降酸是利用微生物分解苹果酸，从而达到降酸目的。可用于生物降酸的微生物有苹果酸-乳酸细菌和裂殖酵母。

②裂殖酵母的使用：一些裂殖酵母将苹果酸分解为酒精和CO_2，它们在葡萄汁中的数量非常大，而且会受到其他酵母的强烈抑制。因此，如果要利用它们的降酸作用，就必须添加活性强的裂殖酵母。此外，为了防止其他酵母的竞争性抑制，在添加裂殖酵母以前，必须经澄清处理，最大限度地降低葡萄汁中的内源酵母群体。这种方法特别适用于苹果酸含量高的葡萄汁的降酸处理。

（3）物理降酸

①冷冻降酸：化学降酸产生的酒石，其析出量与酒精含量、温度、贮存时间有关。酒精含量高、温度低，酒石的溶解度降低，析出速度加快。当葡萄酒的温度降到0℃以下时，酒石析出速度加快，因此，冷冻处理可使酒石充分析出，从而达到降酸的目的。目前，冷处理技术用于葡萄酒的降酸已在生产上被广泛采用。

②离子交换法：化学降酸往往会在葡萄汁中产生过量的Ca^{2+}，葡萄酒厂常采用苯乙烯碳酸型强酸性阳离子交换树脂除去Ca^{2+}，该方法对酒的pH影响甚微，用阴离子交换树脂（强碱性）也可以直接除去酒中过高的酸。

3. 浆果含酸量过低

（1）直接增酸　一般每千升葡萄汁中添加1000g酒石酸。直接增酸时，必须在酒精发酵开始时添加酒石酸，先用少量葡萄汁将酸溶解，然后均匀地将其加进发酵汁中，并充分搅拌。应在木质、玻璃或瓷器中溶解，避免使用金属容器。在葡萄酒中，还可加入柠檬酸以提高酸度，但其添加量最好不要超过0.5g/L。因为柠檬酸在苹果酸-乳酸发酵过程中容易被乳酸菌分解，致使挥发酸含量升高，因此，应谨慎使用。

（2）间接增酸　添加未成熟葡萄浆果：未成熟葡萄浆果中有机酸含量很高，并且其中的有机酸盐在二氧化硫（SO_2）的作用下会溶解，可进一步提高酸度。但这一方法有很大的局限性，主要原因是用量大。

使用SO_2：对葡萄浆果正确进行SO_2处理，也可间接提高酸度。SO_2的主要作用：抑制细菌等微生物对酸的分解，从而保持葡萄汁中已有的酸度。溶解浆果固体部分中的有机酸，提高酸度。

二氧化硫的使用

任务三　葡萄酒发酵生产工艺

一、红葡萄酒的酿造

红葡萄酒必须由红葡萄来酿造，品种可以是红皮白肉的葡萄，也可采用皮肉皆红的葡萄。酒的红色均来自葡萄皮中的红色素，绝不可使用人工合成的色素。酿造的方法有：传统发酵法，旋转罐法，CO_2浸渍法，热浸提法和连续发酵法。特点：先发酵后压榨。

以传统发酵法和二氧化碳浸渍法为例，主要步骤有以下几步，如图10-1所示。

1. 葡萄采收

采收时期对于葡萄品质非常关键。具体而言，过早采收会造成色泽不良，含糖量低，成熟度不够，酿造出来的葡萄酒酒精度低，带有青椒等生青味，品种的风味特征无法得以表达。而采收过晚则会造成酸度不足，酒精含量偏高，酿造出来的葡萄酒缺乏活力，平衡性不佳。因此，酿酒师会通过仪器精确测量或者反复品尝的方式来确定最终的采收日期。

葡萄采收期的确定

2. 破皮和去梗

（1）破皮　红葡萄酒的颜色和紧涩口味主要来自葡萄皮中的红色素和单宁等，所以必须先破皮让葡萄汁液和皮接触释放出这类物质。

（2）去梗　葡萄梗的单宁较强劲，通常会除去，除非酒中需要额外增加单宁，才会保留果梗。

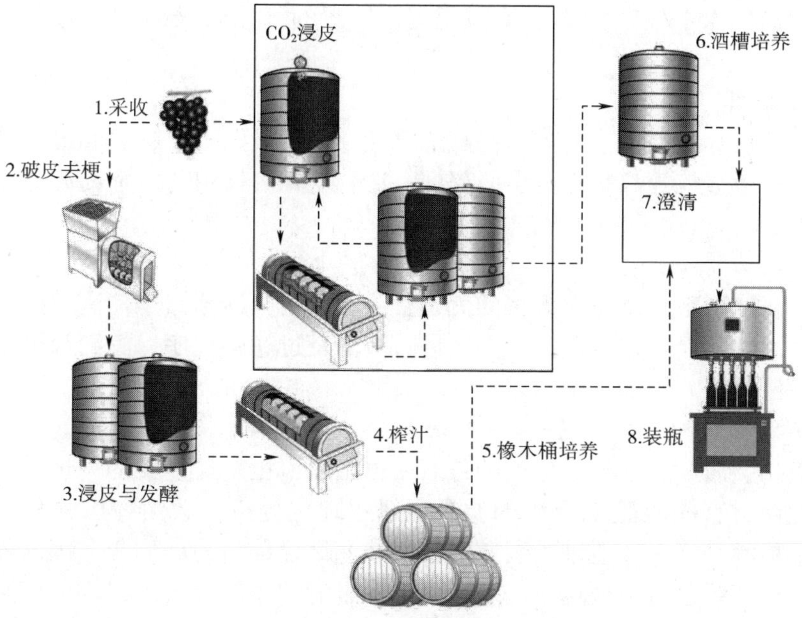

图 10-1 红葡萄酒酿制过程

3. 浸皮与发酵

完成破皮去梗后葡萄汁和皮会一起放入酒槽中，一边发酵一边浸皮。浸渍时间从数日到数周不等。酿造单宁含量低，较柔顺的“新酒”，浸渍时间会很短。酿造可长期收藏的红酒时，由于需要足够的酚类物质、香味物质、矿物质等，浸渍的时间会很长。浸皮的时间越长，释入酒中的单宁等物质越多。发酵完后，酒槽中液体的部分将被导引到其他酒槽中，此部分的葡萄酒称为初酒。固体的部分则还须经过榨汁的程序。

葡萄破皮去梗后，被输送到发酵容器中进行发酵，酵母可以用葡萄自身原有的，也可以是人工添加的，发酵过程持续 4~10d，葡萄皮中的单宁和色素就渗入到葡萄汁里。

用此法制成的葡萄酒具有颜色鲜明，果香宜人（香蕉、樱桃等），单宁含量低容易入口等特性，常被用来制造适合年轻时饮用的清淡型红葡萄酒。除了能生产出有特性的酒之外，这种酿造法还可让乳酸发酵提早完成。

4. 更换容器和压榨皮渣

更换容器是为了将皮渣从葡萄原酒中分离，结束浸渍过程。皮渣移出容器后，再经压榨出酒。压榨出的葡萄酒颜色较深，单宁含量也较高，酒精含量低，味苦涩，部分将加到葡萄酒中。

5. 橡木桶培养

橡木桶的培养可补充红酒的香味，提供适度的氧气使酒更圆润和谐。培养时间依酒的结构、橡木桶的大小、新旧而定，较涩的酒需较长时间，通常不超过两年。

6. 酒槽培养

红葡萄酒培养的过程主要为了提高稳定性，使酒成熟，口味更和谐。乳酸发酵、换桶、短暂透气等都是不可少的程序。适合年轻时饮用的红葡萄酒通常只在酒槽中培养。

7. 澄清

红酒是否清澈跟品质没有太大的关系，除非是因为细菌污染使酒浑浊。为了美观，或使酒结构更稳定，通常还是会进行澄清及过滤的程序，酿酒师可依所需选择适当的澄清法。

8. 装瓶

葡萄酒的装瓶与包装，是生产的最后一道工序，也是最重要的一道工序。红葡萄酒装瓶前，首先检验装瓶酒的质量。经过理化分析，微生物检验和感官品尝，各项指标都合格，才能进入装瓶过程。装盛红葡萄酒的玻璃瓶，国内外通用波尔多瓶，即草绿色有肩玻璃瓶。新瓶必须经过清洗才能装酒。回收旧瓶必须经过杀菌和清洗处理才能装酒。葡萄酒的灌装，可采用手工灌装或装酒机灌装。

对于装瓶后立即投入市场的红葡萄酒，可采用防盗盖封口，国内外大多数红葡萄酒，都是采用软木塞封口，软木塞封口比较严密，可以延长瓶装红葡萄酒的保存期限。

二、 白葡萄酒的酿造

白葡萄酒既可用白葡萄来酿造，也可用去掉葡萄皮的红葡萄的果汁来酿造。与红葡萄酒不同的是白葡萄酒需要将果汁与果皮分离，且经低温处理后再发酵，并在装瓶前要进行稳定处理。酿造过程如图 10-2 所示。

1. 采收、破皮

采收后白葡萄通常会先进行破皮程序，有时也会去梗。

2. 发酵前低温浸皮

葡萄皮中富含香味分子。传统的白酒酿制法是直接榨汁，尽量避免释放出皮中的酚类物质，大部分存于皮中的香味分子都无法溶入酒中。而发酵前进行短暂的浸皮过程可增进葡萄品种原有的新鲜果香，同时还可使白葡萄酒的口感更浓郁圆润。为了避免释放出太多单宁等多酚类物质，浸皮的过程必须在发酵前在低温下短暂进行，破皮的程度也要适中。

3. 榨汁

为避免将葡萄皮、梗和籽中的单宁和油脂榨出，压榨时压力必须温和平均，同时要适当翻动葡萄渣。

4. 澄清

传统沉淀法，约需 1d 的时间。离心分离器比较方便，但动力太强，容易将

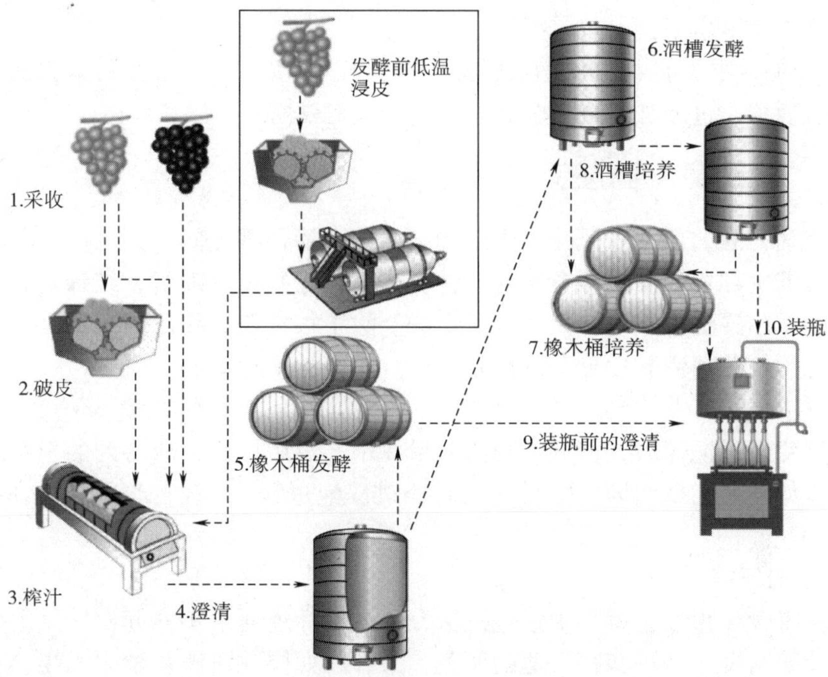

图 10-2　白葡萄酒酿制过程

野生酵母菌一并除去而需添加人工酵母。

5. 橡木桶发酵

传统白葡萄酒发酵是在橡木桶中进行的，由于容量小散热快，控温效果相当好。此外，发酵过程中橡木桶的木香、香草香等气味会溶入葡萄酒中，使酒香更丰富。

但因其成本太高，一般清淡的白葡萄酒并不太适合此种方法。

6. 酒槽发酵

白葡萄酒发酵必须缓慢才能保留葡萄原有的香味，也可使发酵后的香味更加细腻。温度必须控制在 18~20℃，以保证发酵缓慢进行。

7. 橡木桶培养

橡木桶中发酵后死亡的酵母会沉淀于桶底，酿酒工人会定时搅拌让死酵母和酒混合，此法可使酒变得更圆润。因桶壁会渗入微量的空气，所以经过桶中培养的白葡萄酒颜色较为金黄，香味更趋成熟。

8. 酒槽培养

白葡萄酒发酵完之后还需经过乳酸发酵等程序，使酒变得更稳定。由于此时酒还比较脆弱，培养的过程必须在密封的酒槽中进行。乳酸发酵之后会减弱白葡萄酒的新鲜果香以及酸味，一些以新鲜果香和高酸度为特性的白葡萄酒会特意加二氧化硫或进行低温处理来抑制乳酸发酵。

9. 装瓶前的澄清

装瓶前，酒中有时还会含有死酵母和葡萄碎屑等杂质，必须将其去除。常用的方法有换桶、过滤法、离心分离法和皂土过滤法等。

三、桃红葡萄酒的酿造

桃红葡萄酒的色泽和风味介于红葡萄酒和白葡萄酒之间，其生产工艺不同于二者。目前桃红葡萄酒生产方法有四种：桃红色葡萄带皮发酵，红葡萄和白葡萄混合发酵，冷浸法生产，二氧化碳浸出法。除了很特殊的粉红香槟酒外，桃红葡萄酒不能用红葡萄酒和白葡萄酒混合生产。有两种压榨方法。

1. 直接压榨

红葡萄经过搅碎时，色素就会渗入果汁中，然后压榨，所得到的果汁只有少量色素，如同白葡萄酒般发酵后（没有经过浸泡过程），就生产出淡粉红葡萄酒（vin gris）。

2. 出血压榨

要获得较深粉红色就必须经过浸泡，起初果汁连同果实一起发酵，但浸泡时间比红葡萄酒短，一旦获得合适的颜色，果汁就如同放血般从槽中引出，然后按照白葡萄酒方式继续发酵。

四、甜白葡萄酒的酿造

甜白葡萄酒的酿造过程颇像干性白葡萄酒的酿造，不同的是酒中留有一些天然糖分，甜白葡萄酒通常含有超过20g/L的糖分，这类酒包含了数种基本类型的葡萄酒。

1. 受灰葡萄孢霉菌影响的酒

由受到灰葡萄孢霉菌（*Botrytis cinerea*）侵袭的葡萄所酿造。这种微小的霉菌使得葡萄失去水分，导致糖分增浓，采摘者反复巡视葡萄园，往往只选择采摘受到霉菌侵袭的个别葡萄，那些葡萄的果汁含糖量非常高，当发酵中酒的酒精度达到15%vol时，尽管仍有一些糖分残留，酵母菌都受到抑制而停止作用，所产生的酒就会自然发甜，并且带有灰葡萄孢霉菌的酒会产生独特的香味（干果，蜂蜜和橙皮）。用这种方法酿造的酒包括波尔多［例如，索泰尔讷（Sauternes）和巴尔萨克（Barsac）］，蒙巴济亚克（Monbazillac），卢瓦尔区的莱昂区（Coteaux du Layon）和肖姆-卡尔特（Quarts de Chaume），以及阿尔萨斯的粒选贵腐葡萄酒（Sélection de Grains Nobles）等甜白葡萄酒。

2. 其他甜葡萄酒

葡萄中的糖分浓度可经由所谓“自然干缩”的过程而增加，即让葡萄在采收后干枯变成葡萄干。汝拉（Jura）的稻草酒就使用这种方法。所谓延迟采摘法生产的酒，如武弗雷（Vouvray），阿尔萨斯（Alsace）和蒙路易（Montlouis）的法定产区餐酒，也大同小异。让葡萄留在树上超过酿造干性酒正常采收期数周以上，以便太阳将葡萄晒干，进而浓缩了葡萄内的糖分。也可以在完全发酵成干性的酒中添加葡萄汁或浓缩葡萄汁使其变成甜白酒，但这种做法只适用在日常餐酒的生产上。

3. 利口酒和天然甜葡萄酒

利口酒和天然甜葡萄酒是在发酵之前或发酵期间的果汁中添加酒精以中止发酵（称为 Mutage）而生产出来的，所添加的酒精抵制了酵母菌的作用，因而中止发酵，使得酒中残留有大量糖分。在初期即添加酒精，阻止发酵的发生，因而果汁中全部的糖分都被保留了下来。酒的酒精含量在 15%~22%，虽然这一类的酒也叫作葡萄酒，但被征较重的税。皮诺香甜酒（Pineau des Charentes）是一种法定产区利口酒，产于干邑法定产区，含糖量至少 170g/L，在葡萄汁中添加干邑白兰地即得此酒，如同香槟甜酒（Ratafia）和福乐克酒（Floc de Gascogne）一样都是所谓的 Mistelle（掺酒精的未发酵葡萄汁）。

4. 天然甜酒（VDN）

发酵期间在果汁（最低含糖量：252g/L）中添加酒精以中止发酵所得的法定产区葡萄酒，这类酒保留了葡萄中部分的糖分，最低酒精含量为 15%。大部分的 VDN 是在朗格多克-鲁西荣（Languedoc-Roussillon）生产。麝香葡萄（Muscat）酿造的 VDN 与其他 VDN（主要是黑歌海娜品种）有一主要的差别——前者较早装瓶，而后者如巴纽尔斯（Banyuls），莫利（Maury）或里韦萨尔特（Rivesaltes）等则需要陈年后才处于最佳状态。

五、 起泡酒的酿造

起泡葡萄酒的酿造分两步：第一步是原酒的酿造，第二步是原酒在密闭容器中的酒精发酵，以产生所需要的 CO_2 气体。

（一）起泡葡萄原酒的酿造

原酒的酿造主要包括压榨、对葡萄汁的处理、酒精发酵以及苹果酸-乳酸发酵。

1. 压榨

出汁率不能过高，应小于 66%。分次压榨，分次取汁，而且只用自流汁和一次压榨汁酿造原酒。

2. 对葡萄汁的处理

取汁后可以通过不同的处理改良葡萄汁的质量。包括 SO_2 处理，澄清，加糖，调酸和颜色。有时还需对葡萄汁进行冷冻贮藏。

（1）SO_2 处理　取汁后应尽快对葡萄汁进行 SO_2 处理，使用浓度一般为 30~100mg/L，根据国别不同而有所差异。

（2）澄清处理　方法有自然澄清、离心处理、低温下胶后过滤。一般说来，如果采收季节气温较低，葡萄汁中悬浮物较少，采用静置澄清可以取得良好的效果。相反，如果采收季节气温较高，葡萄汁中杂质含量较高，则应进行低温和过滤处理。

（3）加糖　在酿造起泡葡萄酒时，为了获得 CO_2 气体，一般都需要在葡萄原酒中加入糖浆，另外，如果原料的含糖量过低，也应对葡萄汁进行糖分调整。应记住的是起泡葡萄酒的酒精含量一般为 10%~12%（体积分数）。

3. 酒精发酵

（1）干型葡萄原酒的发酵　干型葡萄原酒的发酵主要注意所使用的发酵容器，发酵温度的控制，酵母菌的选择与使用以及是否需要添加澄清剂和稳定剂。

（2）芳香甜型葡萄原酒的发酵　这类原酒的发酵特点是：在发酵过程中不断地进行膨润土处理（1g/L），每次处理后都要进行过滤和（或）离心处理。处理的次数决定于年份、葡萄汁中含氮化合物的含量以及发酵状况，一般进行四次处理，前三次分别在酒精度达到 2%vol、3%vol、4%vol 时进行，最后一次处理在酒精度达到5%~6%vol 进行，并且要将膨润土和酪蛋白同时使用。然后将正在发酵的葡萄汁冷却至 5℃或以下，再进行离心处理。这样处理的目的是逐渐使葡萄汁中的营养物质减少，以使最终含糖量较高的起泡葡萄酒具有良好的生物稳定性。

这种方法可以控制发酵进程，产生少量的酒精，同时可以保持较高的糖度和葡萄品种的果香。

4. 苹果酸-乳酸发酵

有些国家和地区对葡萄原酒进行苹果酸-乳酸发酵（MLF），如法国的香槟地区。如果控制良好，而且在其结束以后能完全控制细菌的活动，这种发酵对含酸量较高的葡萄原酒是有利的。但是，如果控制不当，它也可使产品缺乏清爽感，造成澄清困难，易于氧化等问题。

有些国家避免葡萄原酒的苹果酸-乳酸发酵，如在奥地利、西班牙、意大利等国家，所以应该采用及早分离、过滤、离心、添加 SO_2 等技术，避免 MLF 的进行。

（二）气泡的产生

起泡葡萄酒中的气泡主要是在第二次发酵中产生的，在进行第二次发酵以前，一般要经过澄清、酒石稳定、防氧化以及勾兑等方面的处理。

1. 澄清

葡萄原酒的澄清处理多采用过滤和离心的办法，此外使用单宁、蛋白胶进行澄清处理的也比较多。常用的蛋白胶主要是明胶和酪蛋白。单宁-蛋白胶常用于贮藏在小容器中的葡萄酒，效果较好，但在大容器中效果则较差。大容器中的葡萄原酒主要采用过滤和离心处理进行澄清。

使用膨润土进行澄清处理还可防止蛋白质破败病和铜破败病。所以，虽然有研究证明膨润土处理会影响气泡的形成，但很多国家目前仍然使用这一技术。

2. 酒石稳定

酒石稳定可采用如下方法：添加偏酒石酸、离子交换、冷处理（自然冷处理和人工冷处理）。但是，国际葡萄与葡萄酒组织（OIV）和欧盟禁止对起泡葡萄原酒添加偏酒石酸和离子交换。

3. 防氧化

由于要进行二次发酵。SO_2 的用量受到限制，所以多数采用 CO_2 或 N_2 对葡萄酒进行充气贮藏，当然，在酿造过程中也要尽量防止与空气的接触。

4. 勾兑

为了获得最好的产品，所有生产起泡葡萄酒的厂家在加糖浆进行第二次发酵以前都进行不同葡萄品种间的勾兑，包括不同品种、不同年份的葡萄酒之间的勾兑。

一般来讲，勾兑是在酒石稳定之前进行。勾兑的标准主要通过品尝来确定。当然，一些分析指标如 pH 和总酸也可作为参考指标，例如在香槟地区，要求勾兑后的总酸为 4.5~6.0g/L（以硫酸计），pH 3.0~3.15，以保证起泡葡萄酒具有清爽感。

5. 二次发酵

二次发酵可分两种情况：一种是原酒含糖量低，必须加入足够量的糖浆。二是葡萄原酒含糖量足够高，无须加入糖浆，利用原酒本身的含糖量就能顺利进行。二次发酵的方式同样有两种：一种是瓶内发酵法，包括传统法和转移法，另外一种是密封罐法。

六、 白兰地的酿造

白兰地酿造工艺流程图，如图 10-3 所示。

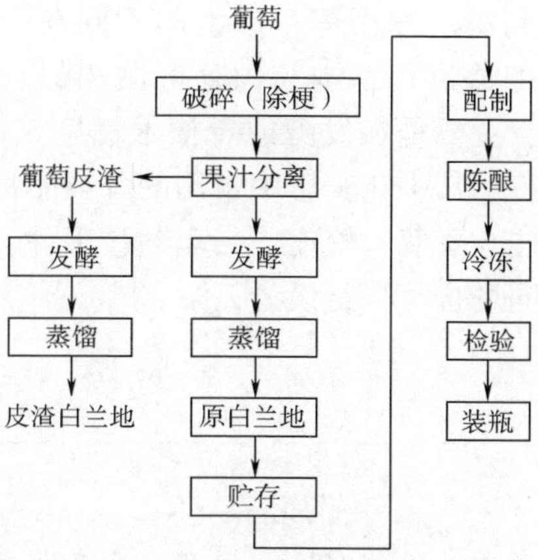

图 10-3 白兰地酿造工艺流程

白兰地是葡萄酒的蒸馏酒。用来蒸馏白兰地的葡萄酒叫作白兰地原料葡萄酒，简称白兰地原酒，由白兰地原酒蒸馏得到的葡萄酒精称原白兰地。白兰地原酒的生产工艺与传统生产白葡萄酒相似，但原酒加工过程中禁止使用SO_2。

白兰地酒中的芳香物质主要通过蒸馏获得，要求含酒精60%～70%，保持适当量的挥发性物质，以保证白兰地固有的芳香。

虽然近代蒸馏技术发展较快，但典型的白兰地蒸馏仍使用壶式蒸馏器。为了使白兰地有一股特殊的香味，燃料大都使用木炭而不是煤炭。壶式蒸馏器属于两次蒸馏设备，即将白兰地原料酒用这种蒸馏器经两次蒸馏才能得到质量好的白兰地。

之后需要在橡木桶中经过多年的贮存陈酿才能达到成熟完美的程度。原白兰地在贮存前是无色的，在贮存过程中，橡木桶中的单宁、色素等物质溶入其中，使白兰地的颜色逐渐变为金黄色。贮存时空气渗过木桶的板进入酒中，发生一系列缓慢的氧化作用，致使酸和酯的含量增加，可产生强烈的清香。贮存时间长，会产生挥发作用，导致白兰地酒精含量降低，体积减小，为了防止酒精含量降到40%以下，可在贮存开始时适当提高酒精含量。

贮存温度高（25～30℃），第二年就可以变成金黄色，贮存温度低（8～10℃），颜色变化非常慢。贮存条件一般为15～25℃，相对湿度为75%～85%，时间可从几年长至几十年。

经过贮存后的白兰地需经调配，再经过橡木桶短时间的贮存，再经调配方可出厂。

由此可见，白兰地的酿制十分复杂而且成本极高。因此，市面上见到的十多元甚至几十元人民币的白兰地是很普通的白兰地，真正优质的白兰地价格非常高昂。

七、其他类型酒

其他类型酒，如贵腐酒、冰酒等，最大的不同在于原料的特殊性——糖分高，培育过程艰辛，其酿造过程基本与白葡萄酒相似。而加香加强酒，如味美思，波特酒，雪莉酒等，主要是在发酵或者橡木桶培养过程中添加适当的香料、糖或者酒精等，风味独特。其中味美思中常用的香料品种有：苦艾、龙胆草、白芷、紫苑、勿忘草、肉桂、豆蔻、橙皮、矢车菊、丁香、当归等，配方可根据地方习惯、民族特点、不同场合等自行设计。

拓展阅读

葡萄酒品尝

对葡萄酒进行品尝通常是循序渐进，按照一定感官顺序来进行，我们称之为品酒三部曲。分别从视觉、嗅觉、味觉逐步加深对酒的感觉，做出全方位评价。

1. 观色

当手上拿着一杯刚倒入的葡萄酒，在还没有闻香气、尝口感之前，我们会对它做出视觉的判断。视觉是我们的第一感受，葡萄酒的外观特点确实会给我们传达很多信息。

葡萄酒的外观体现在颜色、澄清度、流动性、起泡性、挂杯现象等方面。对葡萄酒的外观赏析应始于倒酒的一刻，往酒杯里倒酒须把握住倒酒量，倒三分之一杯为最佳。

倒酒时，葡萄酒应有很好的流动性，并发出响声，在酒杯中产生比水的气泡还小的气泡，在表面形成几个较大的气泡。小气泡不久消失，大气泡保留时间稍长。而且新葡萄酒的气泡有时有色，陈年葡萄酒的气泡则无色。若葡萄酒流动性差、无响声、无气泡、稠密、呈油状，则为不正常。倒好酒后，应对葡萄酒的液面进行观察。可将酒杯置于白布桌上，低头垂视液面，若葡萄酒液面洁净、光亮、完整，则视为正常。若葡萄酒的表面灰暗、无光等，则表明该葡萄酒不正常。然后就是对葡萄酒酒体的观察，包括对颜色和澄清度的观察。

葡萄酒的颜色很大程度上取决于酿酒品种，很容易就可分辨出红葡萄酒、白葡萄酒、桃红葡萄酒。而每种酒又可以在一定的颜色范围上变动，有色调和色度的变化。例如白葡萄酒，颜色主要描述为黄绿色，而黄绿色也有深浅明暗，于是又可分为无色、禾秆黄、绿禾秆黄、暗黄、金黄、琥珀黄、铅色、棕色等。这些都是需要细致把握的。根据颜色的深浅可以在一定程度上推断葡萄酒的结构、丰满度、余味等特点。红葡萄酒中，颜色深浅与单宁含量呈正相关，若红葡萄酒颜色深厚，则可推断它必然醇厚、丰满、味涩、单宁感强；而色浅的则味短、味淡，但其中也有柔顺、醇香型好酒。葡萄酒的色调可表现它的成熟度，年轻红葡萄酒由于大量游离的花色素苷的作用，通常颜色鲜艳，呈紫红或宝石红；而成熟过程中，由于游离花色素苷的逐渐消失，颜色会逐渐变暗，趋向瓦红色。

澄清度是葡萄酒外观质量的重要指标，优良的葡萄酒通常有好的澄清度。而浑浊的酒口感一般都不会太好。白葡萄酒越澄清透明度越好，但颜色深的酒澄清度与透明度不会太一致，一般澄清的酒也不会太透明，但光泽度一定很好。葡萄酒允许有少量沉淀，沉淀与浑浊是两个概念，浑浊往往是微生物病害、酶的氧化作用以及金属破败病引起的，严重影响到酒质；而沉淀是成分溶解度变化产生的，一般不影响质量。很多专业人士喝红酒时摇动酒杯是有道理的，目的是使葡萄酒进行圆周运动，随即可观察到酒杯内壁上形成了无色酒柱，这就是挂杯现象。挂杯的形成，与水和酒精的表面张力，以及葡萄酒的黏滞性有关。酒精度越高的酒，挂杯现象越明显。依据这个可以对酒精度做出初步判断。

在观察起泡葡萄酒的气泡状况时，一定要注意酒杯的使用。首先要用干燥的酒杯，湿酒杯不利于气泡的形成；其次酒杯的温度一定要与酒的温度相等，若酒杯温度高于起泡葡萄酒的温度时，会产生大气泡。静止葡萄酒中，二氧化碳的含量通常低于200mg/L。如果在外观分析时，出现了气泡或泡沫，则表明该葡萄酒中二氧化碳含量过高。而对于起泡葡萄酒，对其气泡状况的观察是非常重要的。这些气泡在酒的表面形成一层很薄或很厚的泡沫。泡沫量大，且持续时间很短，而不像啤酒那样，小气泡相互结合产生大气泡。该泡沫在数秒钟后便由中央逐渐向杯壁消失，沿酒杯内壁形成一圈“泡环”。不断产生的气泡可作为泡环的补充，使其持久存在。有的起泡葡萄酒泡沫质量随酒龄增加而提高，酒龄越高，泡沫越少。

2. 闻香

在对葡萄酒的外观进行一系列鉴定过后，我们就需要用鼻子去感受它的香气了。闻香分三次进行。

第一次闻香，先让酒杯静置在桌面上，或把酒杯平稳端起，总之要使其保持静止，再将鼻子置于杯口处闻香。这一次所感受到的香气很淡，是葡萄酒香气之初体验。然后我们需要进行第二次闻香，这时就需要轻轻摇动酒杯，一旦酒液“动起来”，我们就需要对其香味进行一次捕捉。然后继续摇动，让酒在杯里旋转起来，任香气从酒液里散发出来，适当摇动后，杯壁被酒液湿润，这时，再去捕捉一次香气，你会发现香味非常浓郁，你可以多闻几次。第二次闻香，我们已经可以辨别出该酒的主要香气了。香气分为三类，第一类为葡萄品种所带的香味，第二类为发酵中产生的气味，第三类为陈酿过程中赋予的香味。我们要注意区分这三类气味。接下来，进行第三次闻香。这一次，我们的任务是“找茬”，是去鉴别出不好的气味。这一次，我们需要剧烈摇动杯中酒液，使其气味充分释放，这样才能使不明显的气味加强，容易辨别。

3. 尝味

当经历了视觉与嗅觉的体验，你会更期待味觉的体验。酒的口感怎么体会呢?

首先，将酒杯置于双唇间，压住下唇，轻轻从酒杯里依靠嘴部力量吸入一口酒，酒量不宜过多，否则在嘴里很难保持；也不宜太少，太少不够感受其真实口感。然后闭上双唇，利用舌头和面部肌肉的共同作用，使葡萄酒在嘴里搅动，将葡萄酒在口内保持12s左右，感受其饱满度、口感，然后咽下，再慢慢体会它的余味。舌头在嘴里的运动，能够感受到葡萄酒的流动性、结构、厚度等立体特点。

葡萄酒能带给人4种味觉感受：甜、酸、苦、咸。甜味在半干葡萄酒和甜葡萄酒中很明显，因为它们含有糖分。而干酒中糖含量较少，但仍有甜味。事实上酒精也具有甜味。酸味主要由酒中的有机酸产生，如源于葡萄的酒石酸、苹果酸、柠檬酸，以及由发酵产生的琥珀酸、乳酸、醋酸。苦味则是由酚类或多酚类物质产生，其中单宁表现最为明显，这些苦味中常常带有涩味。咸味是中性盐所显示出的，这些盐可以通过参加葡萄酒的味感构成，给葡萄酒带来清爽感。专业品酒师，在进行了对酒的品尝后，通常将酒完全吐出，或少量咽下。

任务四 葡萄酒的贮存

一、葡萄酒的特性

根据国际葡萄与葡萄酒组织（OIV）的规定，葡萄酒只能是破碎或未破碎的新鲜葡萄果实或葡萄汁经完全或部分酒精发酵后获得的饮料。生产葡萄酒，就是将葡萄这一生物产品转化为另一生物产品——葡萄酒，它是从葡萄的成熟，到酵母菌及细菌的转化和葡萄酒在瓶内成熟的一系列有序而复杂的生物化学转化的结果。葡萄酒的这一生物学特征使它具有突出特性：多样性、变化性、复杂性、不稳定性和自然特性。

（一）多样性

葡萄酒与一些标准产品不同，每一个葡萄酒产区都有其风格独特的葡萄酒。葡萄酒的风格决定于葡萄品种、气候和土壤条件。由于众多的葡萄品种，各种气候、土壤等生态条件，各具特色的酿造方法和不同的陈酿方式，使所生产出的葡萄酒之间存在着很大的差异，产生了多种类型的葡萄酒。每一类葡萄酒都具有其特有的颜色、香气和口感，我们应该尽量保持葡萄酒的这一特性。

（二）变化性

葡萄酒和葡萄对外界环境因素都具有敏感性。葡萄是多年生植物，因而受种植地每年的外界条件影响，这些外界因素包括每年的气候条件，如降水量、日照、葡萄生长季节的活动积温等，还有每年的栽培条件，修剪、施肥工序等。这些外界因素决定了每年葡萄浆果的成分，进而决定了每年葡萄酒的质量，这也就是葡萄酒的“年份”概念。

（三）复杂性

目前，在葡萄酒中已鉴定出1000多种物质，其中有350多种已被定量鉴定。在葡萄酒的1000多种成分中，包括氧化物、还原物、氧化-还原催化剂（金属或酶）、胶体、有机酸及其盐、酶及其活动底物、微生物的营养成分等。如此众多的成分决定了它的复杂性。

（四）不稳定性

葡萄酒的各种成分成为葡萄酒的化学、物理化学和微生物学不稳定性的因素。所以，葡萄酒是一种随时间而不停变化的产品，这些变化包括葡萄酒的颜色、澄清度、香气、口感等。

葡萄酒的这一不稳定性就构成了葡萄酒的“生命曲线”。不同的葡萄酒都有自己特有的生命曲线，有的葡萄酒可保持其优良的质量达数十年，也有些葡萄酒需在其酿造后的六个月内消费掉。

除了品种不同影响葡萄酒的保质期外，贮藏环境也是至关重要的一个因素。如果将一瓶葡萄酒开启后，放置在室温下，让它与空气长期接触，它就会很自然地长出“酒花”或者变成醋，或者会再发酵（如果葡萄酒中含有糖）。

二、贮藏目的

因葡萄酒不同于一般的商业产品，所以，葡萄酒的贮藏也不仅仅是商业上的平衡供需那么简单，它已演变成提升葡萄酒品质的一个重要环节。

（一）延长葡萄酒保质期

好的红葡萄酒的“生命周期”是10~20年，特别好的葡萄酒的贮藏期能达到50年以上，普通餐酒一般在5~6年消费掉最好。因为时间长了葡萄酒的颜色和香气变淡，口感越来越柔和，质量开始下滑，超过一定的时间期限葡萄酒就没有饮用价值了。但是如果保存不当，即使再好的葡萄酒也会迅速变质，更不用说普通的葡萄酒。以一瓶法国二等特级酒庄的酒在我国的存放为例，若在上海，家里空调时开时不开，酒顶多存放一年就会逐渐坏掉，若在广东，气温太高，酒的存放时间会更短。

（二）保持和提升葡萄酒的品质

葡萄酒有一定的生命周期，处于不同生命周期葡萄酒品质和口感都是不同的。葡萄酒中的1000多种成分会随时间不停地变化，这些变化影响着葡萄酒的颜色、澄清度、香气、口感等，这也就是葡萄酒的不稳定性所在。葡萄酒的这一不稳定性就构成了葡萄酒的“生命曲线”。而如何控制这些变化，使其向好的方向发展，同时尽量将葡萄酒稳定在其质量曲线的高水平上，很大程度取决于葡萄酒的贮藏环节。

三、贮藏环境要求

前面提到葡萄酒的贮藏对其品质有着至关重要的影响，要使一瓶好的葡萄酒在经过时间的作用后不是变质而是品质变得更好，这就对贮藏环境提出了严格的要求。

（一）温度适合，恒温

酒不能放在太冷和太热的地方。太冷，酒成长缓慢，它会停留在冻凝状态不再继续成熟，这就失去了藏酒的意义。太热，酒又成熟太快，不够丰富细致，令红葡萄酒过分氧化甚至变质，因为细致、复杂的风味是需要长时间发展得来的。理想的存酒温度在10~14℃为佳，最宽为5~20℃。同时整年的温度变化最好不超过5℃。

同时还有很重要的一点——葡萄酒的存放温度要恒定，即将葡萄酒存放在20℃的恒温环境中也比每天的温度都在10~18℃波动的环境好。为了善待葡萄酒，请尽量减少或避免温度的剧烈变化，当然随着季节小幅度的温度变化还是可以接受的。

（二）湿度适合，恒湿

葡萄酒贮藏理想的湿度是保持在60%~70%，如果太干可放一盘湿沙以调整湿度。酒窖或酒柜的湿度不要太高，那样容易使软木塞及酒的标签发霉腐烂。而酒窖或酒柜的湿度不够又会让软木塞失去弹性，无法紧封瓶口。瓶塞干缩后会导致外面的空气入侵，酒质会产生变化，并使酒通过软木塞挥发，造成所谓“空瓶”现象。在北方（如北京）干燥的气候里，如果没有妥善的保存方法，再好的酒一个月就会放坏。

（三）避光，过滤紫外线

酒窖中最好不要有任何光线，因为光线容易造成酒的变质，特别是日光灯和霓虹灯易让酒加速氧化，发出浓重难闻的味道。如果暴露在强烈日光下6个月就可以导致葡萄酒变质。存酒的地方最好向北，除了避开光线外，也不要接近有强烈气味的物件，门和窗应选择不透光的材料。

（四）通风，无异味

葡萄酒在陈放过程中会产生有害气体SO_2，而SO_2会危害到软木塞，进而劣化酒质。在酒窖中SO_2可以靠自然的通风排除掉，但在葡萄酒柜这种密闭环境中，SO_2便会积存。一般而言，十天开一次门让酒柜通风，就可以排除掉SO_2，但是这会“打扰”到酒的“睡眠”，因此针对空气环境，最贴心的设计是加装活性炭的通风循环系统，这样只要每隔两三年换一次活性炭，就可以常保葡萄酒在良好的空气环境中陈放。

（五）防震

震动对酒的损害纯粹是物理性的。红葡萄酒装在瓶中，其变化是一个缓慢的过程，震动会让红葡萄酒加速成熟，让酒变得粗糙。所以尽量避免将酒搬来搬去，或置于经常震动的地方，尤其是年份老的红葡萄酒，因为储存一瓶陈年极品红酒是三、四十年或更长久的事，让其保持“沉睡”状态是最好的。

四、各种葡萄酒的最佳贮藏温度

温度是葡萄酒贮存最重要的因素，这是因为葡萄酒的味道和香气都要在适当的温度中才能最好地挥发。更准确地说，才会在酒精挥发的过程中产生令人最舒适的感觉。如果酒温太高，苦涩、过酸等味道便会“跑”出来。如果酒温太低，应有的香气和美味又不能有效挥发。

研究表明，如果以葡萄酒贮存的通用标准13℃作为基准，如果温度上升到17℃，酒的成熟速度会是原来的1.2~1.5倍，如果温度增加到23℃，成熟速度将变成原来的2~8倍，温度升高到32℃，成熟速度将变为原来的4~56倍。当然，成熟速度的变化也因酿酒所用葡萄品种、酿造方法的不同而不同。

不同的葡萄酒所要求的最佳贮存温度如下所述。

半甜、甜型红葡萄酒：14~16℃。

干红葡萄酒：16~22℃。

半干红葡萄酒：16~18℃。

干白葡萄酒：8~10℃。

半干白葡萄酒：8~12℃。

半甜、甜白葡萄酒：10~12℃。

白兰地：15℃以下。

香槟（起泡葡萄酒）：5~9℃。

五、葡萄酒的存放姿势

传统摆放酒的方式习惯是将酒平放，使红酒和软木塞接触以保持其湿润。湿润的软木塞有足够的弹力，把瓶口牢牢塞住。相反，瓶子垂直放置时，软木塞便没有足够的水分保持其湿润。瓶口向上倾斜15°也是可以的。

对于需要储存较长时间的红酒，瓶口向下的摆放方法是不可取的。因为葡萄酒存放时间长了会有沉淀，平放或者瓶口向上略微倾斜，沉淀就会聚集在瓶子底部。而如果瓶口向下倾斜，沉淀就会聚集在瓶口处，时间长了会黏在那里，倒酒的时候，会连沉淀一起倒入酒杯，影响酒的口感。

六、常见贮藏方式

（一）自然存放

对于一般个人来说，在酒受到损害之前，我们早就把它喝光了。至于那些我们想保存一段时期的酒，应避免对酒真正有害的因素，比如明亮的阳光和极高的室温等。如果实在是没有任何条件，那尽可能将葡萄酒放置在阴凉相对干爽的地方，例如床底、橱柜等。

（二）天然地窖

理论上，一个理想的酒窖要够黑又够潮湿，温度要在一定限度内，而且最好是恒温，同时也要避免震荡。在欧洲有些人贮藏葡萄酒就直接利用天然地窖来存放。不过，葡萄酒对环境的严格要求，即使是欧洲阴冷的地窖，也不保证十全十美。一个理想的酒窖，最好能维持13℃的恒温，这是欧洲乡下地窖的天然平均温度，但8~18℃也可以接受。

但对于其他地方，例如我国很多地方，天然地窖的平均温度远高于13℃，而且冬夏季温差很大。这就需要在地窖下加装温控系统和制冷制热系统，保持地窖的温度恒定。天然地窖一般湿度都比较大且不通风，所以需要加装通风系统，可将多余的水分和异味排出到地窖外面。所以，地下可以提供酒品贮存的较好条件，地下酒窖在恒温、避光、防震等方面具有得天独厚的条件，但在地窖应采取一定的保护措施，将其改造成专业酒窖，以使酒品的贮存更加安全、有保障。一般来说，葡萄酒厂和大型的葡萄酒商都会建造自己的专业地下酒窖。

（三）专业酒窖

酒窖并不一定要设在地下，专业的恒温酒窖，会根据葡萄酒实际贮藏条件设计，并安装酒窖酒房恒温系统，精确达到恒温、恒湿、通风、避震、避光的条件。理想的酒窖应符合下述几个基本要求：①有足够的贮存空间和活动空间。②通气性能良好。③环境易保持干燥。④隔绝自然光照明。⑤防震动、防巨声干扰。⑥有相对的恒温条件。由于酒窖建造有费用比较大、空间大、藏酒数量多等特点，一般来说，只有葡萄酒厂商、一些高级会所、高级餐厅酒店以及一些专业红酒收藏者会建造自己的专业人工酒窖。

（四）酒柜

在现代都市中，一般家庭及专业收藏人士通常选用专业的葡萄酒恒温柜来贮藏葡萄酒。葡萄酒恒温柜，从恒温、保湿、避光、避震、通风等多环节设计，确保葡萄酒时刻保持最佳的贮存、饮用温度。

一些企业除了建设酒窖以外，均另设有“日用酒窖”，来应付消费场所的每日消耗。日用酒窖大多采用酒柜的形式，酒柜就是一个小型酒窖，恒温、恒湿、通风、避光、避震。酒柜使用方便，减少许多不必要的往返取货，并可避免对酒窖重复的过多干扰，其次专业酒柜由于采用隔紫外线的玻璃门设计，也可以用作陈列葡萄酒之用。因价格较地窖便宜很多，所以除了一些酒厂酒商使用酒柜，一般的葡萄酒消费者也能使用专业酒柜来贮藏葡萄酒。

（五）冰箱

如果没有酒窖又没有酒柜，将酒放在冰箱里也是一个可行的办法，至少比自然存放要好些。

七、葡萄酒仓库

对于要卧放的酒，要采取卧放（仓库由于堆放，很难卧放，会采取倒放，原箱横放的酒要保持横放）。

温度：应该保持每天检查仓库温度，并记录在案。

湿度：定期检查湿度，使湿度保持在75%~80%，在没有专业加湿设备的仓库，可使用很简单的方法调节湿度，湿度不够时，拖地或者放几个水桶。湿度过高，可以使用空调除湿。

定期检查：定期检查酒水的情况，如顶帽、渗漏、酒标起翘等。发现问题应及时彻查问题产生的原因，并做出改正，以避免造成更大的影响。

对于高档产品，要采取单独的小仓库存放，单独控制温度、湿度，使储存环境更加稳定与合理。

任务五 成品葡萄酒

一、葡萄酒的种类、划分及营养价值

葡萄酒是以新鲜葡萄或葡萄汁为原料，经酵母发酵酿制而成的酒精度不低于7%（体积分数）的各类酒的总称。按酒的色泽，葡萄酒分为红葡萄酒、白葡萄酒、桃红葡萄酒三大类，但在市场上很难看到桃红葡萄酒。根据葡萄酒的含糖量，分为干葡萄酒、半干葡萄酒、半甜葡萄酒和甜葡萄酒。按酒中的二氧化碳的压力来分，葡萄酒包括平静葡萄酒、起泡葡萄酒。

法国葡萄酒按酒质分为：普通日用餐酒（Vins de Table）、乡村酒或地区餐酒（Vins de Pays）、优良品质餐酒（VDQS：Vins Deimites de Quealite Supenieure）、原产地法定区域管制餐酒（AOC：Appellation d，ongin Controlee）。

德国葡萄酒划分为：日常饮用餐酒（Landwein & Tafelwein）、优质酒（Qualitatswein bestimmter Anbaugebiete，简称QbA）、高级优质酒（Qualitatswein mpt Pradikat，简称QmP）。

美国葡萄酒分为：附属类、专属品牌酒（Proprietary Wine）、葡萄品名餐酒（Varietal Wine）。

意大利酒的等级划分为：一般日常酒（Vind da Tavola）、原产地区域管制酒（DOC：Denominazione de Origine Controllate）、原产地区域保证酒（DOCG：Denominazione de Origine Controllate Garantita）。

葡萄酒是由葡萄汁（浆）经发酵酿制的饮料酒，它除了含有葡萄果实的营养外，还有发酵过程中产生的一些有益成分。研究证明，葡萄酒中含有200多种对人体有益的营养成分，其中包括糖、有机酸、氨基酸、维生素、多酚、无机盐等，这些成分都是人体所必需的，对于维持人体的正常生长、代谢是必不可少

的。特别是葡萄酒中所含的酚类物质——白藜芦醇，是近几年研究的热点，它具有抗氧化、防衰老、预防冠心病、防癌抗癌的作用。每天适量饮用葡萄酒的人，心脏病死亡率是不饮酒者的30%，患痴呆症和早衰性痴呆症的概率为不饮酒者的25%。

二、 葡萄酒的命名

1. 区域命名法

欧洲古老的产酒区多以此种方式命名。例如：法国波尔多区（Bordeanx）及其辖内著名的产区美道（Medoc）、圣爱米伦（St. Emilion）、玻玛络（Pomero）、索坦（Sauterens）、格拉夫（Grayes），勃艮第地区（Burgundy）及其辖内的夏伯力（Chablis）、宝酒利（Beaujolais）、纽·圣乔治（Nuits-St-George），另有意大利的巴罗洛（Brolo）、巴巴瑞斯可（Barbaresco）、阿斯提（Asti）、香堤（Chianti），德国的彼斯波特（Piesporter）、圣约翰（Johannisberg）等。

2. 葡萄品种命名法

许多国家的葡萄酒均以葡萄品种来做酒名，较容易辨别。这种命名方式大多是新兴的产酒区如澳洲、加州、美洲等地采用，例如：白富美（Fume Blanc）、赤霞珠（Cabernet Sauvignon）、黑皮诺（Pinot Noir）、霞多丽（Chardonnay）。当然，欧洲产酒区也有用葡萄品种来命名的，例如：法国阿尔萨斯的葡萄酒就用葡萄品种来命名，如雷司令（Riesling）等。

3. 酒厂或酒商名称命名法

有的酒厂以自己的厂名为其葡萄酒命名，例如Ch. Margaux，Ch. Lafite. Ch. Latour，Ch. Montelena，Niebaum Coppala Rubicon，Dominus，Opus One。

4. 商标（专属品牌）命名法

许多酒商以其商誉及历史自创品牌，例如：法国帝乐仕（De Luze）的碧加露（Pigalle），摩曼森（Mommessin）酒庄的Cuvee Saint Piere，安提诺里（Antinori）的Tignanello和Solaia，歌雅（Goja）酒庄的Rossj-Bass，Gaja & Rey和Damagi，花思蝶（Frescobaldi）酒庄的（Montesodi），鹿跃（Stag′s Leap）酒庄的Cask 23等。

5. 其他命名方式

附属类（Generic）葡萄酒，如美国加利福尼亚州、澳洲、西班牙等地在酒标上用欧洲著名的产酒区，例如Burgundy、Chablis、Rhine等，及颜色来命名，例如Rose、Claret等，此类葡萄酒均为平价、量大的日常餐酒。

三、 葡萄酒与酒杯的搭配

要欣赏葡萄酒的色、香、味，一只正确合适的酒杯是十分重要的，并用其将酒送到口中。一只好的酒杯应该薄身、无花纹、无色而透明，并要有高脚。同时，为了令葡萄酒能舒适地呼吸，杯的容量必须够大，另一方面，当酒被摇动时，香味能集中在杯口。饮红葡萄酒用波尔多酒杯（像郁金香的花球或初开的莲花）、勃艮第酒杯（杯口比较窄，像植物的球茎）。高脚杯杯身呈郁金香的形状，杯口微微收缩，杯壁以薄者为上乘，长长的杯柄，让手指可以轻轻地将其拈握，不致将手纹印到杯身上，影响观察酒的透明度，同时也避免将手的温度传到杯中。

标准酒杯的杯口直径为（46±2）mm，杯体最宽的部分直径为（65±2）mm，杯体长为（100±1）mm，杯壁厚度为（0.8±1）mm，杯柄长（49±1）mm，杯底直径为(65±2)mm。

四、 葡萄酒的酒标

葡萄酒品鉴

标签包含了非常多的关于酒的信息。按照国家和地区的规定，有些内容是必须写上的，特别是涉及酒的等级归属时，例如：该酒是餐桌酒还是属于产地命名监督机构（AOC）认可的酒，该酒的原产地、酒精含量、生产厂家的名称和地址等。制造年份不是必需的，但是高质量的酒从来都是标明的。背签包含的信息比标签更丰富，包含对酒和生产厂家的地域的准确描述。在有些国家，一些注解是必需的，例如：酒精的含量是必须印在背签上的，进口商和销售商要将这些翻译为当地语言，以适应不同的市场需要。

酒标签（Wine label）相当于酒的身份证，其中包括酒庄的名称、酒的名字(或不需要)、葡萄酒的品种、酒的容量、酒精度、哪一个国家出品的、年份、在哪里入瓶封装等。还有图案，在以往这多是酒庄的标志，特别是封建社会所流传下来的贵族标志、皇室御用标志，或者是酒庄的风景与建筑物等。

所有葡萄酒的标签上在标明原产国的同时，也必须标明酒精含量和净含量。进口葡萄酒的净含量是用标准公制标出的，并与认定的规格一致。所有的标签都必须标明进口商、生产商的名称与地址。加利福尼亚州的葡萄酒既要标明装瓶者的名称与地址，又要标出生产许可证号。只有美国葡萄酒被要求标明所用葡萄种类的名称。

拓展阅读

葡萄酒酒标信息

酒标是贴在酒瓶身上的标签，相当于一瓶酒的名片，上面包含了许多信息。葡萄酒的标签分为两种：正标和背标。正标为原产国酒厂所贴的标签，背标是根据政府规定在进口酒瓶身背面所贴的中文标签，作为信息的补充说明。所以我们所说的酒标一般都指正标。要想在打开一瓶酒之前就了解这瓶酒，就需要去解读它的酒标。那么，酒标上都有些什么信息呢？让我们一起来揭开酒标的神秘面纱。虽然每瓶酒的酒标透露的信息点并不相同，但基本包含下面这些信息。

葡萄酒名称：葡萄酒名称繁多，很多人都搞不清，大多人都是以国别来区分酒，对葡萄酒的认识就只有法国葡萄酒、意大利葡萄酒、西班牙葡萄酒等泛泛的定位。其实葡萄酒名称通常就是产地名称，或者葡萄品种名称，以及酒厂名称或者品牌的名称，因而可分为区域命名法、葡萄品种命名法、酒厂或酒商名称命名法、商标命名法等。所以，根据葡萄酒名称往往就能初步定位一瓶酒。

葡萄品种：酒标上经常会标有葡萄品种，但不是所有酒都会标明这个。一方面是由于新世界酒中某些规定，要求该葡萄品种必须占一定比例以上才能标示出来，例如澳大利亚和美国规定该品种必须含量在75%以上，而德国和法国规定含量至少在85%，新世界酒比较强调其单一品种的特点。另一方面在旧世界酒中，往往产区名称就限制了其酿酒品种，而旧世界酒的历史很长，人们看到产区，就条件反射知道葡萄品种。最重要的是旧世界酒多为混合酿酒，并不强调一个品种，而是各取所长，调至最佳的品尝效果。

年份：年份是指生产这款酒所用的酿酒葡萄采摘的年份，它的存在具有重要参考价值。它可以直接说明酒的年龄，可供消费者根据自己的习惯选择年轻的或是陈年的酒。葡萄酒是有生命的，所以它也是有寿命的，它也会有成长的过程，慢慢成熟，达到饮用的最佳状态，如不及时饮用，它会慢慢衰老。除此之外，它还标明了葡萄的收获年份，不同年份的自然条件不同，而葡萄的质量很大程度上取决于自然条件的好坏，并直接影响到酒的质量。对于高级酒来说，年份影响着它的标价和地位。每个年份的酒都是独一无二的，没有任何两个年份会造出相同的酒。

产区：葡萄生长需要特定的生长环境，所以，形成了不同区域划分。不同产地因其葡萄品种、地域文化、气候条件、经济条件的不同而有不同特点，每个产地的酒都有着自己的特色与口味。产区的地位直接影响到酒的名气。例如法国的波尔多产区和勃艮第产区，是全球出名的产区，也是优质葡萄酒的标志。

等级：旧世界中，虽然各国有自己的等级划分方法，但都是根据严格的品质管制法规，对葡萄酒进行等级高低划分。等级划分需要把葡萄生产地、葡萄品种、葡萄种植方法、收获年份、发酵方法、酒精度、装瓶时间、贮藏规定等作为依据。等级直接说明了葡萄酒的酒质高低。但新世界中没有严格的等级划分标准，所以许多酒并没有标注等级。

生产国：葡萄酒的生产国也是一个重要信息。经常有人会偏向于进口酒，尤其是很多葡萄酒生产大国的酒，因为它们有着悠久的葡萄酒历史，品质上更有保证。

酒厂名：好的酒厂往往也是品质的一个保障。出自一个产区的葡萄酒也会有差异，因为一个产区往往会存在多个酒厂，所以酒厂在同一产区的基础上具有重要参考价值。

装瓶者：酿造者不一定是装瓶者。而那些由酿造者装瓶的酒一般都会标注“原酒庄装瓶”，这种酒风格和品质更为纯正。

酒精度：通常以%vol或°标示酒精度。葡萄酒的酒精度通常在8%～15%vol。这个主要由葡萄含糖量决定。葡萄含糖量由多种环境因素决定，通常美国和澳大利亚的葡萄酿造出来的酒酒精度会高些，德国酒的酒精度会低些。酒精度过高过低都会影响风味。

净含量：一般容量为750mL，也有特殊设计的容量为185 、250和375mL的小容量葡萄酒以及1500、3000和6000mL容量的宴会用酒。

任务六　葡萄酒常见的质量问题及质量标准

一、葡萄酒中存在的发酵问题

1. 保证正常发酵的关键因素及建议

在自然界中，任何事件的发生都存在有一定的触发因素，或明显的，或潜在的。这里我们先讨论一下保证正常发酵应满足的一些条件因素及其合理建议。

（1）酵母细胞数　只有单位发酵液中酵母细胞数到达一定数量才能够保证发酵的正常触发和进行。葡萄原料自身带有一定的野生微生物菌群，在初期接种期间，必须考虑接种菌群和野生菌群之间的生存竞争因素，当接种菌处于绝对竞争优势时才能触发酒精发酵并控制发酵方向。相关研究报道，在糖度低于24g/L，pH大于3.1，发酵温度高于12.8℃的条件下，每升发酵液中的酵母细胞数要至少达到1.5×10^6个，才能保证绝对竞争优势，但如果待发酵果汁的指标达不到这些参数要求，则需要加大酵母接种数量。

（2）营养源　酵母的营养需求是比较多样化的，要实现自身的生长发育和繁殖，它必须获取相应的营养成分，或者说其机体自身的基础构建物质，即碳水化合物、氮源、脂类、维生素以及矿物质等的供给，这些营养源缺一不可。在实际生产中，糖作为碳水化合物的代表是主要的发酵基质，一般不需要作为营养物质补充。氮源是可供酵母利用的主要营养物质，不同的酵母菌种对氮源的需求存在一定差异。但一般来讲，要确保正常发酵，可发酵氮源应维持在500～900mg/L，这一方面目前基本上已经被大多数酿酒师和技术人员接受和认可，因此发酵助剂的补充已经成为发酵工艺的一个重要步骤。其他营养物质如脂类、维生素和矿物质，酿酒师们在生产实践中对其认识还非常有限，而事实上它们在增强酵母菌机能及适应逆境发酵，维持后期发酵动力，实现彻底发酵环节中都起到了至关重要的作用。

（3）溶氧量 在酵母生长繁殖阶段应保持微氧供给，特别在发酵旺盛期。在酵母数量增加最快，酒精转化率也最高的时候，微氧供给有助于这一阶段平稳过渡，保证有足够数量的酵母活体把发酵过程进行彻底。

（4）酸度和 pH 在葡萄酒质量风格允许的情况下尽量保证 pH 大于 3.1，因酒种变化要求较低的 pH 时，应注意加大酵母的初始接种量。

（5）二氧化碳 0.2MPa 的二氧化碳压力可促进酵母繁殖，但大于这个水平的压力将对酵母产生毒害作用，因此发酵过程中注意定期搅拌以防止二氧化碳出现过饱和状态。

（6）糖度 不同的糖度对酵母自身的生存能力也有一定的影响，当糖度在 25~30g/L 时，酵母接种量需到达（4~6）$\times 10^6$ 个/mL，当糖度大于 30g/L 时，随着糖度的增加每升汁的酵母细胞接种数量应随之增加 1×10^6 个。一般来说，在二氧化碳达到一定压力时，酵母（特别是贝酵母）对果糖的分解代谢能力会受到影响，所以使用果葡糖浆改善原料补足发酵糖时，容易造成后期发酵中止或不彻底现象。

（7）温度 在较低的发酵温度下应适量增加酵母接种量。液态酵母活动的最适温度为 20~30℃，温度达到 20℃时酵母的繁殖速度加快，在 30℃时达到最大值，而当温度继续升高到 35℃时，其繁殖速度迅速下降，酵母菌会呈疲劳状态，酒精发酵有停滞的现象。因此，在不可控的高温条件下，应微量减少酵母接种量，并尽量选用发酵速度较慢的菌种。

2. 正常发酵中的异常现象

通常情况下，我们所谓的发酵就是指正常的酒精发酵过程。到目前为止，葡萄酒的酒精发酵仍然是业内专家和技术人员所共同关注的话题之一。我们知道酒精发酵是葡萄向葡萄酒转化过渡的第一道关卡，这一过程的成败直接决定着后续工艺的方向和酒品的定位。往往前期工艺的一个细微疏漏，都需要后期花大成本去弥补，而且任何一项对葡萄酒的附加处理工艺都是以损失葡萄酒自身品质为代价的。这就需要我们不断研究前发酵存在的潜在问题，寻找早期预防措施，把发酵风险降到最低。在这一工艺阶段常见的发酵问题主要有以下几点。

（1）起酵缓慢或困难。

（2）发酵过程迟缓或中止。

（3）发酵过程正常发酵曲线异常。

（4）发酵不彻底。

这些问题都可能导致杂菌感染，挥发酸偏高，副产物含量增加，香气质量被破坏，残糖偏高（微生物不稳定性）等一系列不良感官质量缺陷，轻则降低葡萄酒自身的质量和价值，重则造成发酵事故，使酒质遭受极大破坏，影响酿酒师和企业的声誉。

3. 生产实践中可能导致发酵异常的原因

葡萄酒的酒精发酵是一个复杂的物理生化过程，是一个多因素控制的过程，只有各因素之间都达到理想指标时，发酵才能沿着理想曲线进行，而生产实践中并不是所有因素都是人为可控的。在这里归纳分析一下可能导致发酵问题的主客观因素。

（1）温度因素　起酵温度过低，或者发酵温度偏高，超过酵母进行正常生理活动所能承受的温度区间，可使酵母的生长发育和代谢受阻，这个时候如果酵母所需的营养成分充足，对逆境温度的耐力还会适当增强。

（2）营养因素　通过上述分析我们知道酵母在完成生长发育、繁殖和发酵使命的过程中，需要大量的营养。当这些营养成分不足时，就会影响到正常生理活动的进行，在实践中的直观表现就是发酵迟缓或中止。

（3）供氧量因素　酵母的兼性厌氧属性，使其对氧气供给有着特殊需求。供给量太大会造成酵母自身有氧呼吸和繁殖过度，从而降低酒精的产量。而氧气供给不足时，发酵液中酵母活体数量太少，无法保证发酵的彻底性和完整性。特别是在发酵旺盛期，发酵环境中二氧化碳和酒精等的大量产生，对酵母有一定的杀伤作用。氧气不足可使新生酵母的数量不能及时弥补，最容易造成发酵迟缓或中止，到发酵后期就表现为发酵不彻底，所以在这里提出了一个微氧的概念，也就是说葡萄酒发酵过程需要控制在一个微氧环境中。

（4）二氧化硫用量因素　二氧化硫在葡萄酒发酵前后具有特殊的作用，发酵前期二氧化硫添加量太小时，不能完全抑制原料和周围环境中带来的野生菌，会影响接种酵母的快速繁殖，也会影响发酵曲线的方向，也就是发酵的纯正性，但是如果添加量过大也会抑制酵母的繁殖和代谢，严重时会对酵母造成毒害作用，从而导致起酵迟缓或困难。

（5）原料状况不理想　主要是原料卫生状况和农药残留，如果原料卫生状况不佳（如受霉菌感染和/或有破损腐烂现象）或农药残留量较大时，都会抑制酵母的生长繁殖和代谢，也可能会导致起酵迟缓或困难，但是一般来说如果发酵初期能够供给充足的营养，使酵母菌自身机能增强，其抗逆境能力也会随之增强。

（6）酸度和 pH 因素　酵母菌对外界环境的酸碱变化相对还是比较敏感的，它只在中性或微酸性条件下，发酵能力最强。如在 pH 为 4.0 的条件下，其发酵能力比在 pH 为 3.0 时更强，在 pH 很低的条件下，酵母菌活动会生成挥发酸或停止活动。另外，葡萄汁中的铵态氮的含量与总酸可能存在一定的相关性，因此，总酸偏低的发酵液的酒精发酵启动相对比较困难，这时在发酵前期补充一定的发酵助剂是非常必要的。

（7）糖度的影响　国内很多产区原料的自然含糖量都不能满足实现目标酒精度的要求，实践中一般采取人为加糖或浓缩汁的方式来补充。酵母菌只能直接利用六碳糖（葡萄糖和果糖），人为补充的蔗糖（白砂糖）则需要预先经过酵母分泌的转化酶或果汁中原有的转化酶将其分解成己糖后才能被酵母菌同化，但克氏酵母和贝酵母不能分泌这种酶，所以如果发酵后期加蔗糖，很容易导致发酵中止和不彻底现象。另外，浓缩汁会损失很多可同化氮，同样会带来发酵不顺利风险。

（8）代谢产物的抑制因素　酵母菌代谢产生的乙醇和脂肪酸对其自身的生长发育和代谢等活动都有不同程度的影响。随着发酵的进行，乙醇和脂肪酸的不断积累，超过酵母菌的耐性承受范围，就可能会影响酵母菌正常活动，从而导致发酵迟缓或中止。

（9）酵母菌种选用不合理　酵母菌的种类很多，但并不是任意的酵母菌都能够适应相同的活动环境。不同的酵母对酸度、糖度、酒精度和其他抑制物的耐性各有不同，如果酵母菌种选用不合适，很容易导致发酵迟缓、中止和不彻底等问题。

（10）酵母菌活化和制备不科学　目前大生产基本上都应用商业生产的活性干酵母，但是干酵母的应用也是有很多技术讲究的，如第一次接种数量不够（启动发酵所需的最少细胞数）、活化温度、添加时机等不科学时也容易造成起酵、发酵迟缓或困难。

（11）果汁澄清过滤　主要是针对干白葡萄酒而言，如果在发酵前期澄清过滤，会造成果汁中营养匮乏，如果前期没有及时补充外源营养物质，就会导致出现发酵异常的情况。

4. 预防和解决葡萄酒的发酵问题

做酒也需要有防患于未然的意识，一旦问题发生了就很难使其质量恢复到原有水平了。了解酵母基本特征和导致发酵异常的原因，就需要从预防做起，从每一个可能发生的潜在风险点着手控制。科学技术是一把双刃剑，看问题不能片面，要把握事物本质，要辩证看待，扬长避短、趋利避害、规范管理。在此做以下建议。

（1）严格控制原料质量　做好原料的肥水管理，保证充足而均衡的营养供应，保证充分的成熟度，同时在原料采收期间，要严格控制采收质量，控制农药残留和破果烂果率，保证进入生产流程的原料质量和卫生状况。

（2）科学制订生产工艺　在制订生产工艺之前，必须从分析自己的原料状况（成熟度、糖酸含量、卫生状况、营养状况、原料改良措施），生产条件（设备条件、控温条件），工艺条件（酿酒技术、辅料选用等），酿酒目标（酒种、市场定位、陈酿要求等）入手，在了解分析这些基本因素后，制定合理酿造工艺。

（3）科学选用辅料　辅料的选用，不需要盲目跟风，也不能固守旧俗，需要根据自己生产情况科学选择。辅料选用不当，不但不能帮助企业创造利润，反而可能会给生产带来损失。建议企业在做选择时，以实验效果为导向，也可以多做咨询，尽量选用在行业里质量信誉和普遍认可度比较高的供应商，产品细节和应用上，应根据原料和工艺目标选用，也可以向辅料供应商的技术人员咨询，共同决策。

（4）酵母活化剂和营养剂的应用　结合国内目前大多产区的原料现状，选用酵母活化剂和营养剂是非常必要的，酵母活化剂主要用于酵母活化期，主要促进酵母的快速活化，加速酵母进入生长发育和繁殖阶段，防止发酵启动迟缓和困难问题。酵母营养剂可以用于发酵初期和发酵中期，分阶段补充，以防止发酵旺盛期酵母因营养不足而导致的各种异常风险的发生。

（5）保证充足的酵母接种量　按照活化干酵母的建议接种量，在发酵条件相对恶劣的环境中，适当加大接种量。

（6）科学管理发酵过程　在发酵过程中作好科学的跟踪监测工作，预防发酵温度超标，规律地进行循环搅拌和开放式倒罐，以维持酵母的微氧发酵环境，而且还能及时排放聚集其中的二氧化碳，增加发酵安全性。

二、葡萄酒的品质评价体系及指标

我国葡萄酒标准 GB 15037—2006《葡萄酒》规定：葡萄酒是以鲜葡萄或葡萄汁为原料，经全部或部分发酵酿制而成的，酒精度不低于 7.0%的酒精饮品。目前关于葡萄酒的品质的测定仅是从感官指标和国家标准中给出的理化指标进行评定的，但对于葡萄酒最主要的营养品质并没有做出规定。本书根据相关文献，从感官品质、营养品质和安全品质三个方面建立了葡萄酒品质评价体系。

1. 感官品质

葡萄酒的感官品质包括葡萄酒的外观、香气、滋味以及是否具有典型性。外观品质又包括葡萄酒的颜色、浓度、色调、气泡是否存在以及持续性。香气品质包括香气的类型、浓度以及和谐程度。滋味包括酒体的协调性、结构感、平衡性以及后味等。典型性是指葡萄酒的整体感官，即外观、香气与滋味之间的平衡性。

（1）外观品质　葡萄酒的外观品质主要是指葡萄酒的澄清度（浑浊、光亮）和颜色（深浅、色调）等方面。浑浊的葡萄酒，在口感方面得分较低。而颜色状况则可以帮助我们判断葡萄酒的醇厚度、年龄和成熟状况等。颜色的深浅与葡萄酒的结构、丰满度以及尾味有着密切的关系。颜色和口感的变化存在着平行性。它们之间必须相互协调、平衡。

国家标准 GB 15037—2006 中规定红葡萄酒的色泽为：紫红、深红、鲜红、宝石红、红微带棕色、棕红色；白葡萄酒的色泽为：近似无色、微黄带绿、浅黄、禾秆黄、金黄色；桃红葡萄酒的色泽为：桃红、淡玫瑰红、浅红色。对于澄清程度的规定为：澄清，有光泽，无明显悬浮物（使用软木塞封口的酒允许有少量软木渣，瓶装超过 1 年的葡萄酒允许有少量沉淀）。起泡程度的规定为：起泡葡萄酒注入杯中时，应有细微的串珠状气泡升起，并有一定的持续性。具体的评价方法参照国家标准 GB/T 15038—2006《葡萄酒、果酒通用分析方法》。

（2）香气品质　葡萄酒的香气极为复杂、多样。其品质包括香气的类型、浓度以及和谐度。香气的类型又分为三大类：一类香气来自葡萄浆果的果香和花香，二类香气来自发酵的发酵香或酒香，三类香气来自陈酿的陈酿香或醇香。目前，在葡萄酒中已经发现了超过 500 种香味物质，这些物质不仅气味各异，而且它们之间还通过累加作用、协同作用、分离作用以及抑制作用等，使香气多种多样。

国家标准 GB 15037—2006 中规定葡萄酒的香气要具有醇正、优雅、怡悦、和谐的果香与酒香，陈酿型葡萄酒还应具有陈酿香或橡木香。具体的评价方法参照国家标准 GB/T 15038—2006。

（3）口感品质　葡萄酒口感品质包括酒体的协调性、结构感、平衡性以及后味等。葡萄酒的味感特性是其气味特性的基础结构，即气味特性的支撑体。一种优质葡萄，必须具备呈味物质和呈香物质之间的合理比例，恰当的组合，由平衡产生各部分的和谐。如果各部分构成的整体匀称、舒适，则该葡萄酒一定是和谐的。

葡萄酒的味感大部分取决于甜味和酸味、苦味之间的平衡。味感质量则取决于这些味感之间的和谐程度。一种味感不能掩盖另一种味感。

国家标准 GB 15037—2006 中规定干葡萄酒、半干葡萄酒应具有醇正、优雅、爽怡的口味和悦人的果香，酒体完整。半甜、甜葡萄酒：具有甘甜醇厚的口味和陈酿的酒香味，酸甜协调，酒体丰满。起泡葡萄酒：具有优美醇正、和谐悦人的口味和发酵起泡酒的特有香味，有杀口力。具体的评价方法参照国家标准 GB/T 15038—2006。

（4）典型性　葡萄酒的典型性是指葡萄酒在口感、香气上区别于其他葡萄酒的整体独特风格，由酿酒葡萄品种、酿造工艺等因素决定，葡萄品种更为当中的先决条件。典型性具体化就是外观、香气与滋味之间的平衡性。

国家标准 GB 15037—2006 中规定葡萄酒的典型性应具有标示的葡萄品种、产品类型应有的特征和风格。具体的评价方法参照国家标准 GB/T 15038—2006。

2. 结构与营养品质

葡萄酒属于三低（低酒精度、低糖、低热量）、三丰富（丰富氨基酸、丰富维生素、丰富无机盐）的酒种，含有 200 多种对人体有益的营养成分，其中包括糖、有机酸、氨基酸、维生素以及无机盐等人体所必需的物质。可降低血中的胆固醇，促进消化。所以，这里进行测定的指标有多酚物质、干浸出物、酒精度、总糖、总酸、酚及酚酸、白藜芦醇、单宁色素、花色苷和矿物质等。

（1）多酚物质　葡萄酒中含有较多的花色苷、前花青素、单宁等多酚类物质，它们具有明显的扩张血管、增强血管通透性、抑制冠心病、动脉粥样硬化、清除自由基、抗癌和延缓衰老等功效。多酚类化合物是葡萄酒最重要的组分之一，主要参与形成葡萄酒的风味、骨架、结构和颜色等，对葡萄酒的特征和感官品质极其重要，可以显著影响葡萄酒的外观、滋味、口感、香气以及微生物稳定性。目前，最常用的分析方法是福林-肖卡试剂法。具体的测量方法可参照国家标准 GB/T 15038—2006。

（2）干浸出物　浸出物是指在不破坏任何非挥发性物质的条件下测定的葡萄酒中所有的非挥发性物质。主要有固定酸（酒石酸、苹果酸、乳酸等）、固定酸的金属盐（如钾盐、钙盐等）、糖（阿拉伯糖、葡萄糖、果糖等）、甘油、单宁、色素、果胶和矿物质等。干浸出物就是不含糖的浸出物，即浸出物减去该酒的含糖量，是十分重要的理化指标之一。干浸出物的高低与原材料的成熟度、加工工艺、陈酿形式等因素有关。通常来说，在没有人为添加物的状况下，干浸出物的高低能够反映出葡萄酒的真假、品质的好坏。国家标准 GB 15037—2006 中规定红葡萄酒、桃红葡萄酒、白葡萄酒中干浸出物含量应当分别≥18. 0g/L、≥17. 0g/L、≥16. 0g/L。国家标准 GB/T 15038—2006 中规定干浸出物的测定方法采用的是密度瓶法。具体的测量方法参照国家标准 GB/T 15038—2006。

（3）酒精度　酒精度是指 20℃时，100mL 酒中含有纯酒精的毫升数。不同类型的商品，其酒精含量的要求不一样。一般葡萄酒的酒精度不能低于 8. 5%vol，但是在一定特别的区域，最低的酒精度可达 7. 0%vol。国家标准 GB 15037—2006 中规定葡萄酒中的酒精度在 20℃环境下，不小于 7%vol。国家标准 GB/T 15038—2006 中提供的葡萄酒酒精度的测定方法有很多种，常用的是比重瓶测定方法。具体的测量方法参照国家标准 GB/T 15038—2006。

（4）总糖　总糖是指葡萄酒中所含糖的总量。主要包括葡萄糖、果糖和蔗糖，此外还有戊糖、树胶质、黏液质等，这些都是人体必需的糖类物质。而且葡萄酒中含糖量的高低决定了葡萄酒的类型，如干葡萄酒、半干葡萄酒、甜葡萄酒等。国家标准 GB/T 15038—2006 中规定的总糖以及还原糖的测定方法是斐林试剂滴定法。具体的测量方法参照国家标准 GB/T 15038—2006，如表 10-1 所示。

值得注意的是，对于干葡萄酒来说，当总糖与总酸（以酒石酸计）的差值小于或等于 2. 0g/L 时，含糖量最高为 9. 0g/L，半干葡萄酒当总糖与总酸（以酒石酸计）的差值小于或等于 2. 0g/L 时，含糖量最高为 18. 0g/L，低泡葡萄酒总糖的要求同平静葡萄酒。

表 10-1 不同葡萄酒类型中总糖含量的国家标准

类型		总糖（以葡萄糖计）/(g/L)
平静葡萄酒	干葡萄酒	≤4.0
	半干葡萄酒	4.1~12.0
	半甜葡萄酒	12.1~45.0
	甜葡萄酒	≥45.1
高泡葡萄酒	天然型高泡葡萄酒	≤12.0（允许差为3.0）
	绝干型高泡葡萄酒	12.1~17.0（允许差为3.0）
	干型高泡葡萄酒	17.1~32.0（允许差为3.0）
	半干型高泡葡萄酒	32.1~50.0
	甜型高泡葡萄酒	≥50.1

（5）总酸　总酸是葡萄酒中所含可滴定酸的总量。可与碱性试剂发生中和反应的酸，主要包括酒石酸、苹果酸、柠檬酸、琥珀酸、乳酸和乙酸，也就是游离氢离子的总和，一般是以酒石酸计。总酸不包括碳酸、亚硫酸及结合态亚硫酸。可滴定酸是葡萄酒中主要的呈味物质，对口感品质起着十分重要的均衡作用。总酸过高或过低，都会对酒质产生不良影响。过高会使葡萄酒酒体变得瘦弱、粗糙，过低又会使葡萄酒变得滞重、欠清爽。国家标准 GB 15037—2006 中，对总酸的含量并没有要求，它只用于葡萄酒的分类。国家标准 GB/T 15038—2006 中总酸的测定方法是酸碱指示剂滴定法。

总酸中的有机酸如柠檬酸、苹果酸大都来自葡萄原汁，能够有效地调节神经中枢，起到舒筋活血的作用，对脑力和体力劳动者来说，这些有机酸都是不可缺少的营养物质。此外，酒内还含有对氨基苯甲酸，它是叶酸的组成部分，可促进红细胞的合成，提高泛酸的利用率。泛酸在酒内含量很高，可达 1mg/L，成人每日需要 5~10mg。泛酸缺乏易引起疲劳和消化功能紊乱。葡萄酒内含量较高的肌醇，能促进肝脏和其他组织中脂肪的新陈代谢，有效地预防脂肪肝的发生，减少血中胆固醇含量，加强肠道的吸收能力，促进食欲。国家标准 GB 15037—2006 中只对一部分酿酒过程中添加的有机酸进行了规定，苯甲酸或苯甲酸钠（以苯甲酸计）≤50mg/L、山梨酸或山梨酸钾（以山梨酸计）≤200mg/L，此外对于干、半干、半甜葡萄酒，柠檬酸含量≤1.0g/L、甜葡萄酒的柠檬酸含量≤2.0g/L。有机酸的测定方法可以通过高效液相色谱（HPLC）法进行测定，可以参照国家标准 GB/T 15038—2006 附录 D，山梨酸和苯甲酸的测定方法可以参照国家标准 GB/T 5009.28—2016《食品安全国家标准　食品中苯甲酸、山梨酸和糖精钠的测定》。

（6）酚酸　酚酸类物质是酚类物质的一种，多为对羟基苯甲酸和对羟基肉桂酸的衍生物。有研究发现酚酸类物质（如咖啡酸等）对葡萄酒的色泽起重要作用，咖啡酸有助于葡萄酒颜色的稳定，可防止其氧化。此外，还发现酚酸类物质具有抗氧化等药理活性和药用价值，与人体健康密切相关。葡萄酒的历史悠久，营养丰富，含有酚类等大量生理活性物质，其中酚酸类种类较多，且含量不一，因此建立葡萄酒中酚酸类物质的测定方法，分析葡萄酒中各酚酸含量具有重要意义。目前对葡萄酒中酚酸含量的测定研究报道甚少，国家标准中并没有关于酚酸含量的规定，也没有关于酚酸含量的测定方法，但是目前对于各种酚酸含量的测定多采用反向高效液相色谱法。具体操作方法参照陈建业等的《葡萄酒中11 种酚酸的反相高效液相色谱测定方法研究》。

（7）白藜芦醇　白藜芦醇的作用主要表现为其具有抗氧化特性。具体来说，白藜芦醇对人体具有如下重要作用：抗菌作用、抗癌、抗诱变作用。白藜芦醇具有防癌活性，并对癌症发生的三个阶段全部有抑制作用。有人认为，通常的葡萄酒饮酒量一般已可达到白藜芦醇的有效量。此外，白藜芦醇还具有防治冠心病、高脂血症、抗氧化、清除自由基、抗血栓、抗炎症和抗过敏等作用。其测定方法采用的是高效液相色谱法，具体测定方法可参照国家标准 GB/T 15038—2006 附录 E。

（8）单宁色素　原花青素，也称缩合单宁，是强抗氧化剂。在同样条件下，原花青素对过氧化物阴离子和羟基的抑制作用为 78%~81%，维生素 C 和维生素 E 分别只有 12%~19%，36%~44%。它通过清除体内过多的自由基，保持体内自由基和抗氧化酶之间的平衡，维持机体的稳态，从而预防由自由基损伤造成的各种疾病。它还可以通过抑制动脉粥样硬化的形成、降低心肌缺血的自由基损伤、增强心肌细胞的活力来预防心血管疾病，此外其还可以增强机体的抗肿瘤免疫力、诱导抑癌基因的表达来发挥抗肿瘤作用。单宁色素的测定采用高锰酸钾氧化法。具体操作方法可参照杨晶的《干红葡萄酒营养质量指标研究》。

（9）花色苷　花色苷是葡萄酒的主要呈色物质，是水溶性植物色素。在葡萄酒的储存和陈酿过程中，花色苷与单宁结合为花色苷-单宁复合物后，使葡萄酒的颜色更加趋于稳定。它具有抗氧化，预防 DNA 断裂，促进癌细胞凋亡，抑制癌细胞增殖，抗肿瘤血管生成以及抗胰岛素抵抗等功效。游离花色苷（ACY）的测定采用 pH 示差法。具体操作方法可参照杨晶的《干红葡萄酒营养质量指标研究》。

（10）矿物质　葡萄酒中含有的矿物质包括微量元素（如铁、锌、铜、锰、碘、铬等）和钙、镁、磷等，也都是人体所需要的营养物质。其中微量元素对人体的生长发育及健康状况起着重要作用。当摄取不足时可引起机体功能受损，而这些微量元素补充到生理水平时又有预防或缓解这一损伤的作用。没有这些元素，机体既不能生长又不能完成其生命周期，微量元素的不平衡会破坏机体的调节机制。同时许多微量元素对于维持葡萄酒质量也具有重要作用。

葡萄酒可促进人体对铁的吸收，有利于对贫血的治疗。钾能保护心肌，维持心脏跳动，钙能镇静神经，镁是心血管疾病的保护因子，缺镁易引起冠状动脉粥样硬化。这三种元素是构成人体骨骼、肌肉的重要组成部分。锰有凝血和合成胆固醇、胰岛素的作用。但是值得注意的是并不是矿物质元素含量越高越好，铜与铁含量过高可以引起葡萄酒的破败，所以国家标准 GB 15037—2006 中规定二者的含量分别不得高于 1.0mg/L、8.0mg/L。对于矿物质的含量测定可以采用 ICP-MS 方法，此方法可快速地检测出 40 种以上的元素含量。具体操作方法可参照芮玉奎等的《应用 ICP-MS 快速测定葡萄酒中 40 种元素的含量》。

3. 安全品质

葡萄酒是用新鲜的葡萄或葡萄汁经发酵酿制而成的，其安全品质的影响因素有来自原料、微生物以及其发酵过程中产生的副产物。所以这里进行测定的指标有葡萄酒发酵副产物、微生物、食品添加剂 SO_2、铅以及农药防霉剂的残留。食品安全问题的解决不能仅依靠政府及法律的规定，还需要道德的约束，要增强社会责任感和食品安全意识。

（1）葡萄酒发酵副产物　葡萄酒营养丰富，微生物病害极易发生，如果生产过程控制不当，很可能使酒发生浑浊变质，严重损害酒的风味。酒的质量受到严重损害，甚至会导致葡萄酒中有害物质的积累。需要测定的指标有生物胺和氨基甲酸乙酯。

①生物胺：生物胺不仅是合成核酸、蛋白质等的前体，但也是生成致癌物质的前体。当人体摄入过量的生物胺时，就会引起诸如头痛、恶心、心悸、血压变化、呼吸紊乱等过敏反应，严重的还会危及生命。生物胺中以组胺对人体健康影响最大，许多国家已规定了葡萄酒中组胺的限量范围。澳大利亚、匈牙利和瑞士限制葡萄酒中组胺含量不得高于 10mg/L，法国不得高于 8mg/L，荷兰不得高于 3.5mg/L，比利时为 5~6mg/L，德国不得高于 2mg/L。生物胺的测定采用高效液相色谱法，具体操作方法可参照国家标准 GB 5009.208—2016《食品安全国家标准　食品中生物胺的测定》。

②氨基甲酸乙酯：是葡萄酒在发酵过程中产生的一种副产物，它是一种致癌物质。在国外，已经规定了不同种葡萄酒中氨基甲酸乙酯的含量限值，国内仅在出口的葡萄酒中规定了其含量限值，检出限为 10μg/kg，而在葡萄酒国家标准中并没有规定其含量。我国进出口检验行业标准 SN/T 0285—2012《出口酒中氨基甲酸乙酯残留量检测方法　气相色谱-质谱法》中，出口酒类中氨基甲酸乙酯残留量采用二氯甲烷提取并检测：将已知酒精度的样品加水稀释，用正己烷洗涤，然后用二氯甲烷提取、浓缩、定容后，用气相色谱-质谱检测器进行测定，外标法定量。

（2）葡萄酒中的甲醇　甲醇（$CH_3—OH$）为一元醇，它不是发酵的直接产物，是由天然存在于葡萄酒中的果胶分解而得的。甲醇是一种有香气的无色液体，但有毒性。国家标准 GB 15037—2006 中规定甲醇含量：白、桃红葡萄酒≤

250mg/L，红葡萄酒≤400mg/L。通常采用气相色谱法测定其含量，具体步骤可参照国家标准 GB/T 15038—2006。

（3）葡萄酒中的微生物　葡萄酒微生物指标包括菌落总数、大肠菌群和致病菌（沙门菌、志贺菌、金黄色葡萄球菌）。菌落总数的多少在一定程度上标志着食品卫生质量的优劣。葡萄酒的酒精度通常比较低，若生产环境卫生条件控制不严，会有被微生物污染的可能。葡萄酒国家标准规定的细菌总数为≤50 个/mL，大肠菌群≤3MPN/100mL。葡萄酒微生物指标可参照国家标准 GB/T 4789.25—2003《食品卫生微生物学检验　酒类检验》，具体的实验方法分别参照 GB 4789.2—2016《食品安全国家标准　食品微生物学检验　菌落总数测定》、GB 4789.3—2016《食品安全国家标准　食品微生物学检验　大肠菌群计数》、GB 4789.4—2016《食品安全国家标准　食品微生物学检验　沙门氏菌检验》、GB 4789.5—2012《食品安全国家标准　食品微生物学检验　志贺氏菌检验》和 GB 4789.10—2016《食品安全国家标准　食品微生物学检验　金黄色葡萄球菌检验》。

（4）食品添加剂 SO_2　SO_2 在葡萄酒酿造的过程中是最常用的抗氧化剂，它在葡萄酒中起到溶解、增酸、抗氧化、抑制微生物生长等作用。但是 SO_2 含量过高，会使葡萄酒产生如腐蛋般的难闻气味，人体饮用后会引起急性中毒，严重的还可能引起肺水肿、窒息、昏迷。因此，葡萄酒中的 SO_2 含量要严格控制。国家标准 GB 15037—2006 规定总 SO_2：干葡萄酒≤200mg/L，其他类型葡萄酒≤250mg/L。测定方法采用碘直接滴定法，具体方法可参照国家标准GB 15037—2006。

（5）铅　铅是一种毒性很强的重金属，含量 0.04g 即可引发急性中毒，20g 可以致死。铅通过酒引起急性中毒是比较少的，主要是慢性积蓄中毒。如每人每日摄入 10mg 铅，短时间就能出现中毒症状。目前规定每 24h 内，进入人体的最高铅量为 0.2~0.25mg。随着进入人体铅量的增加，人们可出现头痛、头昏、记忆力减退、睡眠不好、手的握力减弱、贫血、腹胀、便秘等症状。葡萄酒中的铅与葡萄栽培中使用农药和接触含铅的容器、管道、部件等有关。我国国家标准限量为不大于 0.2mg/kg。具体操作方法可参照芮玉奎等的《应用 ICP-MS 快速测定葡萄酒中 40 种元素的含量》。

（6）防霉剂残留　防霉剂能够抑制霉菌的生长繁殖，防止葡萄在生长、存储、运输过程中腐烂变质。防霉剂对动物和人体具有一定的毒性，主要是侵害人体的肝脏、神经系统和骨髓，联苯防霉剂对实验动物有明显的致膀胱癌作用。具体测定方法可参照《液相色谱法快速测定葡萄酒中多种防霉剂的残留量》。

拓展阅读

中国葡萄酒行业全景

葡萄酒产业链上游主要为葡萄的种植，中游为葡萄酒的制造，下游为消费渠道，具体有经销商、葡萄酒庄、体验店、电商平台等，最后到达终端消费者。从我国葡萄酒产业链生态图谱来看，酿酒葡萄主要产区有河北昌黎、宁夏贺兰山、山东胶州半岛、东北、新疆、甘肃省武威、山西清徐和西南地区，葡萄酒酿造的代表企业有张裕、莫高、长城、通化和威龙等。

中国葡萄酒行业的发展主要经历了四个阶段：行业形成阶段（1945—1977年）、行业发展阶段（1978—1998年）、快速发展阶段（1999—2012年）和行业调整阶段（2013年至今）。随着中国宏观经济增速放缓、国家限制“三公消费”“中央八项规定”等有关政策规定的出台，中国高端葡萄酒消费需求大幅减弱。同时，受海外直采比重增加、“零关税”政策等的影响，进口葡萄酒快速挤压中国葡萄酒市场份额。国产葡萄酒市场逐年下滑，至2022年年底，国产葡萄酒产量和葡萄酒行业销售收入仍呈现双下降态势。发展至今，政府部门陆续印发了葡萄酒行业从生产到销售各个环节的监管政策，实现葡萄酒质量安全顺向可追踪、逆向可溯源、风险可管控，发生质量安全问题时产品可召回、原因可查清、责任可追究，切实落实质量安全主体责任，保障葡萄酒质量安全。

根据国家统计局发布的数据，国产葡萄酒供应持续下降。2022年中国葡萄酒累计产量为21.4万千升，同比下降20.15%。2023年1~10月，中国葡萄酒累计产量仅11万千升，累计同比下降14%。目前，我国国内仍未能形成浓厚的葡萄酒消费氛围，大多数消费者尚未养成经常饮用葡萄酒的习惯，导致行业抵抗风险能力偏弱。近两年来，在烈酒的冲击下，我国葡萄酒市场消费量大幅下滑，2022年葡萄酒市场消费量仅为8.8亿升，同比下降16%。

从行业利润上来看，中国规模以上葡萄酒企业的总利润呈现出波动下行的态势，其中2022年葡萄酒企业利润2.78亿元，同比下降15%。2018—2023年，我国葡萄酒行业高档产品和中低档产品价格呈现相反的变化趋势。高档葡萄酒价格受市场需求影响力度较大，尤其在2020年发生暴跌；中低档葡萄酒产品价格则稳中带升。2018年年初高档葡萄酒和中低档葡萄酒价格分别为347.00元/瓶和71.48元/瓶，到2023年10月，高档葡萄酒价格降至281.6元/瓶，中低档葡萄酒价格则升至80.09元/瓶。

随着我国葡萄酒消费量的不断减少，国产葡萄酒企业正面临着巨大的挑战，规模以上企业销售收入不断下滑，从2017年的318.83亿元下滑至2022年的79.04亿元。绝大部分葡萄酒生产经营企业经营困难，行业总体仍处于亏损边缘。近年来，随着民族、文化自信等因素助力国产品牌崛起，中国葡萄酒品质与世界接轨，屡次斩获国际性大奖，越来越多的消费者和经销商关注并选择国产葡萄酒。国产葡萄酒收割存量市场持续加速，国产替代进口的趋势明显。根据国家统计局数据，2022 年，我国规模以上葡萄酒生产企业销售收入为 79.04 亿元。按代表性企业葡萄酒业务营收占行业整体销售收入的比重来看，张裕公司以 36%的占比稳居第一；威龙股份排名第二，市场份额为 6%；王朝酒业占比 3%，排名第三。

习题

一、选择题

1. 葡萄酒中除水以外的主要成分是(　　)。

A. 醇类　　B. 糖类　　C. 有机酸　　D. 干浸出物

2. 葡萄酒的相对密度降至(　　)时进行分离。

A. 992~998　　B. 1000 以上　　C. 1040~1050　　D. 1050 以上

3. (　　)是在一定条件下从葡萄酒中蒸馏出来的各种酸及其衍生物的总和，但不包括 H_2SO_3 和 H_2CO_3。

A. 滴定酸　　B. 总酸　　C. 挥发酸　　D. 固定酸

4. 软水的硬度是（　　）。

A. ≤10mmol/L　　B. 10~20mmol/L　　C. 20~30mmol/L　　D. ≥30mmol/L

5. 活塞泵轴封的作用是(　　)。

A. 防止外界空气沿轴进入

B. 防止外界杂物进入泵体内

C. 防止高压液体从泵体内沿轴向漏出

D. 以上都正确

二、判断题

1. 倒罐和打循环是一回事。(　　)

2. 葡萄酒是一种具有“生命”的“生物液体”并且在它“一生”中不停变化。(　　)

3. 源于葡萄汁及葡萄酒的污垢通常都是复合污垢。(　　)

4. 酸度越低，白葡萄酒下胶过量的危险性就越小。(　　)

5. 75%酒精不能进行消毒。(　　)

参考文献

[1] 顾国贤. 酿造酒工艺学 [M]. 2版. 北京：中国轻工业出版社，1996.

[2] 李华，王华，袁青龙，等. 葡萄酒化学 [M]. 北京：科学出版社，2005.

[3] 王福源. 现代食品发酵技术 [M]. 2版. 北京：中国轻工业出版社，2004.

[4] 中华人民共和国国家质量监督检验检疫总局，中国国家标准化管理委员会. 葡萄酒、果酒通用分析方法：GB/T 15038—2006 [S]. 北京：中国标准出版社，2008.

[5] 张惟广. 发酵食品工艺学 [M]. 北京：中国轻工业出版社，2004.

[6] 刘凡清，范德顺，黄钟. 固液分离与工业水处理 [M]. 北京：中国石化出版社，2001.

[7] 吕一波. 分离技术 [M]. 北京：中国矿业大学出版社，2000.

[8] 何国庆. 食品发酵与酿造工艺学 [M]. 北京：中国农业出版社，2001.

[9] 李玉鼎. 葡萄栽培（贮藏保鲜）与葡萄酒酿造 [M]. 宁夏：宁夏人民出版社，2006.

[10] 朱宝镛. 葡萄酒工业手册 [M]. 北京：中国轻工业出版社，1995.

[11] 桂祖发. 酒类制造 [M]. 北京：化学工业出版社，2001.

[12] 王文甫. 啤酒生产工艺 [M]. 北京：中国轻工业出版社，1998.

[13] 赵金海. 酿造工艺（下）[M]. 北京：高等教育出版社，2002.

[14] 逯家富，赵金海. 啤酒生产技术 [M]. 北京：科学出版社，2004.

[15] Wolfgang Kunze. 啤酒工艺实用技术 [M]. 北京：中国轻工业出版社，1998.

[16] 徐斌. 啤酒生产问答 [M]. 北京：中国轻工业出版社，2000.

[17] 程殿林. 啤酒生产技术 [M]. 北京：化学工业出版社，2005.

[18] 桂祖发. 酒类酿造 [M]. 北京：化学工业出版社，2001.

[19] 程丽娟，袁静. 发酵食品工艺学 [M]. 杨凌示范区：西北农林科技大学出版社，2002.

[20] 康明官. 特种啤酒酿造技术 [M]. 北京：中国轻工业出版社，1999.

[21] 孙俊良. 发酵工艺 [M]. 北京：中国农业出版社，2002.

[22] 王叔淳. 食品卫生检验技术手册 [M]. 3版. 北京：化学工业出版社，2002.

[23] 管敦仪. 啤酒工业手册（修订版）[M]. 北京：中国轻工业出版社，1998.

[24] 何国庆，丁立孝. 食品酶学 [M]. 北京：化学工业出版社，2006.

[25] 苏畅，肖冬光，许葵. 几种进口葡萄酒活性干酵母发酵性能比较[J]. 酿酒科技，2004（1）：31-32.

[26] 刘延琳，蒋思欣，张振文，等. 葡萄酒活性干酵母的温度适应性研究 [J]. 西北农林科技大学学报（自然科学版），2004，32（6）：87-89.

[27] 周广田，聂聪. 啤酒酿造技术 [M]. 济南：山东大学出版社，2004.

[28] 许龙，张冬洁，李洪亮，等. 酸奶发展的研究进展 [J]. 农产品加工，2019（12）：87-89.

[29] 李向东，吕加平，范贵生. 长保质期酸乳的研究进展 [J]. 食品与发酵工业，2006，32（10）：119-122.

[30] 韦剑思，林莹，韦剑欢，等. 发酵乳制品及其保鲜技术的研究进展 [J]. 轻工科技，2021，37（10）：12-15.

[31] 中华人民共和国国家卫生和计划生育委员会. 食品安全国家标准 味精中麸氨酸钠（谷氨酸钠）的测定：GB 5009. 43—2016 [S]. 北京：中国标准出版社，2017.

[32] 中华人民共和国国家质量监督检验检疫总局，中国国家标准化管理委员会. 葡萄酒：GB 15037—2006 [S]. 北京：中国标准出版社，2008.

[33] 陈建业，温鹏飞，战吉成，等. 葡萄酒中 11 种酚酸的反相高效液相色谱测定方法研究 [J]. 中国食品学报，2006，（06）：133-138.

[34] 杨晶，朱圣陶，周莉，等. 干红葡萄酒营养质量指标研究 [J]. 食品工业科技，2012，33（18）：355-358.

[35] 芮玉奎，于庆泉，金银花，等. 应用 ICP-MS 快速测定葡萄酒中 40 种元素的含量 [J]. 光谱学与光谱分析，2007，（05）：1015-1017.